西门子工业自动化技术丛书

西门子 S7-1200 PLC 编程及使用指南

第 2 版

组　编　西门子（中国）有限公司
主　编　段礼才
副主编　黄文钰　王广辉

机械工业出版社

S7-1200 PLC 上市多年，在工业自动化控制领域得到了广泛的应用。S7-1200 PLC 集成了高速脉冲计数、PID、运动控制等功能，在中小型 PLC 控制系统中具有工程集成度高，实现简单的特点。同时借助西门子新一代框架结构的 TIA 博途软件，可在同一开发环境下组态开发 PLC、HMI 和驱动系统等，统一的数据库使各个系统之间轻松、快速地进行互连互通，真正达到了控制系统的全集成自动化。

本书深入浅出地介绍了在 TIA 博途 V14 SP1 环境下如何组态和使用 S7-1200 PLC 的 PROFINET、PROFIBUS、Modbus RTU、Modbus TCP 通信，以及编程、Web 服务器、PID 控制、高速计数、运动控制、轨迹追踪等功能，并且在每章都汇总了应用中的常见问题，为读者答疑解惑。

本书所介绍的示例项目请关注"机械工业出版社 E 视界"微信公众号，输入书号 65850 下载或联系工作人员索取。

本书适合新手快速入门，可供有一定经验的工程师借鉴和参考，也可用作大专院校相关专业师生的培训教材。

图书在版编目（CIP）数据

西门子 S7-1200 PLC 编程及使用指南/段礼才主编. —2 版. —北京：机械工业出版社，2020.7（2024.6 重印）
（西门子工业自动化技术丛书）
ISBN 978-7-111-65850-4

Ⅰ.①西… Ⅱ.①段… Ⅲ.①PLC 技术-程序设计-指南 Ⅳ.①TM571.6-62

中国版本图书馆 CIP 数据核字（2020）第 102066 号

机械工业出版社（北京市百万庄大街 22 号 邮政编码 100037）
策划编辑：林春泉 责任编辑：林春泉 翟天睿
责任校对：王 欣 封面设计：鞠 杨
责任印制：常天培
北京机工印刷厂有限公司印刷
2024 年 6 月第 2 版第 4 次印刷
184mm×260mm · 29.75 印张 · 735 千字
标准书号：ISBN 978-7-111-65850-4
定价：119.00 元

电话服务 网络服务
客服电话：010-88361066 机 工 官 网：www.cmpbook.com
　　　　　010-88379833 机 工 官 博：weibo.com/cmp1952
　　　　　010-68326294 金 书 网：www.golden-book.com
封底无防伪标均为盗版 机工教育服务网：www.cmpedu.com

编委会名单

主　　编：段礼才

副 主 编：黄文钰　王广辉

编委成员：朱　玮　庞开航

序

目前，工业市场正在面临着"第四次工业革命"，如何抓住这个机遇确保制造业的未来，是每个制造企业都必须面对的挑战。"第四次工业革命"即"工业 4.0"和"中国制造2025"等概念的提出，在工业发展趋势的探索之路上，点燃了一盏明灯。"工业 4.0"以数字化制造为核心理念，将虚拟研发与高效现实制造相融合，优化生产，缩短产品上市时间，提高生产柔性和灵活性，进而全面提升企业的全球竞争力。

为了应对这些挑战，顺应电气化、自动化、数字化生产的潮流，西门子公司早在数年前便提出了"全集成自动化"（Totally Integrated Automation）的概念。全集成自动化是一种全新的优化系统架构，基于丰富全面的产品系列，具备优异的完整性。其开放的系统架构贯穿于整个生产过程，为全部的自动化组件提供了高效的互操作性，为每一种自动化领域提供了完整的解决方案。

西门子公司为全集成自动化的实现，化繁为简，将全部自动化组态任务完美地集成在一个单一的开发环境——"TIA 博途"（Totally Integrated Automation Portal）之中。这是软件开发领域的一个里程碑，是工业领域第一个带有"组态设计环境"的自动化软件。TIA 博途以一致的数据管理、统一的工业通信、集成的工业信息安全和功能安全为基础，从缩短开发周期、减少停机时间，提高生产过程的灵活性和提升项目信息的安全性等各个方面，为用户时刻创造着非凡的价值。

新一代的 SIMATIC 系列 PLC，正是 TIA 架构的核心单元。作为 SIMATIC 控制器家族的旗舰产品，从简单的单机应用（S7-1200 PLC），到中高端的复杂应用（S7-1500 PLC），分布式的控制任务（ET200SP 控制器）以及基于 PC 的 SIMATIC S7-1500 软件控制器，西门子公司形成了完善、领先的产品系列，能够为用户的自动化任务提供量身定制的解决方案。凭借着较高的性价比，新一代的 SIMATIC 系列控制器在工程研发、生产操作与日常维护等各个阶段，在提高工程效率、提升操作体验和增强维护便捷性等各个方面树立了新的标杆。

S7-1200 PLC 自 2009 年上市以来增加了很多软件功能和硬件模块，为了让读者更好、更快地掌握 S7-1200 PLC 的常用功能，我们特别邀请了西门子客户服务部的工程师编写了本书。他们对产品的功能特点进行了深入剖析，融入自己的工程经验，使内容简单、易学，为读者开辟了一条学习的捷径。在此，我对他们的辛勤付出表示由衷的谢意。

希望在本书的帮助下，读者能够更好地使用 TIA 博途软件，掌握西门子新一代控制器的全系列特性。用博途，有前途！

西门子（中国）有限公司　数字化工厂集团　工厂自动化部　产品总监

莫瑞茨

Preface

Today, the industry market is facing the fourth industrial revolution. It is a big challenge but also great opportunity for every manufacturer to step in to the next level of manufacturing. The "Industry 4. 0" concept and "Made in China 2025" strategy is the lighthouse for the future industry development trend. Based on the Digital Manufacturing, "Industry 4. 0" combines the virtual planning, development and efficient manufacturing together, to optimize production cost, reduce time-to-market, increase flexibility and finally to enhance the global comprehensive competitiveness of manufacturer.

Electrification, automation and digitalization are the key requirements and SIEMENS addresses that concept with the innovative 'Totally Integrated Automation (TIA)' platform. Based on the complete product portfolio, TIA offers consistent data management, global standards and uniform interfaces for hardware and software. TIA also ensures high-efficiency interoperability for all automation components, and an integrated solution for each automation task.

In order to efficiently realize the TIA concept, SIEMENS has developed the engineering software platform - Totally Integrated Automation Portal. TIA Portal is a milestone in the history of industry automation software, because it's the first industry automation software which can integrate all automation tasks into one single platform. Based on the integrated engineering, the uniform industrial data management, the consistent industrial communication, and the integrated industrial security and safety, TIA Portal brings user great added value to reduce engineering and commissioning time, increase system scalability and ensure faster time-to market.

Siemens has a great variety of controllers to fulfill all needs of automation requirements and tasks. The new generation of SIMATIC controllers, comprising Basic (S7-1200 Controller), Advanced (S7-1500 Controller), Distributed (ET 200SP Controller) and Software controller, expands the family of SIMATIC controllers and impresses with its scalability and integration. Users benefit from uniform processes and high efficiency during engineering, operation, and maintenance.

S7-1200 basic controllers have been in the market more than eight years and more and more functionalities and new modules have been launched during the recent years. In order to support you to master the common functions in a better way, we invited Siemens product and technical experts to edit this S7-1200 and TIA Portal Textbook. They did an in-depth analysis on product features and combined their own engineering experience to give you the easiest entrance and fast implementation success for S7-1200 applications. I would like to show my appreciation to their great efforts.

With the support of this book, I wish you enjoy an intuitive experience with the TIA Portal and the innovative new SIMATIC controller generation.

Siemens Ltd. , China   Digital Factory Division   Factory Automation
Head of Product & Portfolio Management
Moritz Mauer

前　言

　　SIMATIC S7-1200 PLC 是西门子 TIA 博途平台中的新一代基本型控制器。自 2009 年上市以来，SIMATIC S7-1200 PLC 因其紧凑的外观设计、灵活的硬件扩展、强大的通信能力和丰富的功能等特点，深受用户欢迎，已广泛应用于纺织、包装、太阳能、暖通空调、陶瓷、电池、电子装配、智能楼宇、物流、热网等行业。SIMATIC S7-1200 PLC 适合中小型设备和简单工艺段的控制，对于更为复杂的应用，可使用 SIMATIC S7-1500 PLC，不仅无缝集成了 SIMATIC S7-1200 PLC 的功能，而且确保统一的工程平台，提高了工程组态及操作维护效率。

　　自《西门子 S7-1200PLC 编程及应用指南》一书出版之后，获得读者们的广泛欢迎，第 2 版与第 1 版相比，新增加了包括组态控制、安全的开放式用户通信以及高速脉冲输出端 CTPL_PTO 指令的使用，可满足更多用户的应用场景。同时本书所介绍的示例程序也更新为博途 v15.1 版本。

　　特别感谢西门子（中国）有限公司数字化工厂集团工厂自动化部产品总监莫瑞茨（Moritz Mauer）先生为本书撰写序言。同时，本书得到了西门子工厂自动化工程有限公司工业客户服务部客户服务中心相关领导及众多同事的大力支持和指导。本书由段礼才主编，参加编写的有黄文钰、王广辉、朱玮、庞开航，他们对本书的编写和审校付出了辛勤劳动，在此一并表示感谢。

　　无论您是学习使用 SIMATIC S7-1200 PLC 的初学者还是有一定使用经验的工程师，或是大中专院校相关专业的师生，《西门子 S7-1200 PLC 编程及使用指南》都可以给您提供借鉴和参考，为您在工程或设备方面的工作顺利完成助一臂之力。

　　由于本书编写时间仓促，书中错误和不足之处在所难免。诚请各位专家、学者、工程技术人员以及所有读者批评指正，谢谢！

工厂自动化部 TIA PLC 团队主管

刘力康

目　　录

缩 略 语

英文全称	中文注释
CB Communication Board	通信板
CM Communication Module	通信模块
CPU Central Processor Unit	中央处理单元
DB Data Block	数据块
FB Function Block	函数块
FBD Function Block Diagram	功能块图编程语言
FC Function	函数
GSD General Station Description	PROFIBUS/PROFINET 站点的描述文件
HMI Human Machine Interface	人机界面
HSC High-Speed Counter	高速脉冲计数器
HTTP Hyper Text Transport Protocol	超文本传输协议
HTTPS Hyper Text Transport Protocol Secure	安全的超文本传输协议
ISO-on-TCP	是一种使用 RFC 1006 的协议扩展，即在 TCP 中定义了 ISO 传输的属性，支持网络路由
LAD Ladder Logic	梯形图编程语言
LLDP Link Layer Discovery Protocol	链路层发现协议
MAC Media Access Control	介质访问控制
MRES Memory Reset	存储器复位
MRP Media Redundancy Protocol	用于 PROFINET IO 网络的介质冗余协议
NTP Network Time Protocol	网络时间协议
OB Organization Block	组织块
OPC OLE for Process Control	用于过程控制的 OLE
OUC Open User Communciation	开放式用户通信，包含 ISO_ on_ TCP，TCP，UDP 等通信服务
PID Proportional-Integral-Derivative	比例-积分-微分
PLC Programmable Logic Controller	可编程序控制器
PIP Process Image Partition	过程映像分区
PROFIBUS Process Field BUS	过程现场总线。符合现场总线国际标准和欧洲过程现场总线系统标准（IEC61158/EN50170 V. 2），可提供功能强大的过程和现场通信。PROFIBUS 可以使用通信协议 FMS、DP、PA 进行通信

PROFINET	由 PROFIBUS 国际组织（PROFIBUS International, PI）推出，是新一代基于工业以太网技术的自动化总线标准
PTO Pulse Train Output	脉冲串输出
PtP Point to Point	点对点通信
PWM Pulse-Width Modulation	脉冲宽度调制
SB Signal Board	信号板
SCADA Supervisory Control And Data Acquisition	数据采集与监视控制系统，涉及组态软件和数据传输链路
SCL Structured Control Language	结构化控制编程语言
SDT System Data Type	系统数据类型
SM Signal Module	信号模块
SMC Simatic Memory Card	Simatic 存储卡，用于 S7-1200/1500 系列 PLC
TIA Totally Integrated Automation	全集成自动化
TCP Transmission Control Protocol	传输控制协议
TO Technology Object	工艺对象
UDT User-Defined Data Type	用户自定义数据类型
UDP User Datagram Protocol	用户数据报协议
UTC Universal Time Coordinated	协调世界时

第1章 TIA 博途软件概述

目前，工业 4.0 正在引领第四次工业革命，工业 4.0 强调"智能工厂"和"智能生产"，即智能制造业。随着智能制造业的不断发展，市场竞争也在变得愈发激烈。客户需要新的、高质量的产品，并且要求以更快的速度交付定制的产品。因此，企业必须不断提高生产力水平，只有那些能以更少的能源和资源完成产品生产的企业，才能够应对不断增长的成本压力。

西门子公司全新推出的 TIA 博途（Totally Integrated Automation Portal）软件 V14 版本有助于企业缩短产品上市时间，并提高生产力水平。全集成自动化的 TIA 博途 V14 工程平台，为用户带来一系列全新的数字化企业功能，可充分满足工业 4.0 的要求。

1.1 TIA 博途软件简介

TIA 博途软件将所有的自动化软件工具都统一到一个开发环境中，是业内首个采用统一工程组态和软件项目环境的自动化软件，可在同一开发环境中组态几乎所有的西门子可编程序控制器、人机界面和驱动装置，如图 1-1 所示。在控制器、驱动装置和人机界面之间建立通信时的共享任务，可大大降低连接和组态成本。

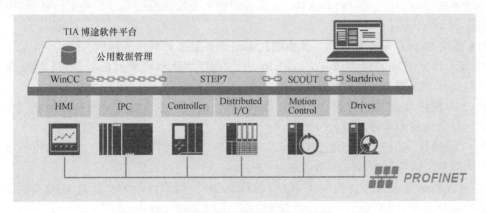

图 1-1 TIA 博途软件平台

1.2 TIA 博途软件构成

TIA 博途软件包含 TIA 博途 STEP 7、TIA 博途 WinCC、TIA 博途 Startdrive 和 TIA 博途 SCOUT 等。用户可以根据实际应用情况，购买以上任意一种软件产品或者多种产品的组合。TIA 博途软件各种产品所具有的功能和覆盖的产品范围如图 1-2 所示。

1.2.1 TIA 博途 STEP 7

TIA 博途 STEP 7 是用于组态 SIMATIC S7-1200 PLC、SIMATIC S7-1500 PLC、SIMATIC S7-300/400 PLC 和 WinAC 控制器系列的工程组态软件。

TIA 博途 STEP 7 有两种版本，具体使用取决于可组态的控制器系列：

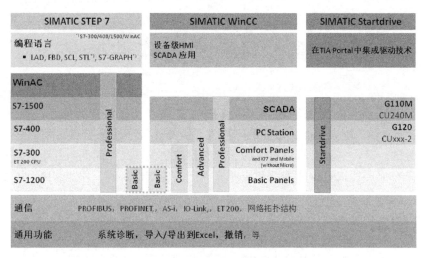

图 1-2　TIA 博途软件的产品版本概览

- TIA 博途 STEP 7 基本版（STEP 7 Basic），用于组态 S7-1200 PLC；
- TIA 博途 STEP 7 专业版（STEP 7 Professional），用于组态 SIMATIC S7-1200 PLC、SIMATIC S7-1500 PLC、SIMATIC S7-300/400 PLC 和软件控制器（WinAC）。

1.2.2　TIA 博途 WinCC

基于 TIA 博途平台的全新 SIMATIC WinCC，适用于大多数的 HMI 应用，包括 SIMATIC 触摸型和多功能型面板、新型 SIMATIC 人机界面精简及精智系列面板，也支持基于 PC 多用户系统上的 SCADA 应用。

TIA 博途 WinCC 有 4 种版本，具体使用取决于可组态的操作员控制系统：

1) TIA 博途 WinCC 基本版（WinCC Basic），用于组态精简系列面板，TIA 博途 WinCC 基本版包含在 TIA 博途 STEP 7 产品中。

2) TIA 博途 WinCC 精智版（WinCC Comfort），用于组态当前几乎所有的面板（包括精简面板、精智面板和移动面板）。

3) TIA 博途 WinCC 高级版（WinCC Advanced），除了组态面板外，还可以组态基于单站 PC 的项目，运行版为 WinCC Runtime Advanced。

4) TIA 博途 WinCC 专业版（WinCC Professional），除了具备 TIA 博途 WinCC 高级版功能，还可以组态 SCADA 系统，运行版为 WinCC Runtime Professional。

1.3　TIA 博途软件的安装

本书所使用软件版本为 TIA 博途 STEP 7 V14 SP1 专业版。

1.3.1　硬件要求

运行 TIA 博途 STEP 7 V14 SP1 软件推荐的计算机硬件配置见表 1-1。

表 1-1　推荐的计算机硬件配置

硬　　件	要　　　求
计算机	SIMATIC Field PG M5 Advanced 或更高版本(或者相当配置的计算机)
处理器	Intel ® Core™ i5-6440EQ 2.7 GHz 或更高

(续)

硬　　件	要　　求
内存	16GB 或更多(对于大型项目,为 32GB)
硬盘	SSD,配备至少 50GB 的存储空间
显示器	15.6″全高清显示器(1920×1080 或更高)

1.3.2　支持的操作系统

TIA 博途 STEP 7 V14 SP1 基本版和 TIA 博途 STEP 7 V14 SP1 专业版软件可以安装于下列操作系统（只支持 64 位操作系统）中：

- Microsoft Windows 7 家庭高级版 SP1（仅 STEP 7 基本版）；
- Microsoft Windows 7 专业版 SP1；
- Microsoft Windows 7 企业版 SP1；
- Microsoft Windows 7 旗舰版 SP1；
- Microsoft Windows 8.1（仅 STEP 7 基本版）；
- Microsoft Windows 8.1 专业版；
- Microsoft Windows 8.1 企业版；
- Microsoft Windows 10 家庭版 1607（仅 STEP 7 基本版）；
- Microsoft Windows 10 专业版 1607；
- Microsoft Windows 10 企业版 1607；
- Microsoft Windows 10 企业版 2016 长期服务版（LTSB）；
- Microsoft Windows 10 企业版 2015 长期服务版（LTSB）；
- Microsoft Windows Server 2008 R2 StdE SP1（仅 STEP 7 专业版）；
- Microsoft Windows Server 2012 R2 StdE；
- Microsoft Windows Server 2016 Standard。

1.3.3　兼容性

1. 与其他软件的兼容性

TIA 博途 STEP 7 V14 可以和下列版本的软件安装在同一台计算机：

- TIA 博途 STEP 7 V11 至 V13 SP2；
- STEP 7 V5.5 SP4；
- STEP 7 Micro/WIN V4.0 SP9；
- WinCC flexible 2008 SP3；
- WinCC（自 V7.2 起）。

2. 支持的虚拟平台

TIA 博途 STEP 7 V14 支持下列虚拟平台：

- VMwarev Sphere Hypervisor（ESXi）6.0；
- VMware Workstation 12.5；
- VMware Player 12.5；
- Microsoft Hyper-V Server 2016。

这些虚拟平台需要安装在下列主操作系统中：

- Microsoft Windows 7 专业版 SP1（64 位）；
- Microsoft Windows 7 企业版 SP1（64 位）；
- Microsoft Windows 7 旗舰版 SP1（64 位）；
- Microsoft Windows 10 专业版 1607；
- Microsoft Windows 10 企业版 1607；
- Microsoft Windows 10 企业版 2016 长期服务版（LTSB）；
- Windows Server 2016（64 位）。

1.3.4　安装步骤

将安装盘插入光盘驱动器后，安装程序便会立即启动。如果通过硬盘上的软件安装包安装，则应注意不要在安装路径中使用或者包含任何使用 UNI-CODE 编码的字符（例如中文字符）。

1. 安装要求

1）PG/PC 的硬件和软件满足系统要求。

2）具有计算机的管理员权限。

3）关闭所有正在运行的程序。

2. 安装步骤

以通过光盘安装为例：

第一步：将安装盘插入光盘驱动器。安装程序将自动启动，如果安装程序没有自动启动，则可通过双击"Start. exe"文件，手动启动。

第二步：初始化完成后将打开选择安装语言的对话框，例如选择"安装语言：中文"，如图 1-3 所示，可以通过单击"读取安装注意事项"和"读取产品信息"按钮阅读相关信息，阅读后关闭帮助文件。

第三步：单击"下一步"按钮，将打开选择产品语言的对话框，如图 1-4 所示，选择产

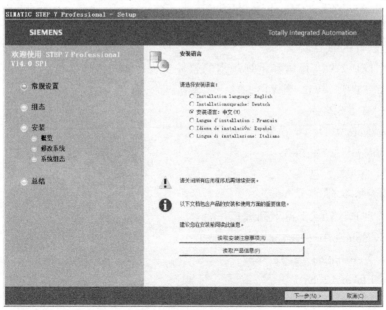

图 1-3　选择安装语言

品用户界面使用的语言，例如"中文"，始终将"英语"作为基本产品语言安装，不能取消。

第四步：然后单击"下一步"按钮，将打开选择产品组态的对话框，如图 1-5 所示，选择要安装的产品：

① 单击"最小"按钮，将以最小配置安装程序。

② 单击"典型"按钮，将以典型配置安装程序。

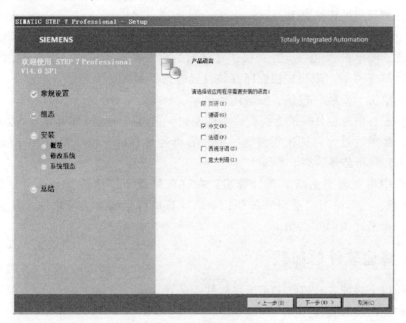

图 1-4　选择产品语言

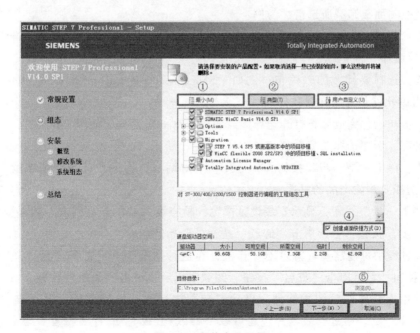

图 1-5　安装产品配置

③ 单击"用户自定义"按钮，将自主选择需要安装的产品。

④ 选中"创建桌面快捷方式"复选框，可以在桌面上创建快捷方式。

⑤ 单击"浏览"按钮，可以更改安装的目标目录，安装路径的长度不能超过 89 个字符。

第五步：单击"下一步"按钮，将打开许可证条款对话框，要继续安装，则需要阅读并接受所有许可协议。单击"下一步"按钮，将打开安全控制对话框，要继续安装，则需要接受对安全和权限设置的更改。

单击"下一步"按钮，下一对话框将显示安装设置概览，检查所选的安装设置。如果需要进行更改，则单击"上一步"按钮，直到到达想要在其中进行更改的对话框位置，更改之后，通过单击"下一步"按钮返回安装设置概览界面。

第六步：单击"安装"按钮，安装随即启动。

如果安装过程中未在计算机上找到许可证密钥，则可以通过从外部导入的方式将其传送到计算机中；如果跳过许可证密钥传送，则稍后可通过自动化授权管理器（Automation License Manager）进行传送。

安装过程中可能需要重新启动计算机，在这种情况下，请选择"是，立即重启计算机。"选项按钮，然后单击"重启"按钮，重启计算机后会继续安装软件，直至安装完成。安装完成后，单击"关闭"按钮。

1.4　TIA 博途软件的卸载

可以选择以下两种方式卸载 TIA 博途软件：

- 通过控制面板卸载软件；
- 使用安装软件包卸载软件。

以通过控制面板卸载所选组件为例：

第一步：通过"开始>控制面板"打开"控制面板"，单击"程序和功能"，将打开"卸载或更改程序"对话框。

第二步：选择要卸载的软件包，例如"Siemens Totally Integrated Automation Portal V14 SP1"，双击该软件包开始卸载软件。

第三步：初始化完成后将打开选择卸载程序语言的对话框，如图 1-6 所示，选择卸载程序使用的语言，例如选择"安装语言：中文"。

第四步：单击"下一步"按钮，将打开一个对话框，供用户选择要删除的产品，如图 1-7 所示，选择要删除产品的复选框。

单击"下一步"按钮，显示安装设置概览，检查要卸载的产品列表。如果要进行更改，单击"上一步"按钮，否则单击"卸载"按钮，开始卸载。

在卸载过程中可能需要重新启动计算机，在这种情况下，请选择"是，立即重启计算机。"选项按钮，然后单击"重启"按钮。卸载完成后，单击"关闭"按钮。

也可使用安装软件包卸载软件。启动安装程序后，开始卸载软件，步骤与通过控制面板卸载软件一致。通过安装软件包还可以"修改/升级"或者"修复"软件，如图 1-8 所示。

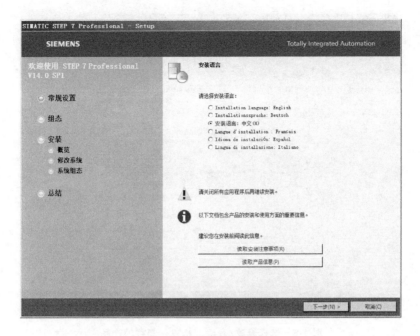

图 1-6　选择卸载语言

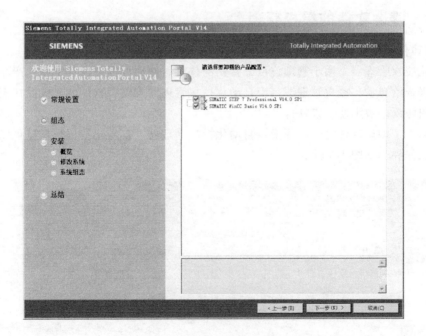

图 1-7　选择卸载的产品

注意:

卸载 TIA 博途软件时,不会自动删除自动化授权管理器,它要用于管理其他 Siemens AG 软件产品的许可密钥。

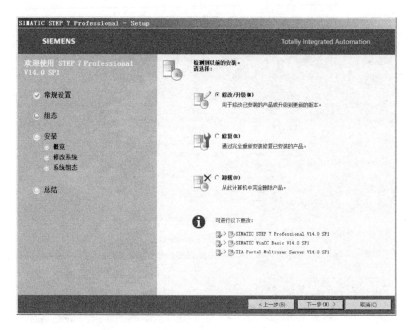

图 1-8　选择修改/升级、修复、卸载的产品

1.5　TIA 博途软件的授权管理

1.5.1　自动化授权管理器

自动化授权管理器是用于管理许可证密钥的软件。使用许可证密钥的软件产品自动将许可证要求报告给自动化授权管理器，当自动化授权管理器发现该软件的有效授权密钥时，才可根据授权协议的规定使用该软件。

在安装 TIA 博途软件时，必须安装自动化授权管理器。自动化授权管理器可以传送、检测授权，操作界面如图 1-9 所示。

图 1-9　自动化授权管理器操作界面

图 1-9 中的许可证密钥的状态图标含义如下：

1）✔：许可证密钥正常。

2）➡：许可证密钥使用中。

3）✖：许可证密钥损坏。

1.5.2　许可证类型

TIA 博途软件许可证类型见表 1-2 和表 1-3。

表 1-2　标准许可证类型

标准许可证类型	描　　述
单一许可证 Single	具有此类许可证的软件可在任意计算机上使用。使用方式须遵循许可证书的规定
浮动许可证 Floating	带有该许可证的软件可以安装在作为服务器的计算机上,同时只能被一个客户端用户使用
Master	使用具有此类许可证的软件可不受限制
升级许可证 Upgrade	使用升级许可证,可将旧版本的许可证转换成新版本。升级许可证是十分必要的,例如要使用新版本软件的新功能

表 1-3　许可证类型

许可证类型	描　　述
Unlimited	使用具有此类许可证的软件可不受限制
Count relevant	使用具有此类许可证的软件有以下限制:协议中规定的变量的数量
Countable Objects	使用具有此类许可证的软件有以下限制:协议中规定的对象的数量
租赁许可证 Rental	使用具有此类许可证的软件有以下限制: • 协议中规定的工作小时数 • 协议中规定的从首次使用开始计算的天数 • 协议中规定的到期日期
试用许可证 Trial	使用具有此类许可证的软件有以下限制: • 有效期,例如,最长 21 天 • 从首次使用开始计算的一定天数 • 用于测试和验证(免责声明)
演示版许可证 Demo	使用具有此类许可证的软件有以下限制: • 协议中规定的工作小时数 • 协议中规定的从首次使用开始计算的天数 • 协议中规定的到期日期

注意:
可在任务栏的信息区域查看有关 Rental 及 DEMO 许可证剩余时间的简要信息。

1.5.3　安装许可证

可以在安装 TIA 博途软件产品期间安装许可证密钥,或者在 TIA 博途软件安装完成后使用自动化授权管理器软件传送许可证密钥。

在自动化授权管理器软件中,可以通过下列方法传送许可证密钥:
• 使用拖放功能传送许可证密钥;
• 使用剪切和粘贴操作传送许可证密钥;
• 使用"传送"命令传送许可证密钥;
• 使用"离线传送"命令传送许可证密钥。

有些软件产品在安装时会自动安装所需要的许可证密钥。

1.6　TIA 博途软件的界面

TIA 博途软件在自动化项目中可以使用两种不同的视图：Portal 视图和项目视图。Portal 视图是面向任务的视图，项目视图是项目各组件以及相关工作区和编辑器的视图。可以使用链接在两种视图间进行切换。

1.6.1　Portal 视图

Portal 视图提供了面向任务的工具视图，可以快速确定要执行的操作或任务。如有必要，该界面会针对所选任务自动切换为项目视图。双击 TIA 博途软件的快捷方式打开软件，首先看到 Portal 视图界面，如图 1-10 所示。

图 1-10　Portal 视图界面

Portal 视图界面功能说明如下：

① 任务选项：为各个任务区提供了基本功能，在 Portal 视图中提供的任务选项取决于所安装的软件产品。

② 所选任务选项对应的操作：提供了在所选任务选项中可使用的操作，操作的内容会根据所选的任务选项动态变化，可在每个任务选项中查看相关任务的帮助文件。

③ 操作选择面板：所有任务选项中都提供了选择面板，该面板的内容取决于当前的选择。

④ 切换到项目视图：使用"项目视图"链接切换到项目视图。

⑤ 当前打开的项目的显示区域：了解当前打开的是哪个项目。

1.6.2　项目视图

项目视图是项目所有组件的结构化视图，如图 1-11 所示。

项目视图界面功能说明如下：

① 标题栏：显示项目名称。

② 菜单栏：菜单栏包含工作所需的全部命令。

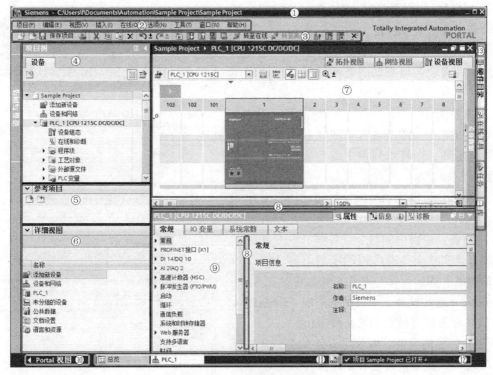

图 1-11　项目视图界面

③ 工具栏：工具栏提供了常用命令的按钮，可以更快地访问这些命令。

④ 项目树：使用项目树功能可以访问所有组件和项目数据。

⑤ 参考项目：除了可以打开当前项目，还可以打开其他项目进行参考。

⑥ 详细视图：显示总览窗口或项目树中所选对象的特定内容，包含文本列表或变量。

⑦ 工作区：在工作区内显示编辑的对象。

⑧ 分隔线：分隔程序界面的各个组件，可使用分隔线上的箭头显示和隐藏用户界面的相邻部分。

⑨ 巡视窗口：有关所选对象或所执行操作的附加信息均显示在巡视窗口中。

⑩ 切换到 Portal 视图：使用"Portal 视图"链接切换到 Portal 视图。

⑪ 编辑器栏：将显示打开的编辑器，从而在已打开元素间进行快速切换，如果打开的编辑器数量非常多，则可对类型相同的编辑器进行分组显示。

⑫ 带有进度显示的状态栏：将显示当前正在后台运行的过程的进度条。

⑬ 任务卡：根据所编辑对象或所选对象，提供了用于执行附加操作的任务卡。

1.6.3　项目树

使用项目树功能可以访问所有组件和项目数据，如图 1-12 所示。可在项目树中执行以下任务：

- 添加新组件；
- 编辑现有组件；
- 扫描和修改现有组件的属性。

项目树界面功能说明如下：

① 标题栏：项目树的标题栏有一个按钮，可以自动和手动折叠项目树。

② 工具栏：可以在项目树的工具栏中创建新的用户文件夹，向前浏览到链接的源后再返回浏览到链接本身，在工作区中显示所选对象的总览。

③ 表格标题：默认情况下会显示"名称"列，也可以显示"类型名称"和"版本"列，如果显示其他列，则将看到库中类型实例所用的相应类型名称和版本。

④ 项目：可以找到与项目相关的所有对象和操作。

⑤ 设备：项目中的每个设备都有一个单独的文件夹，该文件夹具有内部的项目名称，属于该设备的对象和操作都排列在此文件夹中。

⑥ 未分组的设备：项目中的所有未分组的分布式 I/O 设备都将包含在此文件夹中。

⑦ 未分配的设备：未分配给分布式 I/O 系统的分布式 I/O 设备都将包含在此文件夹中。

⑧ 公共数据：该文件夹包含可跨多个设备使用的数据，例如公共消息类、日志和脚本。

⑨ 文档设置：在该文件夹中指定项目文档的打印布局。

⑩ 语言和资源：在该文件夹中确定项目语言和文本。

图 1-12　项目树视图界面

⑪ 在线访问：该文件夹包含了 PG/PC 的所有接口，可以通过"在线访问"查找可访问的设备。

⑫ 读卡器/USB 存储器：该文件夹用于管理连接到 PG/PC 的所有读卡器和其他 USB 存储介质。

1.7　TIA 博途软件应用的常见问题

1. 在某些情况下，为什么安装 TIA 博途 V14 软件需要很长时间？如何解决？

答：安装 TIA 博途软件需要很长时间，主要是由于微软 Visual Studio 2015 的安装过程会出现静止不动的现象。

Visual Studio 2015 的发布包括一个修补程序和安装过程中 WUA（Windows Update Agent）检查其他必要的更新。根据所需更新大小增加相应的安装时间。

解决办法：

通常，由于安全原因微软建议始终保持 Windows 操作系统始终是最新的。如果做不到这点，微软提出以下建议：

• 安装最新版本的 Windows Update Agent；

Windows Update Client for Windows 7 and Windows Server 2008 R2。

　　● 安装最新的汇总更新，以减少可用更新包的数量：Convenience rollup update for Windows 7 SP1 and Windows Server 2008 R2 SP1。

　　这样减少了 Visual Studio 2015 发布包的安装时间，从而也降低了 TIA 博途软件的安装时间。

　　2. 为什么 TIA 博途 V14 的信息系统（在线帮助）有时显示不正确的字符？

　　答：TIA 博途 V14 的信息系统是以部分微软 IE 浏览器软件为背景工作的。如果你安装了一个旧版本的微软 IE 浏览器，则 TIA 博途 V14 的信息系统将不会正确显示。

　　可能产生如下错误信息：

　　● 屏幕显示不正确；

　　● 不能显示中文字符；

　　● 特定的特殊字符和符号显示不正确。

　　解决办法：安装 Microsoft Internet Explorer 11。

　　3. 什么版本的 TIA 博途软件支持 Microsoft Windows 10 操作系统？

　　答：TIA 博途 V13 SP2 和 TIA 博途 V14 SP1。

　　4. 是否可以同时安装 TIA 博途 V13 SP2 和 TIA 博途 V14 SP1？

　　答：可以同时安装。对于这两个版本，仅需要的是 TIA 博途 V14 SP1 的许可证。

第2章 S7-1200 PLC硬件系统

S7-1200 PLC系列CPU，具有丰富的扩展模块，选择灵活度高，功能强大，并具有CE、UL和FM等各种认证和美、德、法、挪威等各国船级社认证，用于船舶的使用。S7-1200 PLC拥有SIPLUS产品，应用于高海拔、宽温度范围等场合，也有满足EN50155等铁路标准的SIPLUS S7-1200 RAIL系列产品，可用于铁路和列车上。S7-1200 PLC提供多种智能模块，连接RFID的读卡器模块RF120C、IO-Link主站模块SM1278、静态及动态称重模块WP231/WP241/WP251、电能测量模块SM1238等。

2.1 CPU概述

CPU采用了模块化和紧凑型设计，将处理器、传感器电源、数字量输入/输出、高速输入/输出和模拟量输入/输出组合到一起，形成了功能强大的控制器，可以适用于多种应用领域，满足不同的自动化需求。

1. 丰富的通信功能

CPU提供了简便、有效的通信技术任务解决方案。CPU集成的PROFINET接口可用于编程、HMI通信和PLC之间的通信。PROFINET接口集成的RJ-45连接器具有自动交叉网线（auto-cross-over）功能，提供10/100Mbit/s的数据传输速率，此外它还通过开放的以太网协议支持与第三方设备的通信，支持以下协议：TCP、UDP、ISO-on-TCP、Modbus TCP和S7通信。同时可以作为PROFINET控制器控制16个PROFINET IO设备，并支持I-Device（智能IO设备）功能，可以连接PROFINET IO控制器进行数据交换。还可使用附加通信模块实现PROFIBUS以及RS485/RS232串口通信。

2. 强大的技术工艺功能

1）CPU提供了最多6个高速计数器，支持单相、A/B正交编码器，可以进行计数、频率测量、周期测量。

2）CPU提供多种运动控制方式：

① PROFIdrive：S7-1200 PLC通过基于PROFIBUS/PROFINET的PROFIdrive方式与支持PROFIdrive的驱动器连接，进行运动控制。

② PTO：S7-1200 PLC通过发送PTO脉冲的方式控制驱动器，输出信号类型可以是脉冲+方向、A/B正交、也可以是正/反脉冲。

③ 模拟量：S7-1200 PLC通过模拟量输出控制驱动器。

CPU的运动控制指令符合PLCopen国际认可的运动控制标准，支持绝对定位、相对定位、速度控制、回零（寻参考点）及点动。集成了调试面板，简化了步进电动机或伺服电动机的入门调试，并提供在线诊断功能。

④ CPU提供4路PWM输出（脉冲宽度调制），提供具有固定周期时间的脉冲输出，脉冲的占空比可调节，应用在控制电动机速度、阀门位置、加热等方面。

⑤ CPU 提供带自动调节功能的 PID 控制回路。

3. 可靠的信息安全

CPU 提供多种安全功能，用于防范对 CPU 和控制程序未经授权的访问，实现了知识产权的保护。

1）每个 CPU 都提供密码保护功能，可以设置 CPU 的访问权限。

2）可以使用"专有技术保护"隐藏特定块中的代码。

3）可以使用防拷贝（复制）保护，将程序绑定到特定存储卡或 CPU。

4. 轨迹（Trace）

CPU 支持 Trace 功能，可用于跟踪和记录变量。可将记录的跟踪测量数据上传到编程设备并进行分析、管理并以图形方式显示这些数据，例如变量地址和时间戳。测量结果可导出存档，用于数据分析处理。

5. 强大的调试与诊断功能

CPU 支持仿真功能，可在仿真的 PLC（PLCSIM）上测试 PLC 程序。仿真的 PLC 不支持高速计数、PID 控制和运动控制等功能。

CPU 支持 PID 调试工具、参数自整定工具和运动控制调试面板。

CPU 提供了多种诊断方法，例如：读取 CPU 及模块的状态 LED，这种方法最直观；读取 CPU 及模块的诊断缓冲区，需要 TIA 博途软件能够与 PLC 建立通信；通过 OB 组织块或诊断指令获得诊断信息。还可以使用 Web 服务器或 HMI 读取诊断信息。

6. 灵活的硬件扩展能力

CPU 最多连接 8 个信号模块（具体数量取决于 CPU 的型号，见表 2-1），以便支持更多的数字量和模拟量 I/O。所有的 CPU 都可以安装 1 个信号板，通过信号板可以添加少量的数字量或模拟量 I/O，以及 RS485 通信板。信号板不占用信号模块的位置，不会增加安装的空间。

通信模块（CM）和通信处理器（CP）可以增加 CPU 的通信接口，例如：PROFIBUS 或 RS232/RS485 的连接。CPU 最多支持 3 个 CM 或 CP，CM 或 CP 连接在 CPU 的左侧。CPU 还可以通过 PROFINET/PROFIBUS 扩展分布式 I/O。

7. 配方与数据日志功能

CPU 提供配方功能，可实现配方数据的导入、导出。配方数据文件按照标准 CSV 格式存储在 CPU 或存储卡中。可以通过集成的 Web 服务器或直接读取存储卡中的文件管理配方数据文件，实现配方数据文件的下载、修改和删除。

CPU 能够实现数据日志功能，可将过程数据以 CSV 格式记录在 CPU 或存储卡中。通过集成的 Web 服务器可以方便地访问这些文件，并对其进行分析。

8. CPU 硬件及技术规范

CPU 具有不同型号、不同的特征和功能，但是核心处理芯片的运算能力相同，CPU 示意图如图 2-1 所示。

图 2-1 中，①：可拆卸用户接线连接器。②：存储卡插槽（上部保护盖下面）。③：PROFINET 接口（CPU 的底部）。④：CPU 集成 I/O 的状态 LED。

不同型号的 CPU 技术参数见表 2-1。

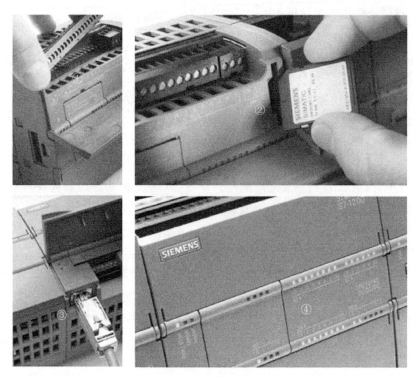

图 2-1　CPU 示意图

表 2-1　不同型号的 CPU 技术参数

特征		CPU 1211C	CPU 1212C	CPU 1214C	CPU 1215C	CPU 1217C
物理尺寸 /mm		90×100×75		110×100×75	130×100×75	150×100×75
CPU 类型		DC/DC/DC,AC/DC/RLY,DC/DC/RLY				DC/DC/DC
用户存储器	工作	50KB	75KB	100KB	125KB	150KB
	装载	1MB	2MB	4MB		
	保持性	10KB				
本地板载 I/O	数字量	6 个输入 / 4 个输出[①]	8 个输入/6 个输出[①]		14 个输入/10 个输出[①]	
	模拟量	2 点输入			2 点输入/2 点输出	
过程映像大小	输入(I)	1024 个字节				
	输出(Q)	1024 个字节				
位存储器(M)		4096 个字节			8192 个字节	
信号模块(SM)扩展		无	2	8		
信号板(SB)、电池板(BB)或通信板(CB)		1				
通信模块/CM		3				
高速计数器	总计	最多可组态 6 个使用任意内置或 SB 输入的高速计数器				
	1MHz	—				Ib. 2 到 Ib. 5[④]
	100/80kHz	Ia. 0 到 Ia. 5				
	30/20kHz[②]	—	Ia. 6 到 Ia. 7	Ia. 6 到 Ib. 5		Ia. 6 到 Ib. 1
	200kHz	与 SB 1221 DI4×24 V DC200kHz 和 SB 1221 DI 4×5 V DC200kHz 一起使用时,最高可达 200kHz				

（续）

特征		CPU 1211C	CPU 1212C	CPU 1214C	CPU 1215C	CPU 1217C
脉冲输出③	总计	最多可组态 4 个使用任意内置或 SB 输出的脉冲输出				
	1MHz	—				Qa.0 到 Qa.3④
	100kHz	Qa.0 到 Qa.3				Qa.4 到 Qb.1
	20kHz	—		Qa.4 到 Qa.5	Qa.4 到 Qb.1	—
存储卡		SIMATIC 存储卡（选件）				
数据日志	数量	每次最多打开 8 个				
	大小	每个数据日志为 500MB 或受最大可用装载存储器容量限制				
实时时钟保持时间		通常为 20 天，40℃时至少为 12 天（免维护超级电容）				
PROFINET 以太网通信端口		1			2	
实数数学运算执行速度		2.3μs/指令				
布尔运算执行速度		0.08μs/指令				

① 集成的数字量输入支持源型/漏型输入。

② 将 HSC 组态为 A/B 正交工作模式时，脉冲测量速度为 20kHz。

③ 对于具有继电器输出的 CPU 模块，必须安装数字量信号板才能使用脉冲输出。

④ 1217C CPU 带有 4 路高速差分输入/输出，可支持高达 1MHz 的高速计数/脉冲输出。

S7-1200 PLC 提供了具有不同电源电压和输入输出类型的 CPU：

- DC/DC/DC：电源电压范围 DC20.4V～DC28.8V/晶体管输入/晶体管输出；
- AC/DC/RLY：电源电压 AC 85～264V，频率 47～63Hz/晶体管输入/继电器输出；
- DC/DC/RLY：电源电压范围 DC20.4V～DC28.8V/晶体管输入/继电器输出。

CPU 集成的数字量输入支持输入滤波器和脉冲捕捉功能。

数字量输入滤波器可防止程序响应由开关触点跳变或电气噪声等产生的意外快速变化输入信号。根据应用的不同，可能需要较短的滤波时间来检测和响应快速传感器的输入。例如编码器，或需要较长的滤波时间来防止触点跳变以及脉冲噪声。默认滤波时间为 6.4ms，6.4ms 的输入滤波时间表示输入信号从"0"变为"1"，或从"1"变为"0"时必须持续 6.4ms 才能够被检测到，而短于 6.4ms 的信号不会被检测到。

脉冲捕捉功能可以捕捉高电平脉冲或低电平脉冲。当脉冲出现的时间极短，CPU 在扫描周期开始读取数字量输入时，可能无法始终读取到这个脉冲。为某一输入点启用脉冲捕捉时，输入状态的改变被锁存，并保持至下一次输入循环更新。这样可确保捕捉到持续时间很短的脉冲。CPU 启用/未启用脉冲捕捉功能时的状况如图 2-2 所示。

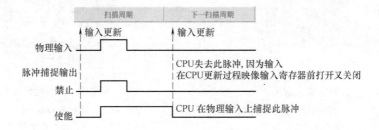

图 2-2　启用/未启用脉冲捕捉功能

由于脉冲捕捉功能在输入信号通过输入滤波器后对输入信号进行操作，必须调整输入滤波时间，以防滤波器过滤掉脉冲。脉冲捕捉输出如图 2-3 所示。

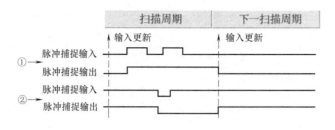

图 2-3　脉冲捕捉输出

图 2-3 中，①在某一扫描周期中存在多个脉冲，仅锁存第一个脉冲。如果需响应在 1 个扫描周期中的多个脉冲，则应当使用上升/下降沿中断事件。②CPU 也可以捕捉低电平脉冲。

> **注意：**
> 在 1214C/1215C/1217C 本体集成的输入点中，最后两个输入点不支持上升沿或下降沿的硬件中断。

2.2　信号模块与信号板

信号模块（SM）是 CPU 与控制设备之间的接口，输入/输出模块统称为信号模块。信号模块主要分为两类：

1）数字量模块：数字量输入、数字量输出、数字量输入/输出模块。

2）模拟量模块：模拟量输入、模拟量输出、模拟量输入/输出模块。

信号模块作为 CPU 的集成 I/O 的补充，连接到 CPU 的右侧可以与除 CPU 1211C 之外的所有 CPU 一起使用，用来扩展数字或模拟输入/输出能力，模块示意图如图 2-4 所示。

信号板（SB）可以直接插到每个 CPU 前面的插座中，能够保证 CPU 的安装尺寸保持不变，信号板可以与所有 CPU 一起使用，信号板示意图如图 2-5 所示。

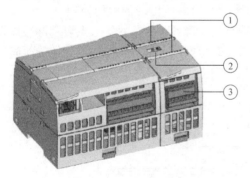

图 2-4　信号模块示意图
①—状态 LED　②—总线连接器滑动接头
③—可拆卸用户接线连接器

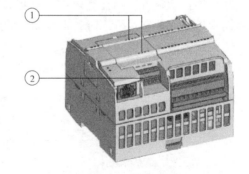

图 2-5　信号板示意图
①—SB 上的状态 LED　②—可拆卸
用户接线连接器

2.2.1　数字信号模块（SM）

CPU 可使用 8 输入、16 输入的数字量输入模块，8 输出、16 输出的数字量输出模块，以及 8 输入/8 输出、16 输入/16 输出混合模块，实现数字信号的扩展，具体型号见表 2-2。

表 2-2　数字信号模块

型　　号	订货号	输入/输出点数
SM 1221 DI 8×DC24V	6ES7221-1BF32-0XB0	8 输入
SM 1221 DI 16×DC24V	6ES7221-1BH32-0XB0	16 输入
SM 1222 DQ 8×继电器	6ES7222-1HF32-0XB0	8 输出
SM 1222 DQ 8 继电器切换	6ES7222-1XF32-0XB0	8 输出
SM 1222 DQ 8×DC24V	6ES7222-1BF32-0XB0	8 输出
SM 1222 DQ 16×继电器	6ES7222-1HH32-0XB0	16 输出
SM 1222 DQ 16×DC24V	6ES7222-1BH32-0XB0	16 输出
SM 1223 DI 8×DC24V,DQ 8×继电器	6ES7223-1PH32-0XB0	8 输入/8 输出
SM 1223 DI 16×DC24V,DQ 16×继电器	6ES7223-1PL32-0XB0	16 输入/16 输出
SM 1223 DI 8×DC24V,DQ 8×DC24V	6ES7223-1BH32-0XB0	8 输入/8 输出
SM 1223 DI 16×DC24V,DQ 16×DC24V	6ES7223-1BL32-0XB0	16 输入/16 输出
SM 1223 DI 8×AC120/230V/DQ 8×继电器[①]	6ES7223-1QH32-0XB0	8 输入/8 输出

① 支持额定电压为 AC 120V/AC 230V 的数字量输入。

　　下面以 SM 1221 DI8 为例介绍数字量输入的技术规范，以 SM 1222 DQ 8×继电器和 SM 1222 DQ 8×DC24V 为例介绍数字量输出的技术规范。

　　1. SM 1221 数字量输入的技术规范

　　SM 1221 数字量输入的技术规范见表 2-3。

表 2-3　SM 1221 数字量输入的技术规范

型号	SM 1221 DI 8×DC24V
订货号	6ES7221-1BF32-0XB0
输入点数	8
类型	漏型/源型（具体接线可参考 2.6.3 章节）
额定电压	4 mA 时 DC24V，额定值
允许的连续电压	DC30V，最大值
浪涌电压	DC35V，持续 0.5s
逻辑 1 信号（最小）	2.5 mA 时 DC15V
逻辑 0 信号（最大）	1 mA 时 DC5V
隔离（现场侧与逻辑）	DC707V（标准试验）
隔离组	2
滤波时间	0.2、0.4、0.8、1.6、3.2、6.4 和 12.8ms（可选择，4 个为一组）
电缆长度	500m（屏蔽）、300m（非屏蔽）

　　2. SM 1222 数字量输出的技术规范

　　SM 1222 8 点数字量输出的技术规范见表 2-4。

表 2-4　SM 1222 8 点数字量输出的技术规范

型号	SM 1222 DQ 8×继电器	SM 1222 DQ 8×DC24V
订货号	6ES7222-1HF32-0XB0	6ES7222-1BF32-0XB0
输出点数	8	8
类型	继电器、机械式	固态- MOSFET（源型）
电压范围	DC5~30V 或 AC5~250V	DC20.4~28.8V
最大电流时的逻辑 1 信号	—	DC20V 最小
具有 10kΩ 负载时的逻辑 0 信号	—	DC0.1V 最大

（续）

电流(最大)	2.0A	0.5A
灯负载	DC30W/AC 200W	5W
通态触点电阻	最大为 0.2Ω	最大为 0.6Ω
每点的漏电流	—	最大为 10μA
浪涌电流	触点闭合时为 7A	8A,最长持续 100ms
过载保护	不支持	
隔离(现场侧与逻辑侧)	AC1500V(线圈与触点) 无(线圈与逻辑侧)	707V DC(标准试验)
隔离组	2	1
每个公共端的电流(最大)	10A	4A
电感钳位电压	—	L+ −48V,1W 损耗
开关延迟	最长 10ms	断开到接通最长为 50μs 接通到断开最长为 200μs
继电器最大开关频率	1Hz	—
机械寿命(无负载)	10,000,000 个断开/闭合周期	—
额定负载下的触点寿命(常开触点)	100,000 个断开/闭合周期	—
RUN 到 STOP 时的行为	上一个值或替换值(默认值为 0)	
同时接通的输出数	8	8
电缆长度	500m(屏蔽)、150m(非屏蔽)	

2.2.2　数字信号板（SB）

　　CPU 可使用 4 输入的数字量输入信号板、4 输出的数字量输出信号板，以及 2 输入/2 输出的混合信号板，具体型号见表 2-5。

表 2-5　数字信号板

型　　号	订货号	输入/输出点数
SB 1221 DI 4×DC24V,200kHz[1]	6ES7221-3BD30-0XB0	4 输入
SB 1221 DI 4×DC5V,200kHz[1]	6ES7221-3AD30-0XB0	4 输入
SB 1222 DQ 4×DC24V,200kHz[2]	6ES7222-1BD30-0XB0	4 输出
SB 1222 DQ 4×DC5V,200kHz[2]	6ES7222-1AD30-0XB0	4 输出
SB 1223 DI 2×DC24V/DQ 2×DC24V,200kHz[1、2]	6ES7223-3BD30-0XB0	2 输入/2 输出
SB 1223 DI 2×DC 5V/DQ 2×DC5V,200kHz[1、2]	6ES7223-3AD30-0XB0	2 输入/2 输出
SB 1223 DI 2×DC 24V,DQ 2×DC24V[3]	6ES7223-0BD30-0XB0	2 输入/2 输出

　　① 支持源型输入。

　　② 支持源型和漏型输出。

　　③ 支持漏型输入和源型输出。

　　下面以 SB 1221 DI 4×DC24V，200kHz 为例介绍数字量输入的技术规范，以 SB 1222 DQ 4×DC24V，200kHz 数字量输出为例介绍数字量输出的技术规范。

　　1. SB 1221 数字量输入的技术规范

　　SB 1221 DI 4×DC24V，200kHz 数字量输入的技术规范见表 2-6。

表 2-6　SB 1221 数字量输入的技术规范

型号	SB 1221 DI 4×DC24V,200kHz
订货号	6ES7221-3BD30-0XB0
输入点数	4

（续）

类型	源型
额定电压	7mA 时 DC24V,额定值
允许的连续电压	DC28.8V
浪涌电压	DC35V,持续 0.5s
逻辑 1 信号	0V(10mA)~L+-10V(2.9mA)
逻辑 0 信号	L+-5V(1.4mA)~L+(0mA)
HSC 时钟输入频率(最大)	单相:200kHz A/B 正交相位:160kHz
隔离(现场侧与逻辑侧)	DC707V(标准试验)
隔离组	1
滤波时间 us 设置	0.1、0.2、0.4、0.8、1.6、3.2、6.4、10.0、12.8、20.0
滤波时间 ms 设置	0.05、0.1、0.2、0.4、0.8、1.6、3.2、6.4、10.0、12.8、20.0
同时接通的输入数	·2(无相邻点),60℃(水平)或 50℃(垂直)时 ·4,55℃(水平)或 45℃(垂直)时
电缆长度	50m 屏蔽双绞线

2. SB 1222 数字量输出的技术规范

SB 1222 DQ 4×DC24V，200kHz 数字量输出的技术规范见表 2-7。

表 2-7　SB 1222 DQ 4×DC24V，200kHz 数字量输出的技术规范

技术数据	SB 1222 DQ 4×DC24V,200kHz
订货号	6ES7222-1BD30-0XB0
输出点数	4
输出类型	固态-MOSFET 漏型和源型
电压范围	DC20.4~28.8V
最大电流时的逻辑 1 信号	L+ -1.5V
最大电流时的逻辑 0 信号	DC1.0V,最大值
电流(最大)	0.1A
通态触点电阻	最大为 11Ω
断态电阻	最大为 6Ω
脉冲串输出频率	最大为 200kHz,最小为 2Hz
浪涌电流	0.11A
过载保护	不支持
隔离(现场侧与逻辑侧)	DC707V(标准试验)
隔离组	1
每个公共端的电流	0.4A
开关延迟	上升沿 1.5μs+300ns 下降沿 1.5μs+300ns
RUN 到 STOP 时的行为	上一个值或替换值(默认值为 0)
同时接通的输出数	2(无相邻点),60℃(水平)或 50℃(垂直)时 4,55℃(水平)或 45℃(垂直)时
电缆长度	50m 屏蔽双绞线

2.2.3　模拟量概述

1. 准确性/精度

需要明确两个模拟量输入模块参数:

• 模拟量转换的分辨率;

● 模拟量转换的精度（误差）。

分辨率是 A-D 模拟量转换芯片的转换精度，即用多少位的数值来表示模拟量。S7-1200 PLC 模拟量模块提供的转换分辨率有 13 位（12 位+符号位）和 16 位（15 位+符号位）两种。

当分辨率小于 16 位时，模拟值以左侧对齐的方式存储，未使用的最低位补 "0"。13 位分辨率的模板则是从第四位 bit3 开始变化，其最小变化单位 $2^3=8$，bit0~bit2 则补 "0"，见表 2-8。

表 2-8　数字化模拟值的表示方法及示例

分辨率	位															
位	15	14	13	12	11	10	9	8	7	6	5	4	3	2	1	0
位值	2^{15}	2^{14}	2^{13}	2^{12}	2^{11}	2^{10}	2^9	2^8	2^7	2^6	2^5	2^4	2^3	2^2	2^1	2^0
16 位	0	1	0	0	0	1	1	0	0	1	0	1	1	1	1	1
13 位	0	1	0	0	0	1	1	0	0	1	0	1	1	0	0	0

模块分辨率为 13 位（12 位+符号位）时，单极性测量值有 $2^{12}=4096$ 个增量。测量范围为 0~10V 时，能够达到的上溢值为 11.852V，0~10V 的测量范围见表 2-9。最小增量值为上溢值 11.852V/4096，即 2.89mV。精度每增加 1 位，增量数将增加 1 倍。如果精度从 13 位增加到 16 位（15 位+符号位），那么增量数将增加 8 倍，从 4096 增加到 32768，模块最小增量为 11.852/32768，即 0.36mV。

> 注意：
> 分辨率不适用于温度值。

模拟量转换的精度表现了测量值采集的整体误差，除了取决于 A-D 转换的分辨率，还受转换芯片的外围电路的影响。在实际应用中，输入的模拟量信号会有波动、噪声和干扰，内部模拟电路也会产生噪声、漂移，这些都会对转换的最后精度造成影响。这些因素造成的误差要大于 A-D 芯片的转换误差。高分辨率不代表高精度，但为达到高精度必须具备一定的分辨率。

表 2-9　0~10V 的测量范围

增量值	电压测量范围	
十进制	0~10V	范围
32767	11.852V	上溢
32512		
32511	11.759V	超出范围
27649		
27648	10.0V	额定范围
20736	7.5V	
1	361.7μV	
0	0V	

根据 EN 61131 标准，要求注明模板在 25℃ 时的基本误差，以及整个工作温度范围内的工作极限。模拟量输入模块的转换精度见表 2-10。

表 2-10　模拟量输入模块的转换精度

型号	SM 1231 AI 4×13 位	SM 1231 AI 8×13 位	SM 1231 AI 4×16 位
精度（25℃/-20~60℃）	满量程的 ±0.1%/±0.2%		满量程的 0.1%/±0.3%

2. 干扰频率抑制

模拟量输入模块使用干扰频率抑制功能，抑制由 AC 电压电源频率产生的噪声。AC 电压电源频率可能会对测量值产生不利影响。尤其是在低电压测量范围以及使用热电偶的时候。转换时间根据干扰频率抑制的设定不同发生变化，设置的频率越高，转换时间越短。始终根据所用线路频率，选择干扰频率。

3. 滤波

模拟量输入值的滤波过程会产生稳定的模拟信号，通常滤波对于在处理变化缓慢的信号时非常有用，例如温度测量。可以为滤波分配 4 个级别（无、弱、中、强）。

1）无：模拟量输入模块通常会保持 4 个输入采样值（抑制频率设置为 400Hz 时的 8 输入模拟量模块采样数量为 2 个），当模拟量输入模块采样到一个新值时，模拟量输入模块将丢弃最早的采样值，并将新值加上剩下的 3 个采样值然后计算平均值，得到的结果就是模拟量输入值。

2）弱：当模拟量输入模块采样到一个新值时，模拟量输入模块将当前采样值的总和减去当前 4 个采样值的平均值，然后加上新值，之后计算新的平均值作为模拟量输入模块输入值。

举例：当前的 4 个采样值为 0、10、10、10，第五个采样值为 10。滤波级别为无时，模拟量输入模块将丢弃最早的采样值 0，之后加上新值 10，再取平均值，那么模拟量输入值将由 7.5 变为 10；滤波级别为弱时，将减去之前 4 个采样值的平均值 7.5，然后加上新值 10 后再取平均值，得到的模拟量输入新值为 8.125。

3）中、强：与选择滤波级别为弱时的算法类似，区别为选择滤波级别为中时，采样个数为 16；选择滤波级别为强时，采样个数为 32。

滤波级别越高，经滤波处理的模拟值就越稳定，但无法反应快速变化的实际信号。

2.2.4　模拟信号模块（SM）

CPU 可使用 4 输入或 8 输入的模拟量输入模块，2 输出或 4 输出的模拟量输出模块，以及 4 输入/2 输出的模拟量输入/输出混合模块，实现模拟信号的扩展，具体型号见表 2-11。

表 2-11　模拟信号模块

型号	订货号	输入/输出点数
SM 1231 AI 4×13 位	6ES7231-4HD32-0XB0	4 输入
SM 1231 AI 8×13 位	6ES7231-4HF32-0XB0	8 输入
SM 1231 AI 4×16 位	6ES7231-5ND32-0XB0	4 输入
SM 1232 AQ 2×14 位	6ES7232-4HB32-0XB0	2 输出
SM 1232 AQ 4×14 位	6ES7232-4HD32-0XB0	4 输出
SM 1234 AI 4×13 位/AQ 2×14 位	6ES7234-4HE32-0XB0	4 输入/2 输出

下面以 SM1231 AI4×13 位为例，介绍模拟量输入的技术规范，以 SM 1232 AQ 2×14 位为例，介绍模拟量输出的技术规范。

1. SM 1231 模拟量输入的技术规范

SM 1231 模拟量输入的技术规范见表 2-12。

表 2-12　SM 1231 模拟量输入的技术规范

型号	SM 1231 AI 4×13 位
订货号	6ES7231-4HD32-0XB0
输入点数	4
类型	电压或电流(差动)：可 2 个选为一组

（续）

范围	±10V、±5V、±2.5V、0~20mA 或 4~20mA
满量程范围	电压：-27648~27648；电流：0~27648
分辨率	12 位+符号位
最大耐压/耐流	±35V/±40mA
平滑化	无、弱、中或强
噪声抑制	400、60、50 或 10Hz
输入阻抗	≥9MΩ（电压）/280Ω（电流）
精度（25℃/−20~60℃）	满量程的±0.1%/±0.2%
测量原理	实际值转换
共模抑制	40dB、DC~60Hz
工作信号范围[①]	信号加共模电压必须小于+12V 且大于−12V
电缆长度	100，屏蔽双绞线
诊断	上溢/下溢、DC24V 低压、开路诊断（仅限 4~20mA 范围，输入低于 1.185mA 时）

① 施加至某一通道的电压超出工作范围可能对其他通道造成干扰。

2. SM 1232 模拟量输出的技术规范

SM 1232 模拟量输出的技术规范见表 2-13。

表 2-13　SM 1232 模拟量输出的技术规范

型号	SM 1232 AQ 2×14 位
订货号	6ES7232-4HB32-0XB0
输出点数	2
类型	电压或电流
范围	±10V、0~20mA 或 4~20mA
分辨率	电压：14 位 电流：13 位
满量程范围	电压：-27,648~27,648；电流：0~27,648
精度（25℃/−20~60℃）	满量程的±0.3%/±0.6%
稳定时间（新值的 95%）	电压：300μs（R），750μs（1uF） 电流：600μs（1mH），2ms（10mH）
负载阻抗	电压：≥1000Ω 电流：≤600Ω
最大输出短路电流	电压模式：≤24mA 电流模式：≥38.5mA
RUN 到 STOP 时的行为	上一个值或替换值（默认值为 0）
电缆长度	100m 屏蔽双绞线
隔离（现场侧与逻辑侧）	无
隔离（24V 与输出）	无
诊断	上溢/下溢、对地短路（仅限电压模式）、断路（仅限电流模式）、DC24V 低压

3. 模拟量输入的阶跃响应

模拟信号模块在不同滤波等级和抑制频率下，测量 0~10V 阶跃信号达到 95%时所需的时间，见表 2-14。滤波等级越低，抑制频率越高，测量的时间越短。

表 2-14　模拟信号模块的模拟量输入的阶跃响应

平滑化选项（采样平均）	噪声消减/抑制频率（积分时间选项）			
	400Hz（2.5ms）	60Hz（16.6ms）	50Hz（20ms）	10Hz（100ms）
无（1 个周期）/ms	4	18	22	100
弱（4 个周期）/ms：4 次采样	9	52	63	320
中（16 个周期）/ms：16 次采样	32	203	241	1200
强（32 个周期）/ms：32 次采样	61	400	483	2410

抑制频率为 50Hz 时，通过 Trace 功能得到的模拟量输入的阶跃响应曲线如图 2-6 所示。

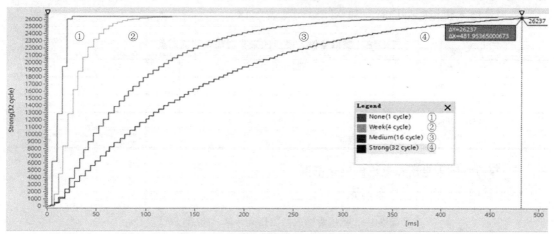

图 2-6　通过 Trace 功能得到的模拟量输入的阶跃响应

①—滤波设置为"无"　②—滤波设置为"弱"　③—滤波设置为"中"　④—滤波设置为"强"

4. 模拟量输入模块的采样时间和更新时间

模拟量输入模块在不同抑制频率下的采样时间和更新时间见表 2-15。

表 2-15　模拟量输入模块的采样时间和更新时间

抑制频率/Hz(积分时间/ms)	采样时间/ms	所有通道的模块更新时间	
		4 通道 SM/ms	8 通道 SM/ms
400(2.5)	• 4 通道×13 位 SM:0.625 • 8 通道×13 位 SM:1.25	0.625	1.25
60(16.6)	4.17	4.17	4.17
50(20)	5	5	5
10(100)	25	25	25

2.2.5　模拟信号板（SB）

CPU 可使用 1 路模拟量输入以及 1 路模拟量输出的模拟信号板，具体型号见表 2-16。

表 2-16　模拟信号板

型号	订货号	输入/输出点数	信号范围
SB 1232 模拟量输出	6ES7232-4HA30-0XB0	1 路模拟量输出	±10V 或 0~20mA
SB 1231 模拟量输入	6ES7231-4HA30-0XB0	1 路模拟量输入	±10V、±5V、±2.5 或 0~20mA

1. SB 模拟量输入的阶跃响应

模拟量输入测量 0~10V 阶跃信号达到 95% 所需的时间见表 2-17。

表 2-17　SB 模拟量输入的阶跃响应

平滑化选项（采样平均）	积分时间选项			
	400Hz(2.5ms)	60Hz(16.6ms)	50Hz(20ms)	10Hz(100ms)
无(1 个周期)/ms:	4.5	18.7	22.0	102
弱(4 个周期)/ms:4 次采样	10.6	59.3	70.8	346
中(16 个周期)/ms:16 次采样	33.0	208	250	1240
强(32 个周期)/ms:32 次采样	63.0	408	490	2440

2. 模拟量输入模板的采样时间和更新时间

模拟量输入模板的采样时间和更新时间见表 2-18。

表 2-18　模拟量输入模板的采样时间和更新时间

选项	采样时间/ms	更新时间/ms
400Hz（2.5ms）	0.156	0.156
60Hz（16.6ms）	1.042	1.042
50Hz（20ms）	1.25	1.25
10Hz（100ms）	6.25	6.25

2.2.6　模拟量输入电压和电流的测量范围

模拟量输入的电压表示法见表 2-19。

表 2-19　模拟量输入的电压表示法（SB 和 SM）

系统		电压测量范围/V				
十进制	十六进制	±10	±5	±2.5	±1.25	
32767	7FFF①	11.851	5.926	2.963	1.481	上溢
32512	7F00					
32511	7EFF	11.759	5.879	2.940	1.470	过冲范围
27649	6C01					
27648	6C00	10	5	2.5	1.250	
20736	5100	7.5	3.75	1.875	0.938	
1	1	361.7μV	180.8μV	90.4μV	45.2μV	额定范围
0	0	0	0	0	0	
−1	FFFF					
−20736	AF00	−7.5	−3.75	−1.875	−0.938	
−27648	9400	−10	−5	−2.5	−1.250	
−27649	93FF					下冲范围
−32512	8100	−11.759	−5.879	−2.940	−1.470	
−32513	80FF					下溢
−32768	8000	−11.851	−5.926	−2.963	−1.481	

① 返回 7FFF 可能由以下原因之一所致：上溢（见表 2-19 所述）、有效值可用前（例如上电时未返回输入值）或者检测到断路。

模拟量输入的电流表示法见表 2-20。

表 2-20　模拟量输入的电流表示法（SB 和 SM）

系统		电流测量范围/mA		
十进制	十六进制	0~20	4~20	
32767	7FFF	>23.52	>22.81	上溢
32511	7EFF	23.52	22.81	过冲范围
27649	6C01			
27648	6C00	20	20	
20736	5100	15	16	
1	1	723.4nA	4mA+578.7nA	额定范围
0	0	0	4	
−1	FFFF			
−4864	ED00	−3.52	1.185	下冲范围
32767	7FFF		<1.185	下溢（0~20mA）
−32768	8000	<−3.52		断路（4~20mA）

2.2.7　模拟量输出电压和电流的测量范围

模拟量输出的电压表示法见表 2-21。

表 2-21　模拟量输出的电压表示法

系统		电压输出范围/V	
十进制	十六进制	±10	
32767	7FFF	—	上溢
32512	7F00	—	
32511	7EFF	11.76	过程范围
27649	6C01	—	
27648	6C00	10	
20736	5100	7.5	
1	1	361.7 μV	额定范围
0	0	0	
−1	FFFF	−361.7 μV	
−20736	AF00	−7.5	
−27648	9400	−10	
−27649	93FF	—	下冲范围
−32512	8100	−11.76	
−32513	80FF	—	下溢
−32768	8000	—	

模拟量输出的电流表示法见表 2-22。

表 2-22　模拟量输出的电流表示法

系统		当前输出范围/mA		
十进制	十六进制	0~20	4~20	—
32767	7FFF	—	—	上溢
32512	7F00	—	—	
32511	7EFF	23.52	22.81	过冲范围
27649	6C01	—	—	
27648	6C00	20	20	
20736	5100	15	16	额定范围
1	1	723.4nA	4+578.7nA	
0	0	0	4	
−6913	E4FF	—	—	输出值限制在 0mA
−32512	8100	—	—	
−32513	80FF	—	—	下溢
−32768	8000	—	—	

2.2.8　热电偶（TC)和热电阻（RTD)概述

1. 热电偶的原理

热电偶是将两种不同金属或合金金属焊接构成一个闭合回路，利用温差电势原理测量温度，当热电偶两种金属的两端有温度差时，回路就会产生热电动势，温差越大，热电动势越高。热电偶有正负极性，所以应确保导线连接到正确的极性，否则将会造成明显的测量误差。为了使温度补偿达到最佳效果，必须将热电偶模块安装在温度稳定的环境中。符合模块规范的模块环境温度的缓慢变化（低于 0.1℃／min）能够被正确补偿。穿过模块的空气流动会引起冷端补偿误差。热电偶结构如图 2-7 所示。

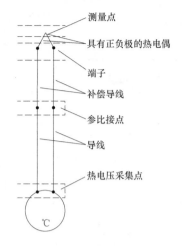

图 2-7　热电偶结构

热电偶模块有两种方式用于温度补偿：

（1）"内部参考"

使用模块的内部温度进行内部比较，测量元件位于模块内部，可以测量端子处的温度，将模块端子作为参考点，模块端子处的温度就是参考点的温度。"内部参考"适用于热电偶直接或通过补偿导线连接到模拟量输入模块端子。

（2）"参数设置"

如果参考点的温度固定，可以设定固定的补偿温度。"参数设置"的补偿温度可以设置为 0℃或者 50℃。如图 2-8 所示，可以在 TIA 博途软件中设置温度补偿类型。

测量类型可以是"热电偶"或"电压"。

组态为热电偶：测量值除以 10 为实际温度值（例如测量值为 253 时，实际温度为 25.3℃）；组态为电压：额定范围的满量程值将是十进制数 27648。

2. 热电阻的原理

热电阻是中低温区常用的温度检测器，基于电阻值随温度变化的原理进行温度测量。

RTD 模块可测量连接到模块输入的电阻值。测量类型可选为"电阻"型或"热电阻"型。

组态为电阻：额定范围的满量程值将是十进制数 27648。

图 2-8　热电偶温度补偿设置

组态为热电阻：如果组态为气候型，测量值除以 100 为实际温度值（例如测量值为 2530 时，温度为 25.3℃）；如果组态为标准型，测量值除以 10 为实际温度值（例如测量值为 253 时，实际温度为 25.3℃）。

RTD 模块支持采用 2 线、3 线和 4 线制方式连接到传感器电阻进行测量。

S7-1200PLC 提供了热电偶和 RTD 的模块和信号板，下面以热电偶和 RTD 模块为例，介绍热电偶和 RTD 模块的技术规范。

2.2.9　热电偶和 RTD 模块

1. 热电偶模块

热电偶模块的技术规范见表 2-23。

表 2-23　热电偶模块的技术规范

型号		SM 1231 AI 4×16 位 TC	SM 1231 AI 8×16 位 TC
订货号		6ES7231-5QD32-0XB0	6ES7231-5QF32-0XB0
分辨率	温度	0.1℃／0.1°F	
	电压	15 位+符号	

（续）

	最大耐压	±35V
	噪声抑制	85dB,对于所选滤波器设置(10Hz、50Hz、60Hz 或 400Hz)
	共模抑制	AC120V 时,>120dB
	阻抗	≥10MΩ
隔离	现场侧与逻辑侧	DC707V(标准试验)
	逻辑侧与 DC24V	
	现场侧与 DC24V	
	可重复性	±0.05% FS
	测量原理	积分型
	冷端误差	±1.5℃
	电缆长度	到传感器最长为 100m
	导线电阻	最大 100 Ω
	支持的诊断	上溢/下溢[1]、断路[2],[3],DC24V 低压[1]

① 上溢、下溢和低压诊断报警信息将以模拟数据值的形式报告, 即使在模块组态中禁用这些报警也会如此。

② 如果断线报警已禁用, 但传感器接线存在开路情况, 则模块可能会报告随机值。

③ 模块每 6s 执行一次断路测试, 这样每 6s 会针对每个使能通道将更新时间延长 9ms。

热电偶模块支持的不同热电偶类型对应的测量范围和精度见表 2-24。

表 2-24　热电偶选型表

类型	低于范围最小值/℃[1]	额定范围下限/℃	额定范围上限/℃	超出范围最大值[2]/℃	25℃时的额定范围精度[3],[4]/℃	-20℃～60℃时的额定范围精度[1],[2]/℃
J	-210.0	-150.0	1200.0	1450.0	±0.3	±0.6
K	-270.0	-200.0	1372.0	1622.0	±0.4	±1.0
T	-270.0	-200.0	400.0	540.0	±0.5	±1.0
E	-270.0	-200.0	1000.0	1200.0	±0.3	±0.6
R&S	-50.0	100.0	1768.0	2019.0	±1.0	±2.5
	0.0	200.0	800.0	—	±2.0	±2.5
	—	800.0	1820.0	1820.0	±1.0	±2.3
N	-270.0	-200.0	1300.0	1550.0	±1.0	±1.6
C	0.0	100.0	2315.0	2500.0	±0.7	±2.7
TXK/XK(L)	-200.0	-150.0	800.0	1050.0	±0.6	±1.2
电压	-32512	-27648 -80mV	27648 80mV	32511	±0.05%	±0.1%

① "低于范围最小值" 以下的热电偶值报告为 -32768。

② "超出范围最大值" 以上的热电偶值报告为 32767。

③ 所有范围的内部冷端误差均为 ±1.5℃。该误差已包括到本表的误差中。模块需要至少 30min 的预热时间才能满足该规范。

④ 若是暴露在 970~990MHz 的无线电辐射频率下, SM 1231 AI 4×16 位 TC 的精度可能会有所下降。

热电偶模块的抑制频率和更新时间见表 2-25。

表 2-25　热电偶模块抑制频率和更新时间

抑制频率选择	积分时间/ms	4 通道模块更新时间/s	8 通道模块更新时间/s
400Hz(2.5ms)	10[1]	0.143	0.285
60Hz(16.6ms)	16.67	0.223	0.445
50Hz(20ms)	20	0.263	0.525
10Hz(100ms)	100	1.225	2.450

① 在选择 400Hz 抑制频率时, 要维持模块的分辨率和精度, 积分时间应为 10ms。该选择还可抑制 100Hz 和 200Hz 的噪声。

测量热电偶时，建议使用 100ms 的积分时间。使用更小的积分时间将增大温度读数的重复性误差。

> 注意：
> 模块上电后，模块将对模数转换器执行内部校准。在此期间，模块将报告每个通道的值为 32767，直到相应通道出现有效值为止，用户程序可能需要考虑这段初始化时间。

2. RTD 模块

RTD 模块的技术规范见表 2-26。

表 2-26　RTD 模块的技术规范

型号		SM 1231 AI 4×RTD×16 位	SM 1231 AI 8×RTD×16 位
订货号		6ES7231-5PD32-0XB0	6ES7231-5PF32-0XB0
输入点数		4	8
类型		热电阻和电阻	
分辨率	温度	0.1℃/0.1°F	
	电阻	15 位+符号	
最大耐压		±35V	
噪声抑制		85dB（10Hz、50Hz、60Hz 或 400Hz）	
共模抑制		>120dB	
阻抗		≥10MΩ	
最大传感器功耗		0.5mW	
测量原理		积分型	
电缆长度/m		最长为 100m	
隔离	现场侧与逻辑侧	DC707V（标准试验）	
	逻辑侧与 DC24V		
	现场侧与 DC24V		
通道间隔离		无	
导线电阻		20Ω，对于 10ΩRTD，最大为 2.7Ω	
支持的诊断		上溢/下溢[1],[2]、DC24V 低压[1]、断线[3]	

① 上溢、下溢和低压诊断报警信息将以模拟数据值的形式报告，即使在模块组态中禁用这些报警也会如此。

② 对于电阻范围，始终会禁用下溢检测。

③ 如果断线报警已禁用，但传感器接线存在开路情况，则模块可能会报告随机值。

RTD 模块的抑制频率和更新时间见表 2-27。

表 2-27　RTD 模块的抑制频率和更新时间

抑制频率的选择/Hz	积分时间/ms	4 通道模块的更新时间/s	8 通道模块的更新时间/s
400（2.5ms）	10[1]	4/2 线制：0.142 3 线制：0.285	4/2 线制：0.285 3 线制：0.525
60（16.6ms）	16.67	4/2 线制：0.222 3 线制：0.445	4/2 线制：0.445 3 线制：0.845

（续）

抑制频率的选择/Hz	积分时间/ms	4 通道模块的更新时间/s	8 通道模块的更新时间/s
50（20ms）	20	4/2 线制：0.262 3 线制：0.505	4/2 线制：0.524 3 线制：1.015
10（100ms）	100	4/2 线制：1.222 3 线制：2.445	4/2 线制：2.425 3 线制：4.845

① 在选择 400Hz 抑制频率时，要维持模块的分辨率和精度，积分时间为 10ms。该选择还可抑制 100Hz 和 200Hz 的噪声。

> 注意：
> 对模块上电后，模块将对模数转换器执行内部校准。在此期间，模块将报告每个通道的值为 32767，直到相应通道出现有效值为止。用户程序可能需要考虑这段初始化时间。

2.3　通信接口概述

通信模块（CM）和通信处理器（CP）将扩展 CPU 的通信接口，CM 可以使 CPU 支持 PROFIBUS、RS232/RS485（适用于 PtP、Modbus、USS）以及 AS-i 主站。CP 可以提供其他通信类型的功能，例如通过 GPRS、LTE、IEC、DNP3 或 WDC 网络连接到 CPU。CPU 最多支持 3 个 CM 或 CP，各 CM 或 CP 连接在 CPU 的左侧。通信模块如图 2-9 所示。

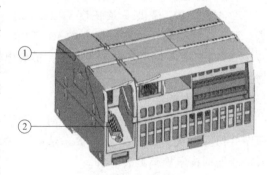

图 2-9　通信模块
①—状态 LED　②—通信接口

2.3.1　PROFIBUS

S7-1200 PLC 可通过 CM 1243-5 通信模块作为主站连接到 PROFIBUS 网络。CM 1243-5（DP 主站）模块可以是 DPV0/V1 从站的通信伙伴。也可通过 CM 1242-5 通信模块作为从站连接到 PROFIBUS 网络。CM 1242-5（DP 从站）模块可以是 DPV0/V1 主站的通信伙伴。

PROFIBUS DP 从站、PROFIBUS DP 主站和 AS-i（左侧 3 个通信模块）以及 PROFINET 均采用单独的通信网络，不会相互制约。

2.3.2　RS232、RS422 和 RS485

通信模块 CM 1241 RS232、CM 1241 RS422/485 和通信板 CB 1241 RS485 提供了用于 PtP 通信的接口，最多可以连接 3 个 CM（类型不限）外加 1 个 CB，因而总共可提供 4 个通信接口。

2.4　附件

2.4.1　电池板

电池板用于在 CPU 断电后长期保持实时时钟。它可插入 S7-1200 CPU 本体正面的插槽中。必须将电池板添加到设备组态并将硬件配置下载到 CPU 中，电池板才能正常工作。电池（型号 CR1025）未随电池板一起提供，必须由用户另行购买。电池板的参数见表 2-28。

表 2-28　电池板参数

技术数据	电池板
订货号	6ES7297-0AX30-0XA0
电池类型	CR1025
额定电压	3V
额定容量	至少 30mAh
临界电池电压	<2.5V
电池诊断	低压指示灯： ● 电池电压低会使 CPU MAINT LED 呈琥珀色常亮 ● 诊断缓冲区事件：16#06：2700 "需要子模块维护：至少一个电池已耗尽（BATTF）"
电池状态	提供的电池状态位 0 = 电池正常 1 = 电池电量低
电池状态更新	电池状态会在开机时更新，之后在 CPU 处于 RUN 模式时，每天更新一次

2.4.2　扩展电缆

S7-1200 CPU 提供一条长度为 2m 的扩展电缆，用于连接安装在扩展机架上的 IO 模块。一个 S7-1200 CPU 最多使用一根扩展电缆，扩展电缆实物如图 2-10 所示。

2.4.3　输入仿真器

输入仿真器是调试及实际运行期间用于测试程序的仿真模块，可作为输入状态选择开关。输入仿真器的技术规范见表 2-29。

图 2-10　扩展电缆实物

表 2-29　输入仿真器的技术规范

技术数据	8 位置仿真器	14 位置仿真器	CPU 1217C 仿真器
订货号	6ES7274-1XF30-0XA0	6ES7274-1XH30-0XA0	6ES7274-1XK30-0XA0
点数	8	14	14
配套 CPU	CPU 1211C、CPU 1212C	CPU 1214C、CPU 1215C	CPU 1217C

输入仿真器实物如图 2-11 所示。

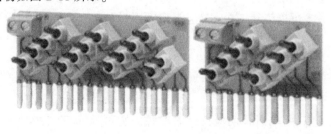

图 2-11　输入仿真器实物

2.4.4　电位器模块

电位器模块按照正比于电位器位置的关系输出电压，为两个 CPU 模拟量输入提供 DC0V~DC10V 的驱动电压。顺时针旋转电位器（向右）将增大电压输出，逆时针旋转（向左）将减小电压输出。电位器模块的技术规范见表 2-30。

表 2-30　电位器技术规范

技术数据	S7-1200 CPU 电位器模块
订货号	6ES7274-1XA30-0XA0
配套 CPU	所有 S7-1200 CPU
电位器数目	2
电源输入	DC16.4V~DC28.8V
电位器电压输出，至 S7-1200 CPU 模拟量输入	DC0V~DC10.5V 最小

电位器连接示意图如图 2-12 所示。

2.4.5　存储卡

作为选件，可以实现功能如下：

1）程序卡：用户项目文件可以仅存储在卡中，CPU 中没有项目文件，离开存储卡无法运行。

2）传送卡：作为向多个 S7-1200 CPU 传送项目文件的介质。

3）忘记密码时，清除 CPU 内部的项目文件和密码，将 CPU 重置为出厂设置。

4）用于更新 S7-1200 CPU 的固件版本。

5）储存 Trace 测量结果。

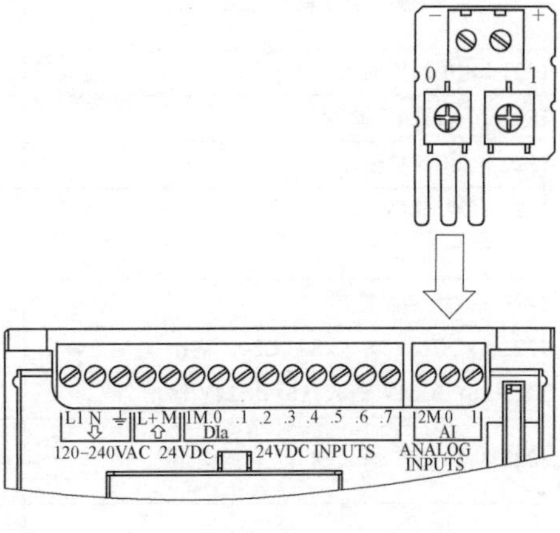

图 2-12　电位器连接示意图

2.5　本体最大 I/O 能力与电源计算

S7-1200 CPU 本体最大 I/O 能力取决于以下几个因素，这些因素之间互相影响、制约，必须综合考虑：

1）CPU 输入/输出过程映像区大小。

2）CPU 本体的 I/O 点数。

3）CPU 带扩展模块的数目（CPU 扩展模块的个数见表 2-1）。

4）CPU 的 DC5V 背板总线电源容量是否满足所有扩展模块的需要。

本体 I/O 不满足使用要求时，可以通过 PROFINET 或者 PROFIBUS 网络连接分布式 I/O 方式扩展。

CPU 通过背板总线为扩展模块其提供 DC5V 电源，不能扩展。所有扩展模块的 DC5V 电源消耗之和不能超过该 CPU 提供的电源额定值。

每个 CPU 都有一个 DC24V 传感器电源，它可为本机输入点和扩展模块输入点及扩展模块继电器线圈提供 DC24V 电源。如果电源要求超出了 CPU 模块的电源额定值，可以考虑增加一个外部 DC24V 电源。

不同型号 CPU 的供电能力见表 2-31。

CPU 上及扩展模块上的数字量输入所消耗的电流见表 2-32。

表 2-31 不同型号 CPU 的供电能力

CPU 型号	电流供应/mA	
	DC5V	DC24V
CPU 1211C	750	300
CPU 1212C	1000	300
CPU 1214C	1600	400
CPU 1215C	1600	400
CPU 1217C	1600	400

表 2-32 CPU 上的数字量输入所消耗的电流

CPU 的数字量	电流需求/mA	
	DC5V	DC24V
每点输入	—	4mA/输入

数字扩展模块所消耗的电流见表 2-33。

表 2-33 数字扩展模块所消耗的电流

数字扩展模块型号	订货号	电流需求/mA	
		DC5V	DC24V
SM 1221 8×DC24V 输入	6ES7 221-1BF32-0XB0	105	4/输入
SM 1221 16×DC24V 输入	6ES7 221-1BH32-0XB0	130	4/输入
SM 1222 8×DC24V 输出	6ES7 222-1BF32-0XB0	120	—
SM 1222 16×DC24V 输出	6ES7 222-1BH32-0XB0	140	—
SM 1222 8×继电器输出	6ES7 222-1HF32-0XB0	120	11/输出
SM 1222 16×继电器输出	6ES7 222-1HH32-0XB0	135	11/输出
SM 1223 8×DC24V 输入/8×DC24V 输出	6ES7 223-1BH32-0XB0	145	4/输入
SM 1223 16×DC24V 输入/16×DC24V 输出	6ES7 223-1BL32-0XB0	185	4/输入
SM 1223 8×DC24V 输入/8×继电器输出	6ES7 223-1PH32-0XB0	145	4/输入 11/输出
SM 1223 16×DC24V 输入/16×继电器输出	6ES7 223-1PL32-0XB0	180	4/输入 11/输出

模拟扩展模块所消耗的电流见表 2-34。

表 2-34 模拟扩展模块所消耗的电流

模拟扩展模块型号	订货号	电流需求/mA	
		DC5V	DC24V
SM 1231 4×模拟量输入	6ES7 231-4HD32-0XB0	80	45
SM 1231 8×模拟量输入	6ES7 231-4HF32-0XB0	90	45
SM 1232 2×模拟量输出	6ES7 232-4HB32-0XB0	80	45 (无负载)
SM 1232 4×模拟量输出	6ES7 232-4HD32-0XB0	80	45 (无负载)
SM 1234 4×模拟量输入/2×模拟量输出	6ES7 234-4HE32-0XB0	80	60 (无负载)
SM 1231 4×TC 模拟量输入	6ES7 231-5QD32-0XB0	80	40
SM 1231 4×RTD 模拟量输入	6ES7 231-5PD32-0XB0	80	40

信号板所消耗的电流见表 2-35。

表 2-35 信号板所消耗的电流

信号板型号	订货号	电流需求/mA	
		DC5V	DC24V
SB 1223 2×DC24V 输入/2×DC24V 输出	6ES7 223-0BD30-0XB0	50	4/输入
SB 1232 1 路模拟量输出	6ES7 232-4HA30-0XB0	15	40 (无负载)

（续）

信号板型号	订货号	电流需求/mA	
		DC5V	DC24V
SB 1221,200kHz 4×DC5V 输入	6ES7 221-3AD30-0XB0	40	15/输入+15
SB 1222,200kHz 4×DC5V 输出	6ES7 222-1AD30-0XB0	35	15
SB 1223,200kHz 2×DC5V 输入/2×DC5V 输出	6ES7 223-3AD30-0XB0	35	15/输入+15
SB 1221,200kHz 4×DC24V 输入	6ES7 221-3BD30-0XB0	40	7/输入+20
SB 1222,200kHz 4×DC24V 输出	6ES7 222-1BD30-0XB0	35	15
SB 1223,200kHz 2×DC24V 输入/2×DC24V 输出	6ES7 223-3BD30-0XB0	35	7/输入+30

通信模块所消耗的电流见表 2-36。

表 2-36　通信模块所消耗的电流

通信模块型号	订货号	电流供应/mA	
		DC5V	DC24V
CM 1241 RS232	6ES7 241-1AH32-0XB0	200	—
CM 1241 RS422/485	6ES7 241-1CH32-0XB0	220	—

以下是电源计算实例，系统包括一个 CPU 1214C AC/DC/继电器、1×SM 1231 模拟量输入、3×SM 1223 8 DC 输入/8 继电器输出和 1×SM 1221 8DC 输入。该实例一共有 46 点输入和 34 点输出。电源需求计算实例见表 2-37。

表 2-37　电源需求计算实例

CPU 电源计算	DC5V	DC24V
CPU 1214C AC/DC/继电器型	1600mA	400mA
系统要求	DC5V	DC24V
CPU 1214C,14 点输入	—	14×4mA＝56mA
1 个 SM 1231	1×80mA＝80mA	1×45mA＝45mA
3 个 SM 1223	3×145mA＝435mA	3×8×4mA＝96mA
		3×8×11mA＝264mA
1 个 SM 1221	1×105mA＝105mA	8×4mA＝32mA
总要求	620mA	493mA
电流差额	980mA	−93mA

注意：
CPU 已单独提供内部继电器线圈所需的电源，电源计算中无需包括 CPU 内部继电器线圈。

所选 CPU 已经为 SM 提供了足够的 DC5V 电流，但没有通过传感器电源为所有输入和扩展继电器线圈提供足够的 DC24V 电流。I/O 需要 493mA 而 CPU 只能提供 400mA，则该系统额外需要一个外部 DC24V 电源以运行所有 DC24V 输入和输出。

2.6　接线

2.6.1　CPU 供电接线

CPU 有两种供电类型：DC24V 直流和 AC120/240V 交流。CPU 供电端子名称和接线方法如图 2-13 所示，直流供电和交流供电接线端子的标识是不同的，接线时务必确认 CPU 的类型及其供电方式。

凡是标记为 L1/N 的电源端子，都是交流电源端；凡是标记为 L+/M 的电源端子，都是直流电源端。

2.6.2 CPU 传感器电源接线

CPU 在供电右侧的位置都有一个 24V 直流传感器电源，可以用来给 CPU 本体的 I/O 点、SM 扩展模块、SB 信号板上的 I/O 点供电，接线方式如图 2-14 所示。

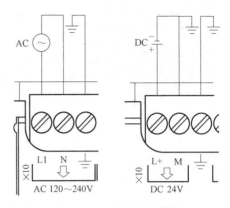

图 2-13　CPU 供电接线

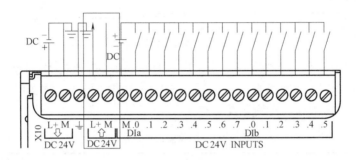

图 2-14　CPU 传感器电源接线

> 注意：
> 要获得更好的抗噪声效果，即使未使用传感器电源，也可将 "M" 接地。

2.6.3 数字量信号接线

1. 数字量输入的接线

S7-1200 CPU 本体的数字量输入可以支持 DC24V 漏型输入和源型输入。漏型输入时 DI 输入公共端 1M 接 24V 直流电源的负极，源型输入时 DI 输入公共端 1M 接 24V 直流电源的正极，CPU 数字量输入的接线方式如图 2-15 所示。

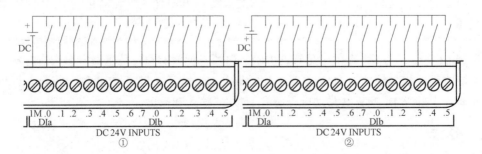

图 2-15　CPU 数字量输入的接线

①—漏型输入接线　②—源型输入接线

SM1223 6ES7223-1QH32-0XB0 仅支持交流输入，其他 SM 模块的数字量输入接线与 CPU 相同（支持源型、漏型两种信号类型），接线如图 2-16 所示。

SB1223 6ES7 223-0BD30-0XB0 信号板的输入只支持漏型输入，接线如图 2-17 所示，其他 SB 信号板只支持源型输入。

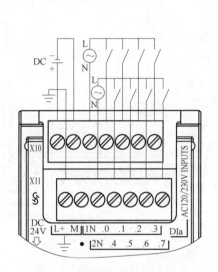

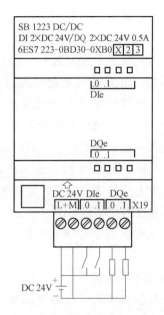

图 2-16　SM1223 6ES7223-1QH32-0XB0 接线图　　　图 2-17　SB1223 6ES7 223-0BD30-0XB0 接线图

2. 数字量输出接线

CPU 的数字量输出有两种类型：24V 直流晶体管和继电器。晶体管输出的 CPU 只支持源型输出。继电器输出可以接直流信号，也可以接 120V/240V 的交流信号。数字量输出接线如图 2-18 所示。

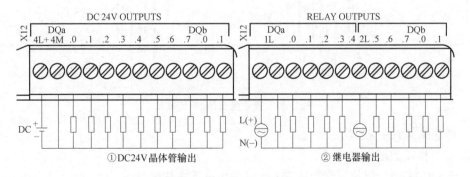

图 2-18　数字量输出接线

数字量信号模块与 CPU 的 DO 接线方式相同。数字量的输出信号板，只有 200kHz 的信号板输出，既支持漏型输出又支持源型输出，其他信号板、信号模块和 CPU 集成的晶体管输出都只支持源型输出。

3. 模拟量输入接线

模拟量输入模块可以采集标准电流和电压信号，每个模拟量通道都有两个接线端。模拟量输入模块接线如图 2-19 所示。

模拟量电流根据模拟量仪表或设备线缆个数分成四线制、三线制、二线制 3 种类型，不同类型的信号其接线方式不同，接线方式如图 2-20 所示。

图 2-20 中，①四线制信号是指模拟量仪表或设备上信号线和电源线加起来有 4 根线，仪表或设备有单独的供电电源，除了两根电源线还有两根信号线。②三线制信号是指仪表或设备上信号线和电源线加起来有 3 根线，负信号线与供电电源 M 线为公共线。③二线制信号是指仪表或设备上信号线和电源线加起来只有两个接线端子。24V 电源通过测量回路提供。由于 S7-1200 PLC 模拟量模块电流测量时通道没有供电功能，仪表或设备需要外接 24V 直流电源。

4. 模拟量输出接线

模拟量输出模块可以输出标准电流和电压信号。模拟量输出的接线方式如图 2-21 所示。

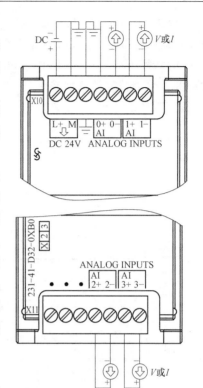

图 2-19　模拟量输入模块接线

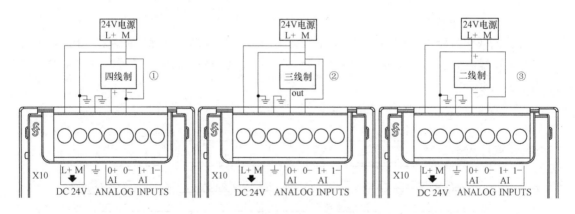

图 2-20　模拟量电压/电流接线

5. 热电偶（TC）接线

TC 信号接线如图 2-22 所示。

对于 SM1231 TC 模块未使用通道，可以采用以下方法做处理。

方法一：对该通道短接。使用导线短接通道的正负两个端子，例如短接 0 通道的 0+和 0−端子。

方法二：对该通道禁用。在模块的"属性-常规"，对测量类型选择"已禁用"，如图 2-23 所示。

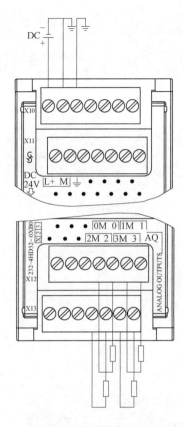

图 2-21 模拟量输出接线

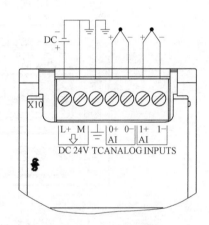

图 2-22 TC 信号接线

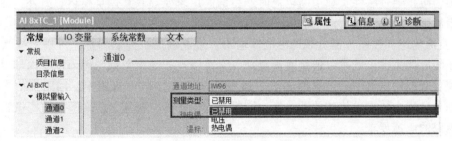

图 2-23 TC 模块测量类型组态

6. RTD 接线

RTD 热电阻温度传感器有二线、三线和四线之分，其中四线传感器测温值是最准确的。RTD 模块还可以检测电阻信号，电阻也有二线、三线和四线之分。RTD 模块的接线如图 2-24 所示。

7. 接线注意事项

在对任何电气设备进行接地或接线之前，需确保已切断该设备的电源。同时，还要确保已切断所有相关设备的电源。

（1）感性负载

在使用感性负载时，要加入抑制电路来限制输出关断时电压的高压瞬变。抑制电路可以

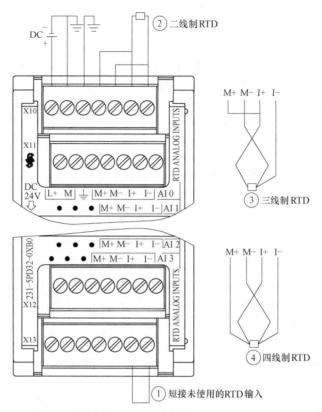

图 2-24　RTD 模块的接线

保护输出，防止通过感性负载中断电流时产生的高压瞬变导致其过早损坏。另外，抑制电路还可以限制感性负载开关时产生的电子噪声。

1）直流输出和控制直流负载的继电器输出：直流输出有内部保护，可以适应大多数场合。由于继电器型输出既可以连接直流负载，又可以连接交流负载，因而没有内部保护。

直流负载抑制电路的一个示例如图 2-25 所示。在大多数的应用中，用附加的二极管 A 即可，如果应用中要求更快的关断速度，则推荐加上齐纳二极管 B，确保齐纳二极管能够满足输出电路的电流要求。

2）控制交流负载的继电器输出：交流负载抑制电路的一个示例如图 2-26 所示。当采用继电器输出切换 110V/230V 交流负载时，交流负载电路中请采用该图所示的电阻/电容电

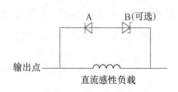

图 2-25　直流负载的抑制电路
A—I1N4001 二极管或类似器件
B—直流输出选 8.2V 齐纳二极管
继电器输出选 36V 齐纳二极管

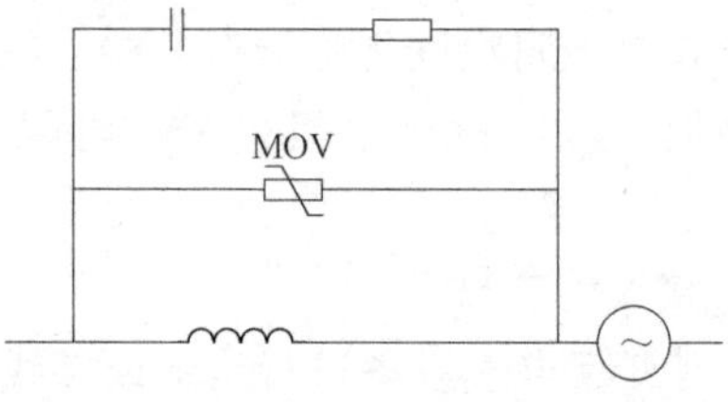

图 2-26　交流负载的抑制电路

路，也可以使用金属氧化物可变电阻器（MOV）限制峰值电压，确保 MOV 的工作电压比正常的线电压至少高出 20%。

如果自行设计抑制电路，交流负载的建议电阻值和电容值见表 2-38，这些值是理想元器件参数下的计算结果，I_{rms} 指满载时负载的稳态电流。

表 2-38　交流抑制电路电阻和电容值

感性负载			抑制值		
I_{rms}/A	230V/VA	AC 120V/VA	电阻/Ω	功率额定值/W	电容/nF
0.02	4.6	2.4	15000	0.1	15
0.05	11.5	6	5600	0.25	47
0.1	23	12	2700	0.5	100
0.2	46	24	1500	1	150
0.5	115	60	560	2.5	470
1	230	120	270	5	1000
2	460	240	150	10	1500

表 2-38 中的值需满足的条件：

1）最大关断瞬变阶跃<500V。

2）电阻峰值电压<500V。

3）电容峰值电压<1250V。

4）抑制电流<负载电流的 8%（50Hz）。

5）抑制电流<负载电流的 11%（60z）。

6）电容 dV/dt<2V/μs。

7）电容脉冲功耗：$\int (dV/dt)^2 dt < 10000V^2/\mu s$。

8）谐振频率<300Hz。

9）电阻功率对应于 2Hz 最大开关频率。

10）假设典型感性负载的功率因数为 0.3。

当继电器扩展模块用于切换 AC 感性负载时，外部电阻/电容器噪声抑制电路必须放在 AC 负载上，以防止意外的机器或过程操作。

（2）灯负载

灯负载会因高的接通浪涌电流而造成对继电器触点的损坏。对于一个钨丝灯，其浪涌电流实际上将是其稳态电流的 10~15 倍。对于使用期内高切换次数的灯负载，建议使用可替换的插入式继电器或加入浪涌限制器。

2.7　S7-1200 PLC 硬件系统的常见问题

1. 数字量输出分为晶体管和继电器两种类型，它们的区别是什么？

答：继电器的负载电流比晶体管的大，但是输出频率受到机械装置的影响不能太大，同时存在机械寿命的限制；晶体管的负载电流比继电器的小，但是输出频率快，没有机械寿命的限制。

晶体管输出有内部保护，可以适应大多数场合；继电器型输出没有内部保护，在使用感性负载时，要加入抑制电路。

2. 1217C CPU 的差分输入点能否接入 DC 5V 输入信号？

答：不能，差分输入点符合 RS422/RS485 规范，差分输入的阈值很低，最低为 ±0.2V。

3. 模拟量通道值不稳定的原因是什么？如何解决？

答：模拟量通道值不稳定的原因可能如下：

1）可能使用了一个自供电或隔离的传感器电源，两个电源没有彼此连接，即模拟量输入模块的电源地和传感器的信号地没有连接。这将会产生一个很高的上、下振动的共模电压，影响模拟量输入值。

解决方法：连接模拟量通道的负端与模拟量模块供电的 M 端，接线如图 2-27 所示。

2）模拟量信号线过长、信号线没有使用屏蔽双绞线、屏蔽层没有接地、现场电磁干扰等原因。

解决方法：模拟量信号容易受到电磁干扰，信号线要选择屏蔽双绞线，屏蔽层需要单端接地。信号线与动力线应分开铺设并保持一定的距离。

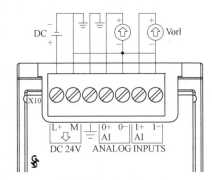

图 2-27　等电位处理

3）CPU 以及模拟量输入模块供电电源存在电磁干扰。

解决方法：可以考虑在电源线上增加隔离变压器或者滤波器。可以通过设置模拟量模块的滤波程度来平滑模拟量输入信号。

4. 新旧信号模板兼容性如何？

答：新型号信号模板（6ES72XX-XXX32-0XB0）兼容已有的信号（6ES72XX-XXX30-0XB0）模板。如果老版本模板故障需要更换，可以使用新版本模板直接替换，软件中不需要做任何更改。但如果要使用模板的新功能或新特性，则需要组态为新的订货号。

5. CPU 通电工作时能否进行模板的热插拔？

答：不能，所有的信号板、信号模板和通信模板都不支持通电时的插入和拔除。

6. 为何 SM1223 已连接，数字量输出通道指示灯也亮，但无电压输出？

答：S7-1200 PLC 扩展模块输出通道指示灯电源由总线提供，但信号输出需要模块供电，接线时如果误将 24V 电源接到下排端子上，将导致模块供电失败。SM1223 接线示意图如图 2-28 所示。

7. 热电偶补偿导线的作用是什么？

答：由于热电偶的材料一般都比较贵重，而测温点到控制仪表的距离可能很长，为了节省热电偶材料和降低成本，可以用补偿导线延伸冷端到温度比较稳定的控制室内，热电偶补偿导线的作用只起延伸热电极，使热电偶的冷端移动到控制室的仪表端子上，它本身并不能消除冷端温度变化对测温的影响。在使用热电偶补偿导线时，必须注意型号相配，极性不能接错。

8. CPU 供电电源短暂中断时，CPU 是否会立即停止工作？

答：在 CPU 供电电源短暂中断时，CPU 内部的电容能够保证在一定时间内，即电源保持时间内，CPU 保持在电源中断前的工作状态；超出电源保持时间后，CPU 将停止工作。

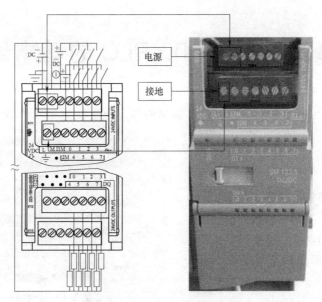

图 2-28　SM1223 接线示意图

CPU 的电源保持时间取决于 CPU 的供电类型，AC 120V 时为 20ms，AC 240V 时为 80ms，DC 24V 时为 10ms。

第 3 章 S7-1200 PLC 的基本组态

在 TIA 博途项目中，系统存储了用户创建的自动化解决方案所生成的数据和程序。构成项目的数据包括：

1）硬件结构的组态数据和模块的参数分配数据。

2）用于网络通信的项目工程数据。

3）用于设备的项目工程数据。

4）项目生命周期中重要事件的日志。

创建一个新的用户项目需要以下几个步骤，如图 3-1 所示。

图 3-1 创建项目步骤

3.1 新建项目和硬件组态

3.1.1 新建项目

在桌面中，双击 "TIA Portal V14" 图标，启动软件，软件界面包括 Portal 视图和项目视图，两个界面中都可以新建项目。

在 Portal 视图中，单击 "创建新项目"，并输入项目名称、路径和作者等信息，然后单击 "创建"，即可生成新项目，如图 3-2 所示。

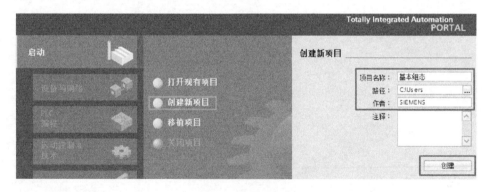

图 3-2 创建新项目

在项目视图中创建新项目，只需在 "项目" 菜单中，选择 "新建" 命令后，"创建新项目" 对话框随即跳出，之后创建过程与 Portal 视图中创建新项目一致。

3.1.2 硬件组态

S7-1200 PLC 自动化系统需要对各硬件进行组态、参数配置和通信互连。项目中的组态要与实际系统一致，系统启动时，CPU 会自动监测软件的预设组态与系统的实际组态是否一致，如果不一致会报错，此时 CPU 能否启动取决于启动设置（参考第 3.2.7 章节）。

　　下面将介绍在项目视图中如何进行项目硬件组态。进入项目视图后，在左侧的项目树中，单击"添加新设备"，如图 3-3 所示，随即弹出打开设备视图对话框，如图 3-4 所示。在该对话框中选择与实际系统完全匹配的设备即可。

图 3-3　添加新设备

　　添加新设备的步骤如下：

① 选择"控制器"。

② 选择 S7-1200 CPU 的型号。

③ 选择 CPU 的版本。

④ 设置设备名称。

⑤ 单击"确定"，完成新设备添加。

图 3-4　选择新设备

　　在添加完成新设备后，与该新设备匹配的机架也会随之生成。所有通信模块都将配置在 S7-1200 CPU 左侧，而所有信号模块都将配置在 CPU 的右侧，在 CPU 本体上可以配置一个扩展板。硬件配置步骤如图 3-5 所示。

　　在硬件配置过程中，TIA 博途软件会自动检查模块的正确性。在硬件目录下选择模板后，则机架中允许配置该模块的槽位边框变为蓝色，不允许配置该模块的槽位边框无变化。

　　如果需要更换已经组态的模块，可以直接选中该模块，在鼠标右键菜单中，选择"更改设备类型"命令，然后在弹出的菜单中选择新的模块。

　　硬件配置的步骤如下：

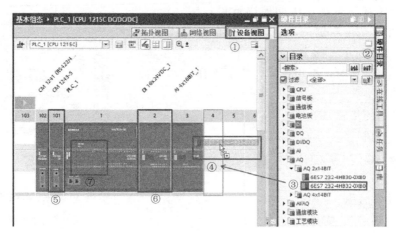

图 3-5　硬件配置步骤

① 单击打开 "设备视图"。

② 打开硬件 "目录"。

③ 选择要配置的模板。

④ 拖拽到机架上相应的槽位。

⑤ 通信模块配置在 CPU 的左侧槽位。

⑥ IO 及工艺模板配置在 CPU 的右侧槽位。

⑦ 信号板、通信板及电池板则配置在 CPU 的本体上（仅能配置 1 个）。

3.1.3　网络组态

组态好 PLC 硬件后，可以在网络视图中组态 PROFIBUS、PROFINET 网络，创建以太网的 S7 连接或 HMI 连接等，如图 3-6 所示。

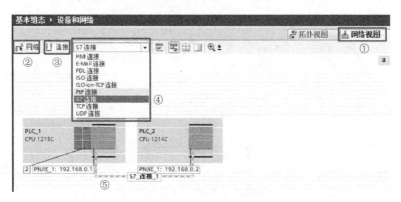

图 3-6　网络组态步骤

网络组态的步骤如下：

① 单击打开 "网络视图"。

② 以图形方式将接口进行联网。

③ 单击选择 "连接"。

④ 选中 CPU 后，选择要创建的连接类型。

⑤ 以拖拽的方式建立连接，视图会出现一个轨道连接，表示连接已经创建。

> 注意：
>
> 在网络视图的以太网连接中，虽然有多种连接选项，但对于 S7-1200 PLC 只能在此创建 S7 或 HMI 连接（组态分别详见第 7 章和第 10 章）。对于其他 TCP、UDP、ISO-on-TCP 等连接的创建，只能通过编程实现。

3.2 CPU 参数属性的配置

通过参数分配可以设置所有组件的属性，这些参数将装载到 CPU 中，并在 CPU 启动时传送给相应的模块。选中机架上的 CPU，在下方的巡视窗口的 CPU 属性中，可以配置 CPU 的各种参数，如 CPU 的通信接口，本体的输入输出，启动特性，保护等设置。下面以 CPU 1215C 为例，介绍 CPU 的参数设置。

3.2.1 常规

单击属性视图中的"常规"选项，进行下列参数设置：

1）"项目信息"：可以编辑名称、作者及注释等信息。

2）"目录信息"：查看 CPU 的订货号、组态的固件版本及特性描述。

3）"标识与维护"：用于标识

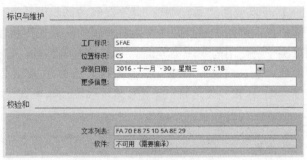

图 3-7 　 标识与维护及校验和

设备的名称、位置等信息，如图 3-7 所示。可以使用"Get_IM_Data"指令读取信息进行识别。

4）"校验和"：在编译过程中，系统将通过唯一的校验和自动识别 PLC 程序。基于该校验和，可快速识别用户程序并判断两个 PLC 程序是否相同。通过指令"GetChecksum"可以读取校验和，如图 3-7 所示。

3.2.2 PROFINET 接口

单击"PROFINET 接口［X1］"，配置以下参数：

1）"常规"：标识 PROFINET 接口的名称、作者和注释。

2）"以太网地址"：如图 3-8 所示。

配置以太网地址的步骤如下：

① "接口连接到"：可以从下拉菜单中选择本接口连接到的子网，也可以添加新的网络。

② "IP 协议"：默认为"在项目中设置 IP 地址"，此时在项目组态中设置 IP 地址，子网掩码等。如果使用路由器，则激活"使

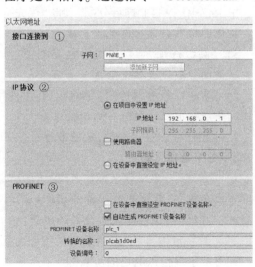

图 3-8 　 配置以太网地址

用路由器"，并设置路由器地址。也可以选择"在设备中直接设定 IP 地址"，则可以在程序中使用指令"T_CONFIG"分配 IP 地址。

③"PROFINET"：

a. 激活"在设备中直接设定 PROFINET 设备名称"：表示不在硬件组态中组态设备名称，而是在程序中使用指令"T_CONFIG"设置设备名。

b. 激活"自动生成 PROFINET 设备名称"，TIA 博途软件根据接口名称自动生成 PROFINET 设备名称。

c. "转换的名称"：指此 PROFINET 设备名称转换为符合 DNS 惯例的名称，用户不能修改。

d. "设备编号"：指 PROFINET IO 设备的编号。在发生故障时，可以通过编程读取该编号。对于 IO 控制器默认为 0，无法修改。

3) "时间同步"：

① 可以激活"通过 NTP 服务器启动同步时间"。NTP（Network Time Protocol）即网络时间协议，可用于同步网络中系统时钟的一种通用机制。可以实现跨子网的时间同步，精度则取决于所使用的 NTP 服务器和网络路径等特性。在 NTP 时间同步模式下，CPU 的接口按设定的"更新间隔"时间（单位为秒）从 NTP 服务器定时获取时钟同步，时间间隔的取值范围在 10 秒到一天之间，这里最多可以添加 4 个 NTP 服务器。

② "CPU 与该设备中的模块进行数据同步"：指同步 CM/CP 的时间和 CPU 的时间。

> 注意：
> 建议在 CM/CP 和 CPU 中，只对一个模块进行时间同步，以便使站内的时间保持一致。

4) "操作模式"：可以设置"IO 控制器"或是"IO 设备"。如果该 CPU 作为智能设备，则激活"IO 设备"，并在"已分配的 IO 控制器中"，选择该 IO 设备的 IO 控制器（如果 IO 控制器不在同一项目中，则选择"未分配"）。并根据需要，选择是否激活"PN 接口的参数，由上位 IO 控制器进行分配"和"优先启用"等参数，以及设置智能设备的通信传输区等。具体的参数设置参见第 7.5 章节。

5) "高级选项"：可以对"接口选项""介质冗余""实时设定"和"端口"进行设置，具体的参数设置参见第 7.5 章节。

6) "Web"服务器访问：激活"启用使用该接口访问 Web 服务器"，则可以通过该接口访问集成在 CPU 内部的 Web 服务器。

7) "硬件标识符"：接口的诊断地址。

3.2.3 数字量输入输出

1) "常规"：单击数字量输入/输出的"常规"选项，可以输入项目信息：

- "名称"：定义更改组件的名称；
- "注释"：说明模块或设备的用途；

2) "数字量输入"：以通道 0 的组态为例进行说明，如图 3-9 所示。

配置数字量输入通道的步骤如下：

① "通道地址"：输入通道的地址，首地址在"I/O 地址"项中设置。

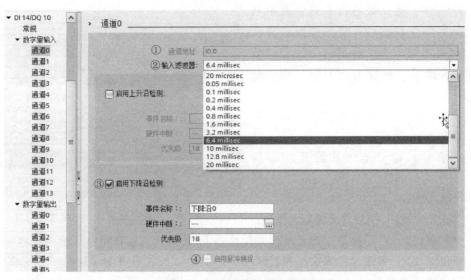

图 3-9　配置数字量输入通道

②"输入滤波器"：为了抑制寄生干扰，可以设置一个延迟时间，即在这个时间之内的干扰信号都可以得到有效抑制，被系统自动滤除掉，默认的输入滤波时间为 6.4ms。

③"启用上升沿或下降沿检测"：可为每个数字量输入启用上升沿和下降沿检测，在检测到上升沿或下降沿时触发过程事件。

* "事件名称"：定义该事件名称；

* "硬件中断"：当该事件到来时，系统会自动调用所组态的硬件中断组织块一次。如果没有已定义好的硬件中断组织块，可以单击后面的省略按钮并新增硬件中断组织块连接该事件。

④"启用脉冲捕捉"：根据 CPU 的不同，可激活各个输入的脉冲捕捉。激活脉冲捕捉后，即使脉冲沿比程序扫描循环时间短，也能将其检测出来。

3)"数字量输出"设置如图 3-10 所示。

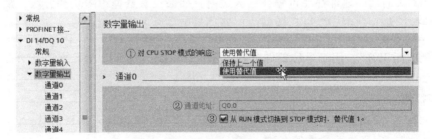

图 3-10　配置数字量输出通道

配置数字量输出通道的步骤如下：

①"对 CPU STOP 模式的响应"：设置数字量输出对 CPU 从运行状态切换到 STOP 状态的响应，可以设置为保留最后的有效值或者使用替代值。

②"通道地址"：输出通道的地址，在"I/O 地址"项中设置首地址。

③"从 RUN 模式切换到 STOP 模式时，替代值 1"：如果在数字量输出设置中，选择

"使用替代值",则此处可以勾选,表示从运行切换到停止状态后,输出使用"替代值 1",如果不勾选表示输出使用"替代值 0"。如果选择了"保持上一个值"则此处为灰色不能勾选。

4)"I/O 地址":数字量输入、输出地址设置如图 3-11 所示。

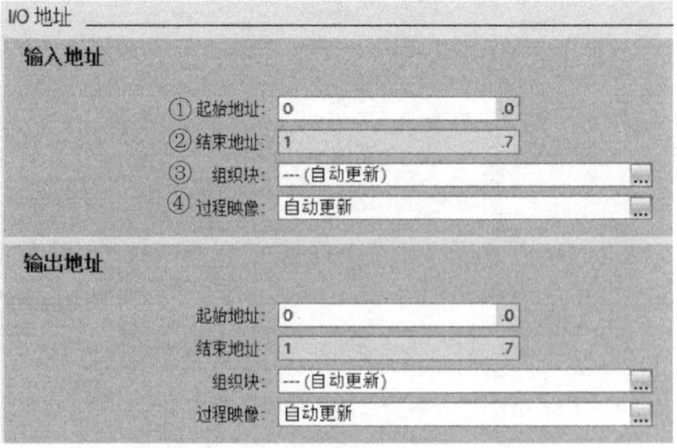

数字量输入输出地址的设置的步骤如下:

① "输入地址":

a. "起始地址":模块输入的起始地址。

图 3-11 数字量输入、输出地址设置

b. "结束地址":系统根据起始地址和模块的 IO 数量,自动计算并生成结束地址。

c. "组织块":可将过程映像区关联到一个组织块,当启用该组织块时,系统将自动更新所分配的过程映像分区。

d. "过程映像":选择过程映像分区。

● "自动更新":在每个程序循环内自动更新 I/O 过程映像(默认);

● "无":无过程映像,只能通过立即指令对此 I/O 进行读写;

● "PIP x":可以关联到③中所选的组织块。同一个映像分区只能关联一个组织块,一个组织块只能更新一个映像分区。系统在执行分配的 OB 时更新此 PIP。如果未分配 OB,则不更新 PIP。

● "PIP OB 伺服":为了对控制进行优化,将运动控制使用的所有 I/O 模块(如,工艺模块,硬限位开关)均指定给过程映像分区"OB 伺服 PIP"。这样 I/O 模块即可与工艺对象同时处理。

② "输出地址":设置与输入类似。

> 注意:
> 所有输入输出的地址都在过程映像区之内,如果没有选择组织块和分区,默认情况下过程映像区将自动更新,过程映像的更新详见第 4.3.2 章节。

5)"硬件标识符":用于寻址硬件对象,常用于诊断,也可以在系统常量中查询,参考第 4.3.3 章节。

3.2.4 模拟量

1)"常规":单击模拟量输入/输出的"常规"选项,可以输入项目信息:

● "名称":定义更改组件的名称;

● "注释":说明模块或设备的用途。

2)"模拟量输入":组态如图 3-12 所示。

模拟量输入组态的步骤如下:

① "积分时间":通过设置积分时间可以抑制指定频率的干扰。

② "通道地址":在模拟量的"I/O 地址"中设置首地址。

③ "测量类型":本体上的模拟量输入只能测量电压信号,所以选项为灰,不可设置。

图 3-12　模拟量输入组态

④ "电压范围"：测量的电压信号范围为固定的 0~10V。

⑤ "滤波"：模拟值滤波可用于减缓测量值变化，提供稳定的模拟信号。模块通过设置滤波等级（无、弱、中、强）计算模拟量平均值来实现平滑化。具体介绍详见第 2 章。

⑥ "启用溢出诊断"：如果激活 "启用溢出诊断"，则发生溢出时会生成诊断事件。

3）"模拟量输出"：组态如图 3-13 所示。

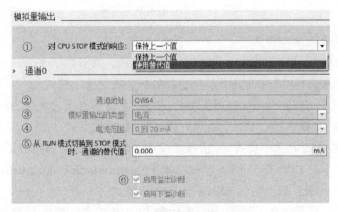

图 3-13　模拟量输出组态

模拟量输出的步骤如下：

① "对 CPU STOP 模式的响应"：设置模拟量输出，对 CPU 从 RUN 模式切换到 STOP 模式的响应，可以设置为保留最后的有效值或者使用替代值。

② "通道地址"：在模拟量的 "I/O 地址" 中设置模拟量输出首地址。

③ "模拟量输出的类型"：本体上的模拟量输出只支持电流信号，所以选项为灰，不可设置。

④ "电流范围"：输出的电流信号范围为固定的 0~20mA。

⑤ "从 RUN 模式切换到 STOP 模式时，通道的替代值"：如果在模拟量输出设置中，选择 "使用替代值"，则此处可以设置替代的输出值，设置值的范围为 0.0~20.0mA，表示从运行切换到停止状态后，输出使用设置的替代值。如果选择了 "保持上一个值" 则此处为灰色不能设置。

⑥ "启用溢出（上溢)/下溢诊断"：激活溢出诊断，则发生溢出时会生成诊断事件。集

成模拟量都是激活的，而扩展模块上的则可以选择是否激活。

4）"I/O 地址"模拟量 I/O 地址设置与数字量 I/O 地址设置相似。

3.2.5　高速计数器

如果要使用高速计数器，则在此处设置中激活"启用该高速计数器"以及设置计数类型、工作模式、输入通道等。详细介绍请参见第 12.1 章节。

3.2.6　脉冲发生器

如果要使用高速脉冲输出 PTO/PWM 功能，则在此处激活"启用该脉冲发生器"，并设置脉冲参数等。详细介绍请参见第 12 章。

3.2.7　启动

"启动"：设置如图 3-14 所示。

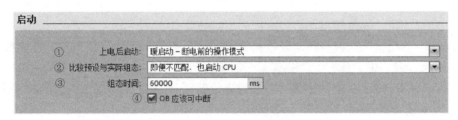

图 3-14　CPU 启动选项设置

CPU 启动选项设置的步骤如下：

①"上电后启动"：定义了 CPU 上电后的启动特性，共有以下 3 个选项，用户可根据项目的特点及安全性来选择，默认选项为"暖启动-断电前的操作模式"。

- "不重新启动（保持为 STOP 模式）"：CPU 上电后直接进入 STOP 模式；
- "暖启动-RUN 模式"：CPU 上电后直接进入 RUN 模式；
- "暖启动-断电前的操作模式"：选择该项后，CPU 上电后将按照断电前该 CPU 的操作模式启动，即断电前 CPU 处于 RUN 模式，则上电后 CPU 依然进入 RUN 模式；如果断电前 CPU 处于 STOP 状态，则上电后 CPU 进入 STOP 模式。

②"比较预设与实际组态"：定义了 S7-1200 PLC 站的实际组态与当前组态不匹配时的 CPU 启动特性。

- "仅在兼容时，才启动 CPU"：所组态的模块与实际模块匹配（兼容）时，才启动 CPU；
- "即便不匹配，也启动 CPU"：所组态的模块与实际模块不匹配（不兼容）时，也启动 CPU。

> 注意：
> 如果选择了"即便不匹配，也启动 CPU"，此时的用户程序无法正常运行，必须采取相应措施！所以要慎重选择该项。

③"组态时间"：在 CPU 启动过程中，为集中式 I/O 和分布式 I/O 分配参数的时间，包括为 CM 和 CP 提供电压和通信参数的时间。如果在设置的"组态时间"内完成了集中式 I/O 和分布式 I/O 的参数分配，则 CPU 立刻启动；如果在设置的"组态时间"内，集中式

I/O 和分布式 I/O 未完成参数分配，则 CPU 将切换到 RUN 模式，但不会启动集中式 I/O 和分布式 I/O。

④ "OB 应该可中断"：激活 "OB 应该可中断"后，在 OB 运行时，更高优先级的中断可以中断当前 OB，在此 OB 处理完后，会继续处理被中断的 OB。如果不激活 "OB 应该可中断"，则优先级大于 2 的任何中断只可以中断循环 OB，但优先级为 2~25 的 OB 不可被更高优先级的 OB 中断。

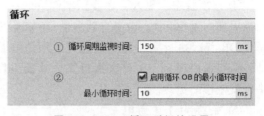

图 3-15　CPU 循环时间的设置

3.2.8　循环

"循环"的设置如图 3-15 所示。

CPU 循环时间设置的步骤如下：

① "循环周期监视时间"：设置程序最大的循环周期时间，范围为 1~6000ms，默认值为 150ms。超过这个设置时间，CPU 会报故障。超过 2 倍的最大循环周期检测时间，无论是否编程时间错误中断 OB80，CPU 都会停机。在编程时间错误中断 OB80 后，当发生循环超时时 CPU 将响应触发执行 OB80 的用户程序，程序中可使用指令 "RE_TRIGR" 重新触发 CPU 的循环时间监控，最长可延长到已组态 "循环周期监视时间" 的 10 倍。

② "最小循环时间"：如果激活了 "启用循环 OB 的最小循环时间"，当实际程序循环时间小于这个时间，操作系统会延时新循环的启动，直到达到了最小循环时间。在此等待时间内，将处理新的事件和操作系统服务。

3.2.9　通信负载

"通信负载"用于设置 CPU 总处理能力中可用于通信过程的百分比，如图 3-16 所示。这部分 CPU 处理能力将始终

图 3-16　CPU 通信负载设置

用于通信，当通信不需要这部分处理能力时，它可用于程序执行。可设置的范围为 15%~50%，默认值为 20%。占用 "通信负载" 的通信包括：TIA 博途软件监控，HMI 连接，PLC 间的 S7 通信，以及运动控制等。

> 注意：
> 如果 "由通信引起的循环负载设置百分比过大，则会延长 CPU 扫描时间，所以要慎重增加该通信负载百分比"。

3.2.10　系统和时钟存储器

"系统和时钟存储器"：页面可以设置 M 存储器的字节给系统和时钟存储器，然后程序逻辑可以引用他们的各个位用于逻辑编程。

1) "系统存储器位"：用户程序可以引用 4 个位：首次循环、诊断状态已更改、始终为 1、始终为 0，设置如图 3-17。

系统存储器设置的步骤如下：

① 激活："启用系统存储器字节"。

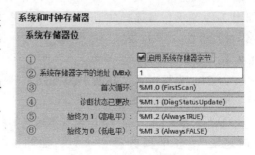

图 3-17　系统存储器设置

② 系统存储器字节地址：设置分配给"系统存储器字节地址"的 MB 的地址。

③ 首次循环：在启动 OB 完成后，第一个扫描周期该位置为 1，之后的扫描周期复位为 0。

④ 诊断状态已更改：在诊断事件后的一个扫描周期内置位为 1。由于直到启动 OB 和程序循环 OB 首次执行完才能置位该位，所以在启动 OB 和程序循环 OB 首次执行完成才能判断是否发生诊断更改。

⑤ 始终为 1（高电平）：该位始终置位为 1。

⑥ 始终为 0（低电平）：该位始终设置为 0。

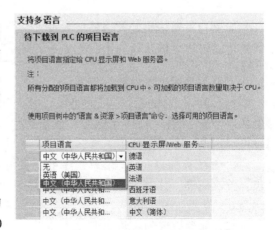

图 3-18　时钟存储器位设置

2)"时钟存储器位"：设置时钟存储器如图 3-18 所示，组态的时钟存储器的每一个位都是不同频率的时钟方波。

时钟存储器设置步骤如下：

① 激活"启用时钟存储器字节"。

② 时钟存储器字节地址：设置分配给"时钟存储器字节地址"的 MB 的地址。

③ 被组态为时钟存储器中的 8 个位提供了 8 种不同频率的方波，可在程序中用于周期性触发动作。其每一位对应的周期与频率，参考表 3-1。

表 3-1　时钟存储器

位号	7	6	5	4	3	2	1	0
周期/s	2.0	1.6	1.0	0.8	0.5	0.4	0.2	0.1
频率/Hz	0.5	0.625	1	1.25	2	2.5	5	10

3.2.11　Web 服务器

如果要使用 Web 服务器，在此界面激活"在此设备上的所有模块上激活 Web 服务器"，具体设置及使用参见第 7.6 章节。

3.2.12　支持多种语言

用于在 Web 服务器或 HMI 上显示消息和诊断的文本语言，S7-1200 PLC 最多支持两种语言，在下拉列表中选择所使用的语言，如图 3-19 所示。可选择的语言是在项目树的"语言与资源 > 项目语言"中启用。

3.2.13　时间

为 CPU 设置时区，如图 3-20 所示。

时间设置的步骤如下：

①"本地时间"：为 CPU 设置本地时间的"时区"，一般中国选择东 8 区，如图 3-20 所示。

图 3-19　支持多种语言设置

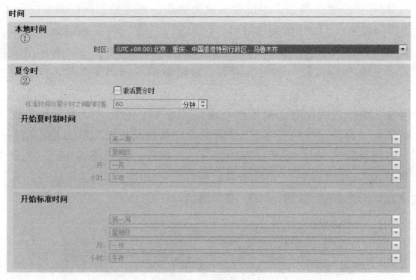

图 3-20　时间设置

②"夏令时"：如果需要使用夏令时，则可以选择"激活夏令时"，并进行相关设置，中国目前不支持夏令时。

3.2.14　防护与安全

1)"访问级别"：此界面可以设置该 PLC 的访问等级，共可设置 4 个访问等级，如图 3-21 所示。

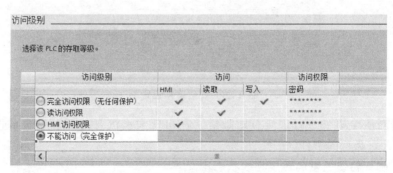

图 3-21　防护与安全设置

可以选择以下保护等级：

· "完全访问权限（无任何保护）"：为默认设置，无密码保护，允许完全访问。

· "读访问权限"：在没有输入密码的情况下，只允许进行只读访问，无法更改 CPU 上的任何数据，也无法装载任何块或组态。选择这个保护等级需要指定"完全访问权限（无任何保护）"的密码："密码 1"。如果需要写访问，则需要输入"密码 1"。

· "HMI 访问权限"：选择这个保护等级对于 SIMATIC HMI 访问没有密码保护，但需要指定"完全访问权限（无任何保护）"的密码："密码 1"。"读访问权限"的密码："密码 2"可选择设置，如果不设置则无法获得该访问权限。

· "不能访问（完全保护）"：不允许任何访问，但需要指定"完全访问权限（无任何保护）"的密码："密码 1"。"读访问权限"的密码："密码 2"和"HMI 访问权限"的密码:"密码 3"为可选设置,但如果不设置,就无法获得相应的访问权限。

对于"读访问权限""HMI 访问权限""不能访问"这三种保护等级都可以设置层级保护密码,设置的密码分大小写。其中"完全访问权限"的"密码 1"永远是必填密码,而"读访问权限""HMI 访问权限"为可选密码。可以根据不同的需要将不同的保护等级分配给不同的用户。

如果将具有"HMI 访问权限"的组态下载到 CPU 后,可以在无密码的情况下实现 HMI 访问功能。要具有"读访问权限",用户必须输入"读访问权限"的已组态密码"密码 2"。要具有"完全访问权限",用户必须输入"完全访问权限"的已组态密码"密码 3"。

2)"连接机制":设置激活"允许来自远程对象的 PUT/GET 通信访问"后,如图 3-22 所示,CPU 才允许与远程伙伴进行 PUT/GET 通信。

图 3-22 连接机制设置

3)"安全事件":部分安全事件会在诊断缓冲区中生成重复条目,可能会堵塞诊断缓冲区。通过组态时间间隔来汇总安全事件可以抑制循环消息,时间间隔的单位可以设置为秒、分钟或小时,数值范围设置为 1~255。在每个时间间隔内,CPU 仅为每种事件类型生成一个组警报,如图 3-23 所示。

图 3-23 安全事件设置

如果选择对安全事件进行限定,即激活"在出现大量消息时汇总安全事件",将限定(汇总)以下几种类型的事件:

- 使用正确或错误的密码转至在线状态;
- 检测被操控的通信数据;
- 检测存储卡上被操控的数据;
- 检测被操控的固件更新文件;
- 更改后的保护等级(访问保护)下载到 CPU;
- 限制或启用密码合法性(通过指令或 CPU 显示器);
- 由于超出允许的并行访问尝试次数,在线访问被拒绝;
- 当前在线连接处于禁用状态的超时;
- 使用正确或错误的密码登录 Web 服务器;
- 创建 CPU 的备份;
- 恢复 CPU 组态;
- 在启动过程中:

a. SIMATIC 存储卡上的项目发生变更（SIMATIC 存储卡不变）；

b. 更换了 SIMATIC 存储卡。

4）"外部装载存储器"　激活"禁止从内部装载存储器复制到外部装载存储器"，可以防止从 CPU 集成的内部装载存储器到外部装载存储器的复制操作，如图 3-24 所示。

图 3-24　外部装载存储器设置

3.2.15　组态控制

组态控制可用于组态控制系统的结构，将一系列相似设备单元或设备所需的所有模块都在具有最大组态的主项目（全站组态方式）中进行组态，操作员可通过人机界面等方式，根据现场特定的控制系统轻松地选择某种站组态方式。他们无须修改项目，因此也无须下载修改后的组态。节约了重新开发的很多工作量。

图 3-25　组态控制配置

要想使用组态控制，首先要激活"允许通过用户程序重新组态设备"，如图 3-25 所示，然后创建规定格式的数据块，通过指令 WRREC，将数据记录 196 的值写入到 CPU 中，然后通过写数据记录来实现组态控制。

3.2.16　连接资源

"连接资源"页面显示了 CPU 连接中的预留资源与动态资源概览，参考图 7-4 所示。

3.2.17　地址总览

"地址总览"可以以表格的形式显示已经配置使用的所有输入和输出地址，通过选中不同的复选框，可以设置要在地址总览中显示的对象：输入、输出、地址间隙和插槽。地址总览表格中可以显示地址类型、起始地址、结束地址、字节大小、模块信息、机架、插槽、设备名称、设备编号、归属总线系统（PN，DP）、过程映像分区和组织块等信息，如图 3-26 所示。

地址总览

类型	起始地址	结束地址	大小	模块	机架	插槽	设备名称	设备…	主站 / IO 系统	PIP	OB
I	0	1	2 字节	DI 14/DQ 10_1	0	1 1	PLC_1 [CPU 1215C DC…	-	-	自动更新	-
O	0	1	2 字节	DI 14/DQ 10_1	0	1 1	PLC_1 [CPU 1215C DC…	-	-	自动更新	-
I	64	67	4 字节	AI 2/AQ 2_1	0	1 2	PLC_1 [CPU 1215C DC…	-	-	自动更新	-
O	64	67	4 字节	AI 2/AQ 2_1	0	1 2	PLC_1 [CPU 1215C DC…	-	-	自动更新	-
I	1000	1003	4 字节	HSC_1	0	1 16	PLC_1 [CPU 1215C DC…	-	-	自动更新	-
I	1004	1007	4 字节	HSC_2	0	1 17	PLC_1 [CPU 1215C DC…	-	-	自动更新	-
I	1008	1011	4 字节	HSC_3	0	1 18	PLC_1 [CPU 1215C DC…	-	-	自动更新	-
I	1012	1015	4 字节	HSC_4	0	1 19	PLC_1 [CPU 1215C DC…	-	-	自动更新	-
I	1016	1019	4 字节	HSC_5	0	1 20	PLC_1 [CPU 1215C DC…	-	-	自动更新	-
I	1020	1023	4 字节	HSC_6	0	1 21	PLC_1 [CPU 1215C DC…	-	-	自动更新	-
O	1002	1003	2 字节	Pulse_2	0	1 33	PLC_1 [CPU 1215C DC…	-	-	自动更新	-
O	1004	1005	2 字节	Pulse_3	0	1 34	PLC_1 [CPU 1215C DC…	-	-	自动更新	-

图 3-26　地址总览

3.3　I/O 扩展模块的参数配置

在 TIA 博途软件的"设备视图"下，单击要配置参数的模板，在模板属性视图中可设置模板的参数，I/O 扩展模块参数配置与本体上的输入输出配置基本相似。

3.4　基本组态的常见问题

1. 在时钟同步功能中，如何实现使用 S7-1200 PLC 作为时钟同步的 SNTP sever（服务器）端？

答：S7-1200 PLC 只可作为 NTP 的 client（客户）端进行时钟同步，如要实现 SNTP sever（服务器）端功能，可以通过下面的链接，在西门子公司全球技术资源库中下载相应的库。

https：//support. industry. siemens. com/cs/cn/zh/view/82203451/en

2. 为什么在组态了系统存储器后，"常 1"信号在程序中却不生效？

答：组态或修改了系统存储器后，要确保将配置重新下载到 CPU，否则组态不生效。

3. 为什么 CPU 断电后，再上电 CPU 没有报任何错误，但 CPU 却运行不起来？

答：原因是 CPU 没有硬件开关用于启停控制，CPU 上电后的启停由 CPU 属性中的"启动"选项来决定，如图 3-14 所示。其默认设置为"暖启动-断电前的操作模式"，此时如果是断电前 CPU 因故障停止，那么再上电后即使没有故障，CPU 也会延续断电前的状态，保持 STOP 模式。或者设置成"不重新启动"，则 CPU 上电后直接进入 STOP 模式。如果在以上两种模式下，CPU 无法启动，需要通过博途软件在线功能启动 CPU。

所以必须将启动选项设置为"暖启动-RUN 模式"，才能保证在没有错误的情况下，CPU 上电后直接进入 RUN 模式。

4. CPU 属性的"启动"特性中，设置的"比较预设与实际组态匹配"，这里的"匹配"或者"兼容"是什么含义？

答：匹配（兼容性）是指与当前的模块输入和输出数量相匹配，而且电气和功能特性也相匹配。兼容模块必须能够完全替换已组态的模块；功能性可以更多，但不能比替换的模块少。

举例说明，16 个通道的数字量输入模块可作为 8 个通道的数字量输入模块的兼容替换模块，反之则不兼容；16 个通道的晶体管数字量输出模块不可作为 16 个通道的继电器数字量输出模块的兼容替换模块。

所以，如果设置"仅在兼容时，才启动 CPU"，并且插入组态的模块兼容时，CPU 启动；如果插入的模块不兼容，则 CPU 无法启动。

如果选择"即使不兼容也启动 CPU"的设置，此时如果插槽中插入一个模拟量输出模块或不插入任何模块，则与实际的 16 个通道数字量输入的信号模块完全不兼容。虽然无法访问所组态的输入，但 CPU 仍可启动。

5. 为什么已经将"启动"选项设置为"暖启动-RUN 模式"下载组态后，CPU 无法启动，而 ERROR 灯也不报错？

答：这种情况下查看诊断缓冲区，通常可以发现报错："没有可用于中央设备选件处理的数据记录或无效",如图 3-27 所示。造成这个错误的原因是:CPU 属性的 "组态控制" 中,已激活 "允许通过用户程序重新组态设备",如图 3-25 所示。但启动 OB 未传送一个有效的组态数据记录,则 CPU 从启动模式返回到 STOP 模式。CPU 在这种情况下不会初始化集中式 I/O,导致启动失败。如果用户并没有使用组态控制,一定确认取消激活 "允许通过用户程序重新组态设备",以免造成不必要的错误。

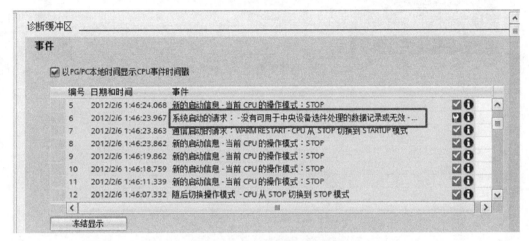

图 3-27　组态控制造成的错误

6. 为什么 CPU 读取的本地时间与当前实际时间相差 7 小时?

答:因为当前的实际时间是中国的北京时间,而 CPU 属性中 "时间" 的默认时区为东一区:UTC+01:00。在 CPU 属性中,必须先将本地时间的 "时区" 设置为中国所在的东八区:UTC+08:00,并将配置下载到 CPU 后,才能读取到正确的本地时间。

7. 为什么在 CPU 的属性中,"保护" 页面的 "连接机制" 中,无法激活 "允许从远程伙伴(PLC,HMI,OPC...)使用 PUT/GET 访问",显示为灰色?

答:造成这个现象的原因是因为已经将 CPU 的保护等级设置为最高 "不能访问(完全保护)",如图 3-21 所示。必须设置成其他保护等级,才能激活该选项。

8. 能否使用 TIA 博途 STEP 7 V14 SP1 软件打开早期 TIA 博途软件及 STEP 7 专业版/基本版创建的项目?

答:如果使用 TIA 博途 STEP 7 V14 SP1 软件打开早期 TIA 博途软件及 STEP 7 专业版/基本版创建的项目,首先需要使用 TIA 博途 STEP 7 V13 SP1 软件保存和编译早期版本项目。TIA 博途 V14 SP1 软件不再支持使用兼容模式打开早期版本的配置。

另外,TIA 博途 V14 SP1 软件在线模式不能完全访问 TIA 博途 V13 SP1 软件(或早期版本)的 CPU 配置。将 TIA 博途 V13 SP1 软件的项目转换到 TIA 博途 V14 SP1 软件,需要在 TIA 博途 V13 SP1 软件中通过两个菜单命令 "编译 > 硬件(完全重建)" 和 "编译 > 软件(重新编译所有块)",对项目进行完整的编译后再转换。

9. 是否可以在 TIA 博图 V14 SP1 软件中创建 V14 项目?

答:可以,使用 STEP 7 V14 SP1 软件创建新项目时,可以选择项目版本为 V14 或者 V14 SP1,如图 3-28 所示。

图 3-28　创建不同版本的新项目

第 4 章 S7-1200 PLC 编程基础

4.1 CPU 的基本原理

S7-1200 PLC 系列的 CPU 中运行着操作系统和用户程序。

操作系统处理底层系统级任务，并执行用户程序的调用。操作系统固化在 CPU 中，用于执行与用户程序无关的 CPU 功能，以及组织 CPU 所有任务的执行顺序。操作系统的任务包括：

- 启动；
- 更新输入和输出过程映像；
- 调用用户程序；
- 检测中断并调用中断 OB；
- 检测并处理错误；
- 管理存储区；
- 与编程设备和其他设备通信。

用户程序工作在操作系统平台，完成特定的自动化任务。用户程序是下载到 CPU 的数据块和程序块。用户程序的任务包括：

- 启动的初始化工作；
- 进行数据处理，I/O 数据交换和工艺相关的控制；
- 对中断的响应；
- 对异常和错误的处理。

4.1.1 CPU 的工作模式

S7-1200 CPU 有三种工作模式：STOP、STARTUP、RUN，见表 4-1。

表 4-1 S7-1200 CPU 工作模式

工作模式	描　　　述
STOP	不执行用户程序，可以下载项目，可以强制变量
STARTUP	执行一次启动 OB(如果存在)及其他相关任务，如图 4-1 所示
RUN	CPU 重复执行程序循环 OB,响应中断事件

S7-1200 CPU 启动和运行的机制，如图 4-1 所示。

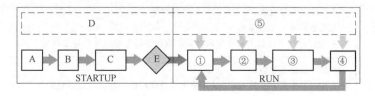

图 4-1 S7-1200 CPU 启动和运行机制

1. CPU 的启动操作

CPU 从 STOP 切换到 RUN 时，初始化过程映像，执行启动 OB 及其关联的程序。如图 4-1 所示，CPU 在启动过程中执行以下任务：

A. 将物理输入的状态复制到过程映像 I 区。

B. 根据组态情况将过程映像 Q 区初始化为零、上一值或替换值，并将 PB、PN 和 AS-i 输出设为零。

C. 初始化非保持性的 M 存储器和数据块，并启用组态的循环中断事件和时钟事件，执行启动 OB。

D. 将所有中断事件存储到进入 RUN 模式后需要处理的队列中。

E. 将过程映像 Q 区写入到物理输出。

> 注意：
> 循环时间监视在启动 OB 完成后开始。在启动过程中，不更新过程映像，可以直接访问模块的物理输入，但不能访问物理输出，可以更改 HSC、PWM 以及点对点通信模块的组态。

2. 在 RUN 模式下处理扫描周期

执行完启动 OB 后，CPU 将进入 RUN 模式。CPU 周而复始地执行一系列任务，任务循环执行一次为一个扫描周期。如图 4-1 所示，CPU 在 RUN 模式时执行以下任务：

① 将过程映像 Q 区写入物理输出。

② 将物理输入的状态复制到过程映像 I 区。

③ 执行程序循环 OB。

④ 执行自检诊断。

⑤ 在扫描周期的任何阶段，处理中断和通信。

4.1.2　过程映像

过程映像是 CPU 提供的一个内部存储器，用于同步更新物理输入输出点的状态。过程映像对 I/O 点的更新可组态在每个扫描周期或发生特定事件触发中断时，参考图 3-11。

4.1.3　存储器机制

S7-1200 CPU 提供了用于存储用户程序、数据和组态的存储器。存储器的类型和特性，见表 4-2。

表 4-2　存储器介绍

类　型	描　述
装载存储器	• 是非易失性存储器，用于存储用户程序、数据和组态等 • 也可以使用外部存储卡作为装载存储器
工作存储器	• 是易失性存储器，用于存储与程序执行有关的内容 • 无法扩展工作存储器 • CPU 将与运行相关的程序内容从装载存储器复制到工作存储器中
保持性存储器	• 是非易失性存储器 • 如果发生断电或停机时，CPU 使用保持性存储器存储一定数量的工作存储区数据，在启动运行时恢复这些保持性数据

4.1.4　优先级与中断

CPU 按照 OB 的优先级对其进行处理，高优先级的 OB 可以中断低优先级的 OB。最低优先级为 1（主程序循环），最高优先级为 26。

当中断事件出现时，调用与该事件相关的中断 OB。当中断程序执行完成后返回至产生中断处继续运行程序。

> 注意：
> S7-1200 CPU 默认属性是选中 "OB 应该可中断"，参考图 3-14，如果不选中该属性，则优先级大于 2 的任何中断只可以中断程序循环 OB。

4.2　数据类型

数据类型用于指定数据元素的大小和格式，在定义变量时需要设置变量的数据类型，在使用指令、函数、函数块时，需要按照操作数要求的数据类型使用合适的变量。S7-1200 CPU 的数据类型分为以下几种：

- 基本数据类型；
- 复杂数据类型；
- PLC 数据类型（UDT）；
- VARIANT；
- 系统数据类型；
- 硬件数据类型。

此外，当指令要求的数据类型与实际操作数的数据类型不同时，还可以根据数据类型的转换功能来实现操作数的输入。

4.2.1　基本数据类型

基本数据类型为具有确定长度的数据类型，见表 4-3。

表 4-3　基本数据类型汇总

分类	类　型	值　范　围	说　　明
位	BOOL	TRUE/1、FALSE/0	位变量，例：M0.0、I1.5、Q8.0、DB1. DBX12.3
位序列	BYTE	16#00~16#FF	占据 1 个字节，例 MB0，IB2，QB8，DB1. DBB12
	WORD	16#0000~16#FFFF	占据 2 个字节，例 MW0，IW2，QW8，DB1. DBW12
	DWORD	16#000000000~16#FFFFFFFF	占据 4 个字节，例 MD0，ID2，QD8，DB1. DBD12
整数	SINT	−128~127	有符号整数，占据 1 个字节
	INT	−32768~32767	有符号整数，占据 2 个字节
	DINT	−2147483648~2147483647	有符号整数，占据 4 个字节
	USINT	0~255	无符号整数，占据 1 个字节
	UINT	0~65535	无符号整数，占据 2 个字节
	UDINT	0~4294967295	无符号整数，占据 4 个字节

（续）

分类	类　型	值　范　围	说　　明
浮点数	REAL	-3.402823e+38～-1.175495e-38，0.0，1.175495e-38～3.402823e+38	占据 4 个字节，有 6 个有效数字
	LREAL	-1.7976931348623158e+308～-2.2250738585072014e-308，0.0，2.2250738585072014e-308～1.7976931348623158e+308	占据 8 个字节，最多有 15 个有效数字，只支持符号寻址
日期和时间	TIME	T#-24D20H31M23S648MS～T#24D20H31M23S647MS	占据 4 个字节，时基为毫秒表示的有符号双整数时间
	DATE	0-65535 对应 D#1990-01-01～D#2169-06-06	占据 2 个字节，将日期作为无符号整数保存
	TOD（TIME_OF_DAY）	TOD#00:00:00.000～TOD#23:59:59.999	占据 4 个字节，指定从 00:00:00 开始的毫秒数
字符	CHAR	ASCII 编码 16#00～16#7F	占据 1 个字节，常量举例：'a'或 CHAR#'a'
	WCHAR	UNICODE 编码 16#0000～16#D7FF	占据 2 个字节，支持汉字，常量举例：WCHAR#'中'

4.2.2 复杂数据类型

复杂数据类型是基本数据类型的组合。S7-1200 CPU 支持以下复杂数据类型：

- 字符串；
- 日期时间（DTL）；
- 结构（STRUCT）；
- 数组（ARRAY）。

1. 字符串

S7-1200 CPU 包括两种字符串，STRING 和 WSTRING 均是由字符串最大长度、字符串实际长度以及字符组成，如图 4-2 所示。

	STRING 数据类型		WSTRING 数据类型	
字符串最大长度 n	USINT	1–254	UINT	1–16382
字符串实际长度 m ($m \leqslant n$)	USINT	1–254	UINT	1–16382
第一个字符	CHAR		WCHAR	
第二个字符	CHAR		WCHAR	
…	CHAR		WCHAR	
第 m 个字符	CHAR		WCHAR	
第 m+1 个字符（空字符）	CHAR		WCHAR	
…（空字符）	CHAR		WCHAR	
第 n 个字符（空字符）	CHAR		WCHAR	

图 4-2　字符串的组成

字符串可以在 DB、OB/FC/FB 接口区、PLC 数据类型处定义，定义时可以定义字符串的最大长度，也可以使用默认最大长度，如图 4-3 所示。

字符串可以以符号寻址的方式整体使用，也可以只使用字符串的某一个字符，例如变量名［2］，即为字符串的第 2 个字符，如图 4-4 所示。

DB49				
	名称	数据类型	起始值	注释
◁□ ▼	Static			
◁□ ■	Static_1	String[20]	'123 abc'	最大长度为20个字符的String
◁□ ■	Static_2	WString[20]	WSTRING#'西门子'	最大长度为20个字符的WString
◁□ ■	Static_3	String	'!?()'	最大长度为254个字符的String. 相当于String[254]
◁□ ■	Static_4	WString	WSTRING#'ABC 123'	最大长度为254个字符的WString. 相当于WString[254]

图 4-3　字符串的定义

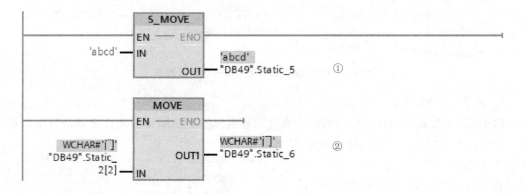

图 4-4　字符串的使用

字符串的使用步骤如下：

① 字符串整体使用，将字符串常数 'abcd' 移动到字符串类型的变量。

② 从字符串 "西门子" 中取第二个字符 "门"，移动到字符类型的变量。

2. 日期时间（DTL）

DTL 用于表示完整的日期时间，有固定的结构，见表 4-4。

表 4-4　DTL 结构

BYTE	组件	数据类型	值范围
0	YEAR（年）	UINT	1970~2262
1			
2	MONTH（月）	USINT	1~12
3	DAY（日）	USINT	1~31
4	WEEKDAY（星期）	USINT	1（星期日）~7（星期六）
5	HOUR（小时）	USINT	0~23
6	MINUTE（分）	USINT	0~59
7	SECOND（秒）	USINT	0~59
8	NANOSECOND（纳秒）	UDINT	0~999999999
9			
10			
11			

DTL 类型的数据范围为：DTL#1970-01-01-00 ：00 ：00.0 ~ DTL#2262-04-11-23 ：47 ：16.854775807，可以在 DB 块、OB/FC/FB 接口区、PLC 数据类型处定义，定义 DTL 时起始值必须包含年、月、日、时、分、秒，TIA 博途软件会根据年、月、日自行计算星期的值。

使用 DTL 时可以使用整个 DTL 变量，也可以单独使用其中一个组件。如变量名 .YEAR、变量名 .MINUTE 等，如图 4-5 所示。

图 4-5　DTL 数据类型及其单一组件的使用

3. 结构（STRUCT）

STRUCT 类型是一种由多个不同数据类型元素组成的数据结构，元素可以是基本数据类型，也可以是 STRUCT、数组等复杂数据类型以及 PLC 数据类型等，如图 4-6 所示。STRUCT 类型嵌套 STRUCT 类型的深度限制为 8 级。

STRUCT 类型的变量在程序中可作为一个变量整体，也可单独使用组成该 STRUCT 的元素。

STRUCT 类型可以在 DB、OB/FC/FB 接口区、PLC 数据类型处定义使用。

名称		数据类型	起始值
▼ Static			
■ ▼ Static_1		Struct	
■	Static_1	Int	0
■	Static_2	Real	0.0
■	Static_3	Bool	false

图 4-6　STRUCT 的定义

4. 数组（ARRAY）

ARRAY 类型是由数目固定且数据类型相同的元素组成的数据结构。

ARRAY 类型的定义和使用需要注意以下几点：

- ARRAY 类型可以在 DB、OB/FC/FB 接口区、PLC 数据类型处定义；
- 数组定义：名称［维度 1 下限 .. 维度 1 上限，维度 2 下限 .. 维度 2 上限，...］of <数据类型>；
- 数组元素的数据类型包括：除数组类型、VARIANT 类型以外的所有类型；
- 数组下标的数据类型为双整数，下限值必须小于或等于上限值，上下限的限值为 -2147483648 ~ 2147483647；
- 一个数组最多可包含 6 个维度；
- 可以使用局部常量或全局常量定义上下限值；
- 使用时，数组元素通过下标进行寻址。下标可以是常数、常量、变量，可以是混合使用（多维数组），不可以是表达式，因此使用数组的变量下标，可以在程序中很容易地实现间接寻址，示例见第 4.6 章节常见问题 5；
- FC 的 INPUT/INOUT 以及 FB 的 INOUT 可以定义形如 ARRAY［﹡］这种变长数组，示例见第 5.1.11 章节常见问题 6；
- 数组可以降维使用。

例如：定义全局常量 aaa=3，变量 bbb 为 int 类型，变量 ccc 为 int 类型；数组定义如图 4-7 所示，数组使用见表 4-5。

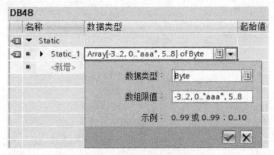

图 4-7 数组的定义

表 4-5 数组的使用

地 址	说 明
"DB48".Static_1[-3, 1, 5]	常数下标,表示单个变量
"DB48".Static_1[-3, #bbb, 6]	变量,常数混合下标,表示单个变量
"DB48".Static_1[#bbb, #bbb, #ccc]	变量下标,表示单个变量
"DB48".Static_1[-3, 1]	1×4 的数组,表示[-3,1,5] ~ [-3,1,8]
"DB48".Static_1[1]	4×4 的数组,表示[1,0,5] ~ [1,3,8]

4.2.3 PLC 数据类型（UDT）

UDT 类型是一种由多个不同数据类型元素组成的数据结构，元素可以是基本数据类型，也可以是 STRUCT、数组等复杂数据类型以及其他 PLC 数据类型等。UDT 类型嵌套 UDT 类型的深度限制为 8 级。

UDT 类型可以在 DB、OB/FC/FB 接口区、PLC 变量表 I 和 Q 处使用。

UDT 类型可在程序中统一更改和重复使用，一旦某 UDT 类型发生修改，执行软件全部重建，可以自动更新所有使用该数据类型的变量。

定义为 UDT 类型的变量在程序中可作为一个变量整体使用，也可单独使用组成该变量的元素。此外，还可以在新建 DB 块时，直接创建 UDT 类型的 DB，该 DB 只包含一个 UDT 类型的变量，具体请参见第 4.4.3 章节。

例：建立并使用 1 个名为 "UDT_TEST" 的 UDT 类型。

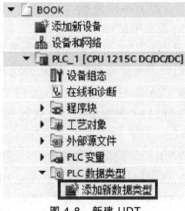

图 4-8 新建 UDT

1. 新建 UDT

双击项目树中相应 PLC 站点下的 "PLC 数据类型>添加新数据类型"，如图 4-8 所示。

2. 修改 UDT 名称

右键选择生成的 "用户数据类型_1"，"属性>常规" 命名为 "UDT_TEST"，如图 4-9 所示。

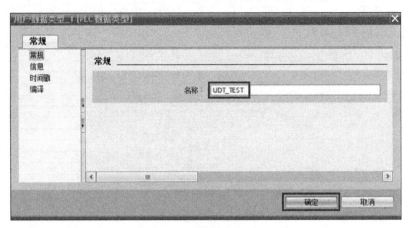

图 4-9　修改 UDT 名称

3. 添加 UDT 中的变量

在打开的工作区，添加变量、数据类型以及注释，如图 4-10 所示。

		名称	数据类型	默认值	可从 HMI/...	从 H...	在 HMI ...	设定值	注释
1		Element_1	Bool	false	☑	☑	☑	☐	扫描变量
2		Element_2	Bool	false	☑	☑	☑	☐	上升沿
3		Element_3	UInt	0	☑	☑	☑	☐	上升沿次数
4		Element_4	Bool	false	☑	☑	☑	☐	上周期变量
5		▶ Element_5	Array[0..7] of USInt		☑	☑	☑	☐	数据

(表头上方标题：UDT_TEST)

图 4-10　添加变量

4. DB 中使用

在 DB 中添加变量，数据类型选择"UDT_TEST"，如图 4-11 所示。

5. 程序中使用

定义为 UDT 类型的变量作为整体使用，或单独使用组成该变量的元素，如图 4-12 所示。

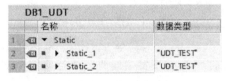

		名称	数据类型
1		▼ Static	
2		▶ Static_1	"UDT_TEST"
3		▶ Static_2	"UDT_TEST"

(表头：DB1_UDT)

图 4-11　DB 中使用

4.2.4　VARIANT

VARIANT 类型是一个参数数据类型，只能出现在除 FB 的静态变量以外的 OB/FC/FB 接口区。

VARIANT 类型的实参是一个可以指向不同数据类型变量的指针。它可以指向基本数据类型，也可以指向复杂数据类型、UDT 等。

VARIANT 数据类型的操作数不占用背景数据块或工作存储器中的空间，但是将占用 CPU 上的装载存储器的存储空间。

调用某个块时，可以将该块的 VARIANT 参数连接任何数据类型的变量。除了传递变量的指针外，还会传递变量的类型信息。该块中可以利用 VARIANT 的相关指令，将其识别出并进行处理。

VARIANT 指向的实参，可以是符号寻址，也可以是绝对地址寻址，如果在梯形图

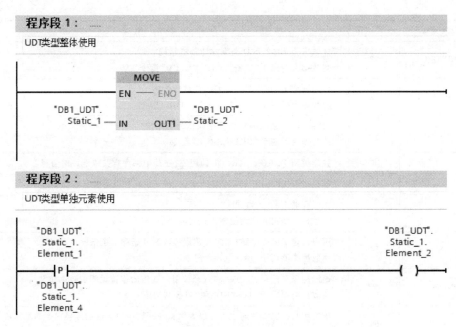

图 4-12　程序中使用

（LAD）中该实参也可以是形如 P#DB1. DBX0. 0 BYTE 10 这种指针形式的寻址。

常用的 VARIANT 数据类型处理的指令有以下几个：

TypeOf、TypeOfElements、VariantGet、MOVE_BLK_VARIANT

示例参见第 5. 1. 11 章节常见问题 6。

4.2.5　系统数据类型（SDT）

SDT 是系统提供的具有预定义结构的数据类型，该结构不能更改。SDT 只能用于特定指令，见表 4-6。

可以在 DB 块、OB/FC/FB 接口区使用。此外部分数据类型还可以在新建 DB 块时，直接创建系统数据类型的 DB，该 DB 只包含一个系统数据类型的变量，具体请参见第 4. 4. 3 章节。

表 4-6　常见系统数据类型

系统数据类型	长度字节	说　　明
IEC_TIMER	16	定时器结构。 此数据类型可用于 "TP" "TOF" "TON" "TONR" "RT" "PT" 指令
IEC_SCOUNTER	3	计数值为 SINT 数据类型的计数器结构 此数据类型用于 "CTU" "CTD" "CTUD" 指令
IEC_USCOUNTER	3	计数值为 USINT 数据类型的计数器结构 此数据类型用于 "CTU" "CTD" "CTUD" 指令
IEC_COUNTER	6	计数值为 INT 数据类型的计数器结构 此数据类型用于 "CTU" "CTD" "CTUD" 指令
IEC_UCOUNTER	6	计数值为 UINT 数据类型的计数器结构 此数据类型用于 "CTU" "CTD" "CTUD" 指令

（续）

系统数据类型	长度字节	说　　　明
IEC_DCOUNTER	12	计数值为 DINT 数据类型的计数器结构 此数据类型用于"CTU""CTD""CTUD"指令
IEC_UDCOUNTER	12	计数值为 UDINT 数据类型的计数器结构 此数据类型用于"CTU""CTD""CTUD"指令
ERROR_STRUCT	28	编程错误信息或 I/O 访问错误信息的结构 此数据类型用于"GET_ERROR"指令
CREF	8	数据类型 ERROR_STRUCT 的组成,在其中保存有关块地址的信息
NREF	8	数据类型 ERROR_STRUCT 的组成,在其中保存有关操作数的信息
VREF	12	用于存储 VARIANT 指针 此数据类型用在运动控制工艺对象块中
CONDITIONS	52	用户自定义的数据结构,定义数据接收的开始和结束条件 此数据类型用于"RCV_CFG"指令
TADDR_Param	8	指定用来存储通过 UDP 实现开放用户通信的连接说明的数据块结构 此数据类型用于"TUSEND"和"TURCV"指令
TCON_Param	64	指定用来存储那些通过工业以太网实现开放用户通信的连接说明的数据块结构 此数据类型用于"TSEND"和"TRCV"指令
HSC_Period	12	使用扩展的高速计数器,指定时间段测量的数据块结构 此数据类型用于"CTRL_HSC_EXT"指令

4.2.6　硬件数据类型

硬件数据类型由 CPU 提供。包括硬件系统常数和软件系统常数。

硬件配置中设置的模块存储特定硬件数据类型的常量,在用户程序中插入用于控制或激活已组态模块的指令时,可将这些可用常量用作参数（某些常量在硬件标识符处显示）,常用在 PORT、LADDR 引脚。常见的硬件数据常数、软件系统常数见表 4-7、表 4-8。

表 4-7　常见硬件数据常数

硬件系统常数		
数据类型	基本数据类型	说　　　明
REMOTE	ANY	用于 S7 通信 PUT/GET 指令中指定远程 CPU 的数据地址 必须以 P#指针形式作为实参 例如:P#DB1.DBX0.0 BYTE 10
HW_ANY	UINT	任何硬件组件的标识
HW_DEVICE	HW_ANY	DP 从站/PROFINET IO 设备的标识 例如:在 ModuleStates 指令中使用
HW_DPMASTER	HW_INTERFACE	DP 主站的标识
HW_DPSLAVE	HW_DEVICE	DP 从站的标识 例如:在 ModuleStates、DPNRM_DG 指令中使用
HW_IO	HW_ANY	CPU 或接口的标识号 该编号在 CPU 或硬件配置接口的属性中自动分配和存储 例如:在 LED、DPRD_DAT、RDREC 等指令中使用

（续）

硬件系统常数		
数据类型	基本数据类型	说　明
HW_IOSYSTEM	HW_ANY	PNIO 系统或 DP 主站系统的标识 例如：在 DeviceStates 指令中使用
HW_SUBMODULE	HW_IO	重要硬件组件的标识 例如：在 GETIO 指令中使用
HW_MODULE	HW_IO	模块标识
HW_INTERFACE	HW_SUBMODULE	接口组件的标识
HW_IEPORT	HW_SUBMODULE	端口的标识
HW_HSC	HW_SUBMODULE	高速计数器的标识 例如，在 CTRL_HSC、CTRL_HSC_EXT 指令中使用
HW_PWM	HW_SUBMODULE	脉冲宽度调制标识 例如，在 CTRL_PWM 指令中使用
HW_PTO	HW_SUBMODULE	脉冲发生器的标识 例如，在 CTRL_PTO 指令中使用
EVENT_ATT	EVENT_ANY	用于指定动态分配给硬件中断 OB 的事件 例如，用于 ATTACH、DETACH 指令
EVENT_HWINT	EVENT_ATT	用于指定硬件中断事件
PORT	HW_SUBMODULE	用于指定通信端口 例如：用于自由口、MODBUS 通信
RTM	UINT	用于指定运行小时计数器 例如，用于 RTM 指令
CONN_ANY	WORD	用于指定任意连接
CONN_OUC	CONN_ANY	用于指定通过工业以太网进行开放式通信的连接 例如，用于 T_SEND、TCON 等指令
DB_ANY	UINT	DB 的标识（名称或编号） 数据类型 DB_ANY 在 Temp 区域中的长度为 0 例如，用于 SCL 中 DB_ANT_TO_VARIANT、VARIANT_TO_DB_ANY 指令
DB_WWW	DB_ANY	通过自定义 Web 应用生成的 DB 号 该数据类型在 Temp 区域中的长度为 0 例如，用于 WWW 指令
DB_DYN	DB_ANY	用户程序生成的 DB 编号 例如，用于 CREAT_DB 指令

表 4-8　常见软件系统常数

软件系统常数		
数据类型	基本数据类型	说　明
OB_ANY	INT	用于指定任意组织块 例如：在时间错误 OB 启动信息中出现
OB_DELAY	OB_ANY	指定调用的延时中断 OB 例如，用于 SRT_DINT、CAN_DINT、QRY_DINT 指令
OB_TOD	OB_ANY	指定调用的时间中断 OB 例如，用于 SET_TINTL、CAN_TINT、ACT_TINT、QRY_TINT 指令

（续）

软件系统常数		
数据类型	基本数据类型	说　明
OB_CYCLIC	OB_ANY	指定调用的循环中断 OB 例如：用于 SET_CINT、QRY_CINT 指令
OB_ATT	OB_ANY	用于指定动态分配给事件的硬件中断 OB 例如，用于 ATTACH、DETACH 指令
OB_PCYCLE	OB_ANY	用于指定循环 OB 事件类别事件的组织块
OB_HWINT	OB_ANY	用于指定发生硬件中断时调用的组织块
OB_DIAG	OB_ANY	用于指定发生诊断中断时调用的组织块
OB_TIMEERROR	OB_ANY	用于指定发生时间错误时调用的组织块
OB_STARTUP	OB_ANY	用于指定发生启动事件时调用的组织块

4.2.7　数据类型转换

1. 显式转换

显式转换是指通过现有的转换指令实现不同数据类型的转换，指令包括 CONV、T_CONV、S_CONV，这些转换指令包含非常多的数据类型的转换，例如 INT_TO_DINT、DINT_TO_TIME、CHAR_TO_STRING。

2. 隐式转换

隐式转换是执行指令时，当指令形参与实参的数据类型不同时，程序自动进行的转换。如果形参与实参的数据类型是兼容的，则自动执行隐式转换。

可根据调用指令的 FC/FB/OB 是否使能 IEC 检查，决定隐式转换条件是否严格。通过"FC/FB/OB>属性>属性"可以设置该块内部是否启用 IEC 检查，如图 4-13 所示。

图 4-13　IEC 检查的设置

（1）设置 IEC 检查

转换条件严格，BYTE、WORD、SINT、INT、DINT、USINT、UINT、UDINT、REAL、CHAR、WCHAR 数据类型可以隐式转换。

> 注意：
> 源数据类型的位长度不能超过目标数据类型的位长度。例如，不能将一个 DWORD 数据类型的操作数声明给 WORD 数据类型的参数。

（2）不设置 IEC 检查（默认）

转换条件宽松，除 BOOL 以外的所有基本数据类型以及字符串数据类型都可以隐式转换。

4.3　S7-1200 CPU 的数据访问

4.3.1　地址区

S7-1200 CPU 的存储器分为不同的地址区。地址区包括过程映像 I 区、过程映像 Q 区、位存储区（M）、数据块（DB）、临时存储区（L）等。地址区可访问的单位及表示方法，见表 4-9。

表 4-9　S7-1200 CPU 地址区

地址区	可以访问的地址单位	符　号	示　例
过程映像 I 区	输入（位）	I	%I0.0
	输入（字节）	IB	%IB0
	输入（字）	IW	%IW0
	输入（双字）	ID	%ID0
过程映像 Q 区	输出（位）	Q	%Q0.0
	输出（字节）	QB	%QB0
	输出（字）	QW	%QW0
	输出（双字）	QD	%QD0
位存储区 M	存储器（位）	M	%M0.0
	存储器（字节）	MB	%MB0
	存储器（字）	MW	%MW0
	存储器（双字）	MD	%MD0
数据块 DB	数据位	DBX	%DB1.DBX0.0
	数据字节	DBB	%DB1.DBB0
	数据字	DBW	%DB1.DBW0
	数据双字	DBD	%DB1.DBD0
临时存储区 L	局部数据位	L	%L0.0
	局部数据字节	LB	%LB0
	局部数据字	LW	%LW0
	局部数据双字	LD	%LD0

4.3.2　寻址

1. IO 访问

S7-1200 CPU 提供两种 IO 访问方法：过程映像访问和直接物理访问，如图 4-14 所示。

①过程映像访问　　　　　　　　②直接物理访问

图 4-14　IO 访问

过程映象访问和直接物理访问说明如下：

1）过程映像访问是使用地址标识符 I/Q（不区分大小写）访问 CPU 的过程映像区。采用过程映像访问，可以保证在一个扫描周期内的信号一致性。

2）直接物理访问是在 I/O 地址后附加"：P"，直接访问物理输入输出点。对于实时性要求高的输入输出地址访问可以采用直接物理访问。

不论过程映像访问还是直接物理访问，都可以按位、字节、字或双字进行 IO 访问。

IO 点更新方式的设置，参考图 3-11。组态的更新方式不同，则可以采用 IO 访问的方法也不同，见表 4-10。

表 4-10　IO 访问方法

更新方式组态	访问方式		说明
	过程映像访问	直接物理访问	
自动更新	√	√	每个程序循环内自动更新 I/O
无	×	√	只能通过直接物理访问读写 I/O
PIP	√	√	系统在执行分配的 OB 时更新此 PIP
	×	√	如果未分配 OB，可通过直接物理访问该 PIP
PIP OB 伺服	×	√	无法访问过程映像

注意：
● 过程映像是可读可写的。对过程映像 I 区的写访问可能会造成扫描周期内 I 区信号的不一致现象。
● I：P 为只读访问，使用 I：P 访问不会影响存储在过程映像 I 区的相应值；Q：P 为只写访问，使用 Q：P 访问会同时更新过程映像 Q 区的相应值。

2. 存储区寻址

全局变量（I/Q/M/DB）可以在 CPU 内被所有的程序块使用。

局部变量（L）是程序块中的 Temp 变量，只能在该变量所属的程序块范围内使用。不能被其他程序块使用。局部变量的数据仅在这个块的当次调用中有效。

S7-1200 CPU 提供两种数据的访问方式：优化访问和标准访问。全局变量和局部变量都可以进行优化访问，只有 DB 和 L 区的变量可以进行优化访问或标准访问，这取决于相关块属性的设置。

（1）全局 DB 访问设置

数据块访问方式的设置，参考图 4-28。不同访问方式的 DB，内部变量的访问也不同，如图 4-15 所示。只读数据块只允许读访问。

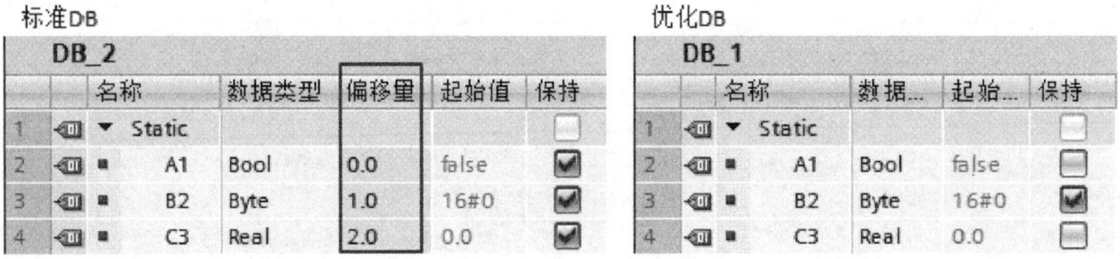

使用"DB_2".A1 或 DB2.DBX0.0 寻址变量；
使用"DB_2".B2 或 DB2.DBB1 寻址变量；
使用"DB_2".C3 或 DB2.DBD2 寻址变量。

使用"DB_1".A1 寻址变量；
使用"DB_2".B2 寻址变量；
使用"DB_2".C3 寻址变量。

图 4-15　标准 DB 和优化 DB 的变量访问

标准 DB 中的变量有偏移量，说明变量有绝对地址，既可以采用绝对地址访问，也可以采用符号访问。优化 DB 的变量没有绝对地址，仅能使用符号访问。

（2）背景 DB 访问设置

背景 DB 的访问方式由其所属的 FB 的访问方式决定：

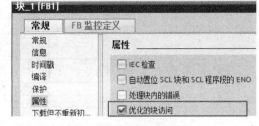

图 4-16　FB 的访问方式

- 如果 FB 为标准访问的，则其背景 DB 是标准 DB；
- 如果 FB 为优化访问的，则其背景 DB 是优化 DB。

FB 的访问方式在其"属性"的"常规>属性"中设置，如图 4-16 所示，选中"优化的块访问"则该 FB 块是优化访问的。

（3）L 区访问设置

S7-1200 CPU 的所有 OB 都是优化访问的，FB/FC 的访问方式在其"属性"中设置。优化访问的程序块中的 L 区变量只能使用符号访问；标准访问的 FB/FC 中 L 区变量可以使用符号访问和绝对地址访问。SCL 语言编辑的程序块中，只能使用符号访问。

（4）标准 DB 和优化 DB 对比

在 TIA 博途软件中，为 S7-1200 CPU 添加一个 DB 块时，其默认属性为优化 DB，优化 DB 与标准 DB 的整体对比，见表 4-11。

表 4-11　标准 DB 和优化 DB 对比

	标 准 访 问	优 化 访 问
数据管理	取决于变量声明。用户可以生成用户定义或一个内存优化的数据结构	数据被系统管理和优化。用户可以生成用户定义的结构，系统进行优化以节省内存的空间
存储方式	变量的存储地址在 DB 块中每个变量的偏移地址处可见	变量的地址是由 CPU 自动分配，DB 块中无偏移地址
访问方式	可以通过符号地址、绝对地址以及指针方式寻址	仅可通过符号地址访问
下载但不重新初始化	不支持	支持
访问速度	慢	快
数据保持性	以整个 DB 块为单位，统一设置 DB 块内变量的保持性	DB 块内的每个变量均可单独设置保持性
兼容性	与 S7-300/400 PLC 兼容	与 S7-300/400 PLC 不兼容
出错概率	绝对地址访问（如 HMI 或间接寻址），声明修改后可能导致数据的不一致	默认为符号访问，不会造成数据的不一致，例如与 HMI 符号名称对应

3. Slice 访问（片段访问）

Slice 访问支持 I/Q/M/DB 等地址区，使用符号方式对操作数按位、字节、字进行访问，而无需对访问的目标地址进行定义。

DB 中变量"Dword-Variable"的数据类型是 Dword，如图 4-17 所示，可以通过 Dword_Variable.w1 访问其第二字，可以通过 Dword_Variable.x3 访问其第四位。

4. AT 访问

AT 访问方式是在 FB/FC 的接口数据区用附加声明来覆盖已经声明的变量。其优势在于

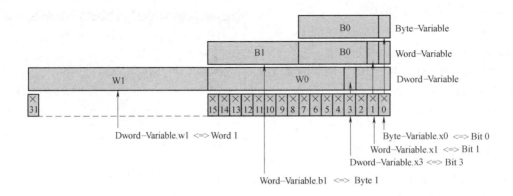

图 4-17　Slice 访问

无需指令即可根据需要实现变量的拆分，拆分后的变量可在程序中直接使用。支持 AT 访问
的变量如下：

● 标准访问的 FC/FB 的接口数据区
中的变量；

● 优化访问的 FB 的接口数据区中保
持性设置为 "在 IDB 中设置" 的变量。

当 FB 为标准访问或 "在 IDB 中设
置" 时，如图 4-18 所示，在变量 "My-

图 4-18　AT 访问

word" 下新建一行，在其数据类型中输入 "AT"，譬如定义一个名为 "AT_Myword" 的 Ar-
ray［0..15］of Bool 的数组。通过访问 AT_Myword 数组中的元素来对 "Myword" 变量的每
一位进行寻址。

4.3.3　全局常量与局部常量

1. 全局常量

全局常量是在整个 PLC 项目中都可以使用的常量。双击项目树中相应 PLC 站点下的
"PLC 变量 > 显示所有变量"，如图 4-19 所示，在窗口中的 "用户常量" 选项卡中设置。如
果在 "用户常量" 中更改该常量的数值，则在程序中引用了该常量的地方会自动更新为
新值。

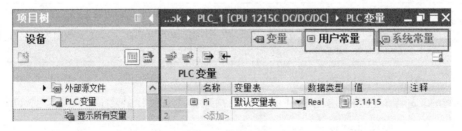

图 4-19　用户常量

系统常量是 CPU 操作系统用于区别硬件的唯一标识，可以用于寻址或诊断相应模块或
通信接口等。如图 4-19 所示，在 "系统常量" 选项卡中可以查询到 CPU 的所有系统常量。

例如，当激活高速计数器功能时，如图 4-20 所示，可以在 "设备视图" 中 CPU "属性>常规>高速计数器>HSCx>硬件标识符"中查看,也可以在"系统常量"中查看。

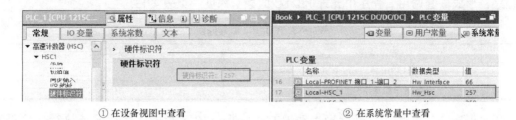

① 在设备视图中查看   ② 在系统常量中查看

图 4-20   硬件标识符

2. 局部常量

局部常量是在 OB/FB/FC 的接口数据区"Constant"下声明的常量,如图 4-21 所示,局部常量仅在定义了该局部常量的程序块中有效。

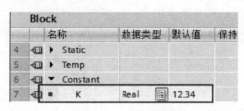

图 4-21   局部常量

4.4   用户程序

用户程序中包含不同的程序块,各程序块实现的功能不同。S7-1200 CPU 支持的程序块类型及功能描述,见表 4-12。

表 4-12   程序块介绍

程 序 块	描 述
组织块(OB)	由操作系统调用,决定用户程序的结构
函数块(FB)	FB 是有"存储区"的代码块。可将值存储在背景数据块中,即使在块执行完后,这些值仍然有效
函数(FC)	FC 是不带"存储区"的代码块
全局数据块	用于存储程序数据,其数据格式由用户定义
背景数据块	用于保存相关 FB 的输入、输出、输入输出和静态变量

4.4.1   程序结构

组织块是操作系统与用户程序的接口,组织块由操作系统(OS)调用。CPU 循环执行操作系统。操作系统在每一个循环中调用主程序,同时执行在程序循环 OB 中编写的程序。操作系统与主程序的关系,如图 4-22 所示。

用户程序可以采用结构化编程,将

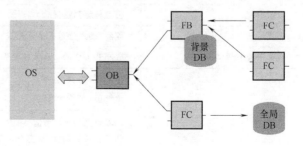

图 4-22   操作系统与主程序关系

程序根据任务分层划分，每一层控制程序作为上一层控制任务的子程序，同时调用下一层的子程序，形成嵌套调用。程序中允许 FB/FC 的嵌套深度，见表 4-13。

表 4-13　FB/FC 嵌套深度

程序结构	嵌套深度
从程序循环 OB 或启动 OB 开始	16
从任意中断事件 OB 开始	6

用户程序的执行顺序：执行完启动 OB 之后进入 RUN 模式，然后循环执行程序循环 OB，按照程序顺序执行 OB 中的程序。

4.4.2　组织块（OB）

组织块的基本功能是调用用户程序，同时还执行以下操作：

- 自动化系统的启动；
- 循环程序处理；
- 中断响应的程序执行；
- 错误处理。

1. 组织块类型与说明

不同类型的组织块完成不同的系统功能。S7-1200 CPU 支持的组织块，相应的启动事件，优先级和编号等，见表 4-14。

表 4-14　组织块列表

事件类型	启动事件	默认优先级	可能的 OB 编号	允许的 OB 数量
循环程序	启动或结束上一个程序循环 OB	1	1，≥123	≥0
启动	STOP 到 RUN 的转换	1	100，≥123	≥0
时间中断	已达到启动时间	2	≥10	最多 2 个
延时中断	延时时间结束	3	≥20	最多 4 个
循环中断	循环时间结束	8	≥30	最多 4 个
状态中断	CPU 已接收到状态中断	4	55	0 或 1
更新中断	CPU 已接收到更新中断	4	56	0 或 1
制造商或配置文件特定的中断	CPU 已接收到制造商或配置文件特定的中断	4	57	0 或 1
诊断中断	模块检测到错误	5	82	0 或 1
插拔中断	删除/插入分布式 I/O 模块	6	83	0 或 1
机架错误中断	分布式 I/O 的 I/O 系统错误	6	86	0 或 1
硬件中断	上升沿（最多 16 个） 下降沿（最多 16 个）	18	≥40	最多 50 个
	HSC 计数值=参考值（最多 6 次） HSC 计数方向变化（最多 6 次） HSC 外部复位（最多 6 次）	18		

（续）

事件类型	启动事件	默认优先级	可能的OB 编号	允许的OB 数量
时间错误中断	超出最大循环时间 仍在执行被调用 OB 错过时间中断 STOP 期间将丢失时间中断 队列溢出 因中断负载过高而导致中断丢失	22	80	0 或 1
MC-Interpolator	用于闭环控制	24	92	0 或 1
MC-Servo	用于闭环控制	25	91	0 或 1
MC-PreServo	将在 MC-Servo 之前直接调用	—	67	0 或 1
MC-PostServo	将在 MC-Servo 之后直接调用	—	95	0 或 1

（1）程序循环组织块

CPU 处于 RUN 模式时，操作系统每个周期调用程序循环 OB 一次。所有的程序循环 OB 执行完成后，操作系统再重新调用程序循环 OB。

S7-1200 CPU 支持多个程序循环 OB，按编号顺序由小到大依次执行，如图 4-23 所示。程序循环 OB 的优先级为 1（最低）且不可修改。

（2）启动组织块

操作系统从 STOP 切换到 RUN 时，启动 OB 将被执行一次，启动 OB 执行完后才开始执行程序循环。如果有多个启动 OB，按照编号顺序由小到大依次执行。用户可以在启动 OB 中编写初始化程序。

（3）时间中断组织块

时间中断 OB 用于在时间可控的应用中定期运行一部分用户程序，可实现在某个预设时间到达时只运行一次；或者在设定的触发日期到达后，按每分/小时/天/周/月等周期运行。

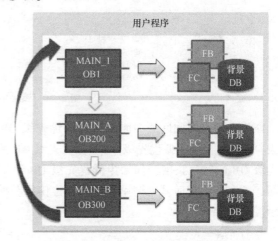

图 4-23　程序循环组织块的执行顺序

只有在设置并激活了时间中断，且程序中存在相应组织块的情况下，才能运行时间中断。通过以下指令对时间中断进行操作：

1）"ACT_TINT"指令：激活时间中断。

2）"SET_TINTL"指令：设定时间中断 OB 的参数。

3）"CAN_TINT"指令：取消未执行的时间中断。

4）"QRY_TINT"指令：查询时间中断的状态。

注意：
在启动 OB 中，调用"ACT_TINT"指令激活的时间中断不会在启动 OB 结束前执行。

（4）延时中断组织块

延时中断 OB 在一段可设置的延时时间后启动。通过以下指令对延时中断进行操作：

1）"SRT_DINT" 指令：用于启动延时中断，该中断在超过参数指定的延时时间后调用延时中断 OB。延时时间范围 1~60000ms，精度为 1ms。

2）"CAN_DINT" 指令：取消启动的延时中断。

3）"QRY_DINT" 指令：查询延时中断的状态。

（5）循环中断组织块

循环中断 OB 按设定的时间间隔循环执行。例如，如果时间间隔为 100ms，则在程序执行期间会每隔 100ms 调用该 OB 一次。双击项目树中相应 PLC 站点下的 "程序块>添加新块"，如图 4-24 所示，在窗口中的 "循环时间" 中设置时间间隔。

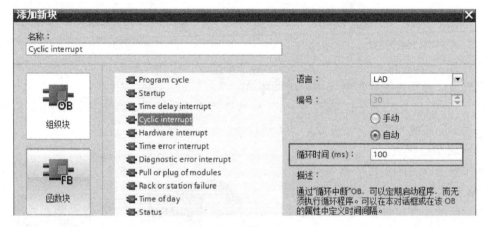

图 4-24　添加循环 OB

如果在同一时间间隔内同时调用低优先级 OB 和高优先级 OB，则只有在执行完成高优先级 OB 后才会调用低优先级 OB。低优先级 OB 的调用时间可能有所偏移，这取决于执行高优先级 OB 的时间长度；如果为低优先级 OB 组态的相位偏移大于高优先级 OB 的当前执行时间，则会在固定时基内调用该块。相位偏移在循环中断 OB 调用过程中的作用，如图 4-25 所示。

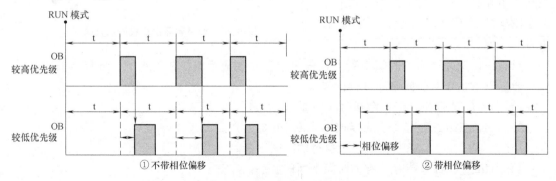

图 4-25　循环中断 OB 的调用

循环时间和相移可以在循环中断 OB "属性" 的 "常规>循环中断" 中设置，如图 4-26 所示。

①"循环时间"：是循环中断的间隔时间，单位为 ms，范围 1~60000。

②"相移"：循环 OB 启动的相位偏移量，单位为 ms，范围 0~100，必须是 0.001 的倍数。

通过以下指令对循环中断进行操作：

1）"SET_CINT"指令：可置位循环中断的 OB 的参数，OB 块号，时间间隔 ms 和相位偏移。

图 4-26　循环时间和相移

2）"QRY_CINT"指令：查询循环中断的当前参数。

（6）硬件中断组织块

在 RUN 模式下，CPU 立即响应硬件中断事件，调用相关的硬件中断 OB，硬件中断的启动事件见表 4-14。中断程序的执行不受主程序扫描和过程映像更新时间的影响，适合需要快速响应的应用。

一个硬件中断事件只允许对应一个硬件中断 OB，而一个硬件中断 OB 可以分配给多个硬件中断事件。可以组态硬件中断事件并分配 OB，也可以通过"ATTACH"和"DETACH"指令进行动态分配。

硬件中断触发后，操作系统将识别输入通道并确定所分配的 OB。在识别和确认的过程中，同一模块上发生了触发硬件中断的另一事件，须遵循以下规则：

1）如果该通道再次发生相同的中断事件，操作系统不予响应，硬件中断将丢失。

2）如果发生不同的中断事件，则在当前正在执行的中断确认后响应这个新的中断事件。

（7）时间错误组织块 OB80

OB80 是操作系统用于处理时间故障的中断组织块。当程序执行时间超过最大循环时间或者发生时间错误事件时，CPU 将触发时间错误中断 OB80。更多关于 OB80 的说明，请参见第 13.5.1 章节。

（8）诊断错误组织块 OB82

OB82 是操作系统用于响应诊断错误的中断组织块。例如，激活诊断功能的模块检测到故障状态发生变化（事件到来或离开）时，向 CPU 发送诊断中断请求，触发诊断错误中断 OB82。更多关于 OB82 的说明，请参见第 13.5.1 章节。

（9）插拔中断组织块 OB83

OB83 是操作系统用于响应对模块的移除或者插入操作的中断组织块。S7-1200 PLC 本地模块不支持热插拔，拔出或者插入中央机架模块将导致 CPU 进入停止模式。更多关于 OB83 的说明，请参见第 13.5.1 章节。

（10）机架错误中断组织块 OB86

OB86 是操作系统响应 PROFIBUS-DP 和 PROFINET-IO 分布式 IO 站通信故障的中断组织块。更多关于 OB86 的说明，请参见第 13.5.1 章节。

（11）MC-Interpolator、MC-Servo、MC-PreServo、MC-PostServo

这部分 OB 属于 S7-1200 PLC 运动控制相关的组织块，请参见第 12.2.1 章节。

2. OB 的过载

在处理属于先前事件的 OB 前，相同的事件可能再次或多次发生。当同一个源的事件的发生速度大于 CPU 的处理速度时，该 OB 将会发生过载。操作系统通过限制与同一源相关的未决事件的数量来控制临时过载。

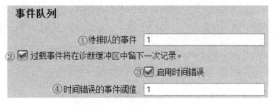

图 4-27　循环中断 OB 事件队列

S7-1200 CPU 中，循环中断和时间中断可以设置 OB 过载的特性，如图 4-27 所示。

① "待排队的事件"：当未决启动事件的数目达到预设值时，将丢弃下一事件，范围是 1~4。如果设置为 1，则仅临时存储一个事件。

② "过载事件将在诊断缓冲区中留下一次记录"：选中该项时，当发生丢失了该 OB 的启动事件时，CPU 将把此次过载情况写入诊断缓冲区。

③ "启用时间错误"：选中该项时，当达到类似事件的指定过载级别时，调用时间错误 OB80。

④ "时间错误的事件阈值"：如果设置为 1，则当发生一次中断事件时，在诊断缓冲区记录一次，并在发生第二个事件时，请求时间错误 OB80。满足 1 ≤ "时间错误的时间阈值" ≤ "待排队的事件"。

3. 组织块的临时存储区大小

CPU 为每个优先级的 OB 提供了临时存储区，存储区的大小见表 4-15。

表 4-15　临时存储区的大小

L 存储区	说　明
16KB	用于启动 OB 和程序循环 OB(包括相关的 FB 和 FC)
6KB	用于其他事件 OB(包括相关的 FB 和 FC)

> 注意：
> 如果使用的临时变量超过 L 区规定的限制，又没有进行编程错误处理，则 S7-1200 CPU 将停机报错。

4. 组织块的接口区

在组织块的接口区中，除了自动生成的变量之外，用户可以自行定义临时变量及本地常量。OB 接口区参数所支持的数据类型，见表 4-16。

表 4-16　OB 块接口区数据类型

声明的数据类型	标准数据类型	ARRAY、STRUCT、STRING/WSTRING、DT	ARRAY[*]	VOID	VARIANT
Input	√	—	—	—	—
Temp	√	√	×	×	√
Constant	√	√①②	×	×	×

① 在这些区域不能声明 STRING 和 WSTRING 的长度。仅允许在优化访问的块中声明 WSTRING。

② 不允许使用数据类型为 ARRAY 或 STRUCT 的常量。

注意:

Input 变量是所有 OB 的启动信息, 由系统生成, 并操作系统自动更新的, 用户不能自行定义。

4.4.3　数据块 (DB)

数据块用于存储程序数据。新建数据块时, 默认状态是 "优化的块访问", 且数据块中存储变量的属性是非保持的。

DB 可存储于装载存储器和工作存储器中, 与 M 存储区相比使用功能类似, 都是全局变量。不同的是, M 存储区的大小在 CPU 技术规范中已经定义且不可扩展, 而数据块是由用户定义, 最大不能超过数据工作存储区和装载存储区。可以创建全局数据块、背景数据块, 基于系统数据类型或 PLC 数据类型创建的数据块, CPU 数据块。

1. 全局数据块

全局数据块必须事先定义才可以在程序中使用。双击项目树中相应 PLC 站点下的 "程序块>添加新块" 选择 "数据块" 创建全局数据块, DB块编号范围 1~59999。

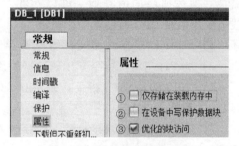

在数据块的 "属性" 中, "常规>属性" 里设置 DB 块的访问方式, 如图 4-28 所示。

图 4-28　数据块的访问设置

数据块的访问设置步骤如下:

① "仅存储在装载内存中": 选中该项时, DB 块下载后只存储于装载存储器。可以通过 "READ_DBL" 指令将装载存储区的数据复制到工作存储区中; 或 "WRIT_DBL" 指令将数据写入到装载存储区的 DB 块中。

② "在设备中写保护数据块": 选中该项时, 则此 DB 块只可读访问。

③ "优化的块访问": 选中该项时, DB 块为优化访问。

打开数据块后, 可以定义变量及其数据类型、启动值及保持等属性。关于 DB 块变量的保持性设置, 请参见第 4.6 章节常见问题 8。

2. 背景数据块

背景数据块与函数块相关联, 存储 FB 的输入、输出、输入输出参数及静态变量, 其变量只能在 FB 中定义, 不能在背景数据块中直接创建。

程序中调用 FB 块时, 可以为之分配一个已经创建的背景 DB, 也可以直接定义一个新的 DB 块, 该 DB 块将自动生成并作为这个 FB 的背景数据块。

3. 基于系统数据类型的数据块

TIA 博途软件提供含有固定数据格式的模板, 用户使用这个模板可以创建具有该格式的数据块。这些固定格式的数据块可以用于特定的功能要求, 例如使用 "TCON_Param" 系统数据类型创建的 DB 可用于开放式用户通信, 如图 4-29 所示。

基于系统数据类型的 DB 块只存储与该数据类型相关的数据, 不能插入用户自定义的变量。更多关于系统数据类型的说明, 请参见第 4.2.5 章节。

4. 基于 PLC 数据类型 (UDT) 的数据块

可以基于 UDT 创建数据结构相同的数据块, 仅需要创建一次 UDT, 然后就通过指定

UDT 创建所需的数据块。更多关于 UDT 的说明，请参见第 4.2.3 章节。

对 UDT 的任何更改都会造成使用这个数据类型的数据块不一致，出现不一致变量时，该变量被标记为红色，可以通过程序编译或更新数据块实现自动更新。

5. CPU 数据块

CPU 数据块是在 CPU 运行期间由指令"CREATE_DB"生成的，无法在离线项目中创建，并具有写保护。与监视其他数据块的值类似，可以在在线模式中监视 CPU 数据块的变量值。

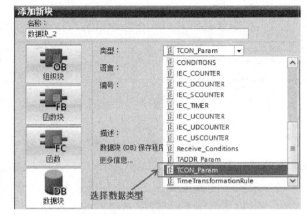

图 4-29　基于系统数据类型的 DB 块

1)"CREATE_DB"指令：在装载存储器和/或工作存储器中创建新的数据块。

2)"ATTR_DB"指令：读取数据块属性。

3)"DELETE_DB"指令：删除由"CREATE_DB"指令创建的数据块。

4.4.4　函数（FC）

FC 没有可以存储块接口数据的存储数据区。在调用 FC 时，可以给 FC 的所有形参分配实参。

1. 函数的接口区

每个函数都带有接口区，参数类型及其说明，见表 4-17。

表 4-17　FC 接口区数据类型

声明的数据类型	标准数据类型	ARRAY、STRUCT、STRING/WSTRING、DT	ARRAY[*]	VOID	VARIANT
Input	√	√①	√④	×	√
Output	√	√①	√④	×	√
InOut	√	√①	√④	×	√
Temp	√	√	×	×	√
Return	√	√③	×	√	×
Constant	√	√①②	×	×	×

① 在这些区域不能声明 STRING 和 WSTRING 的长度。仅允许在优化访问的块中声明 WSTRING。

② 不允许使用数据类型为 ARRAY 或 STRUCT 的常量。

③ WSTRING 数据类型的函数值不得超过 1022 个字符。

④ 固件版本为 V4.2 及更高版本中，ARRAY [*] 可用于优化访问的块中。

FC 接口区参数的访问，见表 4-18。

表 4-18　FC 接口区的访问

接口类型	读写访问	描　　述
Input	只读	调用函数时，将用户程序数据传递到 FC 中，实参可以为常数
Output	读写	调用函数时，将 FC 执行结果传递到用户程序中，实参不能为常数
InOut	读写	接收数据后进行运算，然后将执行结果返回，实参不能为常数
Temp	读写	仅在 FC 调用时生效，用于存储临时中间结果的变量
Constant	只读	声明常量符号名后，FC 中可以使用符号名代替常量

注意：
- 在调用 FC 时，CPU 为该 FC 分配临时存储区并将存储单元初始化为 0；
- 如果在 FC 中没有写入该块的 Output 参数，则将使用特定数据类型的预定义值。例如，BOOL 类型的预定义值为 "FALSE"。

2. 对函数进行编程

在程序中调用 FC 时，将执行 FC 中的程序。使用 FC 编程，还需要注意以下事项：

1) 如果 FC 的接口区参数被修改（增加/减少，或修改数据类型）时，必须编译整个程序并重新定义 FC 的实参，执行 "一致性下载"。

2) FC 的形参只能用符号访问，不能用绝对地址访问。

4.4.5　函数块（FB）

与 FC 相比，调用函数块 FB 时必须为之分配背景数据块，用于存储块的参数值。

1. 函数块的接口区

每个函数块带有形参接口区，参数类型及其说明，见表 4-19。

表 4-19　FB 接口区数据类型

声明的数据类型	标准数据类型	ARRAY、STRUCT、STRING/WSTRING、DT	ARRAY[*]	VOID	VARIANT
Input	√	×	×	×	√
Output	√	×	×	×	×
InOut	√	√①	√③	×	√
Static	√	√	×	×	×
Temp	√	√	×	×	√
Constant	√	√①②	×	×	×

① 在这些区域不能声明 STRING 和 WSTRING 的长度。仅允许在优化访问的块中声明 WSTRING。

② 不允许使用数据类型为 ARRAY 或 STRUCT 的常量。

③ 固件版本为 V4.2 及更高版本中，ARRAY [*] 可用于优化访问的块中。

FB 接口区参数的访问，见表 4-20。

表 4-20　FB 接口区的访问

接口类型	读写访问	描　　述
Input	只读	调用函数块时，将用户程序数据传递到 FB 中，实参可以为常数
Output	读写	调用函数块时，将 FB 执行结果传递到用户程序中，实参不能为常数
InOut	读写	接收数据后进行运算，然后将执行结果返回,实参不能为常数
Static	读写	不参与参数传递，用于存储中间过程值，可被其他程序块访问
Temp	读写	临时变量仅在 FB 调用时生效，用于存储临时中间结果的变量
Constant	只读	声明常量符号名后,FB 中可以使用符号名代替常量

注意：
- 在调用 FB 时，CPU 为该 FB 分配临时存储区并将存储单元初始化为 0；
- FB 的背景 DB 中，不包含 Temp 和 Constant 参数。

2. 函数块的调用

函数块的调用称为实例。FB 的输入、输出、输入输出参数及静态变量存储在背景 DB

中，这些值在 FB 执行完后依然有效；FB 的临时变量不存储在背景 DB 中，在 FB 执行完后失效；在没有初始化的情况下，Output 会输出背景 DB 的初始值。

背景数据块在调用 FB 时会自动生成，其结构与对应 FB 的接口区相同。FB 有三种实例，分别为单一背景、多重背景、参数实例，其详细描述见表 4-21。

表 4-21　FB 的实例

实例	调用关系	描述
单一背景	在任意块中调用 FB 时	为被调用的 FB 分配一个背景 DB，FB 将数据存储在自己的背景 DB 中
多重背景	在 FB 中调用 FB 时	无需为被调用的 FB 创建单独的背景 DB，被调用的 FB 将数据保存在调用 FB 的背景 DB 的静态变量中
参数实例	在 FC/FB 中调用 FB 时	将实例作为参数传送，被调用的 FB 将数据保存在调用块的参数实例中，通过调用块的 InOut 参数将数据传送至待调用的 FB 中

下面以 "TON" 指令的调用为例，讲解多重背景和参数实例的区别：

（1）多重背景

当 FB 大量调用时，使用单一背景实例将占用更多的数据块资源。这时，可以将多个小的 FB 集中放到一个主 FB 中，在 OB 中调用主 FB 时，就会生成一个总的背景数据块。这些小的 FB 的数据存储在主 FB 的静态变量中，这就是多重背景。

例如，在 FB1 中调用两次 TON，如图 4-30 所示，在窗口 "调用选项" 中选择 "多重背景"，则 FB1 接口区的 Static 参数中自动生成 TON 的背景数据。

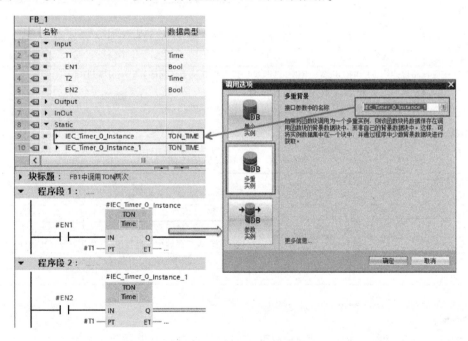

图 4-30　多重背景实例

在 OB1 中调用 FB1 时，生成 FB1 的背景数据块，该 DB 同时作为 FB1 和两个 TON 的背景数据块，如图 4-31 所示。

（2）参数实例

参数实例是通过程序块（FB 或 FC）的 InOut 参数给其内部被调用的 FB 块进行参数传递的一种方式。

例如，在 FC1 中调用两次 TON，如图 4-32 所示，在窗口"调用选项"中选择"参数实例"，则 FC1 接口区的 InOut 参数中自动生成 TON 的背景数据。

在 OB1 中调用 FC1 时，没有生成背景数据块，FC1 中的 TON 通过其 InOut 进行参数传递，如图 4-33 所示，在全局数据块中定义数组变量用于给 FC1 的参数赋值。

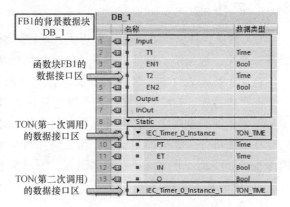

图 4-31　多重背景数据块

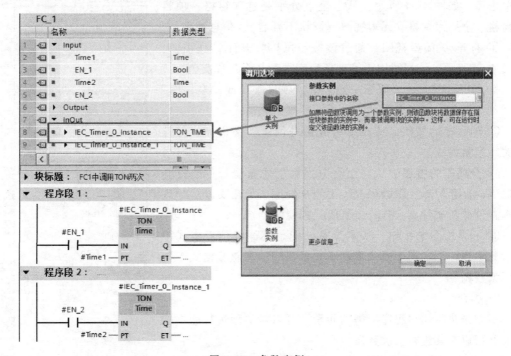

图 4-32　参数实例

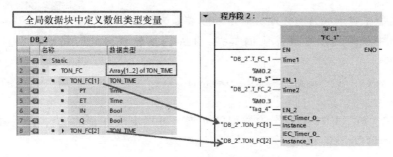

图 4-33　参数实例的数据传递

4.5　库功能

TIA 博途软件提供了强大的库功能，可以将需要重复使用的元素存储在库中。该元素可以是程序块、数据块、硬件组态等。熟练使用库功能，可以在编程过程中事半功倍。

在 TIA 博途软件中，每个项目都包含一个项目库，可以存储要在项目中多次使用的元素。除了项目库，TIA 博途软件还可以创建任意多数量的全局库。用户可以将项目库或项目中的元素添加到全局库中，也可以在项目中使用全局库中的对象。

项目库可分为类型和主模板，而全局库可分为类型、主模板、公共数据、语言和资源。因为很少有涉及公共数据和库的多语言，所以本书将只介绍类型和主模板。

4.5.1　库的基本功能

1. 库总览

打开 TIA 博途软件，进入项目视图，在软件的右侧任务卡处单击库，如图 4-34 所示，从上至下分别是选项窗格、项目库窗格、全局库窗格、元素视图（默认不开启）、信息视图。

① 打开/关闭库视图，通过该按钮可以打开库管理视图，如图 4-35 所示。该视图用于管理项目库类型与全局库类型。

② 打开库管理；当鼠标左键选中"项目库"或"全局库"的"类型"时，该按钮激活。

③ 项目库的按钮，从左至右分别是创建新文件夹、打开或关闭元素视图。

④ 全局库的按钮，从左至右分别是创建新全局库、打开全局库、保存对库所做的更改、关闭全局库、导出文本、导入文本、创建新文件夹、打开或关闭元素视图。

⑤ 元素视图的按钮，从左至右分别是在详细信息模式下显示元素视图、在列表模式下显示元素视图、在总览模式下显示元素视图。

2. 类型

类型是执行用户程序所需的元素。可以对类型进行版本控制，并可以对其进行二次开发。

以下 PLC 的元素可作为类型存储在项目库或全局库中：FC、FB、UDT。

项目库类型来自于项目的程序，而全局库类型来自于项目

图 4-34　库任务卡

库类型；项目中如果使用全局库中的类型，TIA 博途软件会同时将该类型复制到项目库类型。

注意：

只有 FC、FB、UDT 可以作为类型的元素，可以出现嵌套的 FC、FB、UDT，但在 FC、FB 中不可以出现全局变量。

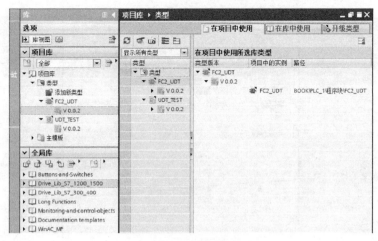

图 4-35　库管理视图

3. 主模板

主模板是用于创建常用元素的标准副本。可以创建所需数量的元素，并将其插入到基于主模板的项目中。这些元素都将具有主模板的属性。

可以在库中将以下元素创建为主模板：带有设备组态的设备、变量表或各个变量、指令配置文件、监控表、文档设置元素，如封面和框架、块和包含多个块的组、PLC 数据类型（UDT）和包含多个 PLC 数据类型的组、文本列表、报警类别、工艺对象。

4.5.2　全局库

全局库是一个与具体项目无关的单独文件，可以将程序、组态等保存至库中分享给其他用户。此外随 TIA 博途软件安装的库也位于全局库中。

西门子 TIA 博途 V14 SP1 软件可以直接打开 TIA 博途 V14 SP1 软件或 TIA 博途 V14 软件创建的库，如果是 TIA 博途 V13 SP1 软件创建的库需升级后打开，如果是更低版本 TIA 博途软件创建的库，TIA 博途 V14 SP1 软件无法直接打开或升级。

1. 全局库的创建

（1）全局库的建立

打开新的 TIA 博途软件项目"BOOK"，单击"创建新全局库"按钮，如图 4-36 所示。

图 4-36　创建新全局库

（2）添加库元素

新建 PLC，创建 FC1，将其拖入全局库"库 1"的主模板，如图 4-37 所示。

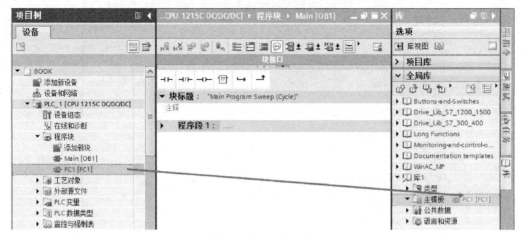

图 4-37　添加库元素

（3）保存库

单击"保存对库所做的更改"按钮  。

（4）关闭库

单击"关闭全局库"按钮 。

2. 全局库的打开与调用

（1）全局库的打开

打开新的 TIA 博途软件项目"LIB"，单击
"打开全局库"按钮 ，浏览选择并打开目标
全局库文件，如图 4-38 所示。

（2）调用库元素

新建 PLC，将全局库"库 1"主模板的 FC1
拖入 PLC 程序，如图 4-39 所示。

图 4-38　打开全局库文件

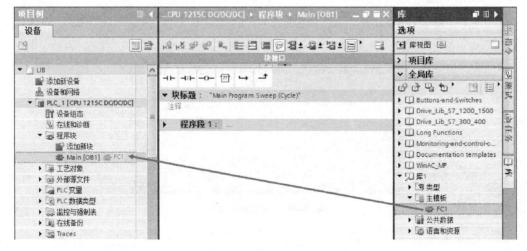

图 4-39　拖入项目程序

4.5.3 项目库

项目库为每个项目自带的库。在项目库中，可以存储想要在项目中多次使用的对象，也可以将项目库中对象在项目内任意使用。项目库始终随当前项目一起打开、保存和关闭。

举例说明：FC2_UDT 中使用第 4.2.3 章节新建的 UDT_TEST，最终将该程序保存至全局库类型。

1. 保存至项目库类型

在 OB1 中调用 FC2_UDT，之后将该 FC 拖入项目库类型，如图 4-40 所示。

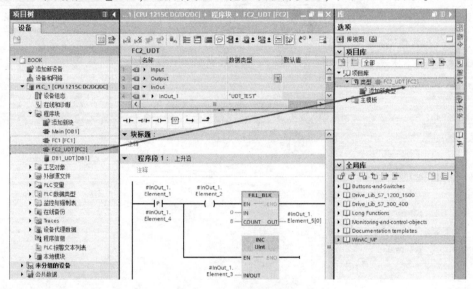

图 4-40　拖入项目库类型

2. 创建新的类型版本并发布

拖入项目库类型后自动提示添加类型、版本，如图 4-41 所示。从图中可见，将 FC 拖入项目库类型后，FC2_UDT 中使用的 UDT_TEST 也出现在项目库类型中。

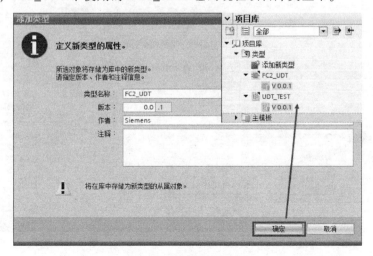

图 4-41　创建类型并发布

3. 修订版本并再次发布

右键单击"V 0.0.1"，如图 4-42 所示，选择"编辑类型"。

将修改后的 UDT 发行新版本，如图 4-43 所示。

因为 UDT 的变化，导致调用该 UDT 的 FC 变为"正在测试"模式，需要该 FC 检查一致性后，发行新版本。右键单击"V 0.0.2 [正在测试]"，如图 4-44 所示。

4. 更新项目

用类型的新版本更新项目中绑定的所有元素，右键单击"类型"，如图 4-45 所示。

图 4-42　编辑类型

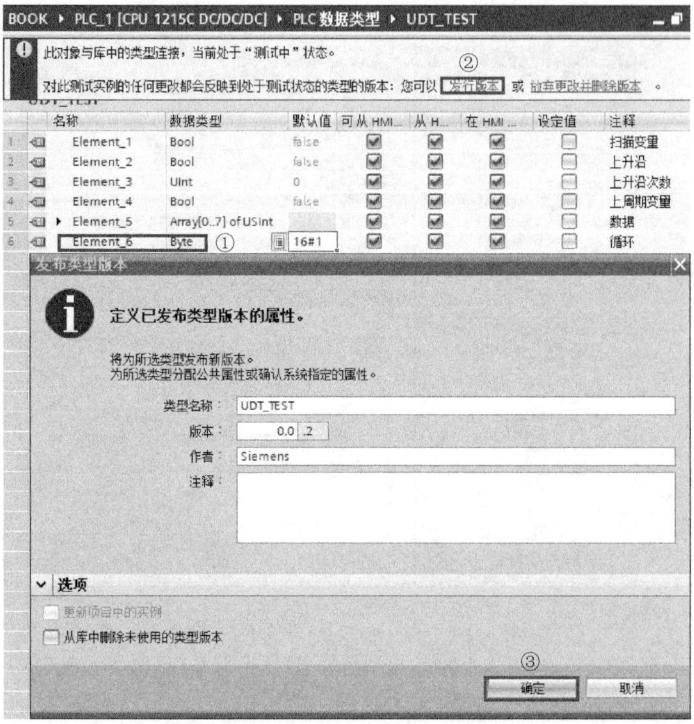

图 4-43　编辑 UDT 并发布

①—修改 UDT　②—单击"发行版本"

③—单击"确定"

图 4-44　编辑 FC 并发布

①—单击"检查一致性"　②—单击"发行版本"

图 4-45　更新项目程序

① 选择"更新>项目"。

② 选择待更新的设备。

③ 选择"从库中删除未使用的类型版本"。

④ 单击"确定"。

最终将项目库类型中没有在程序中使用的版本删除，如图 4-46 所示。

图 4-46　最终的项目库类型

5. 打开全局库

过程见第 4.5.2 章节，要求全局库必须可编辑，见常见问题 9。

6. 更新全局库类型

用类型的新版本更新全局库，右键单击"类型"，如图 4-47 所示。

最终全局库类型如图 4-48 所示。全局库类型使用参见第 4.5.2 章节全局库主模板的使用。

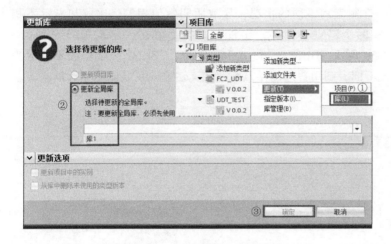

图 4-47　更新全局库类型

①—选择"更新>库"　②—选择需要更新的全局库　③—单击确定

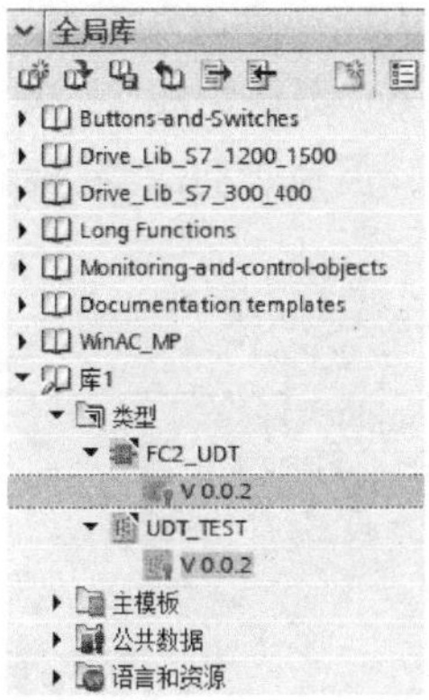

图 4-48　最终的全局库类型

4.6　编程基础的常见问题

1. STP 指令执行后 S7-1200 CPU 如何恢复 RUN 模式？

答："STP"是 CPU 停止指令。一经执行，CPU 切换到停止模式，无法再通过指令使 CPU 运行。可以使用 TIA 博途软件在线工具中"RUN"来启动 CPU，或者 CPU 重新上电（参考图 3-14，当"上电后启动"组态为"暖启动-RUN 模式"时）。

2. 保持存储区不足时，是否能扩展？

答：不能扩展。保持存储区最大为 10240 字节，是设置为"保持"的 M 存储区和 DB 块的总空间。如果要"保持"的数据超过 10240 字节，可以借助于"仅存储在装载内存中"的数据块，在程序中执行"WRIT_DBL"指令，将更多要保持的数据存储到装载存储区的 DB 块中。当程序需要调用这些数据时，再执行"READ_DBL"指令将数据从装载存储区复制到工作存储区中。

注意：

考虑到装载存储器的写寿命，不建议频繁操作"WRIT_DBL"指令。

3. 如何比较两个浮点数是否相等?

答：浮点数和其他基本数据类型不同，不是按位计算出唯一的值，而是根据 IEEE754-1985 的固定格式计算出的，以 REAL 类型为例，计算公式如图 4-49 所示。

$$REAL 数值 = (-1)^s \times 2^{e-127} \times \left[1 + \sum_{i=0}^{22} (m_i \times 2^{i-23}) \right]$$

图 4-49　REAL 类型计算公式

REAL 类型的 2 进制表示：第 31 位符号位 s、第 30 位~第 23 位指数 e、第 22 位~第 0 位尾数 m。i 从 0 开始，表数尾数 m 从左到右的尾数，m_i 表示每一位的值 0 或 1。当 $e=m=0$ 时 REAL 值为 0.0，$e=0$、$m=$其他值或者 $e=255$ 时，该 REAL 值无效。

简单地说，浮点数值和其二进制表示并非一一对应。因此，在进行计算处理后可能会出现浮点数值相同，但其对应二进制表示不同的情况，导致明明数值相等，比较却显示不相等。因此，建议如果需要比较两个浮点数相等，比较它们的差值在一定范围内（例如 ±1.0e-6）即认为相等，如图 4-50 所示，"DB7".Static_5 和 "DB7".Static_6 浮点数表示均为 3.14，但是它们的二进制形式不同，利用普通的浮点数比较无法真实反映基本相等的事实。

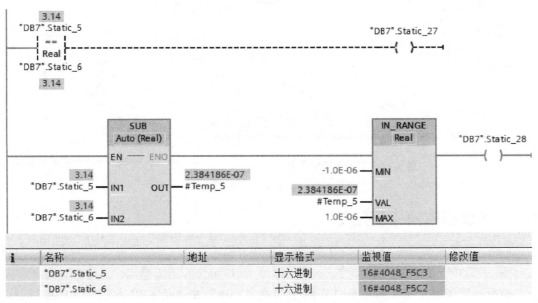

图 4-50　浮点数比较相等

4. 如何在 TIA 博途软件中输入不可打印的字符?

答：在 ASCII 码中，从 16#00-16#1F 与 16#7F 为不可打印字符，例如回车；其余为可打印字符，例如字母、数字、标点。在 TIA 博途中可以直接输入可打印字符，如果是不可打印字符，有以下两种输入方式：

（1）' $ '+字母/标点

只有个别常用的不可打印的字符可以这样输入，见表 4-22。

表 4-22　有效的 ASCII 控制字符

控制字符	ASCII	UNICODE	控制功能
$ L 或 $ l	16#0A	16#000A	换行
$ N 或 $ n	16#0D 和 16#0A	16#000D 和 16#000A	线路中断
$ P 或 $ p	16#0C	16#000C	换页
$ R 或 $ r	16#0D	16#000D	回车
$ T 或 $ t	16#09	16#0009	制表符
$ $	16#24	16#0024	美元符号
$ ’	16#27	16#0027	单引号

（2）’ $ ’+ASCII 码/UNICODE 码

所有字符都可以表示为’ $ ’+ASCII 码/UNICODE 码的格式。

例：’ $ 02’ 为 “STX”，WCHAR#’ $ 22BF’ 为 “⊿”。

5. 如何根据变量形式的数组下标，实现变址寻址？

答：举例说明，通过程序实现将数组中的每一个元素的数值乘以 2，再移动至另一相同结构的数组的相同位置的元素中，如图 4-51、图 4-52 所示。示例程序请参见随书光盘中的

FC4_ARRAY_MOVE

名称	数据类型	默认值	注释
▸ Input_1	Array[0..7] of Int		输入8个INT类型元素的数组
▾ Output			
▸ Output_1	Array[0..7] of Int		输出8个INT类型元素的数组
▸ InOut			
▾ Temp			
Temp_1	Int		数组下标变量

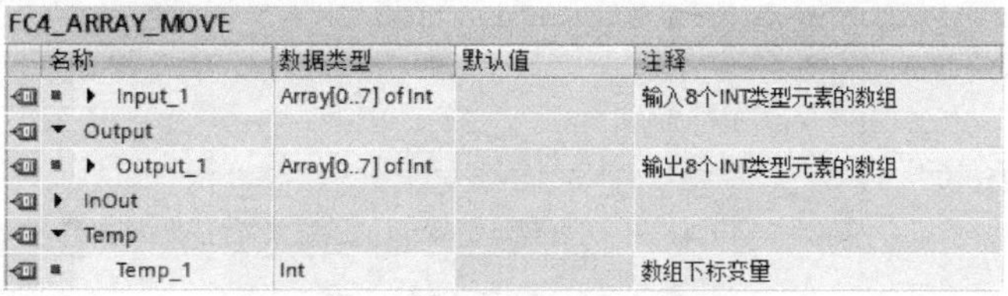

图 4-51　数组使用示例引脚定义

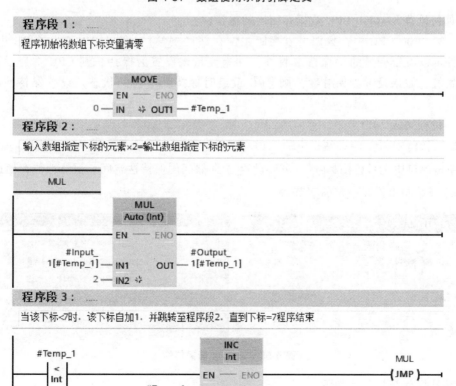

图 4-52　数组使用示例程序

例程《Program》项目 FC4_ARRAY_MOVE。

6. 形如 P#DB1.DBX0.0 BYTE 10 这种指针的含义？

答：P#DB1.DBX0.0 BYTE 10 的意思是 DB1.DBX0.0 作为起始地址，指针指向该地址开始的连续 10 个字节，并且要求 DB1 是非优化访问的 DB 块。

7. 如图 4-53、图 4-54 所示，为什么同样的指令有时不报错，有时报错？

答：MOVE 指令输入为 WORD 数据类型，输出为 INT 数据类型，如图 4-53 所示，该指令所在块设置 IEC 不检查，则程序没有任何错误；如图 4-54 所示，该指令所在块设置 IEC 检查，则输入输出数据类型不兼容。

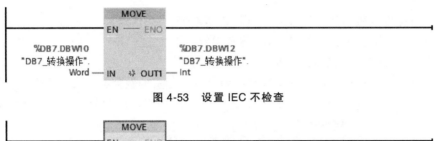

图 4-53　设置 IEC 不检查

图 4-54　设置 IEC 检查

8. 如何设置 S7-1200 CPU 数据存储区的保持性？

答：S7-1200 CPU 中，数据可以存储在位存储区（M）、全局 DB 和背景 DB 中。TIA 博途软件可以设置变量的"保持"特性。如果变量未设置为保持，则 CPU 重启后变量恢复为初始值；如果设置为保持性，则 CPU 重启时保持断电前的状态。设置保持性的步骤如下：

（1）位存储区（M）

双击项目树中相应 PLC 站点下的"PLC 变量〉显示所有变量、默认变量表"，如图 4-55 所示，单击窗口中工具栏图标，可以设置 M 存储区的保持性空间。保持性位存储区 M 总是从 MB0 开始向上连续指定的字节数。

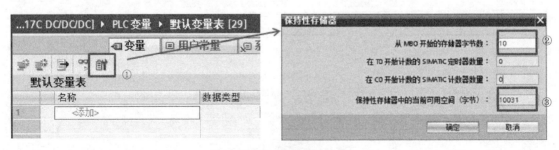

图 4-55　设置 M 区保持性

设置 M 区保持性步骤如下：

① 　"保持"工具，打开保持性存储器设置窗口。

②"从 MB0 开始的存储器字节数"　图中表示从 MB0～MB9 连续 10 个字节为保持性存储区的空间。

③"保持性存储器中的当前可用空间（字节）"　显示保持性存储器（M 和 DB）的总剩余存储空间。

（2）全局数据块

用户可以定义全局 DB 的单个或所有变量的保持性状态，对于优化 DB 和标准 DB 中变量的保持性设置不一样，见表 4-23。

表 4-23　DB 块变量保持性的设置

名　　称	描　　述
优化 DB	可以设置每个单独变量的保持性属性
标准 DB	统一设置变量的保持性属性

在优化 DB 中，对于数组、结构、PLC 数据类型等复杂数据类型的变量，保持性设置应用于整个结构变量，无法对结构中的元素进行单独的保持性设置。设置结构变量的保持性属性，如图 4-56 所示。

设置复杂数据类型变量保持性步骤如下：

① 优化 DB 中，可分别设置单独变量的保持性。

② 复杂数据类型变量的保持性应用于整个结构变量。

（3）背景数据块

FB 的访问方式不同，则背景 DB 中变量的保持性设置也不同。优化访问 FB 根据接口区参数"保持"列设置为"保持""非保持"或"在 IDB 中设置"而不同，如图 4-57 所示；标准访问 FB 的数据保持性需要在背景 DB 的"保持"列进行统一设置。

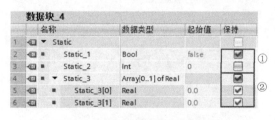

图 4-56　设置结构变量的保持性属性

图 4-57　设置优化访问 FB 的变量保持性

设置优化访问 FB 的变量保持性步骤如下：

①"非保持"：若选中该项，则背景 DB 中相应变量不保持，CPU 重启后变量恢复为初始值。

②"保持"：若选中该项，则背景 DB 中相应变量保持，CPU 重启时变量恢复为断电前的状态。

③"在 IDB 中设置"：若选中该项，则背景 DB 中需要统一设置"在 IDB 中设置"变量的保持性。

> 注意：
> 不能定义 FB 接口区 InOut 参数中复杂数据类型（ARRAY、STRUCT 或 STRING）变量的保持性，通常这种情况是非保持性的。

9. 为什么打开的全局库无法编辑？

答：按照第 4.5.2 章节的方式打开全局库，会发现全局库中的字体有阴影，参考图 4-39，此时库中的元素只能使用，无法编辑。原因是库的默认打开方式是只读，以避免对用户库元素的误修改。如果需要编辑库，则打开时取消勾选 "Open as read-only"，如图 4-58 所示。

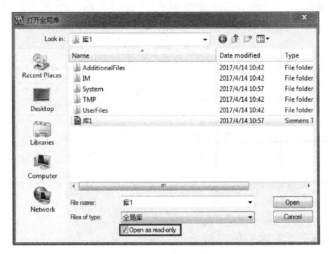

图 4-58　打开全局库

第 5 章　S7-1200 PLC 指令

S7-1200 CPU 的指令分为以下几部分：基本指令、扩展指令、工艺指令、通信指令。基本指令涵盖位逻辑运算，数学运算，比较，块移动等，扩展指令涵盖时间指令、字符串指令、诊断指令、配方与数据记录指令等。本章节将介绍上述两部分，工艺指令和通信指令分别参见相关章节。

S7-1200 CPU 支持的编程语言包含梯形图（LAD）、功能块图（FBD）以及结构化控制语言（SCL），而 LAD 和 FBD 表现形式非常类似，所以本章只介绍 LAD 和 SCL。

5.1　基本指令

5.1.1　位逻辑运算

使用位逻辑运算指令，可以实现最基本的位逻辑的操作，包括常开、常闭、置位、复位，沿指令等。位逻辑运算指令汇总见表 5-1。

表 5-1　位逻辑运算指令汇总

指令	说　明	指令	说　明
LAD:⊣ ⊢	常开触点	LAD:RS	复位/置位触发器
LAD:⊣/⊢	常闭触点	LAD:⊣ P ⊢	扫描操作数的信号上升沿
LAD:⊣ NOT ⊢ SCL:NOT	取反 RLO	LAD:⊣ N ⊢	扫描操作数的信号下降沿
LAD:-( )-	线圈	LAD:-(P)-	在信号上升沿置位操作数
LAD:-(/)-	赋值取反	LAD:-(N)-	在信号下降沿置位操作数
LAD:-(R)-	复位输出	LAD:P_TRIG	扫描 RLO 的信号上升沿
LAD:-(S)-	置位输出	LAD:N_TRIG	扫描 RLO 的信号下降沿
LAD:SET_BF	置位位域	LAD:R_TRIG SCL:R_TRIG	检查信号上升沿
LAD:RESET_BF	复位位域	LAD:F_TRIG SCL:F_TRIG	检查信号下降沿
LAD:SR	置位/复位触发器		

5.1.2　定时器操作

S7-1200 CPU 的定时器为 IEC 定时器，用户程序中可以使用的定时器数量仅仅受 CPU 的存储器容量的限制。

使用定时器需要使用定时器相关的背景数据块或者数据类型为 IEC_TIMER 的 DB 块变量。S7-1200 CPU 包含 4 种定时器：生成脉冲定时器、接通延时定时器、关断延时定时器以及时间累加器，此外还有复位和加载定时器持续时间的指令，定时器引脚汇总见表 5-2，定时器的使用及时序图见表 5-3。

表 5-2　定时器引脚汇总

输入的变量			
名称	说明	数据类型	备　　注
IN	输入位	BOOL	TP、TON、TONR:0=禁用定时器,1=启用定时器 TOF:0=启用定时器,1=禁用定时器
PT	设定的时间输入	TIME	
R	复位	BOOL	仅出现在 TONR 指令
输出的变量			
名称	说明	数据类型	备　　注
Q	输出位	BOOL	
ET	已计时的时间	TIME	

表 5-3　定时器的使用及时序图

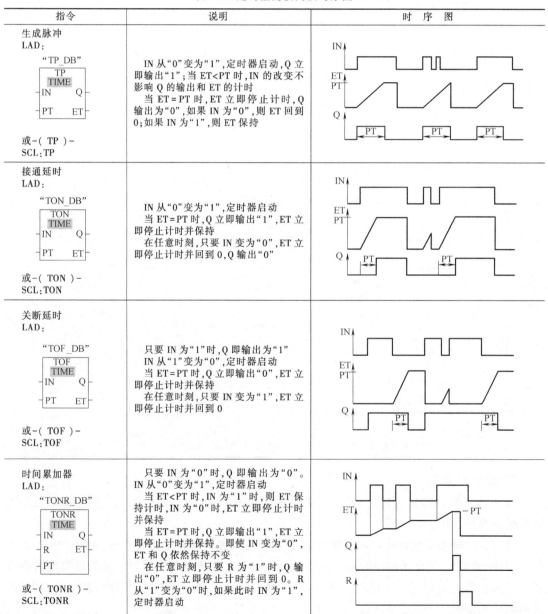

指令	说明	时 序 图
生成脉冲 LAD: "TP_DB" TP TIME IN　Q PT　ET 或-(TP)- SCL:TP	IN 从"0"变为"1",定时器启动,Q 立即输出"1";当 ET<PT 时,IN 的改变不影响 Q 的输出和 ET 的计时 　当 ET=PT 时,ET 立即停止计时,Q 输出为"0",如果 IN 为"0",则 ET 回到 0;如果 IN 为"1",则 ET 保持	
接通延时 LAD: "TON_DB" TON TIME IN　Q PT　ET 或-(TON)- SCL:TON	IN 从"0"变为"1",定时器启动 　当 ET=PT 时,Q 立即输出"1",ET 立即停止计时并保持 　在任意时刻,只要 IN 变为"0",ET 立即停止计时并回到 0,Q 输出"0"	
关断延时 LAD: "TOF_DB" TOF TIME IN　Q PT　ET 或-(TOF)- SCL:TOF	只要 IN 为"1"时,Q 即输出为"1" 　IN 从"1"变为"0",定时器启动 　当 ET=PT 时,Q 立即输出"0",ET 立即停止计时并保持 　在任意时刻,只要 IN 变为"1",ET 立即停止计时并回到 0	
时间累加器 LAD: "TONR_DB" TONR TIME IN　Q R　ET PT 或-(TONR)- SCL:TONR	只要 IN 为"0"时,Q 即输出为"0"。IN 从"0"变为"1",定时器启动 　当 ET<PT 时,IN 为"1"时,则 ET 保持计时,IN 为"0"时,ET 立即停止计时并保持 　当 ET=PT 时,Q 立即输出"1",ET 立即停止计时并保持。即使 IN 变为"0",ET 和 Q 依然保持不变 　在任意时刻,只要 R 为"1"时,Q 输出"0",ET 立即停止计时并回到 0。R 从"1"变为"0"时,如果此时 IN 为"1",定时器启动	

（续）

指令	说明	时　序　图
复位定时器 LAD：-（RT）- SCL：RESET_TIMER	能流为"1"时，使得指定定时器的 ET 立即停止计时，并回到 0	
加载持续时间 LAD：-（PT）- SCL：PRESET_TIMER	能流为"1"时，使得指定定时器的新设定值立即生效	

5.1.3　计数器操作

S7-1200 CPU 的计数器为 IEC 计数器，用户程序中可以使用的计数器数量仅受 CPU 的存储器容量限制。

S7-1200 CPU 的计数器包含 3 种计数器：加计数器、减计数器、加减计数器，对于每种计数器，计数值可以是任何整数数据类型，并且需要使用每种整数对应的数据类型的 DB 结构或背景数据块来存储计数器数据。计数器引脚汇总见表 5-4，计数器使用及时序图见表 5-5（指令均以 INT 计数器）。

表 5-4　计数器引脚汇总

输入的变量			
名称	说明	数据类型	备　　注
CU/CD	输入脉冲	BOOL	可以不在引脚处加入沿指令
R	CV 清 0	BOOL	仅出现在 CTU、CTUD
LD	CV 设置为 PV	BOOL	仅出现在 CTD、CTUD
PV	预设值	整数	仅出现在 CTD、CTUD

输出的变量			
名称	说明	数据类型	备　　注
Q	输出位	BOOL	仅出现在 CTU、CTD
QD	输出位	BOOL	仅出现在 CTUD
QU	输出位	BOOL	仅出现在 CTUD
CV	计数值	整数	

表 5-5　计数器使用及时序图

指令	说明	时　序　图
加计数 LAD： "CTU_DB" CTU INT CU　Q R　CV PV SCL：CTU	每当 CU 从"0"变为"1"，CV 增加 1；当 CV=PV 时，Q 输出"1"，此后每当 CU 从"0"变为"1"，Q 保持输出"1"，CV 继续增加 1 直到达到计数器指定的整数类型的最大值 　在任意时刻，只要 R 为"1"时，Q 输出"0"，CV 立即停止计数并回到 0	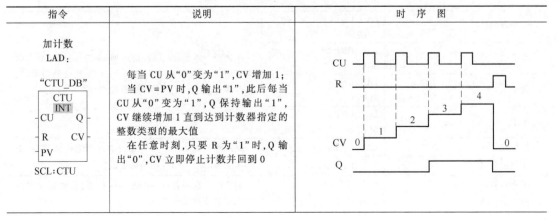

（续）

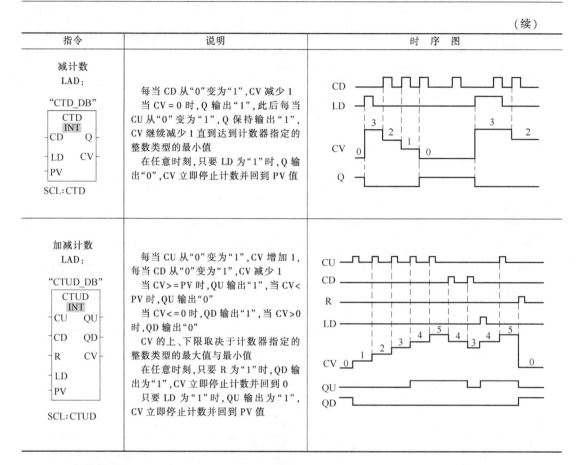

指令	说明	时　序　图
减计数 LAD： "CTD_DB" CTD INT CD　Q LD　CV PV SCL：CTD	每当 CD 从"0"变为"1"，CV 减少 1 当 CV = 0 时，Q 输出"1"，此后每当 CU 从"0"变为"1"，Q 保持输出"1"，CV 继续减少 1 直到达到计数器指定的整数类型的最小值 在任意时刻，只要 LD 为"1"时，Q 输出"0"，CV 立即停止计数并回到 PV 值	
加减计数 LAD： "CTUD_DB" CTUD INT CU　QU CD　QD R　CV LD PV SCL：CTUD	每当 CU 从"0"变为"1"，CV 增加 1，每当 CD 从"0"变为"1"，CV 减少 1 当 CV >= PV 时，QU 输出"1"，当 CV< PV 时，QU 输出"0" 当 CV <= 0 时，QD 输出"1"，当 CV>0 时，QD 输出"0" CV 的上、下限取决于计数器指定的整数类型的最大值与最小值 在任意时刻，只要 R 为"1"时，QD 输出为"1"，CV 立即停止计数并回到 0 只要 LD 为"1"时，QU 输出为"1"，CV 立即停止计数并回到 PV 值	

5.1.4　比较操作

比较操作指令主要用于数值的比较以及数据类型的比较，具体指令说明见表 5-6。

表 5-6　比较操作指令汇总

名称	指令	说　明
等于	LAD：CMP = = SCL：= =	比较两个整数、浮点数、位序列、字符、时间等基本数据类型，以及两个字符串、DTL、STRUCT 等复杂数据类型，还有两个 UDT、Variant 等，条件满足输出"1"，条件不满足输出"0"
不等于	LAD：CMP<> SCL：<>	
大于或等于	LAD：CMP>= SCL：>=	比较两个整数、浮点数、位序列、字符、时间等基本数据类型，以及比较两个字符串、DTL 等复杂数据类型，条件满足输出"1"，条件不满足输出"0"
小于或等于	LAD：CMP<= SCL：<=	
大于	LAD：CMP> SCL：>	
小于	LAD：CMP< SCL：<	
值在范围内	LAD：IN_Range	判断整数或浮点数是否在设定范围之内或之外，条件满足输出"1"，条件不满足输出"0"
值超出范围	LAD：OUT_Range	
检查有效性	LAD：⊣ OK ⊢	判断浮点数是否满足 IEEE754 标准，条件满足输出"1"，条件不满足输出"0"
检查无效性	LAD：⊣ NOT_OK ⊢	

（续）

名称	指令	说　　明
比较数据类型与变量数据类型 是否相等	LAD：EQ_Type	比较 Variant 类型的变量与另一变量的数据类型是否 相同或不同，条件满足输出"1"，条件不满足输出"0"
比较数据类型与变量数据类型 是否不相等	LAD：NE_Type	
比较 ARRAY 元素数据类型与 变量数据类型是否相等	LAD：EQ_ElemType	比较数组的元素变量与另一变量的数据类型是否相 同或不同，条件满足输出"1"，条件不满足输出"0"
比较 ARRAY 元素数据类型与 变量数据类型是否不相等	LAD：NE_ElemType	
检查等于 NULL 指针	LAD：IS_NULL	检查变量类型为 Variant 的变量，是否为空指针，条件 满足输出"1"，条件不满足输出"0"
检查不等于 NULL 指针	LAD：NOT_NULL	
检查 VARIANT 变量的数据类型	SCL：TypeOf	比较两个操作数的变量类型，或者比较一个操作数 的变量类型与一个数据类型是否相同
检查 VARIANT 变量的 ARRAY 元素的数据类型	SCL：TypeOfElements	比较两个数组的元素变量类型，或者比较一个数组 的元素变量类型与一个数据类型是否相同
检查 ARRAY	LAD：IS_ARRAY SCL：IS_ARRAY	检查变量类型为 Variant 的变量，是否为数组类型，是 数组输出"1"，不是数组输出"0"

5.1.5　数学函数

数学函数功能，用于实现基本的加减乘除、指数、三角函数等功能。数学函数指令汇总见表 5-7。

表 5-7　数学函数指令汇总

名称	指令	说　　明
计算	LAD： CALCULATE	用于自定义数学表达式(也可使用字逻辑运算符)，表达式中不能有常 数,输入输出数据类型保持一致
加	LAD：ADD SCL：+	计算两个整数、浮点数数据类型的变量或者常数的加、减、乘、除
减	LAD：SUB SCL：-	
乘	LAD：MUL SCL：*	
除	LAD：DIV SCL：/	
返回除法 的余数	LAD：MOD SCL：MOD	计算两个整数数据类型的变量或者常数做除法后的余数
取反	LAD：NEG SCL：-(in)	更改有符号整数、浮点数数据类型的输入数据的正负号
递增	LAD：INC SCL：+=1	计算整数数据类型的变量的自加一、自减一
递减	LAD：DEC SCL：-=1	
计算绝对值	LAD：ABS SCL：ABS	计算有符号整数、浮点数数据类型的变量或者常数的绝对值
获取最小值	LAD：MIN SCL：MIN	计算相同数据类型(包括整数、浮点数、DTL)的变量或者常数的最小 值、最大值
获取最大值	LAD：MAX SCL：MAX	

（续）

名称	指令	说　明
设置限值	LAD：LIMIT SCL：LIMIT	将整数、浮点数、DTL 数据类型的变量或者常数,限定输出在设定的最小值和最大值之间
计算平方	LAD：SQR SCL：SQR	计算浮点数数据类型的变量或者常数的平方、平方根
计算平方根	LAD：SQRT SCL：SQRT	
计算自然对数	LAD：LN SCL：LN	计算浮点数数据类型的变量或者常数的自然对数,和以自然常数 e 为底的指数值
计算指数值	LAD：EXP SCL：EXP	
计算正弦值	LAD：SIN SCL：SIN	计算浮点数数据类型的变量或者常数的(该变量或常数为弧度制)正弦值、余弦值、正切值
计算余弦值	LAD：COS SCL：COS	
计算正切值	LAD：TAN SCL：TAN	
计算反正弦值	LAD：ASIN SCL：ASIN	计算浮点数数据类型的变量或者常数的反正弦值、反余弦值、反正切值,输出角度为弧度制
计算反余弦值	LAD：ACOS SCL：ACOS	
计算反正切值	LAD：ATAN SCL：ATAN	
返回小数	LAD：FRAC SCL：FRAC	计算浮点数数据类型的变量或者常数的小数部分的值
取幂	LAD：EXPT SCL：＊＊	计算以浮点数数据类型的变量或者常数为底,以整数、浮点数数据类型的变量或常数为指数的值

5.1.6　移动操作

移动操作指令主要用于各种数据的移动,相同数据的不同排列的转换,以及实现 S7-1200 CPU 的间接寻址功能部分的移动操作。移动操作指令汇总见表 5-8。

表 5-8　移动操作指令汇总

名称	指令	说　明
移动值	LAD：MOVE SCL：：＝	相同数据类型(不包括位和字符串类型)的变量间的移动
取消序列化	LAD：Deserialize SCL：Deserialize	将 BYTE 数组在不打乱数据顺序的情况下转换为 UDT、STRUCT、ARRAY 等数据类型转换
序列化	LAD：Serialize SCL：Serialize	将 UDT、STRUCT、ARRAY 等数据类型在不打乱数据顺序的情况下转换为 BYTE 数组
块移动	LAD：MOVE_BLK SCL：MOVE_BLK	将输入数组元素开始的变量,依据指定长度,连续移动到输出数组开始的变量,要求输入的数组元素和输出的数组元素数据类型相同,并且只能是基本数据类型
移动块	LAD：MOVE_BLK_VARIANT SCL：MOVE_BLK_VARIANT	用于将输入的变量连续传送至输出的变量,通常输入输出为数组或单个变量,要求输入输出的变量或数组元素变量数据类型相同,需指定输入和输出的起始传送位置(从 0 开始),以及传送元素个数
不可中断的存储区移动	LAD：UMOVE_BLK SCL：UMOVE_BLK	除在移动过程中不可被中断程序打断以外,与 MOVE_BLK 相同
填充块	LAD：FILL_BLK SCL：FILL_BLK	将输入变量,依据指定长度,连续填充至以输出的数组元素开始的数组中,要求输入变量和输出的数组元素数据类型相同,并且只能是基本数据类型

（续）

名称	指令	说　明
不可中断的存储区填充	LAD：UFILL_BLK SCL：UFILL_BLK	除在填充过程中不可被中断程序打断以外,与 FILL_BLK 相同
将位序列解析为单个位	LAD：SCATTER SCL：SCATTER	用于将位序列（BYTE、WORD、DWORD）分解为 BOOL 数组（8 元素、16 元素、32 元素）
将位序列 ARRAY 的元素解析为单个位	LAD：SCATTER_BLK SCL：SCATTER_BLK	将输入位序列数组元素开始的变量,依据指定长度,分解到输出 BOOL 数组开始的变量
将各个位组合为位序列	LAD：GATHER SCL：GATHER	将 BOOL 数组（8 元素、16 元素、32 元素）合并为位序列（BYTE、WORD、DWORD）
将单个位合并到位序列 ARRAY 的多个元素中	LAD：GATHER_BLK SCL：GATHER_BLK	将输入 BOOL 数组元素开始的变量,依据指定长度,合并到输出位序列数组开始的变量
交换	LAD：SWAP SCL：SWAP	将 WORD/DWORD 数据类型的变量字节反序后输出
读取存储位	SCL：PEEK_BOOL	从 DB 块、IO 存储区或位存储区根据指定字节偏移量或位偏移量读取数据
读取存储字节	SCL：PEEK(_BYTE)	
读取存储字	SCL：PEEK_WORD	
读取存储双字	SCL：PEEK_DWORD	
写入存储器地址	SCL：POKE	将数据写入 DB 块、IO 存储区或位存储区的指定字节偏移量或位偏移量的变量
写入存储位	SCL：POKE_BOOL	
写入存储区	SCL：POKE_BLK	将源变量的绝对地址开始的连续字节单位长度数据移动至目的变量的绝对地址开始的连续字节单位长度数据
以小端格式读取数据	SCL：READ_LITTLE	将字节数组的指定位置开始的数据写入单个变量,使得低的字节保存在低的存储器地址
以小端格式写入数据	SCL：WRITE_LITTLE	将单个变量写入字节数组的指定位置开始的数据,使得低的字节保存在低的存储器地址
以大端格式读取数据	SCL：READ_BIG	将字节数组的指定位置开始的数据写入单个变量,使得低的字节保存在高的存储器地址
以大端格式写入数据	SCL：WRITE_BIG	将单个变量写入字节数组的指定位置开始的数据,使得低的字节保存在高的存储器地址
读出 VARIANT 变量值	LAD：VariantGet SCL：VariantGet	将变量类型为 VARIANT 的变量,读取到指定变量
写入 VARIANT 变量值	LAD：VariantPut SCL：VariantPut	将指定变量,写入到变量类型为 VARIANT 的变量
获取 ARRAY 元素的数量	LAD：CountOfElements SCL：CountOfElements	读取输入数组的元素数量
读取 ARRAY 的下限	LAD：LOWER_BOUND SCL：LOWER_BOUND	当 FC/FB 的参数为变长数组 ARRAY[*]时,读取实参指定维度的下标的下限、上限
读取 ARRAY 的上限	LAD：UPPER_BOUND SCL：UPPER_BOUND	
读取域	LAD：FieldRead	根据输入数组的第一个元素以及数组下标,将该数组下标对应的数组元素移动到输出变量
写入域	LAD：FieldWrite	根据输入变量及数组下标,将该输入变量写入根据输出数组的第一个元素确定的数组的下标对应的元素

注意:

SCL 的 " ： =" 指令相当于 LAD 的 "MOVE" 指令+ "S_MOVE" 指令+ "线圈" 指令。

5.1.7　转换操作

转换操作指令主要用于基本数据类型的显式转换，根据转换源和目的变量来确定转换双方的数据类型。转换操作指令汇总见表 5-9。

表 5-9　转换操作指令汇总

名称	指令	说　　明
转换值	LAD：CONVERT SCL：_TO_	用于基本类型的显式转换
取整	LAD：ROUND SCL：ROUND	将浮点数数据类型的变量或常数根据四舍六入的规则转换为整数或者浮点数
浮点数向上取整	LAD：CEIL SCL：CEIL	将浮点数数据类型的变量或常数根据向上取整的规则转换为整数或者浮点数
浮点数向下取整	LAD：FLOOR SCL：FLOOR	将浮点数数据类型的变量或常数根据向下取整的规则转换为整数或者浮点数
截尾取整	LAD：TRUNC SCL：TRUNC	将浮点数数据类型的变量或常数根据截去小数的规则转换为整数或者浮点数
缩放	LAD：SCALE_X SCL：SCALE_X_	将浮点数映射到指定的取值范围
标准化	LAD：NORM_X SCL：NORM_X_	将输入变量的值标准化
将 VARIANT 转换为 DB_ANY	SCL：VARIANT_TO_DB_ANY	实现 Variant 数据类型和 DB_ANY 数据类型之间的转换
将 DB_ANY 转换为 VARIANT	SCL：DB_ANY_TO_VARIANT	

5.1.8　程序控制指令

程序控制指令包含程序跳转、程序退出、SCL 的主要控制语句、错误处理等指令，具体指令汇总见表 5-10。

表 5-10　程序控制指令汇总

名称	指令	说　　明
若 RLO = 1 则跳转	LAD：-(JMP)	当能流为"1""0"，程序立即跳转到指定标签的网络段执行
若 RLO = 0 则跳转	LAD：-(JMPN)	
跳转标签	LAD：LABEL	用于定义跳转指令指向的网络段
定义跳转列表	LAD：JMP_LIST	根据输入变量的值，决定跳转到的标签
跳转分支指令	LAD：SWITCH	根据输入变量的值及比较条件，决定跳转到的标签
返回	LAD：-(RET)	当能流为"1"时，结束当前执行的 OB、FC、FB 程序，并且可以设置该块的 ENO
条件执行	SCL：IF	根据条件判断决定程序执行与否
创建多路分支	SCL：CASE	根据 CASE 后的整形变量值，决定需要后面执行的语句
在计数循环中执行	SCL：FOR	当有符号整数类型变量在初始值和终止值之间时，执行循环程序，每次循环程序执行后，该变量自加增量
满足条件时执行	SCL：WHILE	当满足条件时循环执行程序
不满足条件时执行	SCL：REPEAT	当满足条件时循环执行程序，和 WHILE 不同的是程序至少执行一次
复查循环条件	SCL：CONTINUE	用于循环语句中，当执行该语句时，该语句后面的循环程序不执行，执行下一循环

（续）

名称	指令	说　明
立即退出循环	SCL:EXIT	用于循环语句中,当执行该语句时,立刻退出该循环体
跳转	SCL:GOTO	跳转到指定标签
退出块	SCL:RETURN	立刻退出该程序
插入注释段	SCL:(* … *)	并不参与程序执行,仅用于插入注释
构建程序代码	SCL:REGION	并不参与程序执行,仅用来将 SCL 分段,便于程序阅读
限制和启用密码合法性	LAD:ENDIS_PW SCL:ENDIS_PW	查询当前 CPU 的访问权限以及设置当前 CPU 的访问密码是否生效
重置周期监视时间	LAD:RE_TRIGER SCL:RE_TRIGER	重置当前扫描周期监视时间
退出程序	LAD:STP SCL:STP	结束当前 CPU 的运行
获取本地错误信息	LAD:GET_ERROR SCL:GET_ERROR	检查当前执行的 OB、FC、FB 程序的错误
获取本地错误 ID	LAD:GET_ERROR_ID SCL:GET_ERROR_ID	
测量程序运行时间	LAD:RUNTIME SCL:RUNTIME	用于测量两次调用该指令的时间差

5.1.9　字逻辑运算

字逻辑运算主要用于实现位序列的与、或、异或等功能,字逻辑运算指令汇总见表 5-11。

表 5-11　字逻辑运算指令汇总

名称	指令	说　明
与运算	LAD:AND SCL:AND 或 &	用于多个位序列数据类型的变量或常数的与、或、异或运算
或运算	LAD:OR SCL:OR	
异或运算	LAD:XOR SCL:XOR	
求反码	LAD:INVERT	用于将位序列、整数数据类型的变量或常数的所有位取反的运算
解码	LAD:DECO SCL:DECO_	读取输入值,并将输出值中位号与读取值对应的那个位置位。输出值中的其他位以零填充
编码	LAD:ENCO SCL:ENCO	选择输入值的最低有效位,并将该位号写入到输出 OUT 的变量中
选择	LAD:SEL SCL:SEL	根据输入逻辑的正负,从两个输入中选择一个进行输出
多路复用	LAD:MUX SCL:MUX	根据输入参数的值将多个输入值之一复制到输出
多路分用	LAD:DEMUX SCL:DEMUX	将输入内容复制到指定输出

5.1.10　移位和循环

移位和循环指令主要用于实现位序列的左右移动或者循环移动等功能。具体指令说明见表 5-12。

表 5-12　移位和循环指令汇总

名称	指令	说　明
右移	LAD：SHR SCL：SHR	将位序列、整数数据类型的变量或常数向右移、左移指定位数，移出的位丢失。对于空出的位：位序列数据类型变量补"0"，整数数据类型变量补符号位
左移	LAD：SHL SCL：SHL	
循环右移	LAD：ROR SCL：ROR	将位序列数据类型的变量或常数向右移、左移指定位数
循环左移	LAD：ROL SCL：ROL	

5.1.11　基本指令的常见问题

1. 4 种沿指令的区别是什么?

答：4 种沿指令的区别见表 5-13。

表 5-13　沿指令的区别

指令	说　明
┤P├ ┤N├	用于检测单个变量的沿，指令上方的操作数为待检测的变量，指令下方的操作数为上一扫描周期结果，指令右方为沿输出 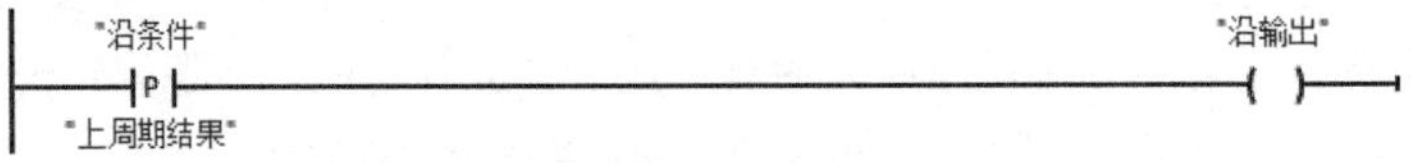
P_TRIG N_TRIG	用于检测指令前的能流结果的沿，指令下方的操作数为上一扫描周期结果，指令右方为沿输出。和┤P├不同的是，可以检测多个变量与/或/非的结果的沿 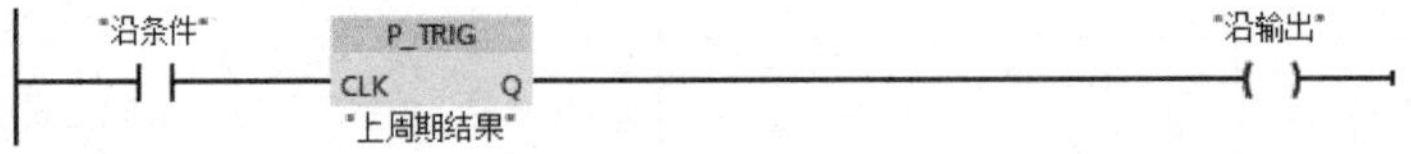
-(P)- -(N)-	用于检测指令前的能流结果的沿，指令上方的操作数为沿输出，指令下方的操作数为上一扫描周期结果，指令前后的能流保持不变 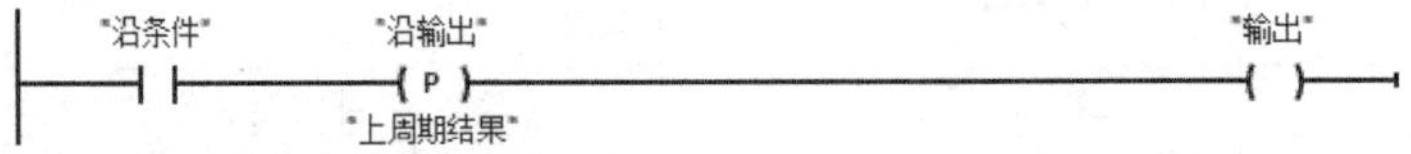 　等价于 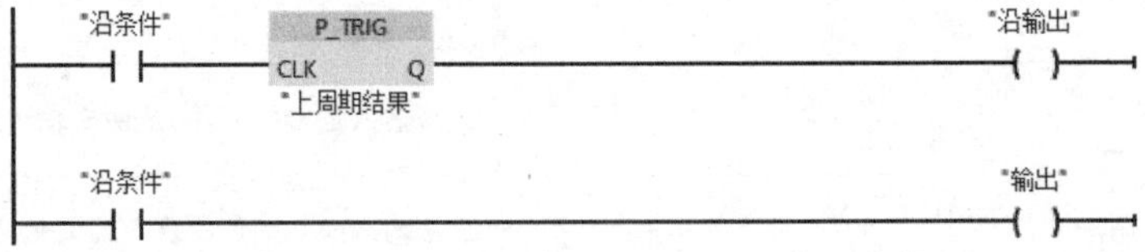
R_TRIG F_TRIG	该指令相当于 FB，并且是唯一可以在 SCL 中使用，所以主要用在 FB 的多重背景或者 SCL 中，CLK 为待检测的变量或能流，Q 为沿输出，上一扫描周期结果位于背景数据块中 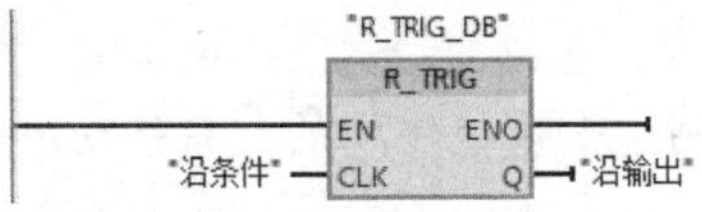

2. 为什么沿指令不生效?

答: 可能原因如下:

1) 沿指令的上一扫描周期变量使用了临时变量。

2) 多处沿指令的上一扫描周期变量的地址重复。

3) 沿指令的上一扫描周期变量的地址和其他地址冲突。

要求沿指令中上一扫描周期变量使用全局变量、FC/FB 的 INOUT、FB 的静态变量。具体使用见表 5-14。

表 5-14　沿指令上一扫描周期扫描结果

上一扫描周期变量	实　例	正确/错误
FC/FB INOUT	`#Input_1 --|P|-- #Output_1 ( )` 下方: `#InOut_1`	正确
FB 静态变量	`#Input_1 --|P|-- #Output_1 ( )` 下方: `#Static_1`	正确
OB/FC/FB 临时变量	`#Input_1 --|P|-- #Output_1 ( )` 下方: `#Temp_1`	错误
全局变量	`%I200.0 --|P|-- %Q200.0 ( )` 下方: `%M200.0`；`%I200.1 --|P|-- %Q200.1 ( )` 下方: `"DB46".Static_1`	正确
重复使用变量	`%I200.2 --|P|-- %Q200.2 ( )` 下方: `"DB46".Static_2`；`%I200.2 --|P|-- %Q200.3 ( )` 下方: `"DB46".Static_2`	错误

3. 为什么定时器不计时?

答: 可能原因如下:

1) 定时器的输入位需要有电平信号的跳变, 定时器才会开始计时。如果保持不变的信号作为输入位是不会开始计时的。TP、TON、TONR 需要 IN 从 "0" 变为 "1" 时启动, TOF 需要 IN 从 "1" 变为 "0" 时启动。

2) 定时器的背景数据块重复使用。

3) 只有在定时器功能框的 Q 点或 ET 连接变量, 或者在程序中使用背景 DB (或 IEC_TIMER 类型的变量) 中的 Q 点或者 ET, 定时器才会开始计时, 并且更新定时时间, 见表 5-15。

表 5-15　定时器使用

示　　例	计时与否
	不计时 原因:定时器功能框的 Q 或 ET 既没有连接变量,也没有使用背景数据块的 Q 或者 ET
	计时 原因:定时器功能框的 Q 连接变量
	计时 原因:定时器功能框的 ET 连接变量
	计时 原因:使用背景数据块的 Q
	计时 使用背景数据块的 ET

（续）

示　　　例	计时与否
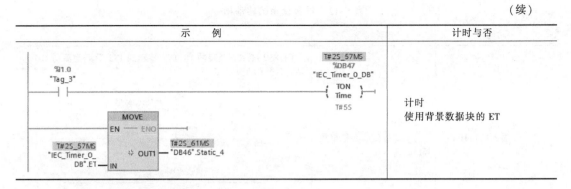	计时 使用背景数据块的 ET

4. 如何编程自复位定时器并产生脉冲?

答: 正确答案见表 5-16, 同时附上两种常见错误编程方式。

原因: S7-1200 CPU 定时器的时间更新发生在定时器功能框的 Q 点或 ET 连接变量时, 或者在程序中使用背景 DB (或 IEC_TIMER 类型的变量) 中的 Q 点或者 ET 时, 即如果程序中多次使用同一背景 DB 的 Q 点, 或者既使用定时器功能框的 Q 点或 ET 连接变量; 又使用背景 DB 的 Q 点, 这两种情况都会造成定时器在一个扫描周期内的多次更新, 可能造成定时器不能正常使用的情况。

表 5-16　自复位定时器示例

示　　　例	正确/错误
%DB47 "IEC_Timer_0_DB" TON Time "DB2".脉冲 —|/|— IN　Q — "DB2".脉冲 —( )— T#10S — PT　ET …	正确
%DB47 "IEC_Timer_0_DB" TON Time "IEC_Timer_0_DB".Q —|/|— IN　Q — T#10S — PT　ET … "IEC_Timer_0_DB".Q —||— "DB2".脉冲 —( )—	错误 多次使用同一背景 DB 的 Q 点
%DB47 "IEC_Timer_0_DB" TON Time "IEC_Timer_0_DB".Q —|/|— IN　Q — "DB2".脉冲 —( )— T#10S — PT　ET …	错误 同时使用背景 DB 的 Q 点以及定时器功能框的 Q 点连接变量

5. 如何根据实际情况选择合适的移动 (MOVE、MOVE_BLK、MOVE_BLK_VARIANT) 指令?

答: 正确答案见表 5-17。

表 5-17　推荐使用的移动指令

功能	推荐指令	示　例
单个变量的数据移动	MOVE （不支持位和字符串类型）	例：将 INT 数据类型的 IN_INT 移动到 INT 数据类型的 OUT_INT_1 和 OUT_INT_2 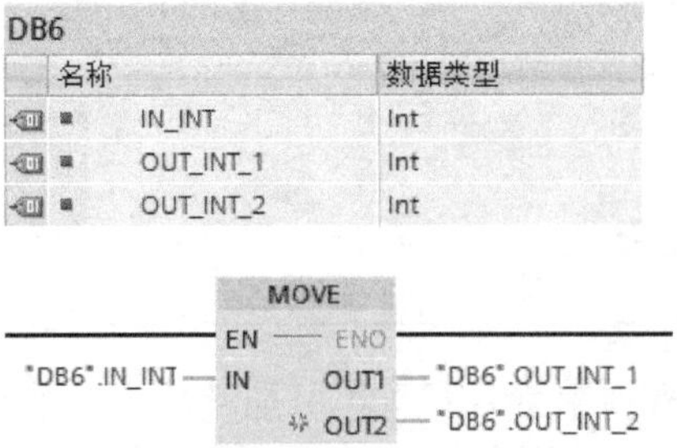
数组的整体移动	MOVE	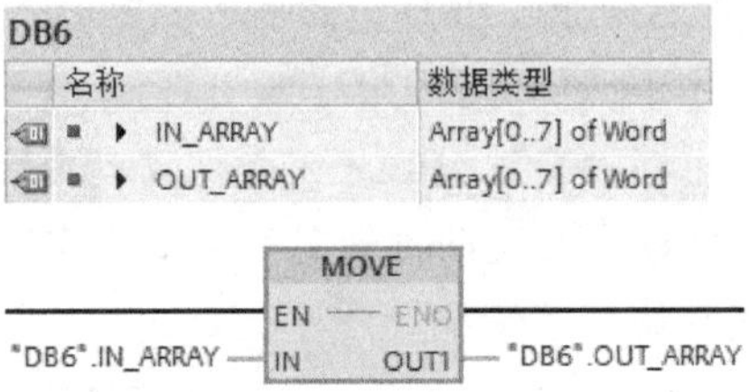
元素为基本数据类型数组的部分移动	MOVE_BLK、MOVE_BLK_VARIANT（不支持 BOOL 数组）	例：将 Bool 数组 SRC_Bool 的 SRC_Bool [0] ~ SRC_Bool[2]移动到 Bool 数组 DEST_Bool 的 DEST_Bool[5] ~ DEST_Bool[7] 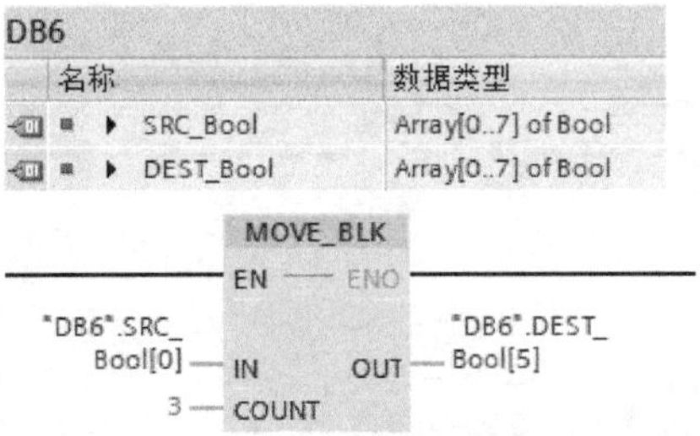
元素为复杂数据类型数组的部分移动	MOVE_BLK_VARIANT	例：将 DTL 数组 SRC_DTL 的 SRC_DTL[0] ~ SRC_DTL[2]移动到 DTL 数组 DEST_DTL 的 DEST_DTL [5] ~ DEST_DTL [7] 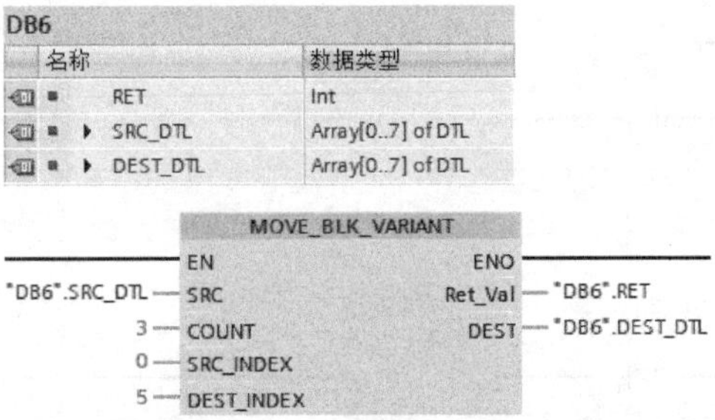

6. 如何实现变长数组的处理？

答：有以下几种实现方法：

1）使用 MOVE_BLK_VARIANT，如图 5-1 所示。

2）使用 VariantGet 和 VariantPut，如图 5-2 所示。

3）定义接口为 ARRAY［ * ］数据类型，如图 5-3 所示。

以下程序完成相同的功能：INOUT 为元素为 INT 类型的变长数组，在程序中使用 FC21 将数组的每个元素处理后送回 INOUT。示例程序请参见随书光盘中的例程《Program》项目 FC20_ VARIANT、FC21、FC22_ VARIANT_ GET/PUT、FC23_ ARRAY * 。

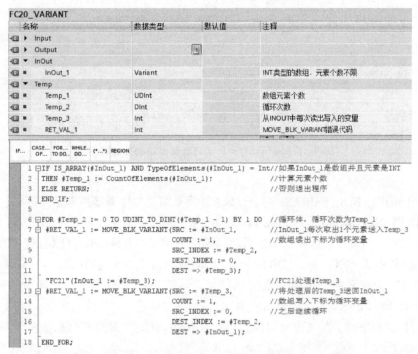

图 5-1　MOVE_ BLK_ VARIANT 实现变长数组的处理程序

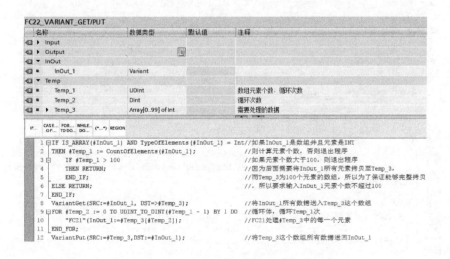

图 5-2　VariantGet 实现变长数组的处理程序

7. 如何实现 S7-1200 CPU 的间接寻址？

答：有以下几种方法：

1）使用数组的变量下标　该方法参见第 4.6 章节的编程基础的常见问题 5，以及下面

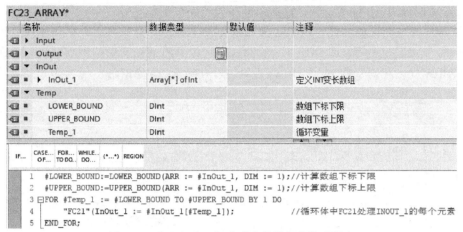

图 5-3　ARRAY［＊］实现变长数组的处理程序

的例 1。

2）使用 MOVE_BLK_VARIANT 指令　该方法参见第 5.1.11 章节的常见问题 6 中例子。

3）使用 PEEK/POKE 指令　PEEK/POKE 指令只能用于 SCL 中，并且只允许访问 I 区、Q 区、M 区、非优化访问的 DB 区，这种方式的间接寻址不关注变量的数据类型，只关注变量的绝对地址。

当指令中的引脚 dbNumber（DB 块号）、byteOffset（变量的字节地址）、bitOffset（位变量的位偏移量）为变量时，可以实现间接寻址。示例程序请参见随书光盘中的例程《Program》项目 FC18_PEEK、FC19_POKE_BLK。

例 1：将 CPU 集成 I 点（I0.0~I1.5）存至 BOOL 数组，如图 5-4 所示。

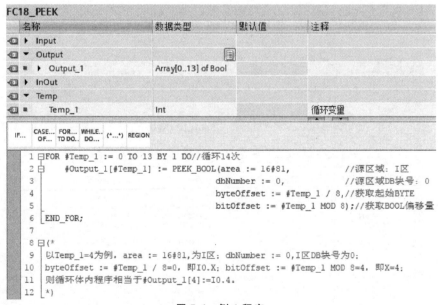

图 5-4　例 1 程序

例 2：将 DB1~DB10 的每个 DB 块的第一个 DBW0 送入 MW100~MW118，如图 5-5 所示。

8. 如何将通过通信得到高低字颠倒的浮点数转换为正常浮点数？

答：例如通过 MODBUS RTU，得到地址为 40001 和 40002 的两个 Word 变量，将这两个

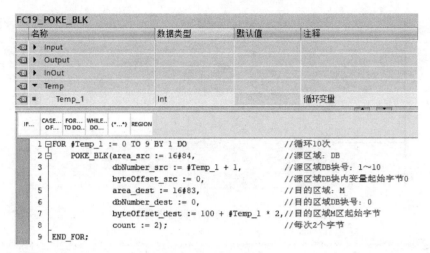

图 5-5　例 2 程序

Word 变量数值交换后，当作一个 DWord 变量来使用，DWord_to_Real 指令可以将其转换为对应的浮点数，如图 5-6 所示。读到的 40001 和 40002 组合为 16#3A004680，将其通过 ROL 指令实现高低字颠倒后，得到 16#46803A00，该数值通过 DWord_to_Real 指令，得到需要的浮点数值。

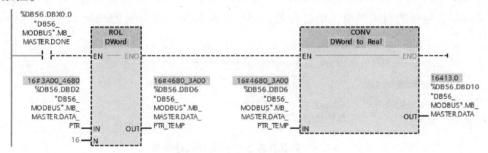

图 5-6　DWord_to_Real 程序

9. 如何实现模拟量和工程量之间的互相转换？

答：将 NORM_X 和 SCALE_X 联合使用，可以实现模拟量输入转换为工程量，如图 5-7 所示，以及工程量转换为模拟量，如图 5-8 所示。

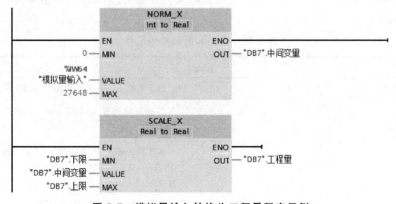

图 5-7　模拟量输入转换为工程量程序示例

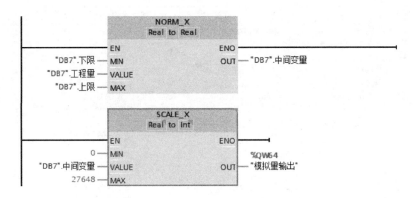

图 5-8　工程量转换为模拟量输出程序示例

> **注意：**
> 实例为输入输出范围为 4～20mA 或者 0～5V 等单极性模拟量，如果是±10V 等双极性模拟量，需要将 MIN 引脚从 0 改为 -27648。

10. 如何测量程序的扫描周期？

答：在 OB1 的任意位置，使用如图 5-9 所示的程序，两边的变量均为 LREAL 类型，右边的输出即为程序的扫描周期，单位是秒，图中显示扫描周期为 1.255ms。

图 5-9　测量程序的扫描周期程序示例

5.2　扩展指令

5.2.1　日期和时间

日期和时间指令主要用于实现读取和设定时间，以及时间的转换与运算等功能。具体指令说明见表 5-18。

表 5-18　日期和时间指令汇总

名称	指令	说　　明
转换时间并提取	T_CONV	用于整数、日期、时间数据类型的变量之间的转换
时间加运算	T_ADD	实现三种运算，TIME ± TIME = TIME、TOD ± TIME = TOD、DTL±TIME = DTL
时间相减	T_SUB	
时间值相减	T_DIFF	实现四种运算，DTL−DTL = TIME、TOD−TOD = TIME、DATE−DATE = TIME、DATE−DATE = INT（该差值为天数差）
组合时间	T_COMBINE	实现 DATE+TOD = DTL 的运算

（续）

名称	指令	说　　明
设置时间	WR_SYS_T	用于设置、读取 UTC 时间，设置、读取本地时间
读取时间	RD_SYS_T	
读取本地时间	RD_LOC_T	
写入本地时间	WR_LOC_T	
设置时区	SET_TIMEZONE	用于修改本地时间和 UTC 时间的偏差与夏令时规则，不再受组态的时区和夏令时规则影响，设置一次永久生效，直至再次下载硬件组态取消设置
运行时间定时器	RTM	用于 CPU 运行小时计数器的设置启动、停止、查询、设置预设值以及保存当前值到存储卡等功能

5.2.2　字符串+字符

字符串+字符指令主要用于实现字符串的转换、编辑等功能。具体指令说明见表 5-19。

表 5-19　字符串+字符指令汇总

名称	指令	说　　明
移动字符串	S_MOVE	实现字符串间的移动
转换字符串	S_CONV	实现整数、浮点数、字符数据类型和字符串之间相互转换
将字符串转换为数字值	STRG_VAL	实现字符串转换为整数、浮点数数据类型，需指定浮点数格式、小数点形式、转换的起始字符
将数字值转换为字符串	VAL_STRG	实现整数、浮点数数据类型转换为字符串，需指定字符个数、起始字符位置、小数点形式、浮点数格式
将字符串转换为 Array of CHAR	Strg_TO_Chars	将输入 STRING 数据类型去掉前导字符转换为 BYTE 或 CHAR 数组，或者将输入 WSTRING 数据类型去掉前导字符转换为 WORD 或 WCHAR 数组
将 Array of CHAR 转换为字符串	Chars_TO_Strg	将输入的 BYTE 或 CHAR 数组转换为 STRING，或者将输入的 WORD 或 WCHAR 数组转换为 WSTRING 数据类型
确定字符串的长度	MAX_LEN	用于计算字符串变量或常量的最大长度
将 ASCⅡ字符串转换为十六进制数	ATH	将输入的 ASCII 字符串转换为十六进制数
将十六进制数转换为 ASCII 字符串	HTA	将输入的十六进制数转换为 ASCII 字符串
确定字符串的长度	LEN	计算字符串变量或常量的实际长度
合并字符串	CONCAT	合并两个字符串的变量或常量至一个字符串
读取字符串左边的字符	LEFT	将输入字符串左边第一个字符开始的指定个数字符移动到输出字符串
读取字符串右边的字符	RIGHT	将输入字符串右边第一个字符开始的指定个数字符移动到输出字符串
读取字符串的中间字符	MID	将输入字符串指定位置开始的指定个数的字符移动到输出字符串
删除字符串中的字符	DELETE	将输入字符串指定位置开始的指定个数的字符删除后移动到输出字符串
在字符串中插入字符	INSERT	在输入字符串指定位置插入另一字符串后移动到输出字符串

（续）

名称	指令	说　明
替换字符串中的字符	REPLACE	在输入字符串指定位置将另一字符串替换原字符后移动到输出字符串
在字符串中查找字符	FIND	在第一个输入字符串中查找第二个输入字符串的位置
读取输入参数的变量	GetSymbolName	使用块的输入参数读取参数中互连的变量的名称
查询输入参数分配的复合全局名称	GetSymbolPath	读取在调用路径起始处通过多个块调用传送的参数名称
读取实例的名称	GetInstanceName	读取调用该指令的 FB 的背景数据块名
查询块实例的复合全局名称	GetInstancePath	在 FB 中读取块背景数据块的组合全局名称
读取块名称	GetBlockName	读取在其中调用指令的块的名称

5.2.3　分布式 IO

分布式 IO 指令主要用于实现过程映像的读取写入，从站的诊断等功能。具体指令说明见表 5-20。

表 5-20　分布式 IO 指令汇总

名称	指令	说　明
读取数据记录	RDREC	从指定硬件标识符的模块中读取指定编号的数据记录
写入数据记录	WRREC	将变量写入到指定硬件标识符的模块中，指定编号的数据记录
读取过程映像	GETIO	用于一致性地读出一个中央机架/PROFIBUS DP 从站/PROFINET IO 设备中一个子模块的全部输入过程映像
传送过程映像	SETIO	用于一致性地写入一个中央机架/PROFIBUS DP 从站/PROFINET IO 设备中一个子模块的全部输出过程映像
读取过程映像区域	GETIO_PART	用于一致性地部分读出一个 PROFIBUS DP 从站/PROFINET IO 设备中一个子模块的输入
传送过程映像区域	SETIO_PART	用于一致性地部分写入一个 PROFIBUS DP 从站/PROFINET IO 设备中一个子模块的输出
接收中断	RALRM	用于在中断 OB 读取中央机架或分布式机架上模块的详细诊断信息
启用/禁用 DP 从站	D_ACT_DP	用于查询、启用、禁用指定 PROFINET IO 设备
读取 DP 标准从站的一致性数据	DPRD_DAT	除了没有输出读取的数据字节长度，与 GETIO 基本一致
将一致性数据写入 DP 标准从站	DPWR_DAT	与 SETIO 基本一致
接收数据记录	RCVREC	作为 PROFINET 智能设备时，当 PROFINET 控制器将数据记录写入该设备时，接收该数据记录
使数据记录可用	PRVREC	作为 PROFINET 智能设备时，当 PROFINET 控制器读取该设备指定数据记录时，将数据记录提供给控制器
读取 DP 从站的诊断数据	DPNRM_DG	读取一个 PROFIBUS DP 从站的全部诊断数据

5.2.4　中断

中断指令用于实现中断 OB 参数的修改、查询、取消等功能。具体指令说明见表 5-21。

表 5-21　中断指令汇总

名称	指令	说　明
将 OB 附加到中断事件	ATTACH	将硬件中断事件关联到指定的硬件中断 OB
将 OB 与中断事件脱离	DETACH	将硬件中断事件与其关联的硬件中断 OB 分离
设置循环中断参数	SET_CINT	修改指定的循环 OB 的时间间隔与相位偏移
查询循环中断参数	QRY_CINT	查询指定的循环 OB 的时间间隔与相位偏移
设置时间中断	SET_TINTL	设置指定的时间 OB 的起始时间、执行间隔、基于本地时间还是系统时间
取消时间中断	CAN_TINT	删除指定时间 OB 的起始时间,同时取消激活时间 OB
启用时间中断	ACT_TINT	激活程序中存在并且已经设置了起始时间的时间 OB
查询时间中断的状态	QRY_TINT	查询指定时间 OB 的状态
启动延时中断	SRT_DINT	设置延时 OB 启动的延时时间
取消延时中断	CAN_DINT	取消已开始进入倒计时启动的延时 OB
查询延时中断状态	QRY_DINT	查询指定延时 OB 的状态
延时执行较高优先级中断和异步错误事件	DIS_AIRT	在一个 OB 中延时执行比该 OB 优先级高的 OB 或错误 OB,以保证 OB 不被打断,可以一个块内多次调用
启用执行较高优先级中断和异步错误事件	EN_AIRT	取消因执行指令 DIS_AIRT 而产生的延时,要取消所有延时,该指令的执行次数必须与 DIS_AIRT 的执行次数相同

5.2.5　报警

报警指令用于实现诊断缓冲区的自定义报警的生成。具体指令说明见表 5-22。

表 5-22　报警指令汇总

名称	指令	说　明
生成用户诊断报警	Gen_UsrMsg	用于生成可以进入诊断缓冲区的自定义报警

5.2.6　诊断

诊断指令用于实现对 S7-1200 PLC 的中央机架、PROFINET IO 设备或 PROFIBUS DP 从站的诊断功能。具体指令说明见表 5-23。

表 5-23　诊断指令汇总

名称	指令	说　明
读取当前 OB 启动信息	RD_SINFO	读取调用该指令 OB 的启动信息以及最后一个启动 OB 的启动信息
读取 LED 状态	LED	读取 CPU 的 LED 指示灯的状态
读取标识及维护数据	Get_IM_Data	读取 CPU 的标识和维护数据（I&M）
读取 IO 设备或 DP 从站的名称	GET_NAME	读取 PROFINET IO 设备或 PROFIBUS DP 从站的名称
读取 IO 设备的信息	GetStationInfo	读取 PROFINET IO 设备的 IP 地址、子网掩码、路由器地址、MAC 地址
读取校验和	GetChecksum	读取标准块、安全块、文本列表的校验和
读取 IO 系统的模块状态信息	DeviceStates	读取 PROFINET IO 系统中所有 IO 设备的状态信息或 DP 主站系统中所有 DP 从站的状态信息
读取模块的模块状态信息	ModuleStates	读取中央机架或指定 PROFINET IO 设备或 PROFIBUS DP 从站中所有模块的状态信息
读取诊断信息	GET_DIAG	读取中央机架或指定 PROFINET IO 设备或 PROFIBUS DP 从站的诊断状态

5.2.7　数据块函数

数据块函数用于实现数据块的增加删除，装载存储器读取写入等功能。具体指令说明见表 5-24。

表 5-24　数据块函数指令汇总

名称	指令	说　　明
创建数据块	CREATE_DB	在装载存储器、工作存储器中创建新的数据块，并且可以定义数据块的属性
从装载存储器的数据块中读取数据	READ_DBL	将装载存储器的数据块的数据移动到工作存储器的数据块
将数据写入到装载存储器的数据块中	WRIT_DBL	将工作存储器的数据块移动到装载存储器的数据块
读取数据块属性	ATTR_DB	读取装载存储器、工作存储器中数据块的属性和长度
删除数据块	DELETE_DB	删除通过调用 CREATE_DB 指令由创建的数据块

5.2.8　寻址

寻址指令用于实现硬件标识符与插槽或 IO 地址之间的转换的功能。具体指令说明见表 5-25。

表 5-25　寻址指令汇总

名称	指令	说　　明
根据插槽确定硬件标识符	GEO2LOG	用于插槽和硬件标识符互相转换
根据硬件标识符确定插槽	LOG2GEO	
根据 IO 地址确定硬件标识符	IO2MOD	用于 IO 地址和硬件标识符互相转换
根据硬件标识符确定 IO 地址	RD_ADDR	

5.2.9　扩展指令的常见问题

1. S7-1200 CPU 系统时间和本地时间的区别？

答：区别如下：

系统时间：S7-1200 CPU 的系统时间为 UTC 时间。

本地时间：本地所在时区和夏令时作为时差，该时差与系统时间之和计算出来的时间为本地时间；对于中国，时区为东八区（无夏令时），所以中国的时间是 UTC+8。具体 CPU 时区及夏令时设置参见第 3.2.13 章节。

WR_SYS_T 和 RD_SYS_T 为设置和读取系统时间。

WR_LOC_T 和 RD_LOC_T 为设置和读取本地时间。

参考图 3-20，S7-1200 CPU 设置 CPU 时区为东八区北京时间，没有夏令时。

如图 5-10 所示，RD_SYS_T 读出系统时间为 2017-6-22-08：41：13，RD_LOC_T 读出本地时间为 2017-6-22-16：41：13，相差 8 小时。

2. 如何在上位机/触摸屏上设置 S7-1200 CPU 的时间？

答：步骤如下：

1) 在 S7-1200 CPU 的 DB 块中建立 DTL 数据类型，如图 5-11 所示。

DB11

	名称	数据类型	监视值
1	▼ Static		
2	▸ 系统时间	DTL	DTL#2017-06-22-08:41:13.888159
3	▸ 本地时间	DTL	DTL#2017-06-22-16:41:13.888208

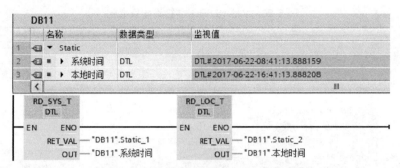

图 5-10　模块时间与读系统/本地时间

2）在上位机/触摸屏按照表 4-2 所示的数据类型和范围，根据需要设置年、月、日、时、分、秒（24 小时制，无须设置星期），上位机的变量表设置如图 5-12 所示。

3）编制上位机界面的时间设置，如图 5-13 所示。

4）PLC 程序使用“WR_LOC_T”指令，如图 5-14 所示。

DB44_DTL

名称	数据类型	偏移量	起始值	监视值
▼ Static				
▼ 时间	DTL	0.0	DTL#197(	DTL#2017-05-11-18:00:00
YEAR	UInt	0.0	1970	2017
MONTH	USInt	2.0	1	5
DAY	USInt	3.0	1	11
WEEKDAY	USInt	4.0	5	5
HOUR	USInt	5.0	0	18
MINUTE	USInt	6.0	0	0
SECOND	USInt	7.0	0	0
NANOSECOND	UDInt	8.0	0	0
更新时间	Bool	12.0	false	FALSE
错误	Int	14.0	0	0

图 5-11　PLC 中 DB 块设置，监视值为触发时间更新后的值

名称 ▲	数据类型	连接	地址
年	UInt	Connection_2	%DB44.DBW0
月	USInt	Connection_2	%DB44.DBB2
日	USInt	Connection_2	%DB44.DBB3
时	USInt	Connection_2	%DB44.DBB5
分	USInt	Connection_2	%DB44.DBB6
秒	USInt	Connection_2	%DB44.DBB7
更新时间	Bool	Connection_2	%DB44.DBX12.0

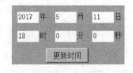

图 5-12　上位机变量表设置

图 5-13　上位机界面的时间设置

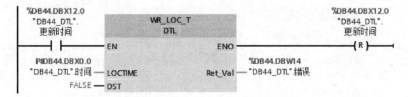

图 5-14　修改本地时间的程序

3. 如何将浮点数转换为小数表示法的字符串？

答：使用 VAL_STRG 可以实现浮点数转换为小数表示法的字符串，见表 5-26。

表 5-26　VAL_STRG 字符串转换实例

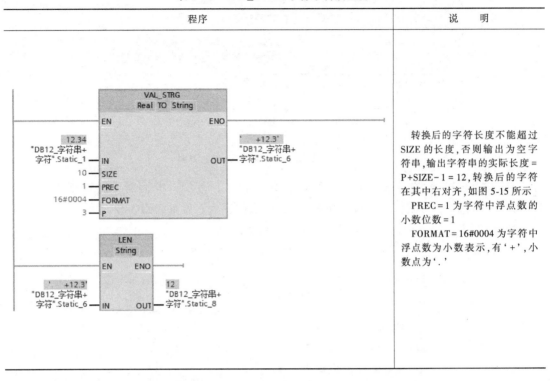

程　序	说　明
	转换后的字符长度不能超过 SIZE 的长度,否则输出为空字符串,输出字符串的实际长度 = P+SIZE-1 = 12,转换后的字符在其中右对齐,如图 5-15 所示 PREC = 1 为字符中浮点数的小数位数 = 1 FORMAT = 16#0004 为字符中浮点数为小数表示,有' + ',小数点为'.'

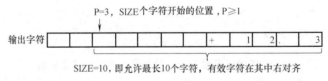

图 5-15　VAL_STRG 中 P、SIZE 和输出字符的关系

此外,S_CONV 可以实现浮点数转换为特定格式的字符串,对于其 LAD 和 SCL 这两种形式有着不同的系统行为,具体见表 5-27。

表 5-27　S_CONV 字符串转换实例

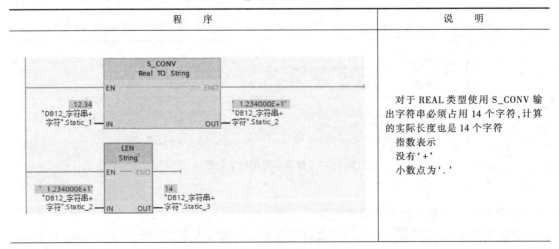

程　序	说　明
	对于 REAL 类型使用 S_CONV 输出字符串必须占用 14 个字符,计算的实际长度也是 14 个字符 指数表示 没有' + ' 小数点为'.'

（续）

程　　序	说　　明
1　"DB12_字符串+字符".Static_4:=REAL_TO_STRING("DB12_字符串+字符".Static_1); 2　"DB12_字符串+字符".Static_5 := LEN("DB12_字符串+字符".Static_4); 　　"DB12_字符串+字符".Static_1　　　　12.34 　　"DB12_字符串+字符".Static_4　　'+1.234000E+1' 　　"DB12_字符串+字符".Static_5　　　　12	输出字符串计算的实际长度是 12 个字符 指数表示 有 ' + ' 小数点为 ' . '

4. 如何将 ASCII 码组成的字符串转换为十六进制数？

答：ATH 指令可以完成该转换，但需注意的是转换前的字符个数是转换后的字节个数的 2 倍。

如图 5-16 所示，输入 '1A2b'，输出为 16#1A2B，输入为 4 个字符的字符串，而输出占据 2 个字节。

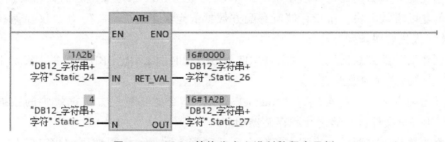

图 5-16　ASCII 转换为十六进制数程序示例

注意：

如果 N 为奇数，则在输出 16 进制中补零。例如上图当 N = 3 时，输出为 16#1A20。

5.3　配方

配方是生产中常用的工具。当生产不同产品时，设备可能需要不同的配料比、运行时间等。如果没有配方，更换作业时都需要手动输入参数。若使用配方，将一种作业对应配方中的一个参数，更换作业时直接调用相应的配方数据，这样既节省时间，又能保证准确度。

以冰激凌的配方为例，见表 5-28，表首行是每个原材料名称，即配方元素；每行数据表示一个配方条目，包含这个条目的序号、相应数据类型的成分值。表中存储五条数据，其中三条已使用，第四/五条留空以供将来扩展。

表 5-28　用于冰激凌制作的配方

Index	Chocolate	Milk	Cream	Vanilla	Sugar	Mix
1	5.31	6.88	3.96	0.07	2.58	3min
2	0.05	3.35	4.27	5.09	1.79	4min
3	1.86	3.33	4.61	3.12	2.05	5min
4	0	0	0	0	0	0
5	0	0	0	0	0	0

S7-1200 CPU 提供了配方指令，用于配方数据的导入、导出，便于配方数据的应用与管理。

5.3.1　配方指令

在 TIA 博途软件中，在"指令>扩展指令>配方和数据记录"路径下调用指令。配方函数指令的功能介绍，见表 5-29。

表 5-29　配方函数指令

指令	名称	功 能 描 述
RecipeExport	导出配方	将配方数据从配方数据块导出到装载存储器的 CSV 文件中
RecipeImport	导入配方	将配方数据从装载存储器的 CSV 文件导入到配方数据块中

5.3.2　配方操作步骤

实现配方的操作步骤如下：

1）创建配方数据模板：可以使用 PLC 数据类型或 UDT 来定义配方的数据模板。

2）创建配方数据块：用于存储所有配方数据。定义 DB "属性"为"仅存储在装载存储器"且"优化的块访问"。

3）创建活动配方数据块：结合"WRIT_DBL"和"READ_DBL"指令，实现工作存储器与装载存储器之间的数据交换。

4）导出配方文件：首次执行"RecipeExport"指令时，将配方数据块中的数据导出生成一个标准 CSV 文件，存储于装载存储器中。

5）修改单个配方条目：将配方值写入到活动配方数据块，再使用"WRIT_DBL"指令更新至装载存储器的配方数据块。再次执行"RecipeExport"指令，将新的配方数据更新到配方文件（CSV 文件）中。

6）调用单个配方条目：使用"READ_DBL"指令，将配方数据块的某个条目写入到活动配方数据块中。

7）导入配方文件：执行"RecipeImport"指令，将 CSV 文件中的数值导入到配方数据块中，从而实现配方数据的更新。

8）管理配方文件：通过 S7-1200 CPU 内置的 Web 服务器访问配方文件，将文件保存至计算机后，使用 Excel 等软件打开。使用 ASCII 文本编辑器修改数值后，再通过 Web 服务器上传至 CPU，可以执行"RecipeImport"指令更新配方数据。

> 注意：
> - 用于存储配方的装载存储器，可以是内部（CPU 本身）或外部（存储卡）的。
> - 一个配方中最多含有 255 个元素。
> - 使用配方导出指令时，要求配方数据块中变量名称总字符数不超过 5000 个，否则生成的 CSV 文件中没有首行名称。

5.3.3　配方示例

以配方表 5-28 为例，编程实现输入不同的序号来调用不同口味的配料和搅拌时间，如序号 1 表示巧克力口味、序号 2 表示香草口味等。通过序号来选择参数，再结合程序运行生产指定口味的冰淇淋，步骤如下：

1）创建 PLC 数据类型“Recipe_ IceCream”，如图 5-17 所示，包含配方变量名称和相应数据类型。

Recipe_IceCream				
	名称	数据类型	默认值	注释
1	Chocolate	Real	0.0	巧克力占比
2	Milk	Real	0.0	鲜奶占比
3	Cream	Real	0.0	奶油占比
4	Vanilla	Real	0.0	香草占比
5	Suger	Real	0.0	糖占比
6	Mix	Time	T#0ms	搅拌时间

图 5-17　定义用于配方的数据类型

2）建立配方数据块，定义“属性”为“仅存储在装载存储器”和“优化的块访问”。在配方数据块中建立 Array 类型的变量，如果配方条目数为 5 条，则定义“Array［1..5］of Recipe_IceCream”，如图 5-18 所示。Ice Cream［1］即序号 1 巧克力的配方，Ice Cream［2］即序号 2 香草味的配方。

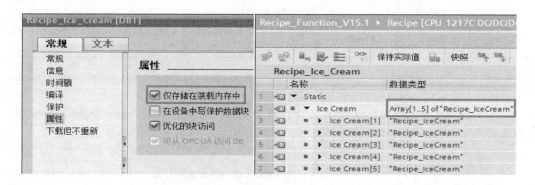

图 5-18　配方数据块

注意：

● 配方数据块中的元素须包含在一维数组中，并且数组元素是 UDT 或结构类型的变量。

● 如果使用 PLC 数据类型，不允许 PLC 数据类型中存在 UDT。

3）创建活动配方数据块，定义“属性”为“优化的块访问”，如图 5-19 所示，变量的数据类型为“Recipe_IceCream”，将用于装载存储器与工作存储器之间的数据交换。

4）使用“RecipeExport”指令导出配方文件，如图 5-20 所示。

Active_Recipe			
	名称	数据类型	注释
1	Static		
2	Active	"Recipe_IceCream"	活动配方数据
3	Chocolate	Real	巧克力占比
4	Milk	Real	鲜奶占比
5	Cream	Real	奶油占比
6	Vanilla	Real	香草占比
7	Suger	Real	糖占比
8	Mix	Time	搅拌时间

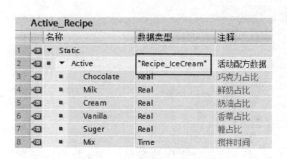

图 5-19　活动配方数据块

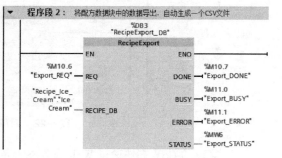

图 5-20　配方导出

“RecipeExport”指令参数说明，见表 5-30。

表 5-30 "RecipeExport" 指令参数

参数	声明	数据类型	说　明
REQ	Input	BOOL	在上升沿时,激活配方导出操作
RECIPE_DB	InOut	VARIANT	指向配方数据块的指针
DONE	Output	BOOL	上一请求已完成且没有出错后,DONE 位将在一个扫描周期内保持为 TRUE(默认值:False)
BUSY	Output	BOOL	状态参数: 0:没有操作在进行;1:有操作正在进行
ERROR	Output	BOOL	状态参数: 0:没有警告或错误;1:发生错误 上一请求因错误而终止后,ERROR 位将在一个扫描周期内保持为 TRUE
STATUS	Output	WORD	提供状态信息和错误代码。STATUS 参数中的错误代码值仅在 ER-ROR=TRUE 的扫描周期内有效

> 注意:
> 如果想生成一个新的配方 CSV 文件,需要更改配方数据块的 Name 参数。Name 参数必须遵守 Windows 文件系统命名规则,不允许使用 \ / : * ? " <> | 及空格等。

5) 配方数据块中的变量是数组类型,可以使用数组元素的坐标进行变量的寻址。定义 "Int" 类型变量 "Write_Y" 作为数组坐标,如图 5-21 所示,执行 "WRIT_DBL" 指令实现单个配方条目的修改。如果 Write_Y = 1 则表示写入巧克力口味的这一配方条目。

6) 定义 "Int" 类型变量 "Read_X" 作为数组坐标,如图 5-22 所示,执行

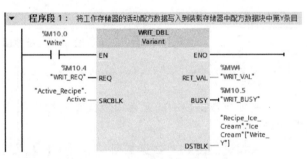

图 5-21 单个配方条目的修改

"READ_DBL" 指令从装载存储区的配方数据块写入到活动配方数据块,实现读取单个配方条目。

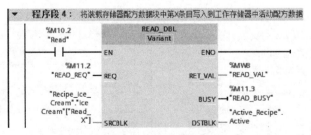

图 5-22 调用单个配方条目

7) 修改的 CSV 文件通过 Web 服务器上传至 PLC,这部分操作请参见 5.3.4 章节。更新文件后,执行 "RecipeImport" 指令更新配方数据块中的数据,如图 5-23 所示。

"RecipeImport" 指令参数说明,见表 5-31。

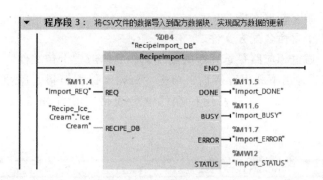

图 5-23　配方数据导入

表 5-31　"RecipeImport" 指令参数

参数	声明	数据类型	说　　明
REQ	Input	BOOL	在上升沿时,激活配方导入操作
RECIPE_DB	InOut	VARINT	指向配方数据块的指针
DONE	Output	BOOL	上一请求已完成且没有出错后,DONE 位将在一个扫描周期内保持为 TRUE(默认值:False)
BUSY	Output	BOOL	状态参数: 0:没有操作在进行;1:有操作正在进行
ERROR	Output	BOOL	状态参数: 0:没有警告或错误;1:发生错误 上一请求因错误而终止后,ERROR 位将在一个扫描周期内保持为 TRUE
STATUS	Output	WORD	提供状态信息和错误代码。STATUS 参数中的错误代码值仅在 ERROR 的扫描周期内有效

示例程序请参见随书光盘中的例程《Recipe_Function》项目。

5.3.4　管理配方文件

配方文件以 CSV 格式存储在永久性存储器（装载存储器）中。可以使用下列方法查看和修改:

1. 通过 Web 服务器查看配方文件

激活 CPU 的"Web 服务器"功能。设置用户名和密码,选择"读取文件"和"写入/删除文件"访问权限。登录 Web 服务器后,在"文档浏览器〉Recipes 文件夹"路径下查看配方文件,如图 5-24 所示。

图 5-24　通过 Web 服务器查看配方文件

查看配方文件步骤如下:

① 配方文件名称:单击该名称可以下载文件。

② 删除：用于删除配方文件。

③ 重命名：用于重命名配方文件。

④ 上传文件：通过相应路径选择新的配方文件后单击"上传文件"。

双击文件名称后弹出下载保存界面，单击"Save"保存至指定路径。该 CSV 文件具有与配方数据块相同的名称，可以使用标准的电子表格工具（如 Excel）打开，如图 5-25 所示。

	A	B	C	D	E	F	G	
1	Index	Chocolate	Milk	Cream	Vanilla	Suger	Mix	②
2	1	5.31	6.88	3.96	0.07	2.58	0:03:00.000	
3	2	0.05	3.35	4.27	5.09	1.79	0:04:00.000	
4	3	1.86	3.33	4.61	3.12	2.05	0:05:00.000	③
5	4	0.00	0.00	0.00	0.00	0.00	0:00:00.000	
6	5	0.00	0.00	0.00	0.00	0.00	0:00:00.000	

图 5-25　在 Excel 中查看配方文件

查看配方文件步骤如下：

① 配方的条目号：相当于示例中的数组坐标，用于配方某条目的寻址。

② 配方元素名称：与定义配方数据模板的 PLC 数据类型中变量名称一致。

③ 某个配方条目的数据。

2. 查看存储卡中的配方文件

当 S7-1200 CPU 使用存储卡作为装载存储器时，配方数据块及 CSV 文件存储在存储卡中。在 CPU 模块断电时，取出存储卡并通过读卡器插入计算机中。在 Windows 资源管理器中导航至存储卡的"\ Recipes"目录，可查看配方文件。

> 注意：
> 通常使用 Web 服务器访问配方文件，不建议直接对存储卡进行操作，以防误删文件。

3. 配方文件的管理

需要使用"ASCII 文本编辑器"修改 CSV 文件中的数据，修改后的文件通过 Web 服务器上传至 PLC 后，再使用"RecipeImport"指令更新配方数据。

如果使用存储卡，可将修改后的 CSV 文件直接复制粘贴至"\Recipes"文件夹中，覆盖原文件。

> 注意：
> - 配方 CSV 文件的名称必须与 RECIPE_DB 数据块的名称一致；
> - 通过 Web 服务器上传新的 CSV 文件之前，须将原文件删除或重命名；
> - 若删除 CSV 文件，并没有删除装载存储器中的配方数据块。

5.3.5　配方功能的常见问题

1. 支持配方功能的 S7-1200 CPU 的型号是什么？

答：S7-1200 CPU 固件版本 V4.0 及以上，TIA 博途软件版本 V13 及以上才支持。注意：

S7-1200 V4.0 以前的 CPU 无法升级固件版本到 V4.0。

2. S7-1200 CPU 是否需要存储卡才能实现配方功能？

答：存储卡不是必需的。可以将配方文件存储在 CPU 的装载存储器中，也可以存储在存储卡里。

3. 连接 S7-1200 CPU 的上位机或触摸屏能否直接显示或管理配方文件？

答：不能。S7-1200 CPU 配方指令生成的配方文件只能通过 Web 服务器或存储卡操作来访问。

4. 一个配方中可以保存的元素个数、可存储的条目数是否有限制？

答：配方元素不能超过 255 个，且配方元素名称的总字符数必须小于 5000 个字符。配方数据块中存储的配方条目数受 DB 块大小和装载存储器的可用空间限制。

5. S7-1200 CPU 可以创建多少个配方？

答：因为配方功能需要装载存储器和工作存储器之间进行数据交互。这将影响装载存储器的写入寿命。建议尽量减少配方的数目，将需要做成配方的变量放置在一个配方文件中。每一个配方文件都需要创建配方数据块，并进行相应的编程，所以需要考虑存储器大小及程序块（FB 和 DB）总数的限制。

6. 为什么使用 "RecipeExport" 指令导出文件失败，报错 "16#80B6"？

答：错误代码 "16#80B6" 的含义为 "属性 "仅保存在装载存储器中" 没有激活"，原因是没有激活配方数据块 "属性" 的 "仅保存在装载存储器中"。

7. 程序下载后，会删除存储在装载存储器的配方 CSV 文件吗？

答：不会。当 CPU "复位为出厂设置" 时，会删除存储在 CPU 内部装载存储器的配方文件。

5.4　数据日志

数据日志是生产过程中用于记录运行参数当前值的工具。依据时间或条件触发数据记录，保存产品数量，报警限值，阀门开度等实时值，可以将记录数据做成报表便于查看，见表 5-32。

表 5-32　某厂供水记录

记录	日期	时间	储水池水位	总管压力	1#流量	1#压力
1	2017/4/25	13:34:51	Normal	3.02	1.56	3.13
2	2017/4/25	13:44:17	Normal	2.99	1.49	3.11
3	2017/4/25	13:54:59	Normal	3.05	1.58	3.16
4	2017/4/25	13:56:37	High	3.20	1.71	3.19

S7-1200 CPU 提供一系列用于数据记录的指令，编写程序实现数据日志功能。

5.4.1　数据日志指令

在 TIA 博途软件中，在 "指令>扩展指令>配方和数据记录" 路径下调用指令。数据日志指令的功能见表 5-33。

表 5-33　数据日志指令功能

指令	名称	功能描述
DataLogCreate	创建 数据记录	生成用于数据记录的数据日志文件（CSV 文件），存储在装载存储器"\DataLogs"文件夹中。文件创建时，默认是打开的
DataLogOpen	打开 数据记录	打开指定的数据日志
DataLogWrite	写入 数据记录	将数据写入到指定的数据日志中。写入记录时，应保证相应日志文件是打开的
DataLogClear	清空 数据记录	清空指定数据日志中所有的数据记录。清空记录前，应保证相应日志文件是打开的
DataLogClose	关闭 数据记录	关闭指定的数据日志
DataLogDelete	删除 数据记录	删除由"DataLogCreate"或"DataLogNewFile"创建的数据日志文件
DataLogNewFile	新建 数据记录	创建一个新的数据日志文件，与装载存储器中已存在的数据日志具有相同的数据结构。新日志参数 Name 和 ID 与原日志不同，可重新定义变量 RECORDS 的值。文件创建时，默认是打开状态

5.4.2　数据日志操作步骤

实现数据日志的操作步骤如下：

1）创建数据日志参数 DB：包括日志名称（String）、列标题（String）和被记录数据元素（Data）及其数据类型。

2）创建数据日志：执行"DataLogCreate"指令创建数据日志，日志文件以标准的 CSV 格式存储于装载存储器中。

3）写入数据记录：执行"DataLogWrite"指令写入数据记录。CPU 重启后，需要执行"DataLogOpen"指令再重新打开数据日志。

4）数据日志内存管理：根据需要可以使用"DataLogDelete"指令删除数据日志；使用"DataLogClear"指令删除数据记录，但保留日志文件。

5）查看数据日志：通过 S7-1200 CPU 内置的 Web 服务器访问数据日志文件。

> 注意：
> ● S7-1200 CPU 允许同时最多打开 8 个数据日志，否则报错"16#80C1"。
> ● CPU 从 RUN 切换至 STOP 将自动关闭数据日志。CPU 重启后，需要执行"Data-LogOpen"指令重新打开数据日志。
> ● 用于存储数据日志文件的装载存储器，可以是内部（CPU 本身）或外部（存储卡）。

5.4.3　数据日志示例

例如，工厂用水通常需要记录管道压力等参数。程序中判断启动数据记录的条件是时间和报警。通过数据日志功能的编程，按照时间间隔（每 10 分钟）或发生报警（水位达到低限和高限）时，记录储水罐水位状态、厂总管水压，1#管的流量和压力的数值。操作步骤如下：

1）创建数据日志参数 DB，定义"属性"为"优化的块访问"，如图 5-26 所示。

数据日志参数分别为日志名称"Name"、日志 ID"ID"、列标题"Header"、记录数据元素的变量"Data"等。数据日志参数见表 5-34。

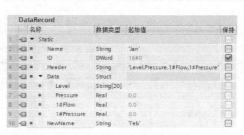

图 5-26 数据日志参数 DB

表 5-34 数据日志参数

变量	数据类型	描　述
Name	String	数据日志名称，也是 CSV 文件的文件名
ID	DWord	数据日志的对象 ID。该 ID 用于数据日志指令寻址所创建的数据日志
Header	String	数据记录变量的标题，与记录的参数相对应。各标题之间用逗号分隔，如果不指定该值则没有列标题
Data	Struct	数据记录的各个元素及其数据类型
NewName	String	创建与该日志格式相同的新日志的名称

注意：
- Name 变量的长度不允许超过 35 个字符，不支持 \ ' /"：；［］｜=. * ？ <>及空格；
- 如果 Header 数据类型是 String 时，其长度不能超过 254 个字节；如果 Header 数据类型是 Array of BYTE 或 Array of CHAR 时，最多包含 5000 个元素；
- Data 最多包含 256 个元素；
- ID 和 Name 用于寻址数据日志，如果指令参数中所设 ID 是错误的，则按照 Name 寻址数据日志。

2）使用"DataLogCreate"指令创建日志文件如图 5-27 所示。

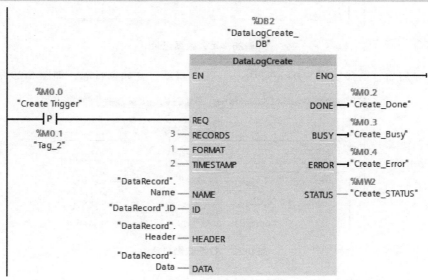

图 5-27 创建数据日志

"DataLogCreate" 指令主要参数见表 5-35。

表 5-35 "DataLogCreate" 指令主要参数

参数	数据类型	说　　明
REQ	BOOL	在上升沿时,创建数据日志文件
RECORDS	UDINT	定义日志文件中允许保存的条目数。当达到最大条目时,会覆盖最早的记录
FORMAT	UINT	数据格式: 0:内部(不支持);1:CSV 文件(逗号分隔)
TIMESTAMP	UINT	时间戳: 0:无时间戳;1:日期和时间(UTC 时间);2:日期和时间(本地时间)
DONE	BOOL	状态参数: 0:操作尚未完成;1:操作已完成 完成数据日志的创建可能需要多个扫描周期,但 DONE 位仅在一个扫描周期内有效
BUSY	BOOL	状态参数: 0:指令尚未启动、已完成或已取消;1:指令正在处理中
ERROR	BOOL	状态参数: 0:无错误;1:指令执行中发生错误
STATUS	WORD	输出错误和状态信息。这个参数仅在一个扫描周期有效

3)使用 "DataLogWrite" 指令写数据记录到指定的日志中,如图 5-28 所示,编程控制 "Write_Trigger" 位的状态,如定时触发或报警时触发数据记录。

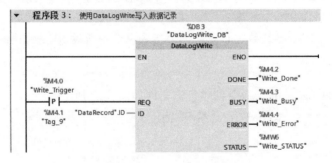

图 5-28　写入数据记录

CPU 重启后,需要使用 "DataLogOpen" 指令重新打开数据日志,如图 5-29 所示。

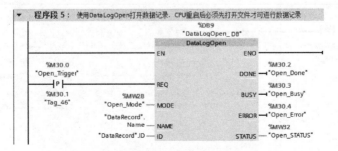

图 5-29　打开数据日志

"DataLogOpen" 指令主要参数见表 5-36。

表 5-36   "DataLogOpen" 指令主要参数

参数	数据类型	说　明
MODE	UINT	打开数据日志的方式： • MODE = "0" 打开日志时，保留日志中已存在的条目。再次写入记录时，所记录条目的序号从上次记录起逐一递增 • MODE = "1" 打开日志时，删除日志中所有记录。再次写入记录时，序号重新开始

4) 随着日志文件的创建和数据记录的增加，会占用更多的存储空间。可以适当地清理文件或记录。执行 "DataLogDelete" 指令，删除一个指定的数据日志文件，如图 5-30 所示。

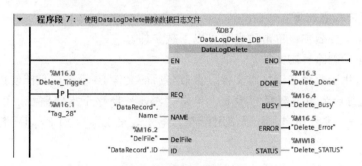

图 5-30   删除数据日志

"DataLogDelete" 指令主要参数见表 5-37。

表 5-37   "DataLogDelete" 指令主要参数

参数	数据类型	说　明
DelFile	BOOL	• DelFile = "0" 删除数据日志，但保留数据记录 • DelFile = "1" 删除数据日志，并且删除数据记录

使用 "DataLogClear" 指令清空数据记录，如图 5-31 所示。

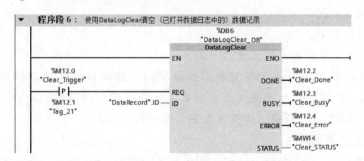

图 5-31   清空数据记录

示例程序请参见随书光盘中的例程《DataLog_Function》项目。

5.4.4   查看数据日志

数据日志文件以 CSV 格式存储在永久性存储器（装载存储器）中。可以使用下列方法查看：

1. 通过 Web 服务器查看数据日志文件

激活 CPU 的"Web 服务器"功能,设置用户名和密码,选择"读取文件"和"写入/删除文件"访问权限。登录 Web 服务器后,在"文档浏览器〉DataLogs 文件夹"路径下查看数据日志文件,如图 5-32 所示。

S7-1200 station 1 / DataLogs				
名称	尺寸	上一次更改日期	删除	重命名
⊡ ..				
① Jan.csv	364	00:39:54 2017.04.11	🗑 ②	③ ✏

图 5-32　通过 Web 服务器查看数据日志

查看数据日志步骤如下:

① 数据日志文件名称:单击该名称可以下载文件。

② 删除:用于删除日志文件。

③ 重命名:用于重命名该日志文件。重命名后的文件 ID 不变,只能使用 ID 进行寻址。

双击文件名称后弹出下载保存界面,单击"Save"保存至指定路径。CSV 文件的名称与数据日志的 Name 参数相同。可以使用标准的电子表格工具(如 Excel)打开,如图 5-33 所示。

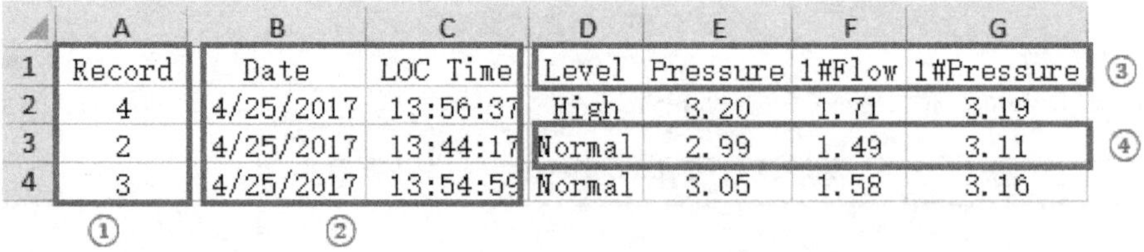

	A	B	C	D	E	F	G	
1	Record	Date	LOC Time	Level	Pressure	1#Flow	1#Pressure	③
2	4	4/25/2017	13:56:37	High	3.20	1.71	3.19	
3	2	4/25/2017	13:44:17	Normal	2.99	1.49	3.11	④
4	3	4/25/2017	13:54:59	Normal	3.05	1.58	3.16	
	①	②						

图 5-33　在 Excel 中查看数据日志

查看数据日志步骤如下:

① 本次数据记录的序号,图中第 4 条已经覆盖第 1 条记录;

② 数据记录时的系统时间戳;

③ 数据记录元素的列标题;

④ 数据记录的数值。

2. 查看存储卡中的数据日志文件

当 S7-1200 CPU 使用存储卡作为装载存储器时,数据日志文件存储在存储卡中。在 CPU 模块断电时,取出存储卡并通过读卡器插入计算机中。在 Windows 资源管理器中导航至存储卡的"\ DataLogs"目录,可查看数据日志文件。

5.4.5　数据日志的常见问题

1. 当 S7-1200 CPU 使用数据日志时,记录次数会影响 CPU 的使用寿命吗?

答:会影响。装载存储器的使用寿命受写装载存储器的次数限制。如果使用 CPU 内部装载存储器,则记录次数会影响 CPU 的使用寿命,CPU 写入数据记录的使用寿命为 5 亿次;如果使用存储卡,其记录次数会影响卡的使用寿命。

一个数据日志最多可包含 256 个元素,尽量将多个数据元素记录在一个数据日志中,不建议程序使用多个数据日志,每个数据日志只记录少量的数据元素。

需要注意写入记录的频率，如果需要高频率写入数据记录，请考虑使用存储卡，便于更换。

2. 为什么 CPU 重启后，执行"DataLogWrite"指令无法写数据记录，报错"16#80B0"？

答：错误代码"16#80B0"的含义为"数据记录未打开"，原因是在执行写数据记录前没有打开相应数据日志。使用"DataLogCreat"创建的日志是打开的，可以直接写记录。CPU 重启后，数据日志必须通过"DataLogOpen"指令重新打开后才可写数据记录。

3. 为什么"DataLogCreat"指令创建的日志文件中没有标题？

答：没有标题的日志文件，如图 5-34 所示。

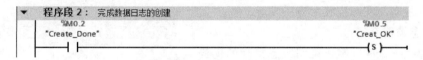

	A	B	C	D	E	F	G
1	Record	Date	LOC Time				
2	4	4/25/2017	13:56:37	High	3.20	1.71	3.19

图 5-34　数据日志无标题

数据日志文件中要显示标题，则首先定义 Header 参数，且 Header 参数必须在有限长度内，限制如下：

① 如果使用 String 数据类型，其长度不能超过 254 个字节。

② 如果使用 Array of BYTE 和 Array of CHAR 数据类型，可包含 5000 个元素。

4. 为什么"DataLogCreat"指令创建日志失败，报错"16#8093"？

答：错误代码"16#8093"的含义为"数据记录已存在"，原因是所创建的数据日志已经存在。CPU 重启后，需要程序判断是否已创建了相应的数据日志，编程捕获"DataLogCreate"指令的完成标识"Creat_Done"，如图 5-35 所示，"Creat_OK"在日志创建成功后被置 1。将"Creat_OK"设置为断电保持，当 CPU 重启后仍保留创建完成的状态。

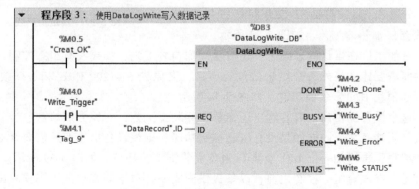

图 5-35　捕获数据日志的创建完成

在执行"DataLogWrite"指令时，借助于创建完成标志，如图 5-36 所示。

图 5-36　日志创建后写入数据记录

注意：

图 5-36 中 "Creat_OK" 仅作为当前数据日志的创建标识。不同的数据日志，应该有各自的标识用于存储创建完成状态。

5. 为什么 "DataLogCreat" 指令创建日志失败，报错 "16#8090"？

答：错误代码 "16#8090" 的含义为 "文件名无效"，原因是 Name 参数中有不允许的字符，如 " \ "、"/"、":"、" * "、"?"、"<"、">"、" | "、"空格"。

6. 如何判断数据日志文件中的记录已经被记满？

答：可以通过 "DataLogWrite" 指令的 STATUS 状态为 "16#0001" 来判断记录已经记满。这个状态只在一个扫描周期有效。

7. 下载程序时，是否会删除数据日志文件？

答：不会。当 CPU "复位为出厂设置" 时，会删除存储在 CPU 内部装载存储器的数据日志。

8. 为什么数据记录的时间戳和 PLC 的本地时间差是 8 个小时？

答：如果数据记录指令 DatalogCreate 的输入变量 Timestamp 的值为 1，则记录的时间戳就是 UTC 时间，会和 CPU 通常所设置的北京时间相差 8 小时。为了避免这种情况，推荐设置 Timestamp 为 2，这样记录的时间戳就是北京时间。

5.5 组态控制

S7-1200 CPU 从固件版本 V4.1 起开始支持组态控制功能，使模块的组态和安装更加灵活。组态控制功能可以用来创建一个要在多种不同安装中使用的自动化解决方案（机器），各种硬件组态可以保存在 CPU 中，通过用户程序改变硬件组态与实际安装对应。

5.5.1 组态控制介绍

下面通过一个实际案例说明组态控制的优势和应用。

例如一个蛋糕生产线的 OEM 设备提供商，有些工厂需要烘焙的生产线，那么该设备提供商需要组态一个烘焙项目，需要 S7-1200 CPU 和 I/O 模块 A 负责蛋糕加热的工艺，如图 5-37 所示。

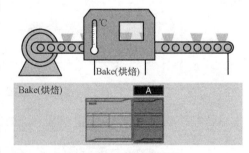

图 5-37 烘焙生产线

同时，有的工厂在烘焙的基础上，还需要添加包装工艺，如果没有组态控制功能，那么该设备提供商需要建立另外一个烘焙与包装项目，在原先 S7-1200 CPU 和 I/O 模块 A 的基础上添加 I/O 模块 B 负责包装工艺，如图 5-38 所示。

另外，这个设备提供商的有些客户还需要蛋糕装饰工艺，在原先烘焙和包装基础上添加例如裱花或打奶油工艺，同样如果没有组态控制功能，则该设备提供商还需要针对此类客户创建一个新项目，再增加一个 I/O 模块 C 来负责装饰工艺环节，如图 5-39 所示。

由此可见，在没有组态控制之前，设备提供商需要针对不同客户的不同需求配置多个项目，但是这些项目都是基于同一个烘焙设备上添加了不同的组件。利用现在的组态控制功能就可以组态一个最全的配置，然后根据不同的需要，通过用户程序灵活地调整组态。

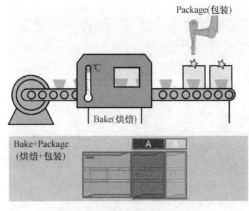

图 5-38　烘焙与包装生产线

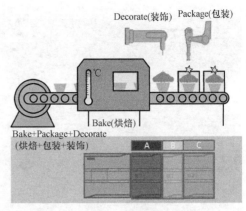

图 5-39　烘焙、包装与装饰生产线

5.5.2　组态控制功能范围及操作步骤

1. 组态控制支持的功能范围

（1）可以实现的功能

- 主机架 IO 模块以及信号板的删除。
- 主机架 IO 模块的位置调整。

（2）目前无法实现的功能

- 主机架通信模块的删除或位置调整。

2. 扩展的组态控制支持的功能范围（本书不作介绍）

（1）可以实现的功能

- 分布式 IO 站点内部的模块调整，具体参考所使用的分布式 IO 手册。
- 分布式 IO 站点的禁用，可以使用 D_ACT_DP 指令禁用 PROFINET IO 设备，具体参考指令帮助。

（2）目前无法实现的功能

- 网络拓扑的调整。

3. 组态控制的操作步骤

1）在 S7-1200PLC 的硬件组态中激活功能 "允许通过用户程序重新组态设备"。

2）根据组态控制要求的数据记录格式，建立 PLC 数据类型（UDT）。

3）新建 DB 块，然后在 DB 块中添加刚刚建立的 UDT 类型的变量，根据模块实际位置和存在与否修改相关变量。

4）新建启动 OB，在启动 OB 调用指令 WRREC。

5）编译硬件和软件，然后下载 PLC 程序

6）当 CPU 正常启动运行后，说明组态控制已完成。

5.5.3　组态控制示例

如图 5-40 所示，PLC 的最大组态包含 CPU 1215C DC/DC/DC，一块 CM1243-5 通信模块，CB1241 信号板，SM1234 位于 2 号槽，SM1221 位于 3 号槽，SM1222 位于 4 号槽。

实际的安装情况如图 5-41 所示，包含 CPU 1215C DC/DC/DC，一块 CM1243-5 通信模块，CB1241 信号板，SM1222 位于 2 号槽，SM1221 位于 3 号槽。

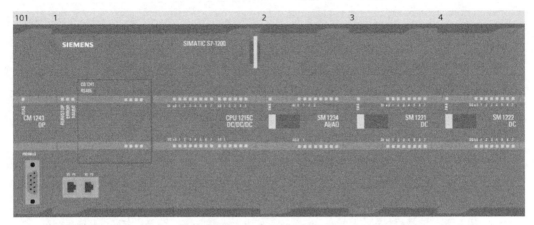

图 5-40　PLC 最大配置

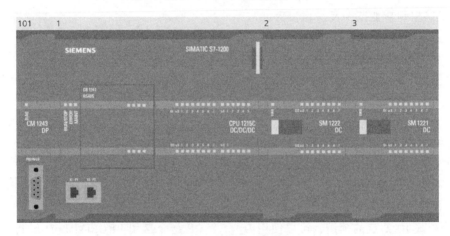

图 5-41　PLC 实际配置

可以看出，通信模块没有发生变化，信号板也没有发生变化，2 号槽的 SM1234 取消，3 号槽的 SM1221 和 4 号槽的 SM1222 前移，并且互换了位置，满足组态控制的基本条件，所以可以使用组态控制实现该组态功能。

组态编程过程如下：

1. 修改 CPU 硬件组态

在 CPU 1215C DC/DC/DC 的硬件组态中/激活功能 "允许通过用户程序重新组态设备"（参考图 3-25）。

2. 新建 PLC 数据类型

添加一个 PLC 数据类型，例子中命名为 "ControlDataRecord"，添加 16 个 USINT 类型变量，如图 5-42 所示，并修改变量的默认值为图中数值，示例中的变量名方便理解，实际组态变量名称可以随意。

3. 新建 DB 并修改变量起始值

新建 DB1，选择 DB 的类型为 "ControlDataRecord"，如图 5-43 所示。

打开 DB 后，按照最大组态以及实际组态，修改 DB 块变量的初始值，修改原则如下：

● 前 4 个变量无须修改；

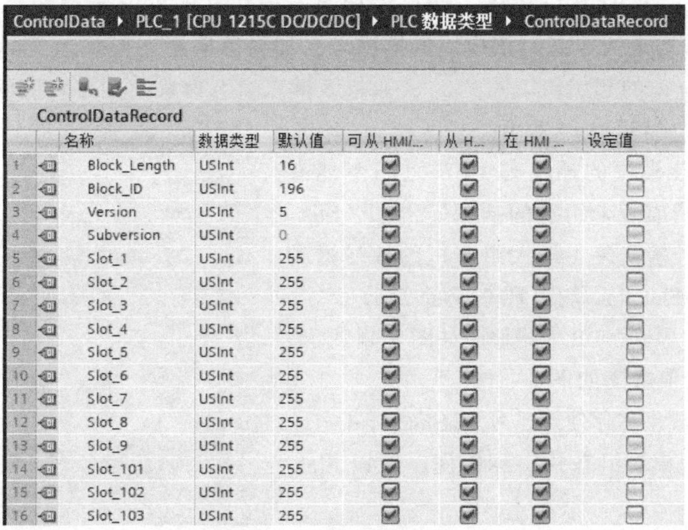

图 5-42   PLC 数据类型示例

图 5-43   新建 DB

● Slot_1 对应信号板, Slot_2~Slot_9 对应 2~9 号槽模块, Slot_101~Slot_103 对应 101~103 号槽通信模块;

● 对于信号板插槽, 如果该槽组态模块, 则在 Slot_1 的起始值填写插槽号 "1", 如果该槽未组态模块, 则在 Slot_1 的起始值使用默认的 "255";

● 对于 CPU 左边通信模块插槽, 如果该槽组态模块, 则在对应的插槽 Slot_10x 的起始值填写插槽号 "10x", 如果该槽未组态模块, 则在对应的插槽 Slot_10x 的起始值使用默认的 "255", x = 1~3;

● 对于 CPU 右边 IO 模块插槽，如果该槽组态模块并实际安装模块，则在对应的插槽 Slot_y 的起始值填写最大组态时该模块的插槽号，如果该槽组态模块但实际未安装模块，则在对应的插槽 Slot_y 的起始值填写 "0"，如果该槽未组态模块，则在对应的插槽 Slot_y 的起始值使用默认的 "255"，y = 2 ~ 9；

● 在实际安装模块的插槽与 CPU 之间不能有未安装模块的插槽或者未组态的插槽。例如，Slot_5 = 6，也就是 5 号槽安装了最大组态里的 6 号槽的模块，则 Slot_2 ~ Slot_4 不能出现 0 或者 255。

所以根据以上原则，DB 变量修改如图 5-44 所示。

DB 变量起始值解读如下：

● 信号板组态并实际使用，所以 Slot_1 = 1；

● 101 槽通信模块组态并实际使用，所以 Slot_101 = 101；

● 102 槽、103 槽通信模块未组态，所以 Slot_102、Slot_103 使用默认的 255；

● 2 槽安装的模块是最大组态的 4 号槽的模块，所以 Slot_2 = 4；

DB1		
名称	数据类型	起始值
▼ Static		
Block_Length	USInt	16
Block_ID	USInt	196
Version	USInt	5
Subversion	USInt	0
Slot_1	USInt	1
Slot_2	USInt	4
Slot_3	USInt	3
Slot_4	USInt	0
Slot_5	USInt	255
Slot_6	USInt	255
Slot_7	USInt	255
Slot_8	USInt	255
Slot_9	USInt	255
Slot_101	USInt	101
Slot_102	USInt	255
Slot_103	USInt	255

图 5-44　DB 变量

● 3 槽安装的模块是最大组态的 3 号槽的模块，所以 Slot_3 = 3；

● 4 槽组态模块但实际没有安装，所以 Slot_4 = 0；

● 5 ~ 9 槽没有组态模块，所以 Slot_5 ~ Slot_9 使用默认的 255。

4. 新建启动 OB 并调用指令

首先添加启动 OB，如图 5-45 所示。

图 5-45　新建启动 OB

然后打开启动 OB，在"指令>扩展指令>分布式 I/O"路径下调用指令 WRREC，如图
5-46 所示。

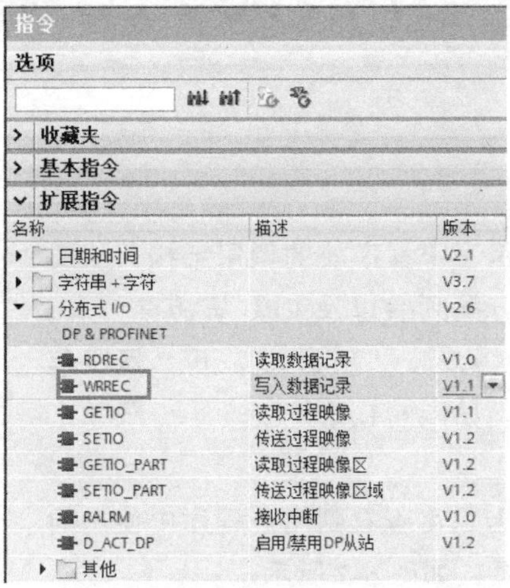

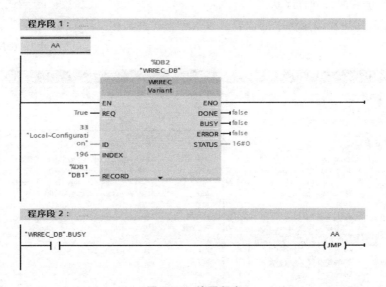

图 5-46　指令位置

编写程序如图 5-47 所示。程序之所以需要使用跳转指令是因为 WRREC 需要执行多次
才能完成，因此需要判断当指令的 BUSY 位为 True 时，需要继续执行，直到 WRREC 指令执
行完成。

图 5-47　编写程序

5. 编译下载

因为程序是在 OB100 编写的，所以需要在编译下载后重启 CPU，当 CPU 重新启动完成
后，组态控制功能完成。示例程序请参见随书光盘中的例程目录《ConfigurationControl》。

第 6 章　S7-1200 PLC 基本调试

6.1　程序信息

程序信息用于显示用户程序中程序块的调用结构，从属性结构，已经使用地址区的分配列表以及 CPU 资源等信息。在 TIA 博途软件项目视图中，双击"项目树"下"程序信息"即可进入程序信息视窗，如图 6-1 所示。

6.1.1　调用结构

选择"调用结构"选项卡，可查看到用户程序中使用的程序块列表和调用的层级关系，如图 6-2 所示。

① 单击"程序块"前的三角箭头可逐级显示其调用块的结构。

② 鼠标选中某个程序块，通过右键菜单可对该块执行打开，一致性检查，编译和下载等操作。其中，勾选"一致性检查"，可以显示有冲突的程序块。

③ 显示该程序块在调用块中的位置，单击可直接进入相关的位置。

图 6-1　程序信息

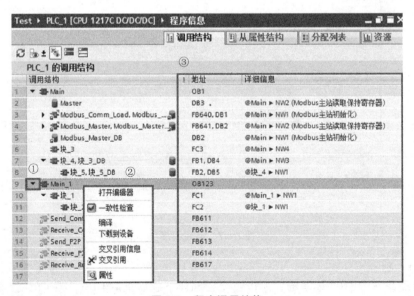

图 6-2　程序调用结构

6.1.2　从属性结构

选择"从属性结构"选项卡，可查看到用户程序中每个块与其他块的从属关系。与调用结构恰好相反，例如函数 FC2，在"从属性结构"中可以看到 FC2 被 FC1 调用，而 FC1 又被 OB123 调用，如图 6-3 所示。

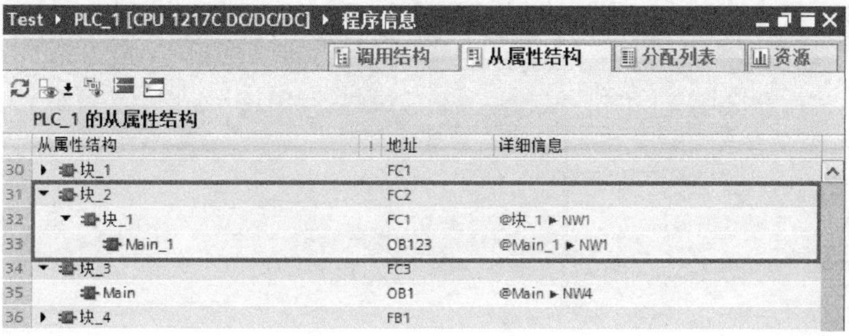

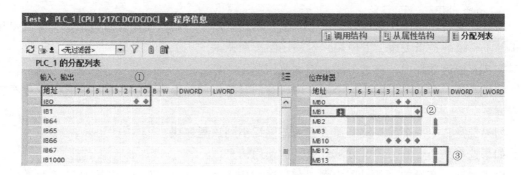

图 6-3　从属性结构

6.1.3　分配列表

选择"分配列表"选项卡，可查看到用户程序对 I、Q、M 存储区的占用概况。在编程过程中查看"分配列表"可避免地址使用冲突。显示的被占用地址可以是位、字节、字、双字以及长字，如图 6-4 所示。

图 6-4　分配列表

① 位地址 I0.0 和 I0.1 在程序中被使用。

② 字节地址 MB1 被用于时钟存储器，并且 M1.0 在程序中被使用。

③ 字地址 MW12 在程序中被使用。

6.1.4　资源

在"资源"选项卡中显示了 CPU 硬件资源的使用信息，如图 6-5 所示。这些信息包括如下内容：

1）CPU 中所用的编程对象（如 OB、FC、FB、DB、运动工艺对象、数据类型和 PLC 变量）。

2）CPU 中所用的存储器（装载存储器、工作存储器、保持性存储器），存储器的最大存储空间以及编程对象使用的情况。装载存储器总计大小根据使用的 CPU 或者 SIMATIC 存储卡的容量选择。

3）CPU 组态和程序中使用的模块通道数（数字量输入模块、数字量输出模块、模拟量输入模块和模拟量输出模块）。PROFINET IO 智能设备作为通信的 I、Q 区也会统计。

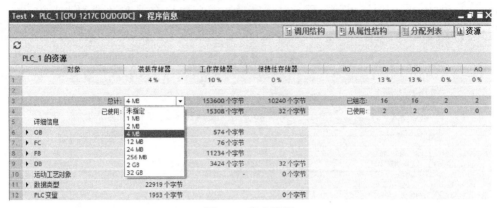

图 6-5　程序资源

> 注意：
> 由于装载存储器显示仅统计用户程序空间，对于硬件组态、连接组态等数据占用的空间并未统计，因此不能仅凭装载存储器栏显示的数值来选择 SIMATIC 存储卡。

6.1.5　交叉引用

通过交叉引用可以快速地查询一个对象在用户程序中不同的使用位置等信息，并且可用于推断上一级的逻辑关系，方便用户对程序阅读和调试。

在 TIA 博途软件中，交叉引用的查询范围基于对象。

如果选择一个站点，那么这个站点中所有的对象，例如程序块、变量、工艺对象等都将被查询。

如果选择其中一个程序块，那么查询范围缩小到该程序块。

如果选择某个变量，即可显示该变量的使用信息。

以查询某个变量的交叉引用为例：在程序段中鼠标选中 M100.0，右键菜单"交叉引用信息"或者在巡视窗口中选择"信息>交叉引用"选项卡。M100.0 在 OB1 的程序段 7 以及 FC1 的程序段 2 中都被使用到，如图 6-6 所示。

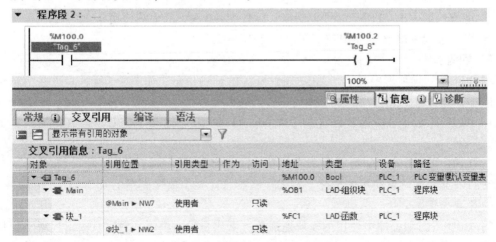

图 6-6　巡视窗口中显示交叉引用

6.1.6　项目的编译

在建立与 PLC 的连接和项目下载前，用户需要对硬件项目数据（例如设备或网络和连接的组态数据），软件项目数据（例如程序块）进行编译。硬件配置数据和程序数据可分别编译或一起编译。编译期间会执行以下步骤：

1）检查用户程序的语法错误。

2）检查被编译块中的所有块调用。如果更改了被调用块的接口，则会在信息窗口的"编译"选项卡中显示错误信息。

3）检查块在用户程序中的编号。如果多个块具有相同的编号，在编译过程中将对编号冲突的块自动重新编号。但是，块被单独选中或随其他块一起选中进行编译，或者在块的属性中将编号分配设置为"手动"等情况下将不对块重新编号。

在项目树中，选中需编译项目数据的设备，右键菜单选择"编译"，根据

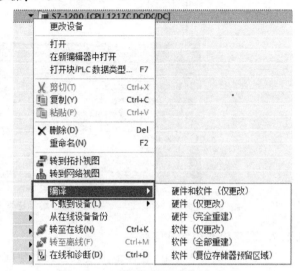

图 6-7　项目的编译

所涉及的范围，用户可进一步对项目的编译对象进行选择，如图 6-7 所示。

"编译"有 6 个不同的选项，如果选择工具栏的"编译"按钮，则按照所选对象只编译仅更改部分。编译选项的相关说明见表 6-1。

表 6-1　项目的编译选项说明

选项	说明
硬件和软件(仅更改)	编译更改的硬件和软件数据
硬件(仅更改)	只编译更改的硬件项目数据
硬件(完全重建)	重新编译所有硬件数据
软件(仅更改)	只编译自上次编译后发生的软件项目数据变更
软件(全部重建)	选择"软件(全部重建)"可用于解决更新或删除块接口中使用的 PLC 数据类型或多重背景导致的接口不一致问题 以下情况可建议执行此操作： 更新块接口：如果更新或删除块接口中使用的 PLC 数据类型或多重背景，则接口会变得不一致 更新数据块：函数块接口或 PLC 数据类型的任何更改都会造成相应的数据块不一致 更新块调用：如果更改了被调用块的接口参数，则无法再正确执行该块调用，导致不一致的块调用
软件(复位存储器预留区域)	如果决定稍后在设备没有运转时修改程序，那么还可以一次性重置一个或多个块的存储器布局。通过该操作，可以将所有变量从预留区域移动到常规区域。此时存储器预留区域已清除,可用于进行接口扩展

编译完成后，用户可在巡视窗口中通过"信息>编译"检查编译是否成功。鼠标单击"转至"栏的箭头，可转到错误处：TON 定时器输出 ET 使用了错误的数据类型，如图 6-8 所示。

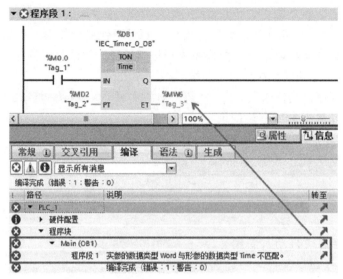

图 6-8　编译错误信息

6.1.7　程序信息的常见问题

1. 如何估算 SIMATIC 存储卡上装载存储器空间的大小？

答：除用户程序以外，硬件组态、连接组态、配方等数据占用的空间并未在"资源"选项卡的"装载存储器"中统计。但这些数据同样存储在 SIMATIC 存储卡。在选择 SIMATIC 存储卡之前，通过"添加用户自定义读卡器"的方式估算实际所占用 S7-1200 CPU 装载存储区大小。具体操作步骤如下：

1）在计算机数据盘中新建一个文件夹。例如 D 盘新建立一个文件夹，命名为"SMC_Memory"。

2）在 STEP 7 V14 的项目树中打开"读卡器/USB 存储器"，并双击"添加用户自定义读卡器"。

3）在打开的"浏览文件夹"对话框中，选择已经建立的用户自定义读卡器文件，例如 D 盘"SMC_Memory"，并单击"确定"按钮，如图 6-9 所示。

4）将完整的 S7-1200 PLC 站拖放到读卡器文件夹中的路径"（D:\SMC_Memory）"，单击"装载"按钮，从 S7-1200 PLC 传输程序到读卡器文件夹，如图 6-10 所示。

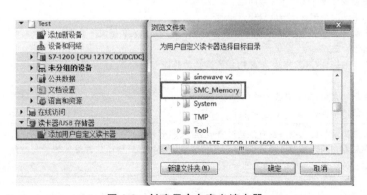

图 6-9　创建用户自定义读卡器

图 6-10　装载项目到用户
自定义读卡器

5）打开已建立的文件夹"SMC_Memory"，其中"SIMATIC.S7S"文件夹包含项目数据。

6）在"SIMATIC.S7S"文件夹的右键菜单中，选择"属性"，在"常规"选项卡中查看所需大小，如图 6-11 所示。

图 6-11　SIMATIC.S7S 属性

2. 如何查看 S7-1200 PLC 存储器实际使用的资源？

答：S7-1200 PLC 项目在线时，在"在线和诊断"窗口选择"诊断>存储器"，可查看"装载存储器""工作存储器"以及"保持存储器"的使用情况，如图 6-12 所示。

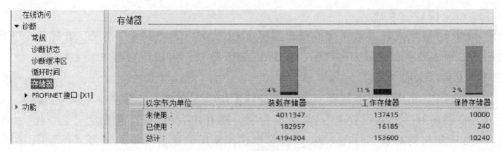

图 6-12　存储器使用大小

6.2　建立 TIA 博途软件与 PLC 的连接

编程 PC 与 PLC 之间的在线连接可用于对 S7-1200 PLC 下载或上传组态数据、用户程序及如下其他操作：

- 调试用户程序；
- 显示和改变 PLC 工作模式；
- 显示和改变 PLC 时钟；
- 重置为出厂设置；
- 比较在线和离线的程序块；

- 诊断硬件；
- 更新固件。

6.2.1　设置或修改 PG/PC 接口

1. 设置或修改 PG/PC 接口的方法

在"项目视图"中单击所组态的 PLC，鼠标右键选择"在线和诊断>在线访问"选项栏，可设置或修改 PG/PC 接口，如图 6-13 所示。

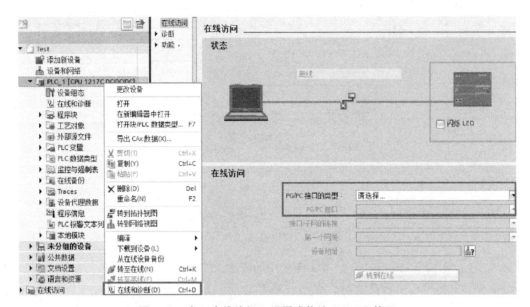

图 6-13　在"在线访问"设置或修改 PG/PC 接口

2. PG/PC 接口的类型

S7-1200 CPU 集成的以太网接口和通信模块 CM1243-5 都支持 PG 功能。在编程 PC 上选择适配器、通信处理器或以太网网卡，设置 PG/PC 接口，可以建立与 PLC 的连接。

(1) 工业以太网网络

S7-1200 CPU 集成了以太网接口，因此推荐使用以太网的方式建立与 PLC 的连接。

以"在线访问"界面设置 PG/PC 接口为例，选择 PG/PC 接口类型为"PN/IE"，并根据用户 PC 所使用的网卡型号在 PG/PC 接口中选择使用的通信接口。例如"Broadcom NetX-treme Gigabit Ethernet"，如图 6-14 所示。

设置工业以太网通信接口步骤如下：

① 如果网络上存在多个设备，可以勾选"闪烁 LED"进行设备的区分。

② 选择 PG/PC 接口的类型为 PN/IE，以及 PG/PC 接口为用户计算机所使用的以太网卡型号。

③ 网络上地址必须唯一。

(2) 自动识别协议

当通过 CM1243-5 建立在线连接时，在不知道 CM1243-5 波特率等参数的情况下，可选择 PG/PC 接口类型为"自动协议识别"。此时 PG/PC 接口根据实际使用的编程电缆进行设置，例如"PC ADAPTER USB A2"。单击"组态接口"图标，设置如图 6-15 所示。

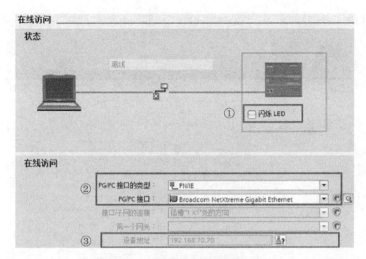

图 6-14　设置工业以太网通信接口

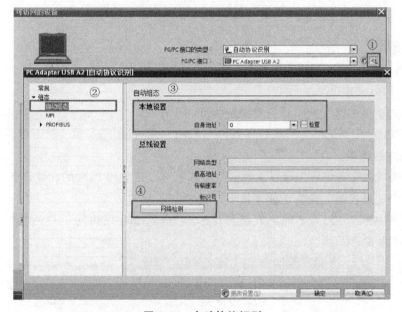

图 6-15　自动协议识别

自动协议识别步骤如下:

① "组态接口" 按钮。

② 选择 "自动组态"。

③ 选择自身地址为 0;如果不确定使用的地址是否唯一则可以勾选 "检查" 选项。

④ 单击 "网络检测" 按钮,可检测到连接的设备接口参数。

(3) PROFIBUS 网络

当通过 CM1243-5 建立在线连接并已知该模块接口的波特率等参数时,选择 PG/PC 接口的类型为 "PROFIBUS",此时 PG/PC 接口根据实际使用的编程电缆进行设置,例如 "PC ADAPTER USB A2"。单击 "组态接口" 图标,设置如图 6-16 所示。

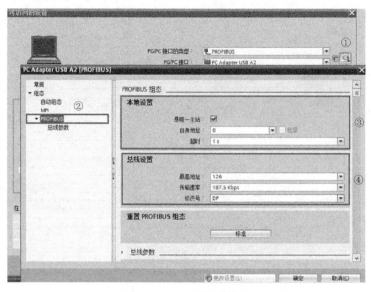

图 6-16　PROFIBUS 协议

设置步骤如下：

① "组态接口" 按钮。

② 选择 "PROFIBUS"。

③ 勾选 "唯一主站" 和设置自身地址为 0。

④ PROFIBUS 最高地址，传输速率必须与 CM1243-5 的组态一致，且下载后才能使用。

6.2.2　建立在线连接

PG/PC 接口设置完成后，通过下面两种方式都可以建立与 PLC 的在线连接：

1. 通过 "项目视图" 建立在线连接

双击项目树中 PLC 站点下的 "在线与诊断"，进入 "在线访问" 界面，单击 "转到在线" 按钮，如图 6-17 所示。

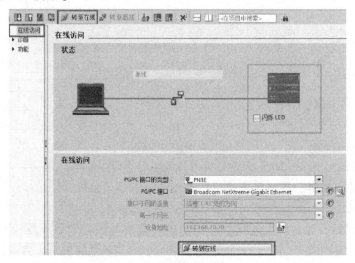

图 6-17　项目视图中转到在线

2. 通过"Portal 视图"建立在线连接

在"Portal 视图"中，选择"在线与诊断>在线状态"，在"选择设备以便打开在线连接"窗口中显示了站点名称和类型。勾选"转至在线"选项，单击"转至在线"按钮即可，如图 6-18 所示。

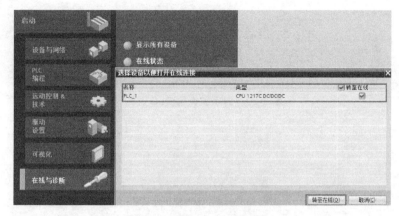

图 6-18　Portal 视图下转至在线

6.2.3　显示和改变 PLC 的工作模式

建立在线连接后，双击"项目树"下的"在线和诊断"，在右侧"在线工具"的"CPU 操作面板"界面中，通过相应的按钮可以将 CPU 的工作模式切换为"STOP""RUN""MERS"，如图 6-19 所示。

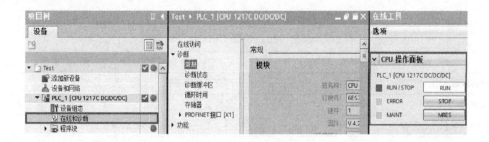

图 6-19　CPU 操作面板

6.2.4　显示和设置 PLC 时钟

建立与 PLC 的连接后，在"在线访问"窗口选择"功能>设置时间"，打开"设置时间"界面，在此界面显示了当前编程 PC 和 PLC 的时钟信息，并可对 PLC 模块的本地时间进行修改。勾选"从 PG/PC 获取"选项，然后单击"应用"按钮，可将当前 PC 的时间设置到 PLC，如图 6-20 所示。

6.2.5　重置为出厂设置

当出现 CPU 下载错误需要恢复等情况时，可尝试将 PLC 重置为出厂设置。建立与 PLC 的连接后，在"在线访问"界面选择"功能>重置为出厂设置"，在此界面显示了 PLC 的 IP 地址，PROFINET 设备的名称。可选择"保持 IP 地址"或"删除 IP 地址"，然后单击"重置"按钮，如图 6-21 所示。

图 6-20　显示和设置 PLC 时钟

图 6-21　重置为出厂设置

模块会根据需要切换到 STOP 模式，并复位为出厂设置。CPU 执行了以下操作，见表 6-2。

表 6-2　复位为出厂设置 CPU 执行的操作

CPU 中安装了存储卡	复位为出厂设置 CPU 执行的操作
清空诊断缓冲区	清空诊断缓冲区
复位时间	复位时间
从存储卡恢复工作存储器	清空工作存储器和内部装载存储器
将所有操作数区域设置为组态的初始值	将所有操作数区域设置为组态的初始值
将所有参数设置为其组态的值	将所有参数设置为其组态的值
根据所做的选择,保留或删除 IP 地址(MAC 地址固定,始终不变)	根据所做的选择,保留或删除 IP 地址(MAC 地址固定,始终不变)
如果存在控制数据记录,则将其删除	如果存在控制数据记录,则将其删除

6.3　项目的下载与上传

6.3.1　项目的下载

项目编译完成无错误后，可通过以下三种方式执行项目的下载：

1. 工具栏"下载"按钮

单击工具栏的"下载"按钮，根据在不同视图中选择的对象，下载项目中的硬件或软件数据到 CPU 中。

2. 菜单栏"在线"选择下载

在菜单栏选择"在线",然后根据用户需求选择下载方式,如图 6-22 所示。

1)"下载到设备":功能相当于工具栏的"下载"按钮。

2)"扩展的下载到设备":需要重新设置 PG/PC 接口设置时可选择"扩展的下载到设备",建立到所选设备的在线连接之后,将选中的对象(项目中的硬件或软件数据)下载到设备。

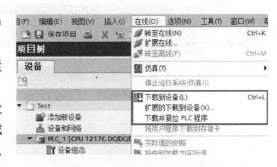

图 6-22　下载

3)"下载并复位 PLC 程序":下载所有的块,包括未改动的块,并复位 PLC 程序中的所有过程值。

> 注意:
> ● 如果初次下载程序到 CPU,无论选择哪种方式,都会自动选择"扩展的下载到设备"方式。
> ● 第一次下载时 TIA PORTAL 提示分配 IP 地址。
> ● 经过第一次下载后,TIA PORTAL 软件自动保存下载的路径、PG/PC 接口,无须再次选择。

3. 通过站点"下载到设备"选择下载

选中项目树下的 S7-1200 PLC 站点,鼠标右键选择"下载到设备",然后根据用户需求选择下载方式,如图 6-23 所示。

1)"硬件和软件(仅更改)":下载硬件项目数据(例如设备、网络和连接的组态数据)和软件项目数据(例如程序块和过程映像)。

2)"硬件配置":仅下载硬件项目数据。例如,该数据包括设备或网络和连接的组态数据。

3)"软件(仅更改)":仅下载更改的块。

4)"软件(全部下载)":下载所有块

图 6-23　下载到设备

(包括未更改的块)并将所有值复位为初始状态。同时也将复位保留值。

4. 一致性下载

程序下载完成后,如果进行修改,则可以使用"下载"按钮。S7-1200 PLC 的下载是基于对象的,如果选择整个站点,则会下载改变的硬件和软件;如果选择整个程序块,则只会下载软件改变的部分;如果选择一个程序块,由于 S7-1200 PLC 执行的是一致性下载,仍然会下载整个软件的改变部分,如图 6-24 所示。

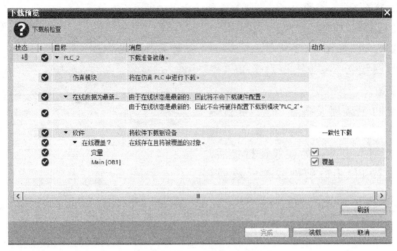

图 6-24　一致性下载

5. 在运行模式下载

当在程序中更改一个参数值或插入一段常开或常闭开关逻辑时，利用"在运行模式下载"功能，可在不切换 CPU 为 STOP 模式的情况下对程序进行更改，并将其下载到 CPU 中，更快速地调试程序。可在运行模式进行下载的程序和组态更改见表 6-3。

表 6-3　可在运行模式进行下载的程序和组态

更改操作、类型	下载模式
修改的注释（新的、修改的、删除的），硬件配置的注释除外	RUN
修改的 OB：代码更改	RUN
新的 FB/FC/DB/用户数据类型（UDT）	RUN
删除的 FB/FC/DB/用户数据类型（UDT）	RUN
修改的 FB/FC：代码更改	RUN
修改的 FB/FC：接口更改	RUN
修改的 DB（未启用存储器预留区域）：已修改、添加或删除的变量的名称/类型	RUN（下载的数据块会重新初始化）
修改的 DB（已启用存储器预留区域）：添加的新变量	RUN
修改的用户数据类型（UDT）	RUN（下载的数据块会重新初始化）
添加新的 PLC 变量（定时器、计数器、位存储器）	RUN
修改的 DB：修改的属性（更改"仅存储在装载内存"）	RUN（下载的数据块会重新初始化）

6. 下载但不重新初始化

S7-1200 V4 及更高版本的 CPU 支持在运行时对函数块或数据块接口进行修改。在默认情况下，所有块在非保持性存储器中都预留 100 个字节的空间，并在需要时，可以调节存储器和保持性存储器预留区域的大小，无需将 CPU 设置为 STOP 模式，即可下载已修改的块，而不会影响已经加载变量的值。具体操作步骤如下：

1）在项目中为所有新创建的块设置预留存储器的大小。在菜单栏"选项"中，选择"设置>PLC 编程 >常规"。在"下载但不重新初始化>存储器预留区域"的输入框中输入为块接口进行后续扩展而分配的所需字节数，如图 6-25 所示。

2）设置现有块中预留存储器的大小。在项目树中选择该块，右键菜单栏选择"属性"，在窗口中选择"常规>下载但不重新初始化",设置如图 6-26 所示。

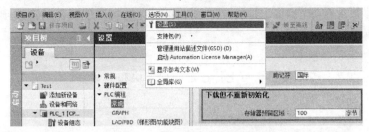

图 6-25　设置下载但不重新初始化

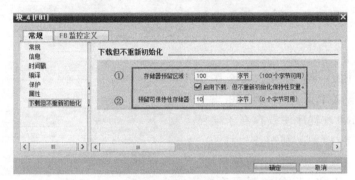

图 6-26　设置函数块的下载但不重新初始化

① 在"存储器预留区域"中输入所需的字节数。如果要在保持型存储器中定义一个预留区域,选择"启用下载,但不重新初始化保持性变量"。

② 在"预留可保持性存储器"输入框中输入所需的字节数。

3) 激活"存储器预留区域"。打开函数块或者数据块,单击"激活存储器预留"按钮,在"激活"界面点"确定"按钮进行确认。如果已为当前块激活了预留存储器,那么无法再更改预留存储器的大小,如图 6-27 所示。

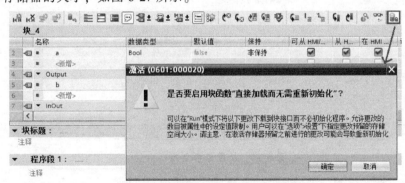

图 6-27　激活下载但不重新初始化

4) 修改块接口后执行下载,仅初始化定义有初始值的新加变量,并不会重新初始化现有的在线变量。

注意:
如果预留存储器过小,编译将报错"预留的存储空间已用完"。

6.3.2　项目上传

项目的上传是将存储于 CPU 装载存储器中的项目复制到编程器的离线项目中。可通过以下三种方式执行项目的上传：

1. 工具栏"上传"按钮

单击工具栏的"上传"按钮，可上传选定的程序块和变量。

2. 菜单栏"在线"选择上传

通过菜单栏"在线"，可选择不同的上传方式。

第一种情况：有 PLC 项目时，可选择"从设备中上传"和"从在线设备备份"，如图 6-28 所示。

（1）从设备中上传（软件）

在编程器与 CPU 建立连接，转至在线后，可执行"从设备中上传"，功能相当于"上传"按钮。如果有程序块仅存在于项目中，而不存在于 PLC 中，则单击"上传"按钮后，上传将删除离线项目中的程序块，PLC 变量等数据，因此上传之前需要确认，如图 6-29 所示。

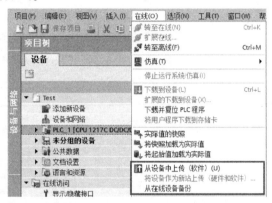

图 6-28　菜单栏"在线"选择上传

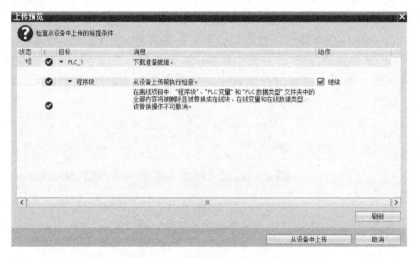

图 6-29　从设备中上传（软件）

（2）从在线设备备份

在项目调试时，可能经常修改程序，可在修改前备份在线程序，以备在修改不成功时恢复原程序，通常将这个程序整体保存为备份。S7-1200 PLC 可做多个备份文件存储于一个项目下，便于调试和管理，备份文件按照备份当时的时间点存储在项目下"在线备份"文件夹中，并可以重新命名，但该备份文件不能打开和编辑，只能下载。执行在线备份操作要求 CPU 转到 STOP 模式，如图 6-30 所示。

第二种情况：无 PLC 项目时，新建项目，之后在项目树中选择项目名称，选择图 6-28

中"将设备作为新站上传（硬件和软件）"，可执行"将设备作为新站上传"，从在线连接的设备将硬件配置与软件一起上传，并在项目中创建一个新站。

3. 获取非特定的 CPU

在项目树下选择"添加新设备"，选择相应的版本添加"Unspecific CPU 1200"，然后在设备视图中单击"获取"，可上传 PLC 的组态，如图 6-31 所示。此方式只上传 CPU 和扩展模块的硬件配置，不包括程序和硬件参数。

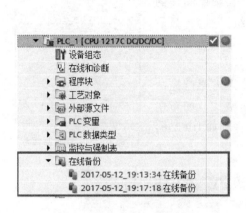

图 6-30　从在线设备下载（软件）

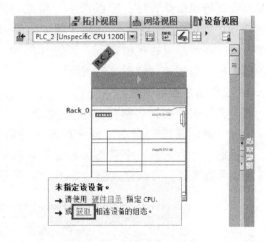

图 6-31　获取非特定的 CPU

6.3.3　项目下载与上传的常见问题

1. 在 STEP 7 V14 SP1 软件中，如何上传 STEP 7 V14 SP1 或 STEP 7 V14 项目？

答：由于在 STEP 7 V14 SP1 软件中能创建两个不同的项目版本：STEP 7 V14 SP1 或 STEP 7 V14。

· 如果要上传 STEP 7 V14 项目，上传时创建的项目版本可以是 STEP 7 V14 SP1 或者 STEP 7 V14；

· 如果要上传 STEP 7 V14 SP1 项目，上传时创建的项目版本必须是 STEP 7 V14 SP1。

2. 在 STEP 7 V14 中，能否上载 STEP 7 V13 SP1 的项目？

答：不能。如果 S7-1200 CPU 是使用 STEP 7 V13 SP1 下载的，则需要先使用 STEP 7 V13 SP1 将项目上传。如果使用 STEP 7 V14 对 STEP 7 V13 SP1 组态的 S7-1200 CPU 执行上传，"信息>常规"窗口提示的报错消息如图 6-32 所示。

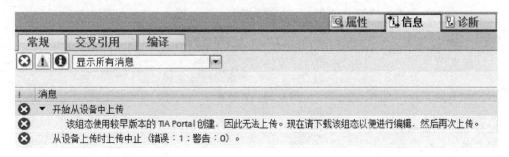

图 6-32　上传报错

6.4　监控与强制

使用"监控表"可以监控和修改用户程序的变量值,还可以使用"强制表"将变量"强制"设为特定值。

6.4.1　创建监控表

在项目树中选择"监控与强制表>添加新监控表"。如果要对监控表进行层级化管理,可以选中"监控与强制表",右键菜单中选择"新增组",创建一个组(例如,组_1),按照同样的操作方法,在该组中可再次创建下一级组(例如,组_1_1),最后在各组中创建监控表,如图6-33所示。

6.4.2　变量的监控和修改

打开监控表,在"名称"栏或"地址"栏输入需要监控的变量,在"显示格式"栏中,可选择显示的数据格式,如布尔型、十进制、十六进制、字符等。但是物理输出,例如 QW256:P 不能显示监视值,可以修改值,如图6-34所示。

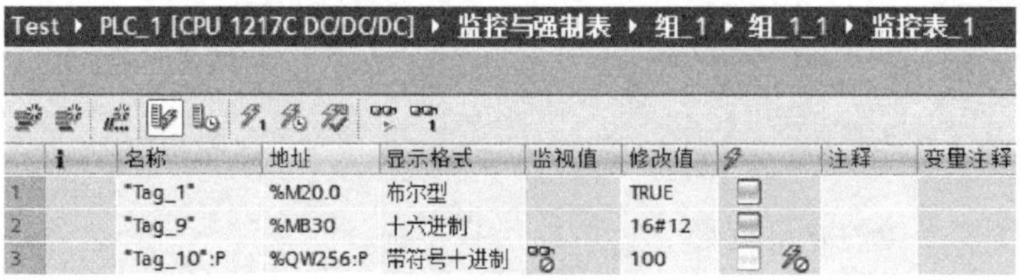

图 6-33　添加监控表

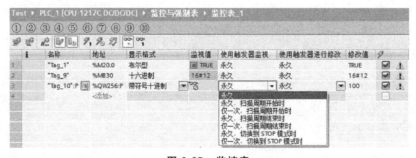

图 6-34　添加变量

在监控表中,可以显示 PLC 或用户程序中各变量的当前值,也可以将特定值分配给这些变量。从下拉列表框中可选择所需修改模式。"使用触发器监视"可以定义监视变量的触发点,如设置为"永久",则定义为在周期结束时监视输入,在周期开始时监视输出。通过监控表中工具栏的按钮操作,可对监控表中的变量进行监视和修改,并调整监控表显示的内容,如图6-35所示。

图 6-35　监控表

监控表功能说明如下:
① "插入行"。
② "添加行"。

③ "插入一个注释行"。

④ "显示/隐藏所有修改列"。

⑤ "显示/隐藏扩展模式列"：切换为 "显示隐藏扩展模式"，监控表中增加了 "使用触发器监视" 和 "使用触发器进行修改" 功能。

⑥ "立即一次性修改所有选定值"。

⑦ "使用触发器修改"：如果要使用触发器修改，在监控表选择要修改变量的复选框，通过工具栏按钮 "全部监视>使用触发器修改" 启动修改。

⑧ "启用外围设备输出"：为启用外围设备输出，CPU 必须先处于停止模式，且强制功能未激活，否则该按钮为灰色不可选。如果要启用外围设备输出，在监控表选择要修改变量的复选框，通过工具栏按钮 "全部监视>启用外围设备输出"，在出现的窗口中单击 "是" 确认提示。启用外设输出和立即修改功能，可以将特定值分配给处于 STOP 模式下 PLC 的各个外设输出。

⑨ "全部监视"。

⑩ "立即一次性监视所有变量"。

6.4.3　变量的强制

在程序调试过程中，可能存在由于一些外围设备输入/输出信号不满足而不能对某个控制过程进行调试的情况。强制功能可以让某些 I/O 保持用户指定的值，直到用户取消强制功能。

通过强制表中工具栏的按钮操作，可对强制表中的变量进行强制，并调整强制表显示的内容。一个 PLC 只能打开一个强制变量表，强制表界面与监控表界面类似，输入需要强制的变量地址和强制值，使用强制功能后，PLC 面板上 MAINT 指示灯变为橙色，关闭强制表并不能删除强制任务，只能通过 "停止所选地址的强制" 按钮来终止，如图 6-36 所示。

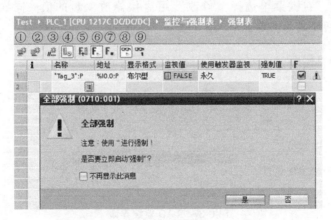

图 6-36　强制表

强制表中工具栏的按钮操作说明如下：

① "插入行"。

② "添加行"。

③ "插入一个注释行"。

④ "显示/隐藏扩展模式列"。

⑤ "更新所有强制的操作数和值"。

⑥ "启用或替换可见变量的强制"。如果在监控表启用了"启用外设输出"功能，则无法在此 PLC 上进行强制，工具栏"启用或替换可见变量的强制"按钮不可选。如果需要，可先在监控表中禁用该功能后再强制变量。

⑦ "停止所选地址的强制"。

⑧ "全部监视"。

⑨ "立即一次性监视所有变量"。

> 注意：
> - 无法强制过程映像输入（例如%I0.0），可以强制物理输入（例如%I0.0：P）。
> - 而过程映像输出（例如%Q0.0）和物理输出（例如%Q0.0：P）可以强制。

6.5　调试程序

6.5.1　调试 LAD/FBD 程序

LAD 和 FBD 程序以能流的方式传递信号状态，通过程序中线条、指令元素及参数的颜色判断程序的运行结果。在程序编辑界面中，单击工具栏"启用/禁用监视"按钮，即可进入监视状态。

线条颜色含义：
- 绿色实线：已满足。
- 蓝色虚线：未满足。
- 灰色实线：未知或未执行。
- 黑色：未互连。

鼠标单击变量，右键菜单选择"修改"可直接修改变量的值。同样，右键菜单选择"显示格式"可以切换显示的数据格式，如图 6-37 所示。

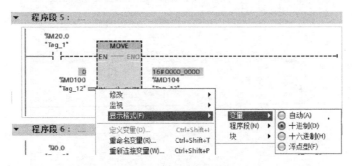

图 6-37　LAD 监控界面

6.5.2　调试 SCL 程序

SCL 与 LAD/FBD 程序的调试方法类似。在程序编辑界面中，单击工具栏"启用/禁用监视"按钮，即可进入监视状态。在 SCL 程序右侧显示了变量的当前状态，修改变量值和显示格式的操作与 LAD/FBD 相同，如图 6-38 所示。

6.5.3　调试数据块

全局数据块和背景数据块中的数值可以通过在线直接监控，单击"全部监视"按钮，

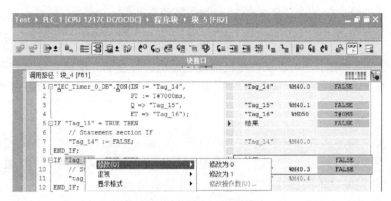

图 6-38　SCL 监控界面

数值当前值分别以各自的数据类型显示在“监视值”栏中，其格式不能修改。通过数据块中工具栏的按钮操作，可对数据块中的变量进行监视和快照等操作，如图 6-39 所示。

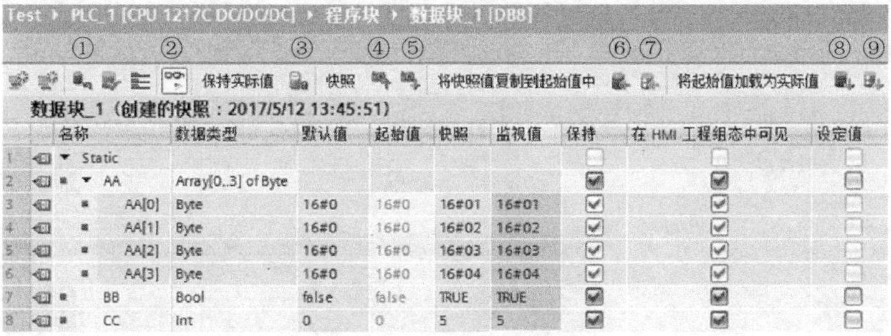

图 6-39　调试数据块

数据块中工具栏操作按钮说明如下：

① “复位启动值”：可将所有变量的起始值复位为其默认值。但不会覆盖设置为写保护的起始值。

② “全部监视”。

③ “激活存储器预留”。

④ “实际值的快照”：如果需要保存当前值，将单击按钮瞬间的监视值加载到快照列，并存储于离线项目中。

⑤ “将快照加载为实际值”：如果需要将快照值写入到实际监视值。

⑥ “将所有变量的快照作为起始值复制到离线程序中”：在离线程序中，可将快照复制到起始值中。下次从 STOP 切换为 RUN 时，程序将以新的起始值运行。可以复制所有起始值、保持性变量的起始值，也可仅复制选择为“设定值”变量的起始值。但不会覆盖设置为写保护的起始值。

⑦ “将定义为设定值的变量快照作为起始值复制到离线程序中”。

⑧ “将所有变量的起始值加载为实际值”：可以将离线程序中的起始值作为实际值加载到 CPU 的工作存储器中。在线块中的这些变量将进行重新初始化。可以复制所有实际值，也可仅复制选择为“设定值”变量的实际值。之后 CPU 将使用这些新值作为在线程序中的实际值。而不再区分保留值和非保留值。

⑨ "将定义为设定值的变量起始值加载为实际值"。

> 注意:
> 通过复制粘贴操作,也可以从快照栏内对起始值进行更新。鼠标选择"快照"列中的值,右键选择"复制",选择"起始值"列中的值,右键选择"粘贴",编译并重新装载块。

6.5.4　调用环境功能

当监控多次调用的函数或函数块时,调用环境功能可以临时监控每个调用的中间变量。下面以示例的方式介绍调用环境功能,例如编写一个控制阀的函数块 FB10,在 OB1 中调用两次 FB10,并分别赋值不同实参控制两个阀,如图 6-40 所示。

打开 FB10 并进行监控时,只是函数块内部通用的程序而不对应某一个背景数据块,监控状态不能反映特定阀的控制状态。在调试和维护阶段,可以利用程序块的调用环境功能,实现对一个对象的快速定位监控。仅当该函数块已经打开时,可单击项目右侧的"测试"任务卡,进入"调用环境"界面,设置调用环境如图 6-41 所示。

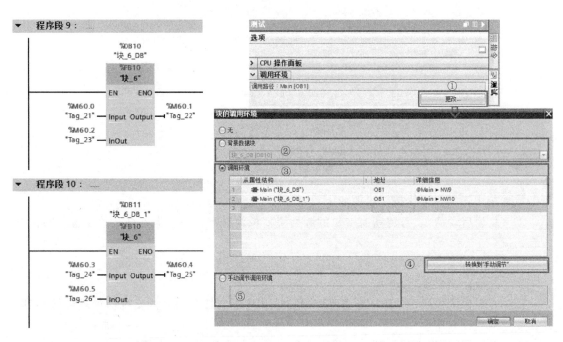

图 6-40　函数调用程序　　　　　　　　　　图 6-41　函数调用环境

设置调用环境步骤如下:

① 单击"更改"按钮,弹出"块的调用环境"对话框。

② "背景数据块":通过右侧的下拉菜单选择背景数据块。当函数块与选定的背景数据块一起调用时,显示该函数块的程序状态。

③ "调用环境":当块与特定块一起调用或者从特定路径调用块时,显示该块的程序状态。

④ 转换到"转换到手动调节":通过该按钮,转换"调用环境"中选定的数据进一步编辑。此后,使用特定块调用某个块或从特定路径调用该块时,则仅显示该块的程序

状态。

⑤ "手动调节调用环境"：激活转换到 "手动调整的调用路径" 选项后，可在此区域中手动输入所需的调用环境。

6.5.5　删除程序块

有以下几种方式可以删除 S7-1200 CPU 在线程序：

1）下载一个空程序，由于 S7-1200 CPU 是一致性下载，存储于 CPU 中的程序块将被删除。

2）如果 S7-1200 CPU 存储卡是 "程序卡" 模式，S7-1200 CPU 需要带卡运行，在 CPU 的 "在线和诊断" 界面中，选择 "功能>格式化存储卡"，卡中的程序将被删除。

S7-1200 CPU 项目在线时，在需要删除的程序块上，用鼠标单击右键选择 "删除" 功能，删除的是离线项目的程序块，不是在线项目的，如图 6-42 所示。

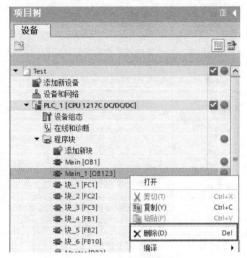

图 6-42　删除程序块

6.6　比较功能

比较功能可用于比较项目中选定对象间的差异。S7-1200 CPU 比较功能支持 "离线/在线比较" 和 "离线/离线比较" 两种方式。

离线/在线比较符号、离线/离线比较符号和操作动作符号说明分别见表 6-4 ~ 表 6-6。

表 6-4　离线/在线比较符号

符号	说明
	文件夹包含在线和离线版本不同的对象
	比较结果不可知或者不能显示,原因如下: 无权访问受保护的 CPU CPU 的加载过程通过低于 V14 版本的 TIA Portal 执行
	对象的在线和离线版本相同
	对象的在线和离线版本不同
	对象仅离线存在
	对象仅在线存在
	该比较标准禁用,且相关校验和未应用于比较结果中

表 6-5　离线/离线比较符号

符号	说明
●	参考程序
◔	版本比较
①	文件夹包含版本比较存在不同的对象
②	离线/离线比较的结果未知
▣	比较对象的版本相同
◑	比较对象的版本不同
◐	对象仅存在于参考程序中
◑	对象仅存在于比较版本中
◔	仅适用于硬件比较:虽然容器的下一级对象相同,但容器本身存在差异。这类容器可以是机架或其他硬件
◕	仅适用于硬件比较:容器的下一级对象不同。且容器间也存在差异。这类容器可以是机架或其他硬件
▽	该比较标准禁用,且相关校验和未应用于比较结果中

表 6-6　操作动作符号

符号	说明
‖	无操作
→	使用参考程序中的对象覆盖被比较版本的对象
←	使用被比较版本的对象覆盖输出程序中的对象
⇄	文件夹中比较对象的不同操作

6.6.1　离线/在线比较

项目切换到在线后，在项目树下可以通过程序块、PLC 变量以及硬件等对象的状态图标获知离线与在线的比较情况。如果需要获取更加详细的离线/在线比较信息，必须先选择整个站点，然后选择菜单栏"工具>比较>离线/在线比较"，比较编辑器界面如图 6-43 所示。

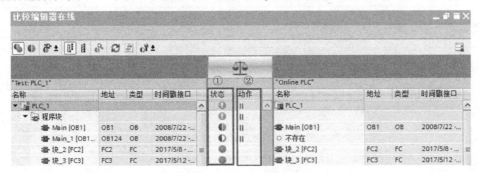

图 6-43　比较编辑器在线

① 在"状态"区，比较结果将以符号形式显示。

② 在"动作"区，可为不相同的对象指定相应的操作动作。

当程序存在多个版本或者多人维护、编辑项目时，充分利用详细比较功能可以确保程序的正确执行。如果程序块在离线和在线之间有差异时，可以在操作区选择需要执行的动作。在比较编辑器中，选择"离线/在线"内容不同的块，右键菜单中选择"开始详细比较"，编辑器将列出每个程序段的比较符号，可以获得具体的比较信息，如图 6-44 所示。

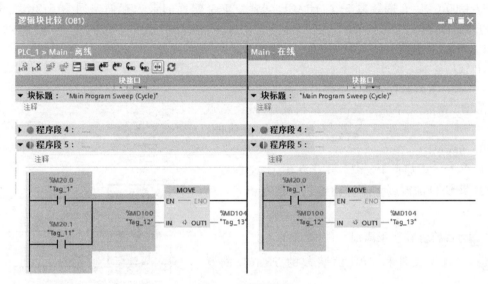

图 6-44　详细比较

6.6.2　离线/离线比较

S7-1200 CPU 还支持离线/离线比较。在离线/离线比较中可以对软件和硬件进行比较。在进行软件比较时，可以比较不同项目或库中的对象；而进行硬件比较时，则可以比较当前打开的项目和参考项目中的项目。

选择需要比较的站点，右键菜单选择"比较>离线/离线"命令，将打开比较编辑器，并且在左侧区域中显示所选设备。将另一个设备拖放到右侧窗格的比较区域中。单击"在手动/自动比较"之间切换按钮可以选择比较模式。手动模式可以比较相同类型的程序块，而自动模式将比较相同类型并且相同编号的块，如图 6-45 所示。

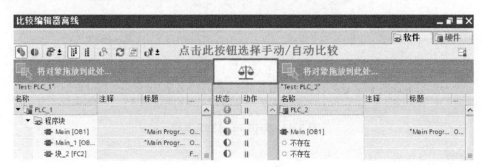

图 6-45　离线/离线比较

6.7　TRACE（轨迹）

在 TIA 博途软件中，通过轨迹功能记录测量值变化，并通过逻辑分析器对记录进行评估分析。

将配置好的 TRACE 下载到 PLC 中，从而根据条件采样变量值。多个采样值形成了以时间变化为横坐标的曲线，称为记录。可以将纪录保持至离线文件中，并支持不同离线文件的对比分析。此外记录也可保存到存储卡中。

S7-1200 CPU 支持装载 2 个 TRACE 配置，单个配置的最大存储空间为 512KB。每个TRACE 配置选择一个采样 OB。

6.7.1　TRACE 配置

TRACE 基本配置过程如下：

1. 新建 TRACE 配置

在 TIA 博途软件中，双击项目树相应 PLC 站点下的"Traces"，展开后实现 TRACE 的各项功能，TRACE 在线视图如图 6-46 所示。

① 单击"添加新 Trace"，用于新建 Trace 配置。

② 为目前离线文件和 CPU 已装载有相同名称的 TRACE。

为目前仅存在于离线文件的 TRACE。

为离线文件和 CPU 已装载的 TRACE 配置相同。

为离线文件和 CPU 已装载的 TRACE 配置不同。

③ 保存在离线测量文件夹下的记录文件。

④ 保存在在线存储卡下的记录文件。

⑤ 保存在离线组合测量文件夹下的记录文件。

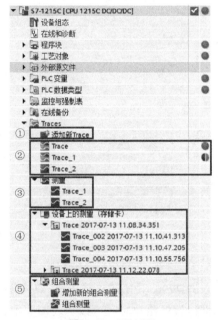

图 6-46　TRACE

新建 TRACE 配置后，右边工作区将显示 TRACE 配置页面。TRACE 配置工具栏，如图6-47 所示。

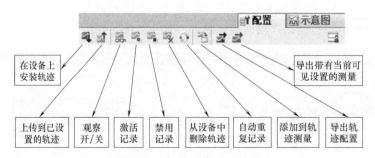

图 6-47　TRACE 配置工具栏

2. 设置记录信号

一个 TRACE 配置最多纪录 16 个变量，支持位、位序列、整数和浮点数数据类型，支持对过程映像输入、过程映像输出、位存储区以及 DB 块的变量进行记录。工作区配置变量如图 6-48 所示。

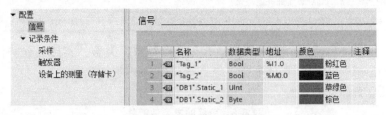

图 6-48　TRACE 信号配置

3. 设置记录条件

工作区 TRACE 记录条件如图 6-49 所示。

图 6-49　TRACE 记录条件

① 采样 OB：TRACE 记录的是信号在所选采样 OB 结束处的值，可以选择以下 OB 作为采样 OB：循环 OB、时间 OB、延时 OB、循环中断 OB、MC-PreServo OB、MC-Servo OB、MC-Interpolator OB 和 MC-PostServo OB。

② 采样频率：每隔 $1 \sim 2^{31}-1$ 个采样 OB，记录一次所有设置信号的值。

③ 测量点数量：一次采样作为一个测量点，而 TIA 博途软件根据 TRACE 配置信号的数量、数据类型以及采样频率计算出测量点的最大数量。

④ 如使用计算出测量点的最大数量，则激活选择框。

⑤ 自行设置测量点数量，但不能超过测量点的最大数量。

4. 设置触发器

触发器为 TRACE 采样的起始条件，工作区触发器设置如图 6-50 所示。

① 触发模式包括立即记录和变量触发（如选择立即记录则没有后面的②~⑤的参数），

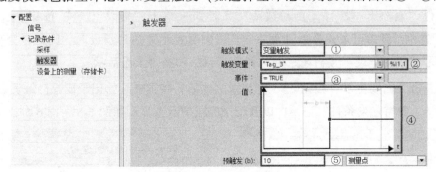

图 6-50　TRACE 触发器配置

具体区别见表6-7。

表 6-7　两种触发模式的区别

立即记录	激活记录后,TRACE 立即开始记录
变量触发	激活记录后,TRACE 处于等待记录中,仅当触发变量满足一定条件后,TRACE 才开始记录

② 触发变量类型包括位、位序列、整数和浮点数数据类型，支持过程映像输入、过程映像输出、位存储区以及 DB 块的变量，该变量和待采样的信号无关。

③ 变量触发条件见表6-8。

表 6-8　变量触发条件汇总

变量触发条件	数据类型	说　　明
=TRUE	位	当触发器状态为 TRUE 时,记录开始
=FALSE	位	当触发器状态为 FALSE 时,记录开始
上升沿	位	当触发器状态从 FALSE 变为 TRUE 时,记录开始
下降沿	位	当触发器状态从 TRUE 变为 FALSE 时,记录开始
上升信号	整数和浮点数	当触发值到达或者超过为此事件配置的数值时,记录开始
下降信号	整数和浮点数	当触发值到达或者低于为此事件配置的数值时,记录开始
在范围内	整数和浮点数	当触发值位于为此事件配置的数值范围内,记录开始
不在范围内	整数和浮点数	当触发值位于为此事件配置的数值范围外,记录开始
=位模式	整数和位序列	当触发值与为此事件配置的位模式匹配时,记录开始
<>位模式	整数和位序列	当触发值与为此事件配置的位模式不匹配时,记录开始
=值	整数和位序列	当触发值等于为此事件配置的数值时,记录开始
<>值	整数和位序列	当触发值不等于为此事件配置的数值时,记录开始
改变值	所有	当触发值和记录激活时该值不同时,记录开始

④ 预触发的测量点个数与总的测量点数量的示意图，即在总的测量点个数中包含若干满足触发条件时刻前测量点的记录。

⑤ 预触发的测量点个数设置，参考图 6-49，记录时长（a）= 1000 个测量点，即预触发 10 个测量点，触发条件满足后记录 990 个测量点。

6.7.2　TRACE 使用及分析

1. 下载 TRACE 配置及记录

上述配置完成后，则可以通过单击"在设备上安装轨迹"按钮 ![按钮]实现将 TRACE 配置下载至 CPU。

下载配置开始后，工作区将切换至"示意图"页面。下载完成后会将 CPU 自动转至在线，并使得"观察开/关" ![按钮]自动激活。此时如果单击"激活记录"按钮 ![按钮]，将按照 TRACE 配置执行开始记录或等待触发条件。当测量点个数达到预设时，则记录完成；如果记录中单击"禁用记录"按钮 ![按钮]，可以结束记录，切换为未激活状态。

如果单击"自动重复"按钮 ![按钮]，则记录完成后，将重新开始记录或等待触发条件。

未激活、等待触发条件、记录中以及记录完成的示意显示如图 6-51 ~ 图 6-54 所示。

图 6-51　未激活示意图

图 6-52　等待触发条件示意图

 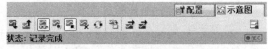

图 6-53　记录中示意图　　　　　　　　　图 6-54　记录完成示意图

注意：

TRACE 的下载、上载和 CPU 组态程序的下载、上载无关，需要在 TRACE 页面单独执行。

2. TRACE 保存分析

TRACE 结束记录后可以在线分析该记录，可以使用工具栏中的按钮对曲线进行分析，如图 6-55 所示。

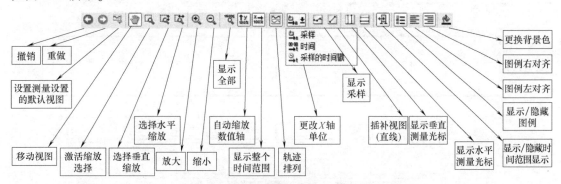

图 6-55　测量示意图工具栏

记录中的每个变量使用单独的 Y 轴，显示该变量的值；所有变量公用 X 轴，X 轴单位取决于"更改 X 轴单位"按钮的选择。TRACE 记录的分析示例如图 6-56 所示。

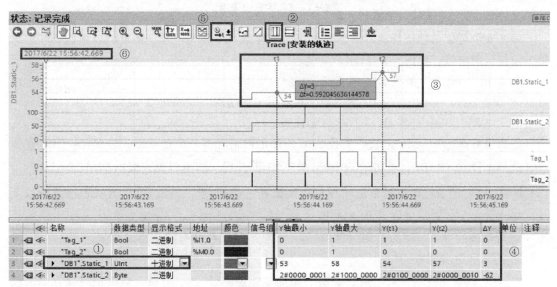

图 6-56　TRACE 记录的分析示例

① 指定变量及显示格式。

② 选择 "显示垂直测量光标"。

③ 显示①变量在光标处的实时值以及 Y 轴差值（ΔY）X 轴时间差（ΔX）。

④ 显示所有信号在光标处的实时值以及 Y 轴差值。

⑤ 设置 X 轴为采样的时间戳。

⑥ 时间戳为 CPU 的本地时间。

通过示意图下方的信号表，可以自定义信号组编号，然后将非位信号编入一个信号组，此时该信号组将使用相同的 Y 轴，便于整体观察该信号组的数值，比较大小关系，如图 6-57 所示。

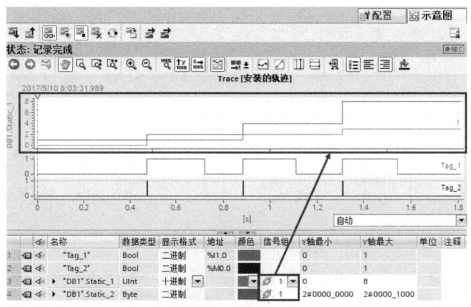

图 6-57　TRACE 信号组

每个变量可以单独选择显示或不显示；对于整数和位序列信号，还可以单独监视其中的每个位信号的曲线，如图 6-58 所示。

① 取消 "Tag_2" 的显示。

② 设置显示 " DB1" .Static_2 的第 2 位，即 "" DB1" .Static_2.x2"。

③ "" DB1" .Static_2.x2" 的 TRACE 曲线。

如果没有新的 TRACE 记录产生且 CPU 不断电的情况下，此记录将一直保存；CPU 在线后，选择配置的 TRACE，单击 "观察开/关" 按钮后，即可看到在线的 TRACE 记录。

该 TRACE 记录可以通过单击 "导出轨迹配置" 按钮，将记录以 TRACE 格式或以 * .csv 格式导出，前者可以在其他 TIA 博途项目 "Traces>测量" 右键菜单中选择 "导入轨迹" 进行轨迹的导入，而后者则可以以 excel 表格形式保存所有测量点的数值。

3. 测量和组合测量

TRACE 记录完成后，可以通过单击 "添加到轨迹测量" 按钮，将该记录保存到离线的 "测量" 文件夹内，参考图 6-46 的③。该文件夹内的记录可以随时打开分析，分析方法和 TRACE 在线记录完全一致。

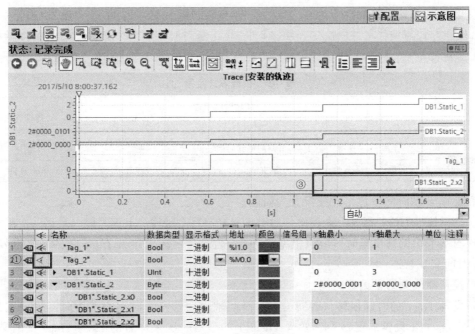

图 6-58　位信号曲线视图

通过组合测量的方式，可以将"测量"文件夹中多个 TRACE 记录联合分析，参考图 6-46 的⑤，不仅可以同时分析多个记录，还可以将多个 TRACE 记录的时间轴重新校准后分析，如图 6-59 所示。

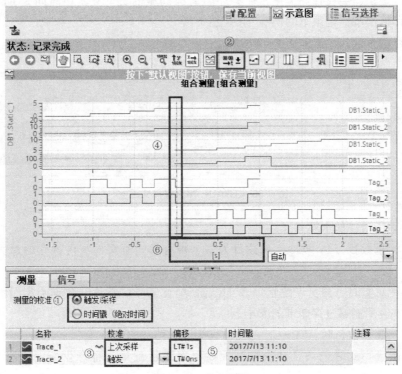

图 6-59　组合测量

① 选择"测量的校准"方式:"触发/采样与时间戳(绝对时间)""触发/采样"的校准是由校准方式与偏移量共同决定,而"时间戳(绝对时间)"的校准只是由偏移量决定,具体区别见表 6-9。

表 6-9　校准方式区别

		X 轴时间单位			校准方法
		采样	时间	采样的时间戳	
测量的校准	触发/采样	支持	支持,可调准偏移时间	不支持	支持
	时间戳	不支持	不支持	支持,可调准偏移时间	不支持

② 设置 X 轴时间单位,此处设置为时间。

③ 选择校准方法:触发、触发事件后首次采样、首次采样、上次采样(最后一次采样)。

④ 当不考虑偏移设置时,应该根据 Trace_1 的最后一次采样与 Trace_2 的满足触发事件时采样时间实现校准。

⑤ 设置精确到纳秒偏移时间。

⑥ 设置 Trace 的时间偏移,时间为正为时间轴向后偏移,时间为负为时间轴向前偏移。此处根据 Trace_1 设置的偏移 1s,实现 Trace_1 的最后一次采样后的 1s 与 Trace_2 的满足触发事件时的采样的校准。

6.7.3　存储卡模式

当触发器为变量触发,并且 CPU 的存储卡为程序卡时,可以设置将记录存储在存储卡中。参考图 6-46 的④。

每次激活记录,会在存储卡中产生一个带有时间戳的文件夹,该时间为 CPU 的系统时间,用于保存该次激活记录下的所有 TRACE 条目。

工作区存储卡模式设置如图 6-60 所示。

图 6-60　TRACE 存储卡模式设置

① 选中则激活存储卡模式。

② 设置测量数目(1~999),该数目为每个带有时间戳文件夹内保存的最大 TRACE 条目数。

③ 根据测量数目、测量点数量以及 TRACE 配置信号的数量、数据类型/计算出的存储空间要求,该值不能超过存储卡的大小。

④ 当达到测量数目时,TRACE 可以设置为以下两种响应:

a. 禁用记录:此时记录自动去激活。如再次激活记录,将产生新的带有时间戳的文件夹。

b. 覆写最早记录：此时一旦再次满足触发条件并记录完成后，将覆盖文件夹内最早的 TRACE 条目，实现 TRACE 的往复记录，直到记录被手动去激活。选择该项需注意存储卡的写入寿命。

> 注意：
> 如果 TRACE 设置存储卡模式，则"自动重复记录" 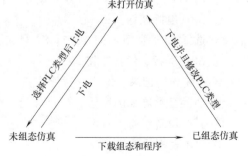 的功能将不再支持。

6.8　PLCSIM

PLCSIM 是 PLC 的仿真软件，可以对 CPU 的程序进行仿真测试，该仿真测试可以完全不基于实际硬件就可以实现。要求 PLCSIM 软件版本和已安装的 TIA 博途软件版本相同才可以实现仿真功能，PLCSIM V14 SP1 与 TIA PORTAL V14 SP1 配套使用，用于仿真 S7-1200 PLC/S7-1500 PLC。PLCSIM 软件需要单独安装，但不需要安装授权即可以使用。PLCSIM 仿真范围见表 6-10。

表 6-10　PLCSIM 仿真范围

仿真实例个数	2 个 CPU
通信仿真	支持仿真 S7-1200 PLC 和 S7-1200 PLC/S7-1500 PLC/S7-300 PLC/S7-400 PLC 的 S7 通信（PUT/GET） 支持仿真 S7-1200 PLC 和 S7-1200 PLC/S7-1500 PLC 的 TCP 通信/ISO ON TCP 通信 支持仿真 S7-1200 PLC 通过 DP 和 PN 连接 ET200 的 DI/DO/AI/AO 不支持仿真 PROFIBUS DP/PROFINET IO 的智能 IO 通信
高级功能	支持 TRACE，不支持高速计数器、运动控制、PID、存储卡相关功能（数据记录、配方）、Web 服务器等
其余指令	几乎全部支持。对于某些不完全支持的指令，PLCSIM 将验证输入参数并返回有效输出，但和实际 CPU 的输出不一定相同
仿真专有技术保护块	不支持
仿真硬件报警和诊断	不支持

6.8.1　PLCSIM 基本内容

1. 仿真状态

PLC 仿真状态分为三种状态，未打开仿真、未组态仿真、已组态仿真，这三种状态可以相互切换，如图 6-61 所示，以下为三种状态的介绍。

（1）未打开仿真

刚打开 PLCSIM 时，此时处于未上电状态。可以选择 PLC 类型，下载搜索不到该仿真 CPU；相当于真实 CPU 未上电，并且未下载过任何组态和程序。

（2）未组态仿真

此时 PLC 类型已确定并且无法修改，处于

图 6-61　仿真状态切换

上电状态。可以启动停止 CPU，可以搜索到该仿真 CPU 及下载程序；相当于真实 CPU 已上电，并且未下载过任何组态和程序。

（3）已组态仿真

此时该仿真 CPU 已上电并下载好程序。可以实现启动停止 CPU，上下载程序，上电下电操作；相当于已下载组态和程序的真实 CPU。

2. 仿真视图

仿真视图分为紧凑视图和项目视图，这两种视图可以相互切换，以下为两种视图的介绍。

（1）紧凑视图

该视图为 PLCSIM 默认视图，该视图以操作面板形式显示，窗口简洁，便于操作。已组态仿真状态的紧凑视图如图 6-62 所示。

① 未打开仿真时显示"无仿真"。未组态仿真时显示"Unconfigured PLC［SIM-1200］"；已组态仿真时显示"CPU 名称［CPU 的类型］"。

② 电源按钮，可打开关闭仿真。关闭仿真时会保存虚拟 PLC 组态，再次单击电源按钮会打开仿真，同时装载此组态。

③ CPU 运行/停止、错误、维护指示灯。

④ CPU 在线连接的以太网接口标识，S7-1200 PLC 显示为"X1"，代表 PROFINET 接口。

⑤ 已打开 PLCSIM 项目时，显示仿真项目名称；未打开 PLCSIM 项目时，显示"无项目"。

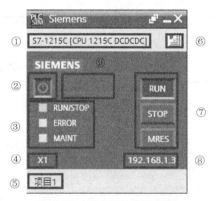

图 6-62　PLCSIM 紧凑视图

⑥ 切换至项目视图按钮。

⑦ CPU 运行、停止、复位按钮。

⑧ 仿真 CPU 的以太网接口 IP 地址。

⑨ 选择 CPU 类型（S7-1200、S7-1500、ET200SP），只有在未打开仿真时显示。

（2）项目视图

该视图可以实现 PLCSIM 项目的操作，以及对 PLCSIM 软件的设置；在打开 PLCSIM 项目的情况下，该视图能够实现 PLCSIM 所有仿真功能。已组态仿真状态的项目视图如图 6-63 所示。

① 用于 PLCSIM 项目的操作：新建、打开、保存。

② CPU 电源按钮。

③ 选择 CPU 类型（S7-1200、S7-1500、ET200SP），只有未打开仿真时可以设置。

④ CPU 运行、停止按钮。

⑤ SIM 表的记录、停止、暂停按钮。

⑥ 切换至紧凑视图按钮。

⑦ 打开设备组态。

⑧ SIM 表相关功能。

⑨ 序列相关功能。

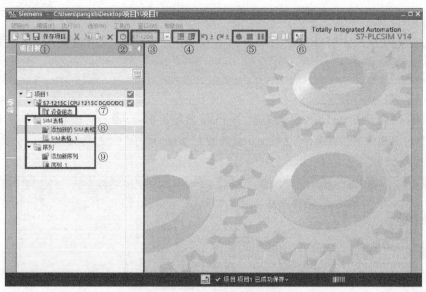

图 6-63　PLCSIM 项目视图

3. PLCSIM 项目

PLCSIM 项目用来保存通过 TIA 博途软件下载到仿真 CPU 的组态和程序，以及通过项目视图编辑的 SIM 表、序列。在项目视图中菜单栏"项目"下，可以对 PLCSIM 项目进行新建、打开、保存和删除等基本操作。

打开 PLCSIM 项目时，如果该项目中包含已组态仿真的 CPU，则该仿真 CPU 自动运行。

注意：

如果仿真不使用设备组态、SIM 表、序列等功能，不需要创建 PLCSIM 项目；仿真不使用 PLCSIM 项目相对于使用 PLCSIM 项目，启动速度会快很多。

6.8.2　PLCSIM 的使用

1. 软件启动

安装 PLCSIM 软件后，可以通过以下方式启动仿真：

1）单击桌面上的快捷方式图标，或在开始菜单中，单击"所有程序>Siemens Automation> S7-PLCSIM V14> S7-PLCSIM V14"。

2）在 TIA 博途软件项目视图项目树中，选择待仿真的 S7-1200 CPU，单击工具栏（参考图 1-11）的"开始仿真"按钮。

3）在 TIA 博途软件项目视图项目树中，选择待仿真的 S7-1200 CPU，单击菜单栏（参考图 1-11）"在线>仿真>启动"。

4）第 6.8.1 章节介绍的通过 PLCSIM 项目方式。

当使用方法 1）时，会默认打开"未打开仿真"状态的紧凑视图；

当选择方法 2）和 3）时，会默认同时出现 PLCSIM "未组态仿真"状态的紧凑视图和 TIA 博途软件的"扩展的下载到设备"界面。

注意：

可以通过 PLCSIM 项目视图菜单栏 "选项 > 设置 > 常规 > 应用设置"，设置 PLCSIM 启动时的视图模式。

2. 程序下载

如使用软件启动方法 1)，则需先选择 PLC 类型：S7-1200，然后单击 CPU 电源按钮，此时单击 TIA 博途软件菜单栏 "在线 > 下载并复位 PLC 程序"，之后同软件启动方法 2) 和 3)，如图 6-64 所示。

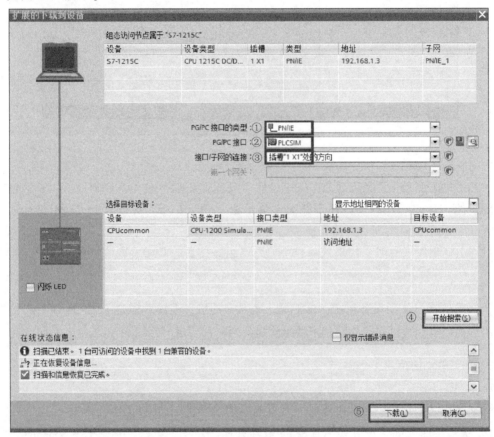

图 6-64　PLCSIM 下载设置

① 选择 "PG/PC 接口的类型"：PN/IE。

② 设置 "PG/PC 接口"：PLCSIM。

③ 选择合适的 "接口/子网的连接"。

④ "开始搜索" 目标设备。

⑤ 选择 CPU 后，单击 "下载" 按钮。

注意：

使用 PLCSIM 仿真 S7-1200 PLC，选择 PG/PC 接口的类型只能是 PN/IE。

3. 程序仿真

下载完成后，PLCSIM 将显示 CPU 已运行，此时可以开始程序仿真。

6.8.3　设备组态、SIM 表及序列

1. 设备组态

在 PLCSIM 项目视图中，参考图 6-63，单击项目名称下的"设备组态"可以打开该功能。

设备组态功能可以实现对 CPU 和 ET200 的输入点进行监视和修改，以及对输出点进行监视，如图 6-65 所示。

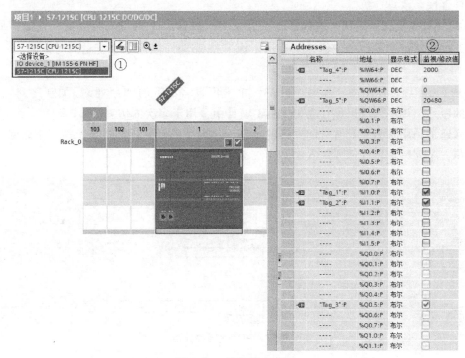

图 6-65　设备组态页面

① 选择待监视和修改的 CPU 或 ET200 站点。

② "监视/修改值"列用于对输入点的监视和修改以及对输出点的监视。

2. SIM 表

在 PLCSIM 项目视图中，参考图 6-63，单击项目名称下的"SIM 表格>添加新的 SIM 表格"，可以生成新的 SIM 表，该表可以保存在 PLCSIM 项目中，用于多次的仿真，如图 6-66 所示。此外使用图 6-66 的按钮组⑤，对 SIM 表中变量值的修改操作进行记录，得到基于修改操作时间的一个仿真序列，可以用于序列的功能。

① 在 SIM 表中可以实现 DI 和 AI 的监视修改，当激活"启用/禁用非输入修改"按钮后，还可实现 PLC 变量表中所有非输入变量（输出变量、位存储区）及 DB 块的修改监视功能。

② 导入 DB 块和 PLC 变量表中所有已标记为"可从 HMI/OPC UA 访问"的变量。

③ 根据"显示格式"设置，显示监视变量的变量值，可直接修改。

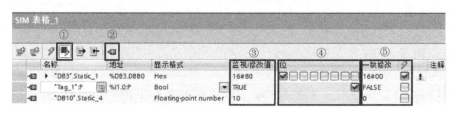

图 6-66 SIM 表页面

④ 如监视变量为位变量或非优化 DB 及位存储区的 BYTE 变量，将显示每一位的变量值，并可直接修改每一位。

⑤ 如要对多个变量实现一致性修改，可在"一致修改"列写入修改值，并激活后面对应的勾选框，单击工具栏中"修改所有选中值"按钮 ⚡ 可实现多个变量同时修改。

3. 序列

在 PLCSIM 项目视图中，参考图 6-63，单击项目名称下的"序列>添加新序列"，可以生成新的序列，该序列可以保存在 PLCSIM 项目中，用于多次的仿真。

序列通常是用来仿真具有时间序列的程序，序列中的每一行都相当于在每个时间节点上的执行步，序列编辑器界面如图 6-67 所示。

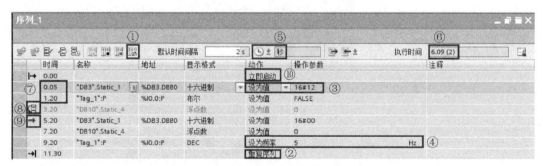

图 6-67 序列编辑器界面

① 激活/取消序列的重复执行。

② 当激活序列的重复执行时显示"重复序列"，当取消序列的重复执行时显示"停止序列"。

③ 动作设置为"设为值"，可设置执行此步时的变量值。

④ 变量为 DI 点时，动作可设置为"设为频率"，可设置执行此步时的 DI 的变化频率。

⑤ 设置序列时间单位。

⑥ 序列已经执行的时间，括号内为已重复次数。

⑦ 该步起始时间和下步起始时间，示例中差值 1.05s 为该步执行时间，该值不能低于 50ms。

⑧ 指示该步已禁用，将被跳过执行；序列的每一步可以通过单击按钮"禁用步" 🔳 单独禁用，禁用后可以通过单击按钮"启用步" 🔳 重新启用。

⑨ 指示目前执行到该步。

⑩ 设置启动方式为"立即启动"或"触发条件"。

单击"启动序列"按钮 ▶ 后，如果设置启动方式为"立即启动"，则序列立即开始执行。如果设置启动方式为"触发条件"，则单击"启动序列"按钮 ▶ ，并且满足触发条件后，序列才能开始执行，触发条件设置如图6-68 所示。

图 6-68　触发条件设置

① 设置触发变量，触发变量只支持符号访问，并且该变量必须使能"可从 HMI/OPC UA 访问"，数据类型包括位变量、位序列、整数、浮点数。

② 设置触发事件，位变量支持"= True"和"= False"，位序列和整数支持"= 值"、"<>值"，浮点数支持">值"、"<值"。

③ 设置触发事件的比较值。

④ 单击按钮 ✓ 。

⑤ 显示完整的触发条件。

除上述自定义序列、SIM 表生成序列，还可以通过单击按钮"从 Excel 导入" ←↕ ，导入 excel 编辑的 *.csv 格式的序列或通过 TRACE 生成的测量记录序列。

> 注意：
> 序列的每一步的变量如果为符号访问，要求该变量必须使能"可从 HMI/OPC UA 访问"，并且不支持片段访问；如果该变量为绝对地址访问，则没有上述要求。

6.9　存储卡的使用

SIMATIC 存储卡有三种模式：程序模式、传送模式和更新固件模式，设置存储卡模式如图 6-69 所示。设置存储卡模式时需将 SIMATIC 存储卡插入与计算机相连的 SD 卡读卡器中，如果卡处于写保护状态，则应滑动卡左侧的保护开关，使其离开"LOCK"位置。

● 程序模式：存储卡作为 S7-1200 CPU 的装载存储区，所有程序和数据存储在卡中，

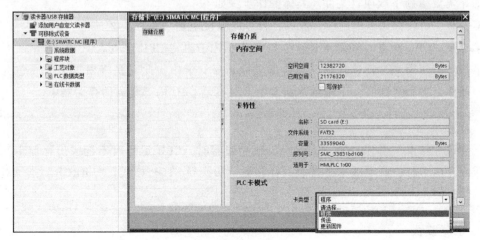

图 6-69　存储卡的模式

CPU 内部集成的装载存储区中没有项目文件，设备在运行中不能拔出存储卡；

　　● 传送模式：用于从存储卡向 CPU 传送项目，传送完成后必须将存储卡拔出。CPU 可以离开存储卡独立运行；

　　● 更新固件模式：用于升级 CPU 及扩展模块（CM、SM、SB）的固件版本。

SIMATIC 存储卡容量及订货号见表 6-11。

表 6-11　SIMATIC 存储卡容量及订货号

SIMATIC 存储卡	订货号
SIMATIC MC 32 GB	6ES7954-8LT03-0AA0
SIMATIC MC 2 GB	6ES7954-8LP02-0AA0
SIMATIC MC 256MB	6ES7954-8LL03-0AA0
SIMATIC MC 24MB	6ES7954-8LF03-0AA0
SIMATIC MC 12MB	6ES7954-8LE03-0AA0
SIMATIC MC 4MB	6ES7954-8LC03-0AA0

　　注意：

　　● 对于 S7-1200 CPU，SIMATIC 存储卡不是必需的。

　　● 请勿使用 Windows 的格式化功能或其他格式化程序格式化存储卡，只能使用 TIA 博途软件格式化存储卡。

　　● 存储卡必须包含 "_LOG_" 和 "crdinfo. bin" 隐藏文件。如果删除了这些文件，将无法在 CPU 中使用该存储卡。

6.9.1　程序模式

　　存储卡设置为"程序"模式，即可使用存储卡作为 S7-1200 CPU 的外部装载存储器，所有程序和数据存储在卡中，此时 CPU 内部集成的装载存储器中没有项目文件，这样更换 CPU 时不需要重新下载项目文件。具体操作步骤如下：

　　第一步：清除存储卡中的所有文件，将存储卡设定到"程序"模式。

　　第二步：CPU 断电，将存储卡插到 CPU 卡槽内，再将 CPU 上电。

　　第三步：使用 TIA 博途软件下载项目文件到存储卡中。此时是将项目文件（包含用户程序、硬件组态和强制值）下载到存储卡中，而不是 CPU 内部集成的存储器中。

　　注意：

　　使用存储卡作为 S7-1200 CPU 的装载存储器时，CPU 运行时不能拔出存储卡，如果拔出存储卡，CPU 将失去外部装载存储器，切换到 STOP 模式，"ERROR"指示灯红色闪烁报错。

6.9.2　传送模式

　　存储卡设置为"传送"模式，可以在没有编程软件的情况下，使用存储卡向 S7-1200

PLC 传送程序。具体操作步骤如下：

第一步：清除存储卡中的所有文件，将存储卡设定到"传送"模式。

第二步：在"项目树"中选择 CPU 设备，将该 CPU 设备拖拽到存储卡添加程序，如图 6-70 所示。操作完成后项目数据已经作为在线存储卡数据保存到存储卡中。

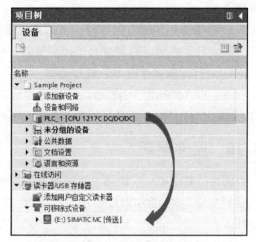

第三步：CPU 断电，将存储卡插到 CPU 卡槽内，再将 CPU 上电，此时 RUN/STOP 指示灯呈绿色和黄色交替闪烁，表示正在复制程序。直至 CPU 的 MAINT 指示灯黄色闪烁时，表示复制过程已完成。

图 6-70　将项目拖拽至存储卡

第四步：将 CPU 断电，拔出存储卡后，再将 CPU 上电，CPU 按照设定的启动模式运行。

6.9.3　更新固件模式

可以使用存储卡更新 CPU 或者扩展模块（CM、SM、SB）的固件，更新扩展模块固件时，扩展模块必须连接 CPU。具体步骤如下：

第一步：清除存储卡中的所有文件，将存储卡设定到"更新固件"模式。

第二步：从西门子公司官方网站下载相应模块的最新版本固件文件，将解压缩后的"S7_JOB. SYS"文件和"FWUPDATE. S7S"文件夹复制到存储卡中。

第三步：将存储卡插到 CPU 卡槽中，如果 CPU 处于 RUN 模式，则 CPU 将切换到 STOP 模式，MAINT 指示灯黄色闪烁。

第四步：将 CPU 断电后再上电，开始执行固件更新，CPU 的 RUN/STOP 指示灯呈绿色和黄色交替闪烁表示正在复制固件更新程序。直至 CPU 的 RUN/STOP 指示灯黄色常亮且 MAINT 指示灯黄色闪烁时表示复制固件更新已经结束。

第五步：拔出存储卡，再次将 CPU 断电后再上电，以装载新固件程序。

6.9.4　存储卡常见问题

1. 如果使用 Windows 的格式化功能或其他格式化程序格式化了存储卡，如何修复？

答：如果存储卡被误格式化，则存储卡的文件系统"_LOG_"和"crdinfo. bin"（隐藏文件）被删除，此时存储卡需要使用 S7-1200 CPU 修复，修复步骤如下：

第一步：将 S7-1200 CPU 断电，然后将 SIMATIC 存储卡插入 CPU 中。

第二步：将 CPU 上电，等待直到 MAINT 指示灯停止闪烁。

从 S7-1200 CPU 中修复存储卡，CPU 中的程序将会自动载入存储卡中，之后 CPU 将不会有程序。如果在 CPU 的设备组态中激活"禁止从内部装载存储器复制到外部装载存储器"（参考第 3.2.14 章节），可以修复存储卡，但不能将 CPU 中的程序载入存储卡中。

2. 如果忘记受密码保护的 CPU 的密码，怎么办？

答：可以使用空存储卡删除受密码保护的程序，空存储卡将擦除 CPU 内部的装载存储器。如果在 CPU 的设备组态中激活"禁止从内部装载存储器复制到外部装载存储器"，则需要将存储卡设置为"传送"模式，使用存储卡向 S7-1200 PLC 传送没有密码保护的程序。

3. 存储卡用于更新固件时，卡的容量如何选择？

答：只要存储卡的容量大于固件更新文件即可。

4. 是否可以扩展内部装载存储器？

答：S7-1200 CPU 内部装载存储器不能扩展，如果内部装载存储器容量不足，可以使用 SIMATIC 存储卡作为外部装载存储器代替 CPU 的内部装载存储器。

6.10　固件更新

固件（Firmware）相当于智能模块的操作系统，智能模块功能的更新可以通过固件版本的更新实现。S7-1200 PLC 系统中的 CPU 以及扩展模块（CM、SM、SB）都带有处理器和固件。

可以通过以下几种方式进行固件更新：

- 使用 SIMATIC 存储卡进行固件更新，参考第 6.9.3 章节；
- 使用 TIA 博途软件的"在线和诊断"工具进行固件更新；
- 使用 Web 服务器"模块信息"标准 Web 页面进行固件更新；
- 使用 SIMATIC Automation Tool 软件进行固件更新，请参考以下链接 https：//support. industry. siemens. com/cs/cn/zh/view/98161300。

> 注意：
> - 固件更新时，需要选择与模块订货号一致的更新文件。
> - FS 为 05 及以后版本的 CPU 时，固件无法降级至 V4.2 以下固件版本。
> - 并不是所有 S7-1200 CPU 的扩展模块都支持 TIA 博途软件、Web 服务器和 SIMATIC Automation Tool 软件进行固件更新。

6.10.1　TIA 博途软件的"在线和诊断"工具进行固件更新

通过 TIA 博途软件的"在线和诊断"工具可以对 S7-1200 CPU 或者扩展模块进行固件更新，以 CPU1217C 固件更新为例，具体操作步骤如下：

第一步：打开所连接 CPU 的设备视图，并转至在线，如更新扩展模块的固件，需要组态扩展模块并将组态下载至 CPU 中。

第二步：单击需要更新固件的 CPU 或者扩展模块，在右键菜单中选择"在线和诊断"，如图 6-71 所示。

第三步：在"在线和诊断"界面，单击"功能"标签，如图 6-72 所示。

① 在"功能"标签中，选择"固件更新"。

② 查看 CPU 或者扩展模块的实际固件。

③ 在"固件更新"中，单击"浏览"按钮，选择固件更新文件。

④ 单击"运行更新"按钮，执行更新固件操作。

第四步：加载固件更新时会显示固件更新进程对话框，固件更新完成后，会提示使用新固件启动模块。

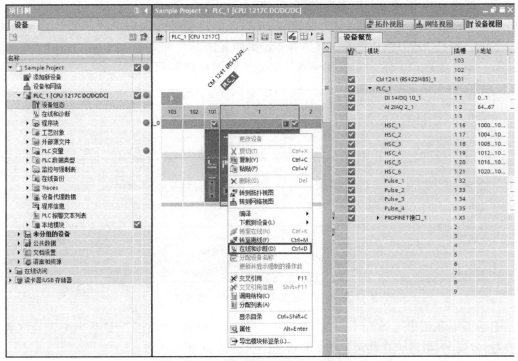

图 6-71　选择固件更新的设备

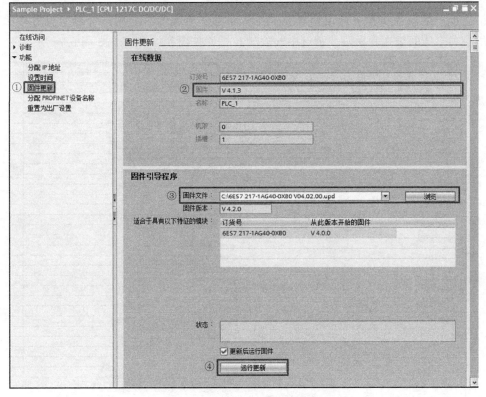

图 6-72　TIA 博途软件固件更新

6.10.2　使用 Web 服务器进行固件更新

通过 Web 服务器"模块信息"标准 Web 服务器页面进行固件更新，可以对 S7-1200 CPU 或者扩展模块进行固件更新，具体操作步骤如下：

第一步：激活 CPU 的"Web 服务器"功能，如图 6-73 所示。

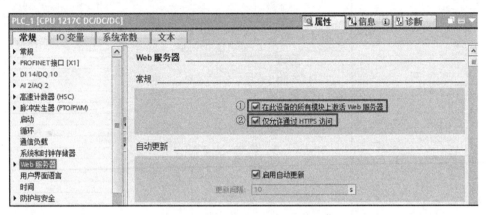

图 6-73　激活 CPU 的 Web 服务器

① 在设备视图中选择 CPU，在 CPU 的"属性"窗口的"常规"选项卡中选择"Web 服务器>常规"，激活"在此设备的所有模块上激活 Web 服务器"。

② 基于信息安全考虑，对 Web 服务器进行安全访问时，选择"仅允许通过 HTTPS 访问"。

第二步：组态 Web 服务器用户权限，在 Web 服务器属性的"用户管理"标签中添加授权的用户名、访问级别和密码，示例中开放"执行固件更新"权限，如图 6-74 所示。

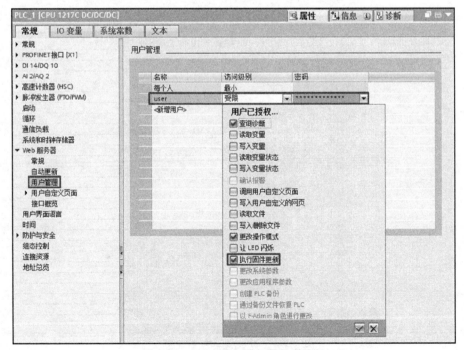

图 6-74　组态 Web 服务器用户权限

第三步：将 Web 服务器组态下载到 CPU，如更新扩展模块的固件，需要组态扩展模块并将组态下载至 CPU 中。

第四步：通过 PC 访问 Web 服务器页面，如图 6-75 所示。

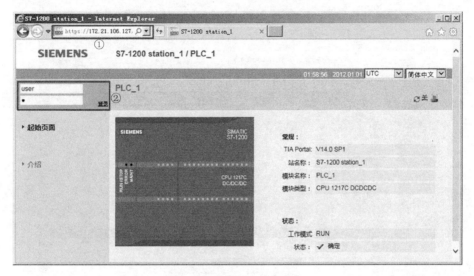

图 6-75　登录 Web 服务器

① 设置 PC IP 地址，使其与 S7-1200 CPU 处于同一以太网段中，然后打开 Web 服务器浏览器，输入 URL 地址，示例中 S7-1200 CPU 的 IP 地址为"https：//172.21.106.127"。

② 在 Web 服务器上登录组态的授权用户。

第五步：登录授权用户后，单击"模块信息"，然后单击相应 PLC 站点名称，示例中为"S7-1200 station_1"，即可查看 PLC 站点信息，如图 6-76 所示。

第六步：在 PLC 站点信息显示界面，如图 6-77 所示。

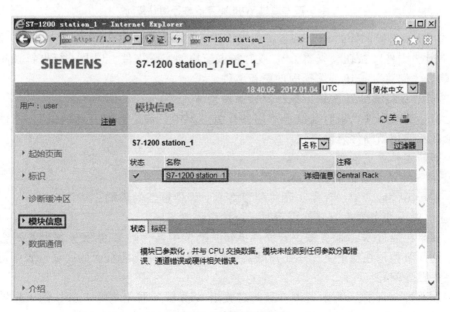

图 6-76　查看模块信息

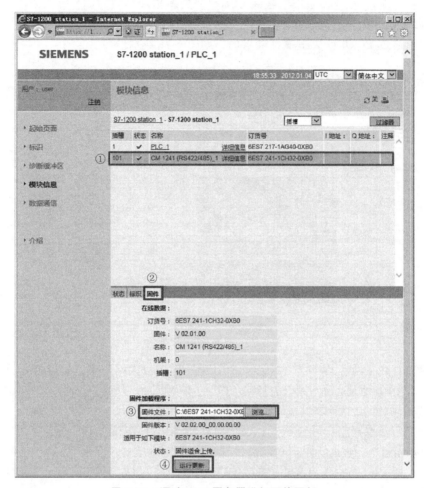

图 6-77　通过 Web 服务器进行固件更新

① 选择需要升级固件的 CPU 或者扩展模块，示例中为 CM 1241（RS422/485）扩展模块。

② 单击"固件"按钮，查看 CPU 或者扩展模块的实际固件，以及进行更新固件操作。

③ 单击"浏览"按钮，选择固件更新文件。

④ 单击"运行更新"按钮，执行更新固件操作。

第七步：加载固件更新时会提示"固件升级过程中，请不要离开此网站"，固件更新完成后，会提示使用新固件启动模块。

6.10.3　更新固件常见问题

1. 更新固件是否会影响 CPU 内的程序和硬件配置？

答：更新固件后，用户程序和硬件配置将不受固件更新的影响。

2. 通过 Web 服务器执行固件更新时，应注意哪些事项？

答：如果在通过 Web 服务器进行固件更新时通信中断，则 Web 服务器浏览器会显示一条消息，询问希望留在当前页面还是离开。此时应选择留在当前页面的选项，否则可能造成固件更新失败等问题。

如果在通过 Web 服务器执行固件更新时关闭 Web 服务器浏览器，CPU 的工作模式将无法更改为 RUN 模式，必须对 CPU 循环上电才能将 CPU 更改为 RUN 模式。

3. 更新扩展模块时，是否必须组态扩展模块并且下载至 CPU 中？

答：使用 TIA 博途软件、Web 服务器和 SIMATIC Automation Tool 软件更新扩展模块固件时，必须组态扩展模块并且下载至 CPU 中；使用 SIMATIC 存储卡进行固件更新时不需要。

6.11　访问保护

S7-1200 PLC 系统支持多种方式的访问保护，以确保 PLC 控制系统安全可靠的运行。主要为以下几种：

- 设置 CPU 的 4 层访问级别（包含 3 层访问密码保护），参考第 3.2.14 章节。
- 设置 CPU Web 服务器的访问密码。
- 设置 PLC 程序块保护功能，包含程序块的"专有技术保护""写保护"以及"防拷贝保护"。

6.11.1　设置 CPU Web 服务器访问密码及实现访问保护

在 CPU 属性"常规>Web 服务器"下，设置 CPU 的 Web 服务器访问级别，即对不同的用户设置不同的操作权限，确保经过授权的用户才可以通过 Web 服务器的方式对 S7-1200 PLC 进行受限的操作，如图 6-78 所示。

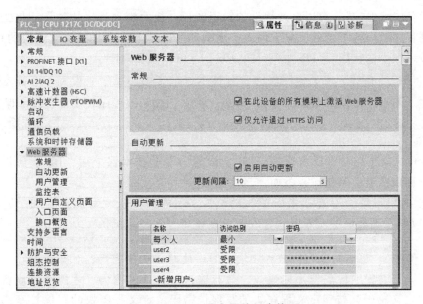

图 6-78　Web 服务器的用户管理

在"Web 服务器>用户管理"中，对不同的用户进行授权，通过"访问级别"中的下拉菜单按钮进行选择，如图 6-79 所示。

设置完毕后，打开 PLC 的 Web 服务器页面，在左上方的登录区域输入用户名和密码登录后，方可拥有相应的操作权限。

6.11.2　设置 PLC 的程序块的访问保护功能

S7-1200 PLC 的程序块，包含 OB、FC、FB 及 DB 均支持块保护功能。通过设置"专有技术保护""写保护"以及"防拷贝保护"实现程序块的访问保护。在程序块的右键菜单中，选择"属性"，在"保护"标签中选择需要设置的访问保护功能，如图 6-80 所示。

图 6-79　Web 服务器权限一览

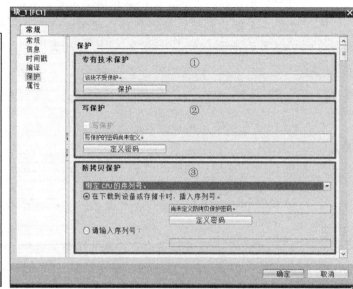

图 6-80　程序块的保护功能

① "专有技术保护"：可以有效地保护知识产权，从而实现程序块的访问保护。如果没有密码，则程序块内容不可见，只有输入了正确的密码，才能查看及修改该块的程序代码。设置专有技术保护的程序块可以在项目间复制，也可以添加到库中。

单击 "保护" 按钮，定义程序块的专有技术保护密码。程序块设置专有技术保护功能后，块的左下角有个带锁的图标，例如 块_1 [FC1]，表明该程序块受专有技术保护。

注意：
● DB 块仅支持专有技术保护，DB 块设置为专有技术保护后，DB 块属性变为只读，可以看到变量，但是不能添加、删除变量。
● 程序块设置 "专有技术保护" 功能后，不能再设置 "写保护" 和 "防拷贝保护"，所以要在其他保护功能设置完成后再设置 "专有技术保护" 功能。

② "写保护"：可以防止误修改程序块，程序块写保护加密后，如果没有访问密码，则该程序块可以查看程序代码但不能修改，只有输入了正确的密码，才能修改该块的程序代码。单击 "定义密码" 按钮定义程序块的写保护密码，定义程序块的写保护密码后需要激活 "写保护"，程序块的写保护功能才生效。

③ "防拷贝保护"：将程序块与存储卡或者 CPU 的序列号绑定。通过此方法，可以有效地防止程序块的复制，保护知识产权。

单击 "防拷贝保护" 的下拉菜单选择程序块的绑定方式，可以选择 "绑定存储卡的序列号" 或者 "绑定 CPU 的序列号"，选择绑定关系后，具体绑定序列号的实现分为 "在下载到设备或存储卡时，插入序列号" 和 "请输入序列号" 两种方式：

a. 选择 "在下载到设备或存储卡时，插入序列号"，在程序块下载时会自动读取存储卡或 CPU 的序列号，并进行绑定；需要单击下方的 "定义密码" 按钮，设置防复制保护密码，在程序块下载时，需要输入密码进行验证，如果验证错误，则该程序块不能下载到目标

CPU 中。

b. 选择"请输入序列号",则需要手动输入存储卡或 CPU 的序列号实现绑定,如果将受防复制保护的程序块下载到与绑定的序列号不匹配的设备,下载时会报错,不能下载受防复制保护的程序块。

> 注意:
> ● 防复制保护最好与专有技术保护配合使用,如果未设置专有技术保护,则可以取消或者修改防复制保护。
> ● 防复制保护密码和专有技术保护密码是两个不同的密码。

6.12　打印和项目归档

6.12.1　打印简介

创建项目程序后,为了便于查阅项目内容或以文档形式保存,可以将项目内容打印成文档。可以打印整个项目或项目内的单个对象。打印的文档结构清晰明了,有助于编辑项目,以及项目后期的维护和服务工作。

可以打印以下内容:

● 项目树中的整个项目;
● 项目树中的一个或多个项目相关的对象;
● 编辑器的内容;
● 表格;
● 库;
● 巡视窗口的诊断视图。

不能在下列区域打印:

● Portal 视图;
● 详细视图;
● 总览窗口;
● 比较编辑器;
● 除诊断视图外的巡视窗口的所有选项卡;
● 除库外的所有任务卡;
● 大部分对话框;
● 与项目无关编程设备的属性。例如,所连接的存储卡读卡器。

> 注意:
> ● 打印时,必须至少选择一个可打印的元素。如果打印一个选中的对象,则也打印所有下级对象。例如,如果在项目树中选择了一个设备,则也打印该设备的所有数据。如果选择打印项目树中的所有项目,则将打印全部项目信息,但不包含图形视图。图形视图必须单独打印。
> ● 当打印表格内容时,打印表格中选中了单元格的所有行。为了打印一个或多个表列,必须选择期望的列。如果没有选择任何单元格或列,则打印整个表格。

1. 打印设置

可以对打印设置的常规属性进行设置。在 TIA 博途软件的菜单栏中，选择"选项>设置>常规"选项卡，在"打印设置"标签中，更改打印选项设置，如图 6-81 所示。

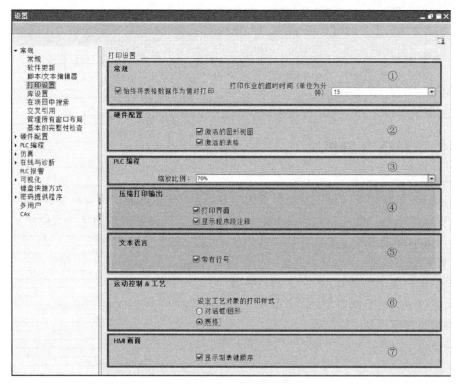

图 6-81　打印设置

① "常规"。

"始终将表格数据作为值对打印"：以列表形式而非表格形式打印各表。以表格方式打印变量表，如图 6-82 所示。

Sample Project / PLC_1 [CPU 1217C DC/DC/DC]

PLC 变量

名称	数据类型	地址	保持	可从 HMI/O PC UA 访问	从 HMI/O PC UA 可写	在 HMI 工程组态中可见	监控	注释
Tag_1	Int	%MW100	False	True	True	True		
Tag_2	Int	%MW102	False	True	True	True		

图 6-82　以表格方式打印变量表

以值对方式打印变量表，如图 6-83 所示，"名称"和"Tag_1"以值对方式列出每列的对应值。如果打印表格时超出打印区域的，可以采用这种形式打印。

"打印作业的超时时间（单位为分钟）"：如果某些对象不能完整打印，则在组态的超时时间（分钟）后将会显示一条提示信息。导致打印输出不完整的原因有很多，例如，缺少软件组件、程序块设置了专有技术保护和 TIA 博途软件许可证不满足等。如图 6-84 所示，

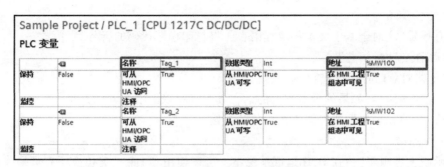

图 6-83　以值对方式打印变量表

打印设置专有技术保护的程序块，在打印作业结束时，在巡视窗口的"信息"中列出打印结果和所有错误或警告。

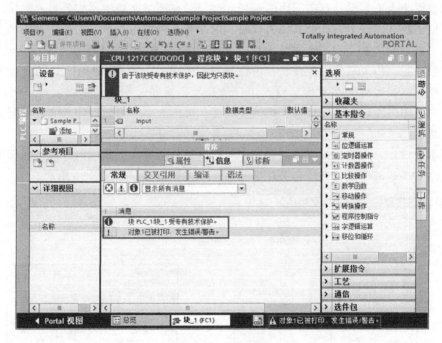

图 6-84　打印报错

② "硬件配置"。

"激活的图形视图"：在打印时，将打印正在使用编辑器的图形视图（例如网络视图或设备视图）。

"激活的表格"：在打印时，将打印正在使用编辑器的表格视图（例如网络概览表或设备概览表）。

③ "PLC 编程"。

"缩放比例"：按照缩放比例打印程序块，指定待打印块的大小。

④ "压缩打印输出"。

"打印界面"：程序块的接口声明将包含在打印输出中。

"显示程序段注释"：程序块的注释将包含在打印输出中。

⑤ "文本语言"。

"带有行号"：对于基于文本的编程语言，将打印程序代码的行号。

⑥ "运动控制 & 工艺"。

设定工艺对象的打印样式：

"对话框/图形"：如果编辑器支持的话，其内容将以图形的方式打印。

"表格"：将以表格形式打印工艺对象的参数。

⑦ HMI 画面。

"显示制表键顺序"：在 HMI 运行系统中，可以使用 "Tab" 键切换所有可操作的对象，使用 "Tab 顺序" 命令定义操作员在运行系统中激活对象的顺序。选择此项后在打印输出中，将打印使用 "Tab 顺序" 命令定义的顺序。

2. 文档设置

可以根据个人需求设计打印界面的布局。例如，在项目文档中添加公司的徽标或者公司设计。可以创建任意多个设计形式作为框架、封面和文档信息。这些框架、封面和文档信息将存储在 "项目树" 的 "文档设置" 项中，并作为项目的一部分，如图 6-85 所示。

在框架和封面内可以使用占位符，占位符可以是文本、日期/时间、页码或者图形。在文档信息中可以指定框架和封面，输入用户信息、日期和时间等。可以创建不同的文档信息，以便在打印时在包含不同信息、框架、封面、页面大小和页面打印方向的不同文档信息之间快速切换。

如果不想设计个人模板，则可以使用 TIA 博途软件全局库中集成的封面、文档信息和框架模板，这些集成的模板包含符合 ISO 标准的技术文档模板，如图 6-86 所示。

图 6-85　文档设置

图 6-86　全局库集成的模板

3. 打印及打印预览

在 TIA 博途软件的 "项目" 菜单中，选择 "打印" 命令，将弹出 "打印" 对话框，如图 6-87 所示。

① 在 "名称" 中选择打印机，单击 "高级" 按钮，可以修改打印机的设置。

② 选择用于打印输出的文档信息。

③ "打印对象/区域" 设置。

● "全部"，打印时为编辑器中的所有对象；

● "选择"，打印时为编辑器中的选中的对象。

④ "属性"设置。

● "全部"，打印全部项目数据；

● "显示"，打印编辑器中该界面上所有的可视信息，仅当从编辑器中启动打印任务时才可以选择；

● "压缩"，以精简格式打印项目数据。

⑤ 单击"预览"按钮，可以在工作区创建打印预览。

⑥ 单击"打印"按钮，可以启动打印输出。

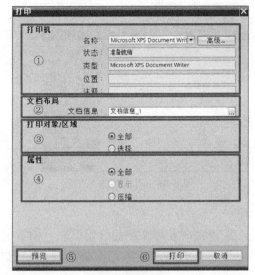

图 6-87　打印对话框

在 TIA 博途软件的"项目"菜单中，选择"打印预览"命令，在弹出的"打印预览"对话框中，单击"预览"按钮也可以在工作区创建打印预览。"打印预览"对话框的选项设置参考"打印"对话框的相关选项设置。

6.12.2　项目归档简介

如果一个 TIA 博途软件项目的处理时间比较长，则可能会产生大量的文件。可以使用项目归档功能缩小项目文件的大小，便于将项目程序备份以及通过可移动介质、电子邮件等方式进行传输。

1. 项目归档的方式

项目归档有"项目压缩归档方式"和"项目最小化方式"两种方式：

（1）项目压缩归档方式

将项目文件压缩成归档文件，在将项目文件压缩成归档文件之前，所有文件将减少至只包含基本组件，从而进一步缩小项目的大小。每个归档文件都包含一个完整项目，包含项目的整个文件夹结构。归档文件扩展名为".zap［TIA 博途的版本号］"，例如，由 TIA 博途 V14 SP1 创建的项目，归档文件扩展名为".zap14"。

（2）项目最小化方式

只是创建项目的副本，而不对项目文件进行压缩。项目副本中所包含的文件只有该项目的基本元素，可以使用 TIA 博途软件直接打开。这样不仅可以保持项目的完整功能，还能缩小项目文件的大小。

要归档一个项目，具体操作步骤如下：

第一步：在 TIA 博途软件的"项目"菜单中，选择"归档"命令，如图 6-88 所示。

第二步：在"归档设置"对话框中，设置归档方式、归档文件名称及保存路径等，如图 6-89 所示。

① 选择项目的归档方式：

● 如果创建压缩的归档文件，则勾选"TIA Portal 项目归档"选项；

● 如果要以最小存储空间创建项目目录的副本，则不要勾选"TIA Portal 项目归档"

图 6-88　项目归档

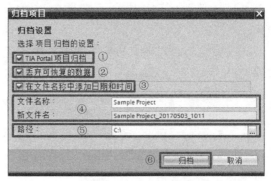

图 6-89　归档设置

选项。

② 如果不希望归档搜索索引和 HMI 编译结果，则勾选"丢弃可恢复的数据"选项。

③ 如果要自动地添加日期和时间信息时，则勾选"在文件名称中添加日期和时间"选项。

④ 在"文件名称"框中输入文件名称，在"新文件名"框中将会显示归档文件名称。

⑤ 选择归档文件的保存路径。

⑥ 单击"归档"按钮，开始归档。

归档完成后，将生成一个扩展名为".zap14"的压缩文件。

2. 项目恢复

要打开项目归档文件，则需对该项目归档进行恢复。通过恢复，可将归档文件及其包含的项目文件都解压缩到项目的初始目录结构中。

要恢复归档的项目，操作步骤如下：

第一步：在"项目"菜单中，选择"恢复"命令，如图 6-90 所示。

第二步：在弹出的对话框中，选择项目归档的压缩文件。

第三步：单击"打开"按钮，在"查找文件夹"对话框中，选择归档项目恢复的目标目录。

第四步，单击"确定"按钮，打开压缩归档的项目。

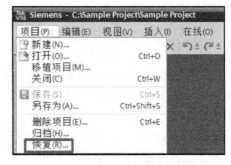

图 6-90　项目恢复

注意：

在 TIA 博途 V14 SP1 中恢复 TIA 博途 V13 SP1 软件版本创建的归档项目文件时，需要升级该项目，恢复归档时将自动显示该提示信息。

第 7 章 S7-1200 PLC 以太网通信

7.1 以太网通信概述

西门子工业以太网可应用于单元级、管理级的网络，其通信数据量大、传输距离长。西门子工业以太网可同时运行多种通信服务，例如 PG/OP 通信、S7 通信、开放式用户通信（OUC：Open User Communication）和 PROFINET 通信。S7 通信和开放式用户通信为非实时性通信，它们主要应用于站点间数据通信。基于工业以太网开发的 PROFINET 通信具有很好的实时性，主要用于连接现场分布式站点。

7.1.1 通信介质和网络连接

1. 通信介质

西门子工业以太网可以使用双绞线、光纤和无线进行数据传输。

（1）IE FC TP（Industry Ethernet Fast Connection Twisted Pair，工业以太网快速连接双绞线）

工业以太网快速连接双绞线需要配合西门子 IE FC RJ45 插头使用，连接如图 7-1 所示。将双绞线按照 IE FC RJ45 插头标示的颜色插入到连接孔中，可快捷、方便地将 DTE（数据终端设备）连接到工业以太网。IE FC 2x2 电缆可用于 DTE 到 DTE、DTE 到交换机、交换机之间网络连接，单根电缆最长通信距离为 100m，通信速率可达 100Mbit/s。IE FC 4x2 电缆可用于主干网连接，其通信速率最大可达到 1000Mbit/s。使用普通双绞线，因其不带有信号屏蔽，可保证的最长通信距离仅为 10m。

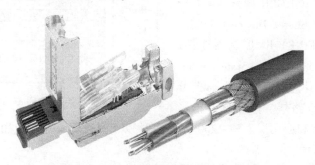

图 7-1 IE FC TP 电缆和 IE FC RJ45 插头

（2）光纤

光纤适合于抗干扰、长距离通信。光纤的传输距离则与交换机和光纤类型有关。

（3）无线以太网

无线以太网需要使用无线以太网交换机进行网络互联，通信距离与通信标准和天线有关。西门子公司提供了丰富、可靠与强大的工业无线通信产品。

2. 网络连接

S7-1200 CPU 本体集成了一个以太网接口，其中 CPU 1211C、CPU 1212C 和 CPU 1214C 只有一个以太网 RJ45 端口，CPU 1215C 和 CPU 1217C 则内置了一个双 RJ45 端口的以太网

交换机。S7-1200 CPU 以太网接口可以通
过直接连接或交换机连接的方式与其他设
备通信。

（1）直接连接

当一个 S7-1200 CPU 与一个编程设备、
HMI 或者另外一个 S7-1200 CPU 通信时，
可采用直接连接方式，直接连接时不需要
使用交换机，直接使用网线连接两个设备
即可。

（2）交换机连接

当两个以上的设备进行通信时，需要
使用交换机实现网络连接。CPU 1215C 和

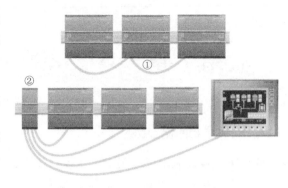

图 7-2　多个通信设备的交换机连接
①—CPU 1215C 或 CPU 1217C
②—CSM 1277 4 端口交换机

CPU 1217C 内置的双端口以太网交换机可连接 2 个通信设备。也可以使用导轨安装的西门子
CSM 1277 4 端口交换机连接多个 PLC 和 HMI 设备，如图 7-2 所示。

7.1.2　CPU 集成以太网接口的通信功能和连接资源

1. 通信功能

S7-1200 CPU 集成的以太网接口可支持非实时通信和实时通信等通信服务。非实时通信
包括 PG 通信、HMI 通信、S7 通信、OUC
通信和 Modbus TCP 等。实时通信可支持
PROFINET IO 通信，S7-1200 CPU 固件
V4.0 或更高版本除了可以作为 PROFINET
IO 控制器还可以作为 PROFINET IO 智能设
备（I-Device）；S7-1200 CPU 固件 V4.1 开
始支持共享设备（Shared-Device）功能，
可与最多 2 个 PROFINET IO 控制器连接。
网络通信的核心是 OSI（Open System Inter-
connection）参考模型，该模型自下而上分
别为物理层、数据链路层、网络层、传输

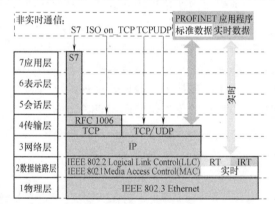

图 7-3　OSI 参考模型

层、会话层、表示层和应用层。S7-1200 CPU 各种以太网通信服务会应用到 OSI 参考模型不
同层级，如图 7-3 所示。

S7-1200 CPU 以太网接口可支持的常用通信服务见表 7-1。

表 7-1　S7-1200 CPU 以太网接口支持的通信服务

CPU 固件	非实时通信					实时通信		
	PG 通信	HMI 通信	S7 通信	OUC 通信	Modbus TCP	IO 控制器	I-Device	Shared-Device
V4.2	√	√	√	√	√	√	√	√
V4.1	√	√	√	√	√	√	√	√
V4.0	√	√	√	√	√	√	√	×
V3.0	√	√	√	√	√	√	×	×

注：√：支持；×：不支持。

（1）PG 通信

S7-1200 CPU 的编程组态软件为 TIA 博途软件，使用 TIA 博途软件对 S7-1200 CPU 进行在线连接、上下载程序、调试和诊断时会使用 S7-1200 CPU 的 PG 通信功能。

（2）HMI 通信

S7-1200 CPU 的 HMI 通信可用于连接西门子精简面板、精致面板、移动面板以及一些带有 S7-1200 CPU 驱动的第三方 HMI 设备。

> 注意：
>
> S7-1200 CPU 与第三方 HMI 设备连接时，需要在 CPU 属性的"防护与安全"设置中激活"允许来自远程对象的 PUT/GET 通信访问"，相关设置参考图 3-22。

（3）S7 通信

S7 通信作为 SIMATIC 的同构通信，用于 SIMATIC CPU 之间相互通信，该通信标准未公开，不能用于与第三方设备通信。基于工业以太网的 S7 通信协议除了使用了 OSI 参考模型第 4 层传输层，还使用了模型第 7 层应用层。S7 通信数据传输过程中除了存在传输层应答还有应用层应答，因此相对于 OUC 通信来说 S7 通信是一种更加安全的通信协议。

（4）OUC 通信

开放式用户通信采用开放式标准，可与第三方设备或 PC 进行通信，也适用于 S7-300/400/1200/1500 CPU 之间通信。S7-1200 CPU 支持 TCP（遵循 RFC 793）、ISO-on-TCP（遵循 RFC 1006）和 UDP（遵循 RFC 768）等开放式用户通信。

（5）Modbus TCP 通信

Modbus 协议是一种简单、经济和公开透明的通信协议，用于在不同类型总线或网络中的设备之间的客户端/服务器通信。Modbus TCP 结合了 Modbus 协议和 TCP/IP 网络标准，它是 Modbus 协议在 TCP/IP 上的具体实现，数据传输时是在 TCP 报文中插入了 Modbus 应用数据单元。Modbus TCP 使用 TCP 通信（遵循 RFC 793）作为 Modbus 通信路径，通信时其将占用 CPU 开放式用户通信资源。

（6）PROFINET IO 通信

PROFINET IO 是 PROFIBUS/PROFINET 国际组织基于以太网自动化技术标准定义的一种跨供应商的通信、自动化系统和工程组态的模型，PROFINET IO 主要用于模块化、分布式控制。S7-1200 CPU 可使用 PROFINET IO 通信连接现场分布式站点（例如 ET200SP、ET200MP 等）。S7-1200 CPU 固件 V4.0 或更高版本除了可以作为 PROFINET IO 控制器还可以作为 PROFINET IO 智能设备（I-Device）；S7-1200 CPU 固件 V4.1 开始支持共享设备（Shared-Device）功能，可与最多 2 个 PROFINET IO 控制器连接。

2. 连接资源

S7-1200 CPU 集成的以太网接口可支持非实时通信和实时通信等多种通信服务，CPU 操作系统除了预先为这些通信服务分配了固定的连接资源，还额外提供了 6 个可组态的动态连接，S7-1200 CPU 集成的以太网接口连接资源见表 7-2。

S7-1200 PLC 非实时通信连接资源区分站点资源和模块资源，每个 PLC 站点最多可支持 68 个特定的连接资源，其中 62 个连接资源预留给特定类别通信，6 个动态连接资源可根据应用需要扩展 S7、OUC 及 OPC 等通信。由于 CPU 模块的连接资源已多达 68 个，即使再添

表 7-2　S7-1200 CPU 连接资源

CPU	非实时通信连接资源						实时通信资源	
	PG 通信	HMI 通信	S7 通信	OUC 通信	Web	动态连接	IO 控制器	I-Device
连接资源	4	12	8	8	30	6	16	最多可连接 2 个 IO 控制器

加 CM/CP 模块，S7-1200 CPU 的连接资源总数也不会增加。在 TIA 博途软件的网络视图中，选择一个在线连接的 CPU，巡视窗口中选择“诊断>连接信息”可查看 PLC 站点连接资源的在线信息，如图 7-4 所示。

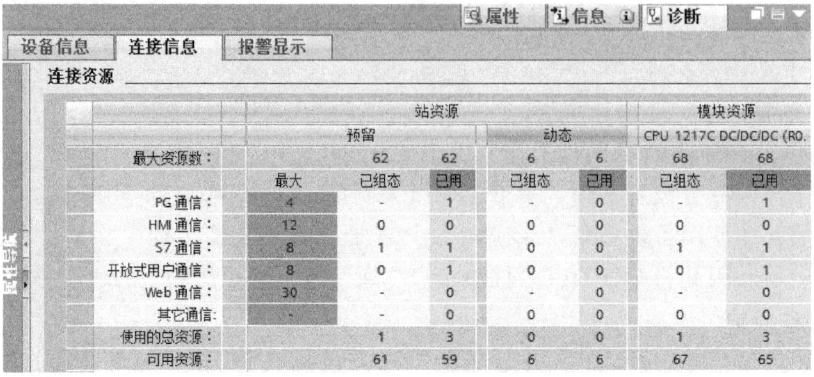
属性
信息
诊断
设备信息
连接信息
报警显示
连接资源
站资源
模块资源
预留
动态
CPU 1217C DC/DC/DC (R0.
最大资源数：62 62 6 6 68 68
最大 已组态 已用 已组态 已用 已组态 已用
PG 通信：4 - 1 - 0 - 1
HMI 通信：12 0 0 0 0 0 0
S7 通信：8 1 1 0 0 1 1
开放式用户通信：8 0 1 0 0 0 1
Web 通信：30 - 0 - 0 - 0
其它通信：- - 0 0 0 0 0
使用的总资源：1 3 0 0 1 3
可用资源：61 59 6 6 67 65

图 7-4　S7-1200 CPU 在线连接资源

（1） PG 连接资源

S7-1200 CPU 具有 4 个 PG 连接资源用于编程设备通信。编程设备根据使用功能的不同，最多会占用 3 个连接资源。S7-1200 CPU 确保了 1 个编程设备的连接，但是同一时刻也只允许 1 个编程设备的连接。

（2） HMI 连接资源

S7-1200 CPU 具有 12 个与 HMI 设备通信的连接资源。HMI 设备根据使用功能的不同，占用的连接资源数也不同。例如 SIMATIC 精简面板会占用 CPU 1 个连接资源，精智面板最多会占用 2 个连接资源，而 WinCC RT Professional 则最多会占用 3 个连接资源。因此，S7-1200 CPU 实际连接 HMI 设备的数量取决于 HMI 设备的类型和使用功能，但是可以确保至少 4 个 HMI 设备的连接。

（3） S7 连接资源

S7-1200 CPU 系统预留了 8 个可组态的 S7 连接资源，考虑上 6 个动态连接资源，最多可组态 14 个 S7 连接。在这些组态的 S7 连接中，S7-1200 CPU 可作为客户端或服务器。

（4） OUC 连接资源

S7-1200 CPU 系统预留了 8 个 OUC 连接资源，考虑上 6 个动态连接资源，最多可组态 14 个 OUC 连接。即 TCP、ISO-on-TCP、UDP 和 Modbus TCP 这 4 种通信同时可建立的连接数总和不超过 14 个。

（5） Web 连接资源

S7-1200 CPU 系统还预留了 30 个 Web 服务器连接资源，可用于 Web 浏览器访问。

（6） PROFINET IO 连接资源

S7-1200 CPU 作为 PROFINET IO 控制器时支持 16 个 IO 设备，所有 IO 设备的子模块的数量最多为 256 个。S7-1200 CPU 固件 V4.0 开始支持 PROFINET IO 智能设备（I-Device）功能，可与 1 个 PROFINET IO 控制器连接。S7-1200 CPU 固件 V4.1 开始支持共享设备（Shared-Device）功能，可最多与 2 个 PROFINET IO 控制器连接。

7.1.3　以太网通信的常见问题

1. 以太网通信常用介质的传输距离是多少？

答：西门子 IE FC 2x2 电缆配合西门子 IE FC RJ45 使用时，单根电缆最长通信距离为 100m；使用普通双绞线，因其不带有信号屏蔽，可保证的最长通信距离仅为 10m；采用光纤传输时，传输距离则取决于光纤交换机和光纤类型。

2. S7-1200 PLC 能否通过添加 CM/CP 模块扩展系统的连接资源？

答：S7-1200 PLC 站点最多可支持 68 个特定的连接资源，其中 62 个连接资源预留给特定类别通信，6 个动态连接资源可根据应用需要扩展 S7、OUC 及 OPC 等通信等。由于 CPU 模块的连接资源已多达 68 个，即使再添加 CM/CP 模块，S7-1200 PLC 的连接资源总数也不会增加。

3. S7-1200 CPU 与第三方 HMI 的连接应注意哪些事项？

答：在 S7-1200 CPU 与第三方 HMI 连接时，应对 CPU 做以下设置：

- 在 CPU 属性的"防护与安全"设置中，激活"允许来自远程对象的 PUT/GET 通信访问"，相关设置参考图 3-21；
- 如果第三方 HMI 不支持优化访问的数据块，则需要在数据块的"属性"中取消激活"优化的块访问"，相关设置参考图 4-28。

7.2　S7 通信

7.2.1　S7 通信概述

S7-1200 CPU 与其他 S7-300/400/1200/1500 CPU 通信可采用多种通信方式，但是最常用的、最简单的还是 S7 通信。

S7-1200 CPU 进行 S7 通信时，需要在客户端侧调用 PUT/GET 指令。"PUT"指令用于将数据写入到伙伴 CPU，"GET"指令用于从伙伴 CPU 读取数据。

进行 S7 通信需要使用组态的 S7 连接进行数据交换，S7 连接可在单端组态或双端组态：

（1）单端组态

单端组态的 S7 连接，只需在通信的发起方（S7 通信客户端）组态一个连接到伙伴方的 S7 连接未指定的 S7 连接。伙伴方（S7 通信服务器）无需组态 S7 连接。

（2）双端组态

双端组态的 S7 连接，需要在通信双方都进行连接组态。

7.2.2　PUT/GET 指令

1. PUT 指令

S7-1200 CPU 可使用"PUT"指令将数据写入到伙伴 CPU，伙伴 CPU 处于 STOP 运行模式时，S7 通信依然可以正常进行。"PUT"指令的调用如图 7-5 所示。

"PUT"指令各个参数定义如下：

1）REQ：用于触发"PUT"指令的执行，每个上升沿触发一次。

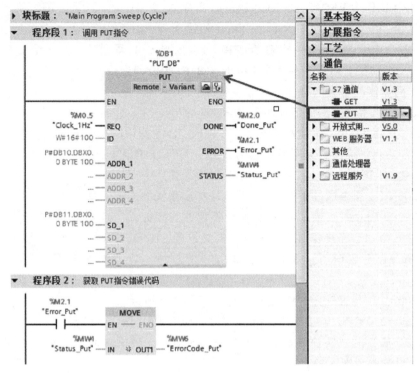

图 7-5　调用 "PUT" 指令

2）ID：S7 通信连接 ID，该连接 ID 在组态 S7 连接时生成。

3）ADDR_x：指向伙伴 CPU 写入区域的指针。如果写入区域为数据块，则该数据块须为标准访问的数据块，不支持优化访问。示例 P#DB10.DBX0.0 BYTE 100，表示伙伴方被写入数据的区域为从 DB10.DBB0 开始的连续 100 个字节区域。

4）SD_x：指向本地 CPU 发送区域的指针。本地数据区域可支持优化访问或标准访问。示例 P#DB11.DBX0.0 BYTE 100，表示本地发送数据区为从 DB11.DBB0 开始的连续 100 个字节区域，数据块 DB11 为标准访问的数据块。

5）DONE：数据被成功写入到伙伴 CPU。

6）ERROR：指令执行出错，错误代码需要参考 STATUS。

7）STATUS：通信状态字，如果 ERROR 为 TRUE 时，可以通过其查看通信错误原因。由于 STATUS 只在 ERROR 为 TRUE 那一个扫描周期时有效，为了有效读取错误代码，可参考图 7-5 的程序段 2。

2. GET 指令

S7-1200 CPU 可使用 "GET" 指令从伙伴 CPU 读取数据，伙伴 CPU 处于 STOP 运行模式时，S7 通信依然可以正常进行。"GET" 指令的调用如图 7-6 所示。

"GET" 指令各个参数定义如下：

1）REQ：用于触发 "GET" 指令的执行，每个上升沿触发一次。

2）ID：S7 通信连接 ID，该连接 ID 在组态 S7 连接时生成。

3）ADDR_x：指向伙伴 CPU 待读取区域的指针。如果读取区域为数据块，则该数据块须为标准访问的数据块，不能为优化访问。

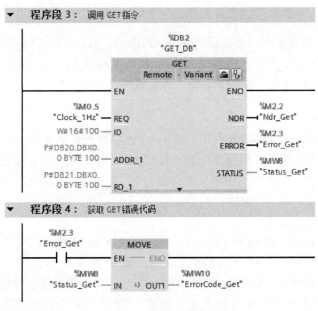

图 7-6　GET 指令

4）RD_x：指向本地 CPU 要写入区域的指针。本地数据区域可支持优化访问或标准访问。

5）NDR：伙伴 CPU 数据被成功读取。

6）ERROR：指令执行出错，错误代码需要参考 STATUS。

7）STATUS：通信状态字，如果 ERROR 为 TRUE 时，可以通过其查看通信错误原因。由于 STATUS 只在 ERROR 为 TRUE 那一个扫描周期时有效，为了有效读取错误代码，可参考图 7-6 中的程序段 4。

3. PUT/GET 指令

S7-1200 CPU 使用 PUT/GET 指令读写伙伴 CPU 数据时，应注意以下几点：

1）如果伙伴 CPU 为 S7-1200/1500 CPU 系列，则需要在伙伴 CPU 属性的"防护与安全"设置中激活"允许来自远程对象的 PUT/GET 通信访问"。

2）伙伴 CPU 待读写区域不支持优化访问的数据区。

3）确保参数 ADDR_i 与 SD_i/RD_i 定义的数据区域在数量、长度和数据类型等方面都是匹配的。

4）PUT/GET 指令最大可以传送数据长度为 212/222 字节，通信数据区域数量的增加并不能增加通信数据长度。PUT/GET 指令在使用不同数量的通信区域下最大通信长度见表 7-3。

表 7-3　PUT/GET 指令最大通信长度

指　　令	所使用的 ADDR_i、SD_i/RD_i 数据区域的数量			
	1	2	3	4
PUT	212	196	180	164
GET	222	218	214	210

注意：

当 PUT/GET 指令使用一个数据区域（ADDR_1、SD_1/RD_1）通信时，通信最大数据长度可达 212/222 字节。当再增加一个通信数据区域（ADDR_2、SD_2/RD_2）时，通信最大数据长度为 196/218 字节，通信数据量并没有增加，而是相应地减少了。

7.2.3　S7 通信示例

S7-1200 CPU 进行 S7 通信需要使用组态的 S7 连接进行数据交换，S7 连接可在单端或双端组态。S7 单端组态常用于不同项目中的 CPU 之间相互通信，S7 双端组态则常用于同一项目中的 CPU 之间通信。本文中示例部分将详细介绍 S7 单端组态和 S7 双端组态两种通信配置过程。

1. 不同项目中的 S7 通信

本示例中使用了两个 S7-1200 CPU，CPU 之间采用 S7 通信。CPU 1 为 CPU 1215C，其 IP 地址为 192.168.0.215；CPU 2 为 CPU 1217C，其 IP 地址为 192.168.0.217。通信任务是 CPU 1 作为 S7 通信客户端，调用 PUT/GET 指令读写 CPU 2 的数据，其中"GET"指令用于读取 CPU 2 IB100~IB199 共 100 字节的输入数据，"PUT"指令用于将 100 字节的数据写入到 CPU 2 QB100~QB199。CPU 2 作为 S7 通信的服务器，其不需要组态 S7 连接，也无须调用 PUT/GET 指令，只需在 CPU 属性的"防护与安全"设置中激活"允许来自远程对象的 PUT/GET 通信访问"。

（1）CPU 1 编程组态

1）设备组态：使用 TIA 博途软件创建新项目，并将 CPU 1215C 作为新设备添加到项目中。在设备视图的巡视窗口中，将 CPU 属性作如下修改：

- 在"PROFINET 接口"属性中，为 CPU"添加新子网"，并设置 IP 地址（192.168.0.215）和子网掩码（255.255.255.0）；
- 在"系统和时钟存储器"属性中，激活"启用时钟存储器字节"，并设置"时钟存储器字节的地址（MBx）"。

2）添加 S7 连接：在网络视图中为 CPU 添加未指定的 S7 连接，创建 S7 连接的操作如图 7-7 所示。

① 单击"连接"按钮。

② 在下拉菜单中，选择"S7 连接"。

③ 单击 CPU 图标，鼠标右键在菜单中选择"添加新连接"。

在弹出"创建新连接"对话框中，选择"未指定"，单击"添加"后，将会创建一条"未指定"的 S7 连接，如图 7-8 所示。

① 选择"未指定"。

② 单击"添加"按钮，创建 S7 连接。

③ 未指定的 S7 连接已添加。

创建的 S7 连接将显示在网络视图右侧"连接"表中。在巡视窗口中，需要在新创建的 S7 连接属性中设置伙伴 CPU 的 IP 地址，如图 7-9 所示。

① 在"连接"选项卡中，选择 S7 连接。

② 在巡视窗口中，选择"属性"。

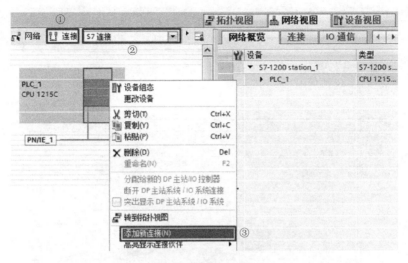

图 7-7　选择 S7 连接

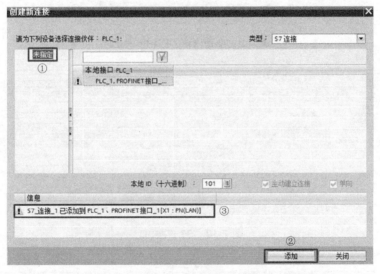

图 7-8　添加"未指定"S7 连接

③ 选择"常规"。

④ 设置伙伴方 CPU IP 地址。

在 S7 连接属性"本地 ID"中，可以查询到本地连接 ID（十六进制数值），如图 7-10 所示。该 ID 用于标识网络连接，需要与 PUT/GET 指令中"ID"参数保持一致。

在 S7 连接属性"地址详细信息"属性中，需要配置伙伴方 TSAP，如图 7-11 所示。伙伴 TSAP 设置值与伙伴 CPU 类型有关，伙伴 CPU 侧 TSAP 可能设置值如下：

- 伙伴为 S7-1200/1500 系列 CPU：03.00 或 03.01；
- 伙伴为 S7-300 系列 CPU：03.02；
- 伙伴为 S7-400 系列 CPU：03.XY，X 和 Y 取决于 CPU 的机架和插槽号。

本示例中，伙伴 CPU 为 CPU 1217C，因此伙伴方 TSAP 可设置为 03.00 或 03.01。

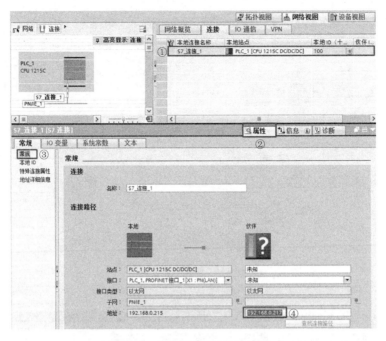

图 7-9　设置伙伴 CPU IP 地址

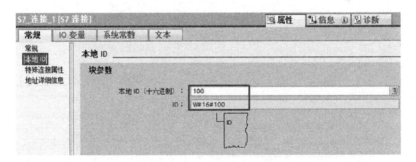

图 7-10　S7 连接 ID

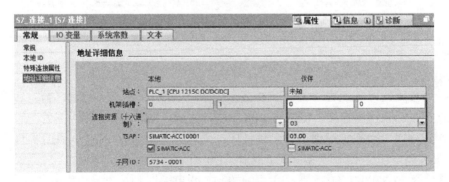

图 7-11　设置伙伴 TSAP

3）程序编程：

步骤一：在程序块中，添加用于 PUT/GET 数据交换的数据块"MyS7"，并在数据块中定义了两个数据类型为 Array ［0..99］ of Byte 变量 "RcvBuff" 和 "SendBuff"。 "MyS7" .RcvBuff 用于存储 "GET" 指令从伙伴 CPU 2 读取到的数据，"MyS7".SendBuff 为 "PUT" 指令发送到 CPU 2 的数据区，如图 7-12 所示。

　　步骤二：在主程序 OB 1 中，调用 "GET" 指令，读取伙伴 CPU 从 IB100 开始 100 个字节数据并保存到 "MyS7".RcvBuff，如图 7-13 所示。

图 7-12　创建用于数据交换的数据块

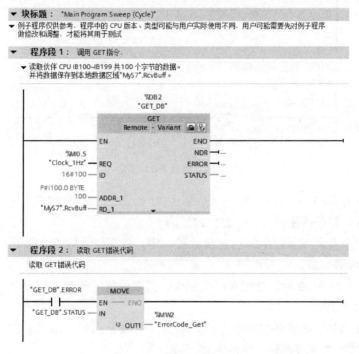

图 7-13　调用 GET 指令

　　步骤三：在主程序 OB 1 中，调用 "PUT" 指令，将本地数据 "MyS7".SendBuff 写入到伙伴 CPU 从 QB100 开始 100 个字节的区域，如图 7-14 所示。

> 注意：
> - 使用 PUT/GET 通信时，伙伴 CPU 待读写区域不支持优化访问的数据区域。
> - PUT/GET 指令中参数 "ID" 需要与 S7 连接属性中的 "本地 ID"（参考图 7-10）一致。

　　4) 下载组态和程序：CPU 1 的组态配置与编程已经完成，只需将其下载到 CPU 即可。

　　(2) CPU 2 编程组态

　　单端组态的 S7 连接通信中，S7 通信服务器侧无需组态 S7 连接，也无须调用 PUT/GET 指令，固本例中 CPU 2 只需进行设备组态，而无须在主程序 OB1 中进行相关通信编程。

　　1) 设备组态：使用 TIA 博途软件创建新项目，并将 CPU 1217C 作为新设备添加到项目中。在设备视图的巡视窗口中，将 CPU 属性作如下修改：

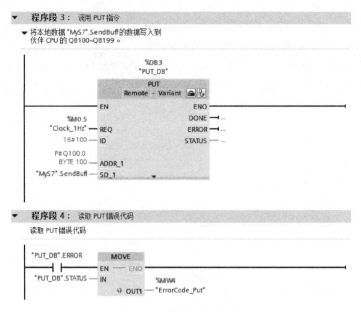

图 7-14　调用 PUT 指令

● 在 "PROFINET 接口" 属性中为 CPU "添加新子网"，并设置 IP 地址（192.168.0.217）和子网掩码（255.255.255.0）；

● 在 "防护与安全" 属性中的 "连接机制" 中，激活 "允许来自远程对象的 PUT/GET 通信访问"，参考图 3-21。

2）下载组态：CPU 2 的组态配置已经完成，只需将其下载到 CPU 即可。

（3）通信状态测试

打开 CPU 1 项目，在网络视图中选择 CPU，并 "转至在线" 模式，在 "连接" 选项卡中可以对 S7 通信连接进行诊断，如图 7-15 所示。

① 选择 CPU。

② 单击 "转至在线" 按钮，切换到在线模式。

③ 在 "连接" 选项卡中选择本地连接，在 "连接信息" 中即可查询到连接的详细信息。

成功建立的 S7 连接，是 PUT/GET 指令数据访问成功的先决条件。连接建立后，就可以通过 "GET" 指令获取伙伴 CPU 数据，调用 "PUT" 指令发送数据给伙伴 CPU。示例程序请参见随书光盘中的例程目录《S7_PUT_GET_One_Side》。

2. 相同项目中的 S7 通信

本示例在同一个 TIA 项目中使用了两个 S7-1200 CPU，CPU 之间通过双端组态方式创建 S7 连接。CPU 1 为 CPU 1215C，其 IP 地址为 192.168.0.215；CPU 2 为 CPU 1217C，其 IP 地址为 192.168.0.217。通信任务与上文 "不同项目中的 S7 通信" 相同，不再累述。

（1）S7 双端组态编程步骤

1）设备组态：使用 TIA 博途软件创建新项目，分别将 CPU 1215C 和 CPU 1217C 作为新设备添加到项目中。在设备视图中为 CPU 1215C 和 CPU 1217C 的以太网接口添加子网并设

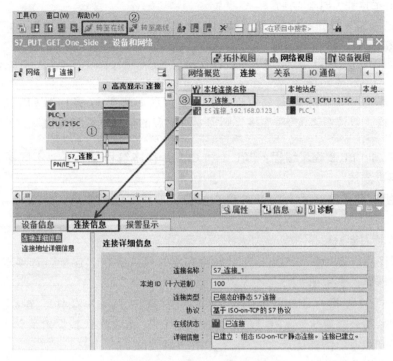

图 7-15　监控 S7 连接状态

置 IP 地址和子网掩码。本例中需要将 CPU 1215C 和 CPU 1217C 设置在同一子网,其中 CPU 1215C IP 地址为 192.168.0.215,CPU 1217C IP 地址为 192.168.0.217。CPU 1 和 CPU 2 其他属性设置与上文 "不同项目中 S7 通信" 设置相同,不再累述。

2) 组态 S7 连接:在网络视图中,单击 "连接" 按钮,按钮右侧的下拉选项中选择 "S7 连接",选择 CPU 1 图标,鼠标右键在菜单中选择 "添加新连接",相关操作可参考图 7-7。在弹出 "创建新连接" 对话框中,选择指定伙伴 CPU (本例为 CPU 2),单击 "添加" 后,即可创建双端组态的 S7 连接,如图 7-16 所示。

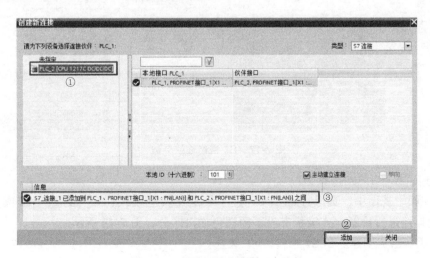

图 7-16　创建双端组态的 S7 连接

① 选择指定伙伴 CPU。

② 单击 "添加" 按钮，创建 S7 连接。

③ 双端组态的 S7 连接已添加。

注意：

单端组态的 S7 连接，只需要将连接的组态信息下载到 S7 客户端 CPU 即可，服务器端无须下载。双端组态的 S7 连接，则需要将组态的信息下载到通信双方 CPU。

3）CPU 1 和 CPU 2 程序编程：CPU 1 和 CPU 2 程序编程与上文 "不同项目中的 S7 通信" 相同，不再累述。

4）下载组态和程序：两个 CPU 的组态配置与编程都已经完成，分别将其下载到两个 CPU 站点即可。

（2）通信状态测试

在网络视图中，选择任一站点，并 "转至在线" 模式，在 "连接" 选项卡中可以对 S7 通信连接进行诊断，参考图 7-15。

成功建立的 S7 连接，是 PUT/GET 指令数据访问成功的先决条件。连接建立后，就可以通过 "GET" 指令获取伙伴 CPU 数据，调用 "PUT" 指令发送数据给伙伴 CPU。示例程序请参见随书光盘中的例程目录《S7_PUT_GET_Two_Side》。

7.2.4　S7 通信的常见问题

1. S7-1200 CPU 在网络视图中最多可以组态多少个 S7 连接？

答：S7-1200 CPU 系统预留了 8 个可组态的 S7 连接资源，考虑上 6 个动态连接资源，最多可组态 14 个 S7 连接。但是 S7-1200 CPU 通过双端组态实现 1 个 OPC UA（SIMATIC NET V12 及-以上）通信，会占用 3 个可组态 S7 连接资源，此时则最多可组态 11 个 S7 连接，如图 7-17 所示。

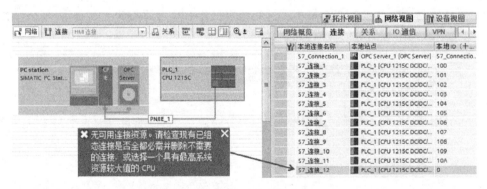

图 7-17　S7 组态连接个数

2. 如何监控 S7 的连接状态？

答：在网络视图中，选择特定 CPU，并 "转至在线" 模式，在 "连接" 选项卡中可以对 S7 通信连接进行诊断，连接状态以不同颜色加以区分，图 7-18 所示。

① 绿色：已成功建立的 S7 连接。

② 红色：连接失败的 S7 连接。

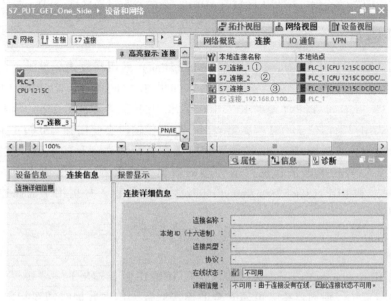

图 7-18　监控 S7 连接状态

③ 灰色：组态的 S7 连接还未被下载到 CPU（在网络视图中选中 CPU，然后通过单击"下载到设备"按钮，可将组态的连接下载到 CPU 中）。

3. 如何读取 PUT/GET 指令的错误代码？

答：PUT/GET 指令的 STATUS 参数用于显示通信状态字，但是 STATUS 只在 ERROR 为 TRUE 那一个扫描周期时有效，为了有效读取错误代码，可使用如图 7-19 所示方法。

4. S7 通信常见的错误有哪些？

答：S7-1200 CPU 使用 PUT/GET 指令读写伙伴 CPU 数据时，经常遇见的错误有以下几条：

1）通信伙伴为 S7-1200/1500 CPU 时，未在伙伴 CPU 属性的"防护与安全"设置中激活"允许来自远程对象的 PUT/GET 通信访问"。这时 PUT/GET 指令会报错代码 W#16#2。

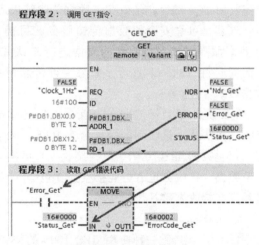

图 7-19　读取错误代码

2）伙伴 CPU 待读写的数据块区域为优化访问的数据区域，这时 PUT/GET 指令会报错误代码 W#16#8。

3）PUT/GET 指令中参数 ADDR_i 与 SD_i/RD_i 定义的数据区域在数量、长度和数据类型等方面未完全匹配，例如：

● 本地数据区域只使用了一个 SD_1/RD_1，但是指向伙伴的读写区域使用了多个（如 ADDR_1 和 ADDR_2）；

● 使用"GET"指令时，待读取的区域（ADDR_i 参数）大于存储数据的区域（RD_i 参数）；

- 使用 "PUT" 指令时，待写入区域（ADDR_i 参数）与发送区域（SD_i 参数）不一样大。

7.3　OUC 通信

开放式用户通信（OUC：Open User Communication）采用开放式标准，可与第三方设备或 PC 进行通信，也适用于 S7-300/400/1200/1500 CPU 之间通信。S7-1200 CPU 支持 TCP（遵循 RFC 793）、ISO-on-TCP（遵循 RFC 1006）和 UDP（遵循 RFC 768）等开放式用户通信。这些开放式用户通信位于 OSI 模型第 4 层，数据传输时会使用到 OSI 模型的第 3 层网络层和第 4 层传输层，参考图 7-3。网络层用于将数据从源传送到目的地址，支持 IP 路由功能。传输层主要功能是面向进程提供端到端的数据传输服务，提供了 TCP（Transmission Control Protocol）和 UDP（User Datagram Protocol）两种协议，分别用于面向连接或无连接的数据传输服务。

7.3.1　OUC 通信概述

1. TCP

TCP 是由 RFC 793 描述的一种标准协议，是 TCP/IP 簇传输层的主要协议，主要用途为设备之间提供全双工、面向连接、可靠安全的连接服务。传输数据时需要指定 IP 地址和端口号作为通信端点。

TCP 是面向连接的通信协议，通信的传输需要经过建立连接、数据传输、断开连接等三个阶段。为了确保 TCP 连接的可靠性，TCP 采用三次握手方式建立连接，建立连接的请求需要由 TCP 的客户端发起。数据传输结束后，通信双方都可以提出断开连接请求。

TCP 是可靠安全的数据传输服务，可确保每个数据段都能到达目的地。位于目的地的 TCP 服务需要对接收到的数据进行确认并发送确认信息。TCP 发送方在发送一个数据段的同时将启动一个重传，如果在重传超时前收到确认信息就关闭重传，否则将重传该数据段。

TCP 是一种数据流服务，TCP 连接传输数据期间，不传送消息的开始和结束的信息。接收方无法通过接收到的数据流来判断一条消息的开始与结束。例如，发送方发送 3 包数据，每包数据均为 20 个字节，接收方有可能只收到 1 包 60 个字节数据；发送方发送 1 包 60 字节数据，接收方也有可能接收为 3 包 20 个字节数据。为了区别消息，一般建议发送方发送长度与接收方接收长度相同。

2. ISO-on-TCP

ISO-on-TCP 是一种使用 RFC 1006 的协议扩展，即在 TCP 中定义了 ISO 传输的属性，ISO 协议是通过数据包进行数据传输。ISO-on-TCP 是面向消息的协议，数据传输时传送关于消息长度和消息结束标志。ISO-on-TCP 与 TCP 一样，也位于 OSI 参考模型的第 4 层传输层，其使用数据传输端口为 102，并利用传输服务访问点（Transport Service Access Point，TSAP）将消息路由至接收方特定的通信端点。

3. UDP

UDP 是一种非面向连接协议，发送数据之前无须建立通信连接，传输数据时只需要指定 IP 地址和端口号作为通信端点，不具有 TCP 中的安全机制，数据的传输无须伙伴方应答，因而数据传输的安全不能得到保障。

UDP 也是一种简单快速、面向消息的数据传输协议，也位于 OSI 参考模型的第 4 层传输层。数据传输时将传送关于消息长度和结束的信息，另外由于数据传输时仅加入少量的管理信息，与 TCP 相比具有更大的数据吞吐量。

7.3.2　OUC 通信指令

TIA 博途软件为 S7-1200 CPU 提供了 2 套 OUC 通信指令，如图 7-20 所示。

OUC 通信指令见表 7-4。

表 7-4　OUC 通信指令

不带有自动连接管理功能的指令	
指令	说　明
TCON	建立连接
TDISCON	终止连接
TSEND	TCP/ISO-on-TCP 通信时发送数据
TRCV	TCP/ISO-on-TCP 通信时接收数据
TUSEND	UDP 通信时发送数据
TURCV	UDP 通信时接收数据
带有自动连接管理功能的指令	
指令	说明
TSEND_C	建立连接并发送数据
TRCV_C	建立连接并接收数据

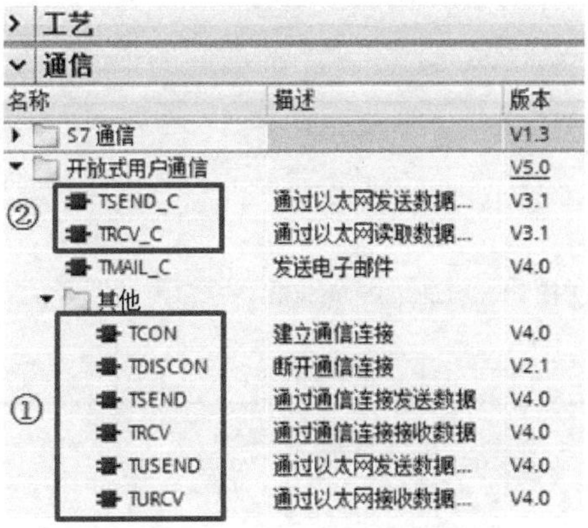

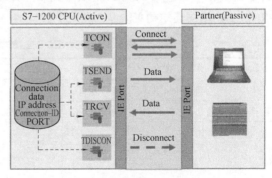

图 7-20　OUC 通信指令

①—不带有自动连接管理功能的指令　②—带有自动连接管理功能的指令

TSEND_C/TRCV_C 等带有自动连接管路功能的指令，其内部集成了 TCON、TSEND/TRCV（TUSEND/TURCV）和 TDISCON 等指令。

TCP/ISO-on-TCP 是面向连接的通信，数据交换之前首先需要建立连接，S7-1200 CPU 可使用"TCON"指令建立通信连接。连接建立后，S7-1200 CPU 就可使用"TSEND"和"TRCV"指令发送和接收数据了。通信结束后，S7-1200 CPU 可使用"TDISCON"指令断开连接释放通信资源。S7-1200 CPU TCP 通信流程如图 7-21 所示。

图 7-21　TCP 通信流程

UDP 虽是非面向连接的通信，发送数据之前也需要调用 TCON 指令，该指令并不用于创建与通信伙伴的连接，而用于通知 CPU 操作系统定义一个 UDP 通信服务。定义完 UDP 通信服务后，S7-1200 CPU 就可使用 TUSEND 和 TURCV 指令发送和接收数据了。通信结束后，S7-1200 CPU 可使用 TDISCON 指令释放 UDP 通信资源。

1. TCON 指令

TCON 指令用于建立开放式通信连接，可用于 TCP、ISO-on-TCP 和 UDP 通信。连接建立后，CPU 将自动持续监视该连接状态。参数 CONNECT 指定的连接数据用于描述通信连接。参数 REQ 的上升沿用于启动连接建立操作。成功建立连接后，参数 DONE 将置位一个扫描周期。TCON 指令的调用如图 7-22 所示。

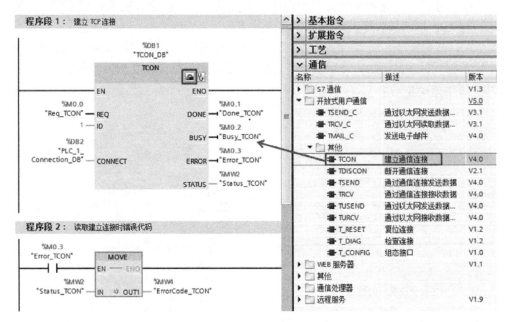

图 7-22　TCON 指令调用

参数 CONNECT 用于描述通信连接，该参数包含建立连接所需全部设置，该参数可以通过单击 "TCON" 指令右上角 "开始组态" 按钮生成，也可通过在数据块中组态一个结构类型为 TCON_IP_v4 变量（ISO-on-TCP 通信时，该结构类型为 TCON_IP_RFC）来实现。参数 CONNECT 连接描述结构见表 7-5 和表 7-6。

表 7-5　CONNECT 连接描述结构（TCP/UDP）

字 节	参　　　数	数据类型	起始值	注　　　释
0…1	InterfaceId	HW_ANY	64	S7-1200 CPU 以太网口硬件标识符
2…3	ID	CONN_OUC	1	连接 ID，需要与 TCON 指令的 ID 参数一致
4	ConnectionType	Byte	16#0B	连接类型： 16#0B：TCP 16#13：UDP
5	ActiveEstablished	Bool	true	连接建立类型的标识符（TCP）： FALSE：被动连接建立 TRUE：主动连接建立
6…9	RemoteAddress	IP_V4		伙伴方的 IP 地址，例如 192.168.0.100
10…11	RemotePort	UInt	2000	伙伴方端口地址
12…13	LocalPort	UInt	2000	本地端口地址

注意：

UDP 是非面向连接的通信，因此无须在参数 CONNECT 描述通信连接结构中设置伙伴方的 IP 地址和端口号，且 "ActiveEstablished" 也需要设置为 FALSE。

表 7-6　CONNECT 连接描述结构（ISO-on-TCP）

字节	参　　数	数据类型	起始值	注　　释
0…1	InterfaceId	HW_ANY	64	S7-1200 CPU 以太网口硬件标识符
2…3	ID	CONN_OUC	1	连接 ID，需要与 TCON 指令的 ID 参数一致
4	ConnectionType	Byte	16#0C	连接类型： 16#0B：TCP；16#0C：ISO-on-TCP；16#13：UDP
5	ActiveEstablished	Bool	true	连接建立类型的标识符： FALSE：被动连接建立 TRUE：主动连接建立
8…11	RemoteAddress	IP_V4		伙伴方的 IP 地址，例如 192.168.0.100
12…45	RemoteTSelector	TSelector		远程连接伙伴的 TSelector： · TSelLength＝TSAP 长度 · TSel[1-32]＝TSAP 字符数组
46…79	LocalTSelector	TSelector		本地连接的 TSelector： · TSelLength＝TSAP 长度 · TSel[1-32]＝TSAP 字符数组

当参数 CONNECT 描述通信连接结构中"ActiveEstablished"为 TRUE 时，则本地 CPU 为 TCP/ISO-on-TCP 通信的客户端，其将主动发起建立连接请求。当通信伙伴不存在和不建立连接的条件不满足时，TCON 指令将会报错并终止本次建立连接请求。如果还需要尝试建立连接，则需要再次触发参数 REQ。

参数 ID 需要与 CONNECT 描述通信连接结构中"ID"一致。如果 CPU 需要建立多个 OUC 通信，则需要调用 TCON 指令多次并给指令分配不同的背景数据块，且需要给参数 ID 分配不同的数值。

2. TDISCON 指令

TDISCON 指令用于断开 TCON 指令建立的连接或释放 TCON 指令定义的 UDP 服务，参数 ID 需要与 TCON 指令的 ID 相同。参数 REQ 的上升沿用于启动断开连接建立操作，如果还需要重新建立连接或定义服务，必须再次执行 TCON 指令。

3. TSEND 指令

TSEND 指令用于通过已建立连接发送数据，指令的调用如图 7-23 所示。

TSEND 指令主要参数定义如下：

● REQ：上升沿时触发发送作业。

● ID：连接 ID，需要与 TCON 指令 ID 参数相同。

● LEN：数据发送长度，S7-1200 TCP/ISO-on-TCP 通信支持最大发送长度为 8192 字节。LEN＝0 时，发送长度取决于 DATA 参数指定的数据发送区。当 DATA 参数为优化数据块的结构化变量时，设置 LEN＝0。

● DATA：指向发送区的指针，本地数据区域支持优化访问或标准访问。如果数据块为标准访问，则该地址指针还可以采用 P#DB4.DBX0.0 BYTE 100 寻址方式。

● STATUS：通信状态字，如果 ERROR 为 TRUE 时，可以通过其查看通信错误原因。由于 STATUS 只在 ERROR 为 TRUE 那一个扫描周期时有效，为了有效读取错误代码，可参考图 7-23 中的程序段 4。

4. TRCV 指令

TRCV 指令用于通过已建立连接接收数据，指令的调用如图 7-24 所示。

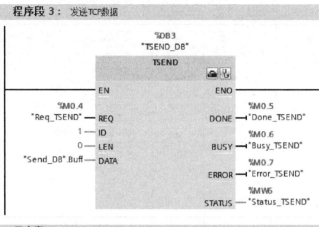

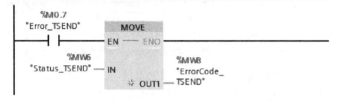

图 7-23　TSEND 指令调用

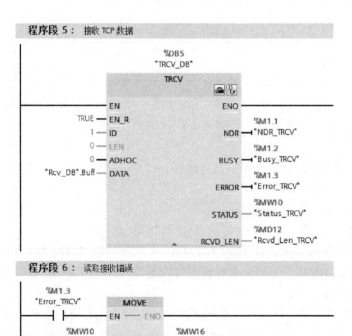

图 7-24　TRCV 指令调用

TRCV 指令主要参数定义如下：

- EN_R：启用接收功能；
- ID：连接 ID，需要与 TCON 指令 ID 参数相同；

- LEN：数据接收长度，S7-1200 TCP/ISO-on-TCP 通信支持最大接收长度为 8192 字节；LEN = 0 时，接收长度取决于 DATA 参数指定的数据接收区；当 DATA 参数为优化数据块的结构化变量时，设置 LEN = 0；
- DATA：指向接收区的指针，本地数据区域支持优化访问或标准访问；
- RCVD_LEN：实际接收到的字节数，该数值只在 NDR 为 TRUE 那个扫描周期有效；
- ADHOC：Ad-hoc 模式仅可用于 TCP，使用 Ad-hoc 模式用于接收动态长度的数据；CPU 与一些高级语言 Socket 通信或者与 Hyper Terminal 通信时，通信伙伴发送的数据长度可能不固定，则需要使用 Ad-hoc 模式接收。

> 注意：
> 如果 "TRCV" 指令采用 Ad-hoc 模式接收数据时，建议 DATA 数据区域为标准访问的数据块。如果 DATA 为优化访问数据块，则只支持 ARRAY of BYTE 或长度为 8 位的数据类型（如 CHAR、USINT、SINT 等）。
> 使用 Ad-hoc 模式接收动态长度数据时，一次可接收数据的最大长度应满足以下条件：
> 1）最大接收长度不能超过 1460 字节。
> 2）当 LEN = 0 时，数据的最大长度不能超过 DATA 指定数据区域长度。
> 3）当 LEN ≠ 0 时，数据的最大长度不能大于 LEN 指定的长度。

5. TUSEND 指令

TUSEND 指令通过已定义的 UDP 服务向输入参数 ADDR 指定的通信伙伴方发送数据，TUSEND 指令的调用如图 7-25 所示。

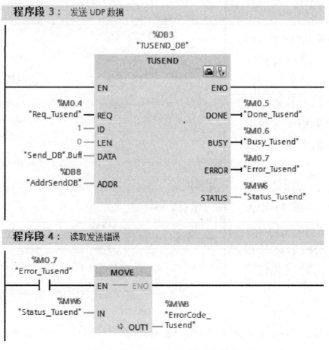

图 7-25 TUSEND 指令调用

TUSEND 指令主要参数定义如下:

- REQ: 上升沿时触发发送作业;
- ID: 连接 ID, 需要与 TCON 指令 ID 参数相同;
- LEN: 数据发送长度, S7-1200 UDP 通信支持最大发送长度为 1472 字节。LEN = 0 时, 发送长度取决于 DATA 参数指定的数据发送区。当 DATA 参数为优化数据块的结构化变量时, 设置 LEN = 0;
- DATA: 指向发送区的指针, 本地数据区域支持优化访问或标准访问。
- ADDR: 用于定义通信伙伴的地址信息 (IP 地址和端口号), 其数据结构类型为 TADDR_Param。可以通过添加一个数据类型为 TADDR_Param 的数据块创建该参数。TADDR_Param 结构描述见表 7-7。

表 7-7　TADDR_Param 结构描述

字节	参数	数据类型	起始值	注　　释
0…3	REM_IP_ADDR	IP_V4	0. 0. 0. 0	伙伴方的 IP 地址, 例如 192. 168. 0. 100
4…5	REM_PORT_NR	UInt	2000	伙伴方端口地址
6…7	RESERVED	Word	…	预留

6. TURCV 指令

TURCV 指令通过已定义 UDP 服务接收数据, 指令的调用如图 7-26 所示。

TURCV 指令主要参数定义如下:

- EN_R: 启用接收功能;
- ID: 连接 ID, 需要与 TCON 指令 ID 参数相同;
- LEN: 数据接收长度, S7-1200 UDP 通信支持最大接收长度为 1472 字节; LEN = 0 时, 接收长度取决于 DATA 参数指定的数据接收区; 当 DATA 参数为优化数据块的结构化变量时, 设置 LEN = 0;
- RCVD_LEN: 实际接收到的字节数, 该数值只在 NDR 为 TRUE 那个扫描周期有效;
- DATA: 指向接收区的指针, 本地数据区域支持优化访问或标准访问;
- ADDR: 用于存储通信伙伴的地址信息, 其数据结构类型为 TADDR_Param, 详细信息可见表 7-7。与 TUSEND 指令不同的是无须预定义通信伙伴的地址信息。

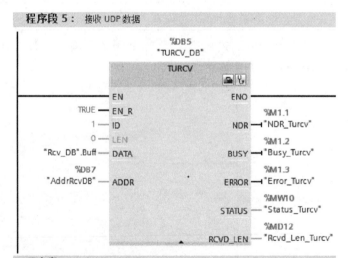

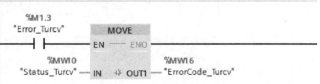

图 7-26　TURCV 指令调用

7. TSEND_C 指令

TSEND_C 指令内部集成了 TCON、TSEND/TUSEND、T_RESET 和 TDISCON 等指令，因此该指令可以使用以下功能：

- 建立通信连接；
- 通过已经建立的连接发送数据；
- 断开通信连接；

"TSEND_C" 指令的调用如图 7-27 所示。

"TSEND_C" 指令主要参数定义如下：

- REQ：上升沿时触发发送作业；
- CONT：控制连接建立，为 0 时，断开连接；为 1 时，建立连接并保持；
- COM_RST：用于复位连接；
- LEN：数据发送长度，TCP/ISO-on-TCP 通信最大发送长度为 8192 字节，UDP 通信最大发送长度为 1472 字节；LEN = 0 时，发送长度取决于 DATA 参数指定的数据发送区。当 DATA 参数为优化数据块的结构化变量时，设置 LEN = 0；
- DATA：指向发送区的指针，本地数据区域支持优化访问或标准访问；
- ADDR：该参数为隐藏参数，只用于 UDP 通信，用于指定通信伙伴的地址信息，详细信息参考 TUSEND 指令；

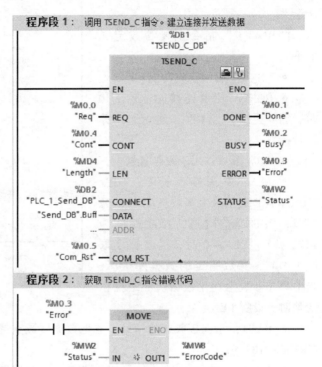

图 7-27　TSEND_C 指令调用

- CONNECT：指向连接描述结构的指针，详细信息参考 TCON 指令。

参数 CONT、COM_RST 和 REQ 分别用于控制建立连接、复位连接和发送数据，其中参数 REQ 和 COM_RST 仅在 CONT 为 TRUE 时有效，参数之间关系见表 7-8。

表 7-8　参数 EN_R、COM_RST 与 CONT 关系

REQ	COM_RST	CONT	指令状态	注　　释
不相关	不相关	0	初始化	终止连接或无任何作业处于激活状态
不相关	不相关	0→1	建立连接	正在建立连接
0	0	1	已建立连接	如果连接已经建立，则保持连接
不相关	0→1	1	复位连接	连接由 "T_ RESET" 断开并复位
0→1	0	1	发送数据	调用 "TSEND" 发送数据

8. TRCV_C 指令

TRCV_C 指令内部集成了 TCON、TRCV/TURCV、T_RESET 和 TDISCON 等指令，因此该指令可以使用以下功能：

- 建立通信连接；
- 通过已经建立的连接接收数据；
- 断开通信连接。

"TRCV_C" 指令的调用如图 7-28 所示。

"TRCV_C" 指令主要参数定义如下：

- EN_R：启用接收功能；
- CONT：控制连接建立。为 0 时，断开连接；为 1 时，建立连接并保持。
- COM_RST：用于复位连接；
- LEN：数据接收长度，TCP/ISO-on-TCP 通信最大接收长度为 8192 字节，UDP 通信时最大接收长度为 1472 字节。LEN = 0 时，接收长度取决于 DATA 参数指定的数据发送区。当 DATA 参数为优化数据块的结构化变量时，设置 LEN = 0；

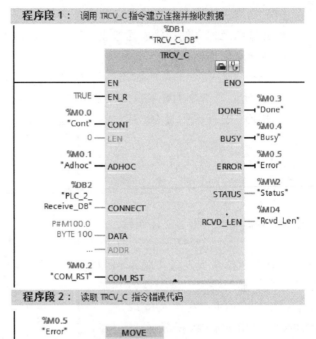

图 7-28 TRCV_C 指令调用

- DATA：指向接收区的指针，本地数据区域支持优化访问或标准访问，本例中接收区 MB100 ~ MB199；
- ADHOC：Ad-hoc 模式仅可用于 TCP，详细信息参考 TRCV 指令。

参数 CONT、COM_RST 和 EN_R 分别用于控制建立连接、复位连接和接收数据，其中参数 EN_R 和 COM_RST 仅在 CONT 为 TRUE 时有效，参数之间关系见表 7-9。

表 7-9 参数 EN_R、COM_RST 与 CONT 关系

EN_R	COM_RST	CONT	指令状态	注 释
不相关	不相关	0	初始化	终止连接或无任何作业处于激活状态
不相关	不相关	0→1	建立连接	正在建立连接
0	0	1	已建立连接	如果连接已经建立,则保持连接
不相关	0→1	1	复位连接	连接由 T_RESET 断开并复位
0→1	0	1	发送数据	启用数据接收功能

7.3.3 OUC 通信示例

1. TCP 通信示例

本示例中使用了两个 S7-1200 CPU，CPU 之间采用 TCP 通信。CPU 1 为 CPU 1215C，其

IP 地址为 192.168.0.215；CPU 2 为 CPU 1217C，其 IP 地址为 192.168.0.217。通信任务是 CPU 1 作为 TCP 通信客户端，调用"TSEND"指令将 CPU 1 实时时钟数据传送到 CPU 2。CPU 2 作为 TCP 通信服务器，调用"TRCV"指令接收 CPU 1 发送过来的数据。同一项目中两个 CPU 之间 TCP 通信与不同项目中两个 CPU 之间通信相比组态步骤更为简单，因此本文只介绍不同项目中两个 CPU 之间 TCP 的通信。

（1）CPU 1 编程组态

1）设备组态：使用 TIA 博途软件创建新项目，并将 CPU 1215C 作为新设备添加到项目中。在设备视图的巡视窗口中，将 CPU 属性作如下修改：

● 在"PROFINET 接口"属性中为 CPU"添加新子网"，并设置 IP 地址（192.168.0.215）和子网掩码（255.255.255.0）；

● 在"系统和时钟存储器"属性中，激活"启用时钟存储器字节"，并设置"时钟存储器字节的地址（MBx）"；

● 在"时间"属性中，将"本地时间"设置为"（UTC+08：00）北京、重庆、中国香港特别行政区和乌鲁木齐"。

2）程序编程：

步骤一：在程序块添加一个数据块"MyTcp"，并在数据块中定义一个数据类型为 DTL 变量"LocalTime"，该变量用于存储本地 CPU 的实时时钟，建议数据块"MyTcp"为标准访问的数据块。在主程序 OB 1 中调用"RD_LOC_T"指令，读取 CPU 本地时间并存储在"MyTcp".LocalTime 变量中。

步骤二：在主程序 OB 1 中调用"TCON"指令，建立"TCP"连接。单击"TCON"指令右上角"开始组态"按钮，在巡视窗口中选择"TCON"指令的"属性>组态>连接参数"，并配置 TCP 连接属性，如图 7-29 所示。

① 如果通信伙伴非在同一项目，则选择"未指定"。

② 在"连接参数"中选择"新建"时，系统将自动创建一个连接数据块。

③ 在"连接类型"中选择为"TCP"。

④ 设置伙伴方 IP 地址。

⑤ 选择 TCP 客户端，本例中 CPU 1 为客户端。

⑥ 本地 CPU 为客户端时，则需要设置服务器侧端口。

本例中，在"连接参数"的组态窗口中，通信"伙伴"处选择"未指定"，如果通信双方是同一项目中同一子网下的两个设备，则通信"伙伴"处可以选择指定的通信伙伴。

> 注意：
> TCP 通信时，如果本地 CPU 为客户端则需要指定服务器侧通信端口，本地端口无须指定；如果本地 CPU 为服务器则需要指定本地通信端口，无须指定伙伴端口，如果指定伙伴端口，则只接受该指定端口发送的连接请求。

步骤三：在主程序 OB 1 中，调用"TSEND"指令，将 CPU 本地时钟发送出去，如图 7-30 所示。

图 7-30 中，①如果"LEN"= 0，则将发送参数 DATA 指定的所有数据。

3）下载组态和程序：CPU 1 的组态配置与编程已经完成，只需将其下载到 CPU 即可。

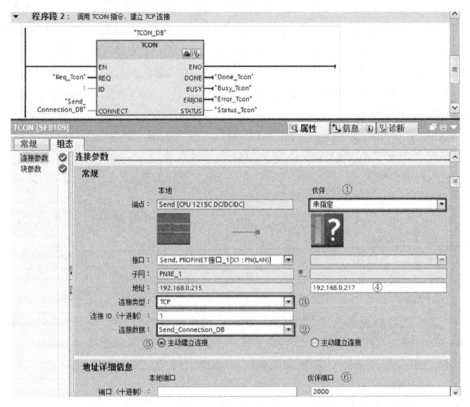

图 7-29　组态 TCP 连接

（2）CPU 2 编程组态

1）设备组态：使用 TIA 博途软件创建新项目，并将 CPU 1217C 作为新设备添加到项目中。在设备视图的巡视窗口中，将 CPU 属性作如下修改：

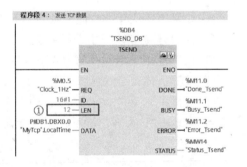

图 7-30　调用 TSEND 指令

● 在 "PROFINET 接口" 属性中，为 CPU "添加新子网"，并设置 IP 地址（192.168.0.217）和子网掩码（255.255.255.0）；

● 在 "时间" 属性中，将 "本地时间" 设置为 "（UTC+08：00）北京、重庆、中国香港特别行政区和乌鲁木齐"。

2）程序编程：

步骤一：在程序块添加一个数据块 "MyRcvTcp"，并在数据块中定义一个数据类型为 DTL 变量 "RemoteTime"，该变量用于接收 CPU 1 发送过来的实时时钟。

步骤二：在主程序 OB 1 中，调用 "TCON" 指令，建立 TCP 连接。单击 TCON 指令右上角 "开始组态" 按钮，在巡视窗口中选择 "TCON" 指令的 "属性>组态>连接参数"，并配置 TCP 连接属性，如图 7-31 所示。

① 如果通信伙伴非在同一项目，则选择 "未指定"。

② 在 "连接参数" 中选择 "新建" 时，系统将自动创建一个连接数据块。

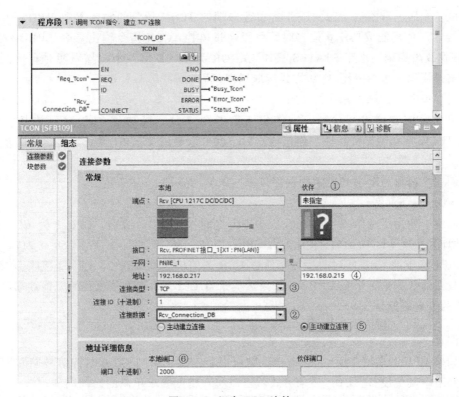

图 7-31　组态 TCP 连接

③ 在"连接类型"中选择为"TCP"。

④ 设置伙伴方 IP 地址。

⑤ 选择 TCP 客户端，本例中伙伴 CPU 为客户端。

⑥ 本地 CPU 为服务器时，则需要指定本地端口。

步骤三：在主程序 OB 1 中，调用
"TRCV"指令用于接收 CPU 1 发送过来的实
时时钟，如图 7-32 所示。

① Ad-hoc 模式用于接收动态长度的
数据。

② 采用 Ad-hoc 模式接收数据且接收数
据区"MyRcvTcp". RemoteTime 非 ARRAY
类型时，需要将数据块"MyRcvTcp"设置
为标准访问。

当发送方发送数据类型、长度与接收方
相同时，也可采用定长模式接收，只需将图

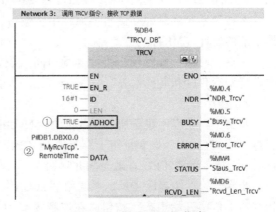

图 7-32　调用 TRCV 指令

7-32 中参数 ADHOC 设置为 FALSE 即可，此时数据块"MyRcvTcp"也可设置为优化访问。

3）下载组态和程序：CPU 2 的组态配置与编程已经完成，只需将其下载到 CPU 即可。

（3）通信状态测试

将两个 CPU 站点组态配置和程序分别下载到 CPU 1 和 CPU 2 后，即可开始对通信状态

进行测试。先后上升沿信号触发服务器和客户端的 TCON 指令的输入参数 REQ，用于建立 TCP 连接。TCP 不能成功建立连接时，可以通过监控 TCON 指令输出参数 ERROR 和 STA-TUS，查找故障原因。由于 STATUS 只在 ERROR 为 TRUE 那一个扫描周期时有效，为了有效读取错误代码，可参考图 7-19 方式读取错误代码。

在网络视图中，选择相应的 CPU，并"转至在线"模式，在"连接"选项卡中可以对开放式用户通信连接进行诊断，操作步骤参考图 7-15。成功建立的 TCP 连接，是调用 TSEND/TRCV 指令的先决条件。连接建立后，就可以通过 TSEND 发送数据，调用 TRCV 接收数据。

示例程序请参见随书光盘中的例程目录《TCP_Communication》。

2. UDP 通信示例

本示例中使用了两个 S7-1200 CPU，CPU 之间采用 UDP 通信。CPU 1 为 CPU 1215C，其 IP 地址为 192.168.0.215；CPU 2 为 CPU 1217C，其 IP 地址为 192.168.0.217。通信任务是 CPU 1 将本地 CPU 实时时钟数据通过 UDP 通信传送到 CPU 2。CPU 2 接收 UDP 数据，判断接收到的数据是否来自 CPU 1，如果数据来自 CPU 1，则将接收到的时钟数据写入到本地 CPU 的本地时间。

> 注意：
>
> 　如果 CPU 1 采用 UDP 广播通信，则可以将本地 CPU 的实时时钟信号同时发送到整个网络中其他设备，UDP 通信方式就可以实现精度要求不高的时间同步。

（1）CPU 1 编程组态

1）设备组态：使用 TIA 博途软件创建新项目，并将 CPU 1215C 作为新设备添加到项目中。在设备视图的巡视窗口中，将 CPU 属性作如下修改：

● 在"PROFINET 接口"属性中，为 CPU"添加新子网"，并设置 IP 地址（192.168.0.215）和子网掩码（255.255.255.0）；

● 在"系统和时钟存储器"属性中，激活"启用时钟存储器字节"，并设置"时钟存储器字节的地址（MBx）"；

● 在"时间"属性中，将"本地时间"设置为"（UTC + 08：00）北京、重庆、中国香港特别行政区和乌鲁木齐"。

2）程序编程：

步骤一：在程序块添加一个数据块"MyUdp"，并在数据块中定义一个数据类型为 DTL 变量"LocalTime"，该变量用于存储本地 CPU 的实时时钟。在主程序 OB 1 中调用"RD_LOC_T"指令读取 CPU 本地时间并存储在"MyUdp".LocalTime 变量中。

步骤二：在主程序 OB 1 中调用"TCON"指令，定义 UDP 通信服务。单击"TCON"指令右上角"开始组态"按钮，在巡视窗口中选择"TCON"指令的"属性>组态>连接参数"，并配置 UDP 属性，如图 7-33 所示。

① 在"伙伴"中选择"未指定"。

② 在"连接参数"中选择"新建"时，系统将自动创建一个连接数据块。

③ 在"连接类型"中选择"UDP"；

④ 指定本地 CPU 的通信端口。

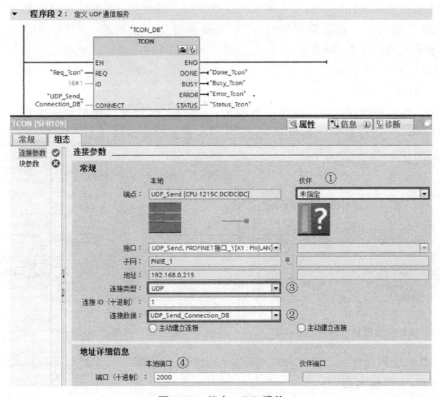

图 7-33　组态 UDP 通信

步骤三：在程序块中，再次添加一个数据块"AddrTusend"，数据块类型选择为"TADDR_Param"，如图 7-34 所示。

① 选择"添加新块"的类型为"数据块"。

② 在类型下拉菜单中，选择"TADDR_Param"。

③ 单击"确定"按钮，创建数据块。

图 7-34　添加类型"TADDR_Param"数据块

需要在数据块“AddrTusend”中定义发送数据时，接收方 IP 地址和端口地址（如果需要发送 UDP 广播报文，则需要将目的方 IP 地址设置为广播地址，例如 192.168.0.255），数据块内容定义如图 7-35 所示。

① 设置目的方 IP 地址。

② 设置目的方通信端口。

步骤四：在主程序 OB1 中，调用“TUSEND”指令，将 CPU 本地时钟通过 UDP 通信发送出去，“TUSEND”指令的输入参数“ADDR”需要连接到数据块“AddrTusend”“TUSEND”指令调用如图 7-36 所示。

AddrTusend

	名称	数据类型		起始值
1	▼ Static			
2	▼ REM_IP_ADDR	Array[1..4] of USInt		
3	REM_IP_ADDR[1]	USInt	①	192
4	REM_IP_ADDR[2]	USInt		168
5	REM_IP_ADDR[3]	USInt		0
6	REM_IP_ADDR[4]	USInt		217
7	REM_PORT_NR	UInt	②	2000
8	RESERVED	Word		16#0

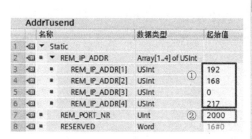

图 7-35　初始化数据块“AddrTusend”

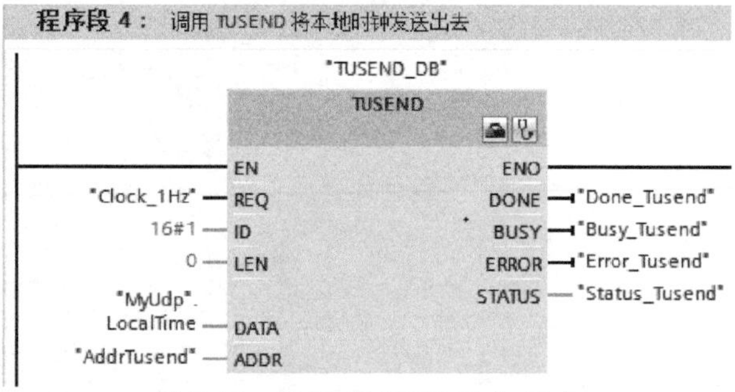

图 7-36　调用“TUSEND”指令

3）下载组态和程序：CPU 1 的组态配置与编程已经完成，只需将其下载到 CPU 即可。

（2）CPU 2 编程组态

1）设备组态：使用 TIA 博途软件创建新项目，并将 CPU 1217C 作为新设备添加到项目中。在设备视图的巡视窗口中，将 CPU 属性作如下修改：

- 在“PROFINET 接口”属性中，为 CPU“添加新子网”，并设置 IP 地址（192.168.0.217）和子网掩码（255.255.255.0）；
- 在“时间”属性中，将“本地时间”设置为“(UTC + 08：00) 北京、重庆、中国香港特别行政区和乌鲁木齐”。

2）程序编程：

步骤一：在程序块添加一个数据块“MyRcvUdp”，并在数据块中定义一个数据类型为 DTL 变量“RemoteTime”，该变量将用于接收 CPU 1 发送过来的实时时钟。在程序块中，需要再次添加两个类型为 TADDR_Param 的数据块“AddrTurcv”和“AddrSource”。其中数据块“AddrTurcv”用于存储 UDP 通信伙伴方的 IP 地址和端口信息，无需为其分配初始值；数据块“AddrSource”用于判断通信是否来自于特定的 IP 地址和端口，需要为其分配初始值，如图 7-37 所示。

① 判断发送方的 IP 地址是否为“192.168.0.215”。

② 判断发送方端口是否为“2000”，该值需要与图 7-33 中 CPU 1 的本地端口设置相同。

步骤二：在主程序 OB 1 中，调用“TCON”指令，定义 UDP 通信服务。单击“TCON”指令右上角“开始组态”按钮，在巡视窗口中选择

AddrSource

	名称	数据类型		起始值
1	▼ Static			
2	▼ REM_IP_ADDR	Array[1..4] of USInt		
3	REM_IP_ADDR[1]	USInt	①	192
4	REM_IP_ADDR[2]	USInt		168
5	REM_IP_ADDR[3]	USInt		0
6	REM_IP_ADDR[4]	USInt		215
7	REM_PORT_NR	UInt	②	2000
8	RESERVED	Word		16#0

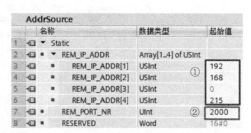

图 7-37　初始化数据块“AddrSource”

"TCON" 指令的 "属性>组态>连接参数", 并配置 UDP 属性, 如图 7-38 所示。

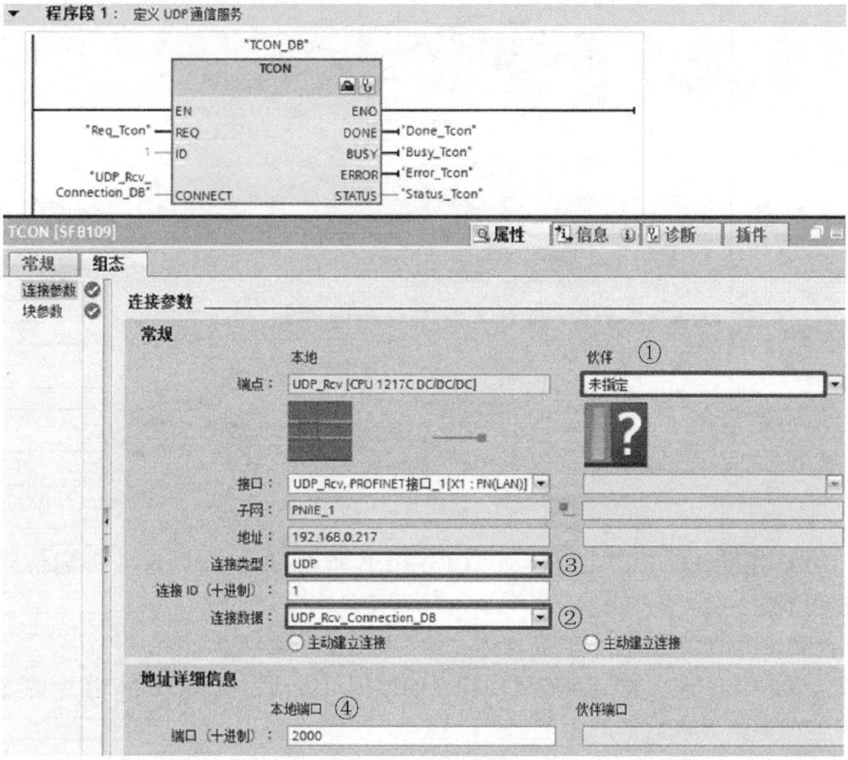

图 7-38　组态 UDP 通信

① 在 "伙伴" 中选择 "未指定"。

② 在 "连接参数" 中选择 "新建" 时, 系统将自动创建一个连接数据块。

③ 在 "连接类型" 中选择 "UDP"。

④ 指定本地 CPU 的通信端口。

步骤三: 在主程序 OB1 中, 调用 "TURCV" 指令, 接收 UDP 数据。当新的通信数据被接收时, 判断数据发送方是否来自 CPU 1, 若是, 则将接收到数据写入到本地 CPU 的本地时钟, 如图 7-39 所示。

3) 下载组态和程序: CPU 2 的组态配置与编程已经完成, 只需将其下载到 CPU 即可。

(3) 通信状态测试

将两个 CPU 站点组态配置和程序分别下载到 CPU 1 和 CPU 2 后, 即可开始对通信状态进行测试。分别上升沿信号触发 CPU 1 和 CPU 2 "TCON" 指令的输入参数 REQ, 用于创建 UDP 通信服务。

通信双方创建完 UDP 通信后, 即可监控 CPU 2 的 UDP 接收数据块 "MyRcvUdp" 和本地时钟观察其是否跟随 CPU 1 时钟变化。

示例程序请参见随书光盘中的例程目录《UDP_Communication》。

7.3.4　OUC 通信的常见问题

1. S7-1200 CPU 最多可以组态多少个 OUC 连接?

答: S7-1200 CPU 系统预留了 8 个 OUC 连接资源, 考虑上 6 个动态连接资源, 最多可

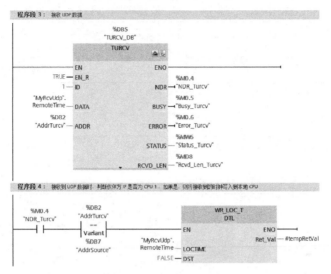

图 7-39　调用 TURCV 指令

组态 14 个 OUC 连接。即 TCP 、ISO-on-TCP、UDP 和 Modbus TCP 这 4 种通信同时可建立的连接数总和不超过 14 个。

2. S7-1200 CPU TCP 连接不能成功建立的可能原因有哪些？

答：S7-1200 CPU TCP 连接不能成功建立的原因可以通过查询 TCON 指令的 STATUS 参数获取，可能的原因大概有以下几条：

1）IP 地址和端口设置错误，建议设置方法如下：

• 作为 TCP 客户端时需要指定通信伙伴方的 IP 和端口，无需指定本地端口，如果指定了本地端口，则本地端口不能重复使用；

• 作为 TCP 服务器时只需要指定本地端口，无须指定伙伴方端口；如果不指定特定客户端连接，则可无须指定伙伴方 IP；

• TCP 客户端指定的伙伴方 IP 和端口需要与 TCP 服务器的本地 IP 和端口相同。

2）TCON 指令的输入参数 ID 与参数 CONNECT 连接的结构变量中"ID"不相同。

3）TCON 指令的输入参数 ID 不唯一，与其他 OUC 通信的"ID"号冲突。

4）通信双方都设置为客户端或都为服务器，TCP 通信双方需要一方为发起建立连接请求的客户端，另一方为响应连接建立的服务器。

3. S7-1200 CPU（固件 V4.2）作为 TCP 客户端使用 TCON 指令建立 TCP 连接，如果 TCP 服务器不存在或未启动 TCP 通信，为什么需要多次触发 TCON 指令？

答：S7-1200 CPU 从固件版本 V4.2 开始修改了 TCON 指令的通信行为。当 S7-1200 CPU（固件 V4.2）作为 TCP 客户端触发 TCON 指令建立 TCP 连接时，如果 TCP 服务器不存在或未使能 TCP 通信功能时，TCON 指令将会置位输出参数 ERROR，并终止 TCP 连接的建立。因此，如果还需要建立该 TCP 连接，就必须再次触发 TCON 指令尝试建立 TCP 连接。

固件 V4.2 之前 S7-1200 CPU 作为 TCP 客户端调用 TCON 指令建立 TCP 连接，如果 TCP 服务器不存在或未启动 TCP 通信功能时，只需要触发一次 TCON 指令，该指令将会一直尝试建立 TCP 连接，直到 TCP 连接被成功建立，该 TCON 指令无须多次触发。

4. TCP 通信时，为什么发送的数据与接收方接收的数据不一致，如发送方发送 2 包 30 字节数据，而接收方实际接收为 3 包 20 字节的数据？

答：当发送方发送长度与接收方接收长度不相同时会出现上述问题。

TCP 是一种数据流服务，接收方无法通过接收到的数据流来判断发送长度。为了避免上述问题的发生，一般建议发送方发送长度与接收方接收长度相同。如果发送方发送的数据长度是动态的，就无法约束接收方接收长度与发送方相同，这时可以采用 Ad-hoc 模式来接收变长的数据，可参考图 7-32。

7.4 Modbus TCP 通信

7.4.1 Modbus TCP 通信概述

Modbus 协议是一种广泛应用于工业通信领域里的简单、经济和公开透明的通信协议。Modbus 是一项应用层报文传输协议，可以为不同类型总线或网络连接的设备之间提供客户端/服务器通信。Modbus 协议定义了一个与基础通信层无关的简单协议数据单元（PDU），特定总线或网络上的 Modbus 协议引入了附加地址域映射成应用数据单元（ADU），如图 7-40 所示。

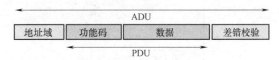

图 7-40　Modbus 应用数据单元

Modbus 是一个请求/应答协议，并且提供功能码规定的服务，Modbus 功能码是 Modbus 请求/应答 PDU 的元素。启动 Modbus 事务处理的客户端创建 Modbus 应用数据单元，功能码用于向服务器指示将执行哪种操作。Modbus 服务器执行功能码定义的操作，并对客户端的请求给予应答。

Modbus 协议根据使用网络的不同，可分为串行链路上 Modbus RTU/ASCII 和 TCP/IP 上的 Modbus TCP。Modbus TCP 结合了 Modbus 协议和 TCP/IP 网络标准，它是 Modbus 协议

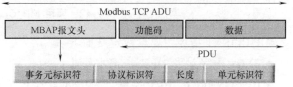

图 7-41　Modbus TCP 应用数据单元

在 TCP/IP 上的具体实现，数据传输时在 TCP 报文中插入了 Modbus 应用数据单元 ADU，如图 7-41 所示。

TCP/IP 上使用 Modbus 协议报文头（MBAP 报文头）用于识别 Modbus 应用数据单元，MBAP 报文头中携带附加长度信息，可便于接收方识别报文边界；MBAP 报文头中"单元标识符"用于取代 Modbus 串行链路上通用的 Modbus 从站地址域。

S7-1200 CPU 集成的以太网接口支持 Modbus TCP，可作为 Modbus TCP 客户端或服务器。Modbus TCP 使用 TCP 通信（遵循 RFC 793）作为 Modbus 通信路径，其通信时将占用 CPU OUC 通信连接资源。

7.4.2 Modbus TCP 通信指令

TIA 博途软件为 S7-1200 CPU 实现 Modbus TCP 通信提供了 Modbus TCP 客户端指令"MB_CLIENT"和 Modbus TCP 服务器指令"MB_SERVER"。

1. MB_CLIENT 指令

MB_CLIENT 指令用于将 S7-1200 CPU 作为 Modbus TCP 客户端，使得 S7-1200 CPU 可

通过以太网与 Modbus TCP 服务器进行通信。通过 MB_CLIENT 指令，可以在客户端和服务器之间建立连接、发送 Modbus 请求、接收响应。

　　MB_CLIENT 指令是一个综合性指令，其内部集成了 TCON、TSEND、TRCV 和 TDISCON 等 OUC 通信指令，因此 Modbus TCP 建立连接方式与 TCP 通信建立连接方式相同。S7-1200 CPU 作为 Modbus TCP 客户端时，其本身即为 TCP 客户端。MB_CLIENT 指令的调用如图 7-42 所示。

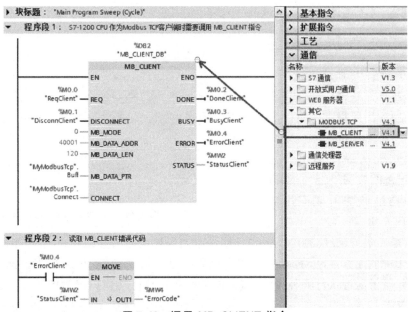

图 7-42　调用 MB_CLIENT 指令

　　MB_CLIENT 指令主要参数定义如下：

　　• REQ：电平触发 Modbus 请求作业；

　　• DISCONNECT：用于控制与 Modbus TCP 服务器建立和终止连接，DISCONNECT = FALSE 时，与参数 CONNECT 指定的通信伙伴建立 TCP 连接；DISCONNECT = TRUE 时，断开 TCP 连接；

　　• MB_MODE：Modbus 请求模式，常用模式值有 0 和 1，0 为读请求，1 为写请求；

　　• MB_DATA_ADDR：要访问的 Modbus TCP 服务器数据起始地址；

　　• MB_DATA_LEN：数据访问的位数或字数；

　　• MB_DATA_PTR：指向数据缓冲区的指针，支持优化访问或标准访问的数据区，该数据区用于从 Modbus 服务器读取数据或向 Modbus 服务器写入数据；

　　• CONNECT：指向连接描述结构的指针，数据类型为 TCON_IP_v4。当 S7-1200 作为 Modbus TCP 客户端时需要将参数 CONNECT 描述通信连

图 7-43　MB_CLIENT 指令的
CONNECT 参数设置

接结构中"ActiveEstablished"设置为 TRUE，并需要指定通信伙伴的 IP 地址和通信端口，CONNECT 参数的设置如图 7-43 所示。

① 连接 ID 不能与 OUC 通信重叠。

② 主动建立连接，"ActiveEstablished"应设置为 TRUE。

③ 必须指定 Modbus 服务器 IP 地址。

④ 必须指定 Modbus 服务器通信端口。

⑤ 无须指定本地通信端口。

• DONE：Modbus 作业成功完成的那个扫描周期，该状态位为 TRUE；

• ERROR：Modbus 作业执行出差，错误原因需要参考 STATUS；

• STATUS：通信状态字，如果 ERROR 为 TRUE 时，可以通过其查看通信错误原因。注意，STATUS 只在 ERROR 为 TRUE 那一个扫描周期时有效，为了有效读取错误代码，可参考图 7-42 程序段 2。

> 注意：
> • Modbus 请求作业开始后，MB_CLIENT 指令的 MB_MODE、MB_DATA_ADDR、MB_DATA_LEN 等输入参数在 Modbus TCP 服务器进行响应或输出错误消息之前不允许修改。
> • Modbus TCP 客户端如果需要连接多个 Modbus TCP 服务器，则需要调用多个 MB_CLIENT 指令，每个 MB_CLIENT 指令需要分配不同的背景数据块和不同的连接 ID（ID 需要通过参数 CONNECT 指定）。
> • 当 Modbus TCP 客户端对同一个 Modbus TCP 服务器进行多次读写操作时，则需要调用多次 MB_CLIENT 指令，每次调用 MB_CLIENT 指令时需要分配相同的背景数据块和相同的连接 ID，且同一时刻只能有一个 MB_CLIENT 指令被触发。

Modbus 通信使用不同的功能码对不同的地址区进行读写操作，MB_CLIENT 指令根据 MB_MODE、MB_DATA_ADDR 及 MB_DATA_LEN 等参数来确定功能码及操作地址，见表 7-10。

表 7-10　Modbus 通信模式对应的功能码及操作地址

MB_MODE	MB_DATA_ADDR	MB_DATA_LEN	Modbus 功能	功能和数据类型
0	起始地址： 1~9999	数据长度： 1~2000	01	读取输出位，每个 Modbus 请求 1 到 2000 个位
0	起始地址： 10001~19999	数据长度： 1~2000	02	读取输入位，每个 Modbus 请求 1 到 2000 个位
0	40001~49999 400001~465535	数据长度： 1~125	03	读取保持寄存器，每个 Modbus 请求 1 到 125 个字
0	起始地址： 30001~39999	数据长度： 1~125	04	读取输入寄存器，每个 Modbus 请求 1 到 125 个字
1	起始地址： 1~9999	数据长度： 1	05	写入 1 个输出位
1	40001~49999 400001~465535	数据长度： 1	06	写入 1 个保持寄存器
1	起始地址： 1~9999	数据长度： 2~1968	15	写入 2~1968 个输出位
1	40001~49999 400001~465535	数据长度： 2~123	16	写入 2~123 个保持寄存器

（续）

MB_MODE	MB_DATA_ADDR	MB_DATA_LEN	Modbus 功能	功能和数据类型
2	起始地址： 1~9999	数据长度： 1~1968	15	写入 1~1968 个输出位
2	40001~49999 400001~465535	数据长度： 1~123	16	写入 1~123 个保持寄存器
101	起始地址： 0~65535	数据长度： 1~2000	01	在远程地址 0~65535 处， 读取 1 到 2000 个输出位
102	起始地址： 0~65535	数据长度： 1~2000	02	在远程地址 0~65535 处， 读取 1 到 2000 个输入位
103	起始地址： 0~65535	数据长度： 1~125	03	在远程地址 0~65535 处， 读取 1 到 125 个保持寄存器
104	起始地址： 0~65535	数据长度： 1~125	04	在远程地址 0~65535 处， 读取 1 到 125 个输入寄存器
105	起始地址： 0~65535	数据长度： 1	05	在远程地址 0~65535 处，写入 1 个输出位
106	起始地址： 0~65535	数据长度： 1	06	在远程地址 0~65535 处，写入 1 个保持寄存器
115	起始地址： 0~65535	数据长度： 1~1968	15	在远程地址 0~65535 处， 写入 1 到 1968 个输出位
116	起始地址： 0~65535	数据长度： 1~123	16	在远程地址 0~65535 处， 写入 1 到 123 个保持寄存器

在 Modbus TCP 通信数据传输时，使用了 MBAP 报文头用于识别 Modbus 应用数据单元，MBAP 报文头中"单元标识符"用于取代 Modbus 串行链路上通用的 Modbus 从站地址域，MB_CLIENT 指令背景数据块的静态变量 MB_UNIT_ID 则对应为 MBAP 中的"单元标识符"，该参数默认值为 0xFF。使用 MB_CLIENT 指令时一般不会使用到 MB_UNIT_ID 参数，因为通过 CONNECT 参数中指定的伙伴方 IP 和端口就可寻址到特定的 Modbus TCP 服务器。但是，如果 S7-1200 CPU 作为 Modbus TCP 客户端与用作 Modbus RTU 协议网关的 Modbus TCP 服务器通信时，则需要使用 MB_UNIT_ID 参数标识串行网络中的从站地址。这种情况下，Modbus TCP 客户端向 Modbus TCP 服务器发送请求时，MB_UNIT_ID 参数会将请求转发到正确的 Modbus RTU 从站设备。

MB_CLIENT 指令背景数据块的静态变量 Connected 用于指示 Modbus TCP 连接状态，可使用该变量判断 TCP 连接是否成功建立。

2. MB_SERVER 指令

MB_SERVER 指令用于将 S7-1200 CPU 作为 Modbus TCP 服务器，使得 S7-1200 CPU 可通过以太网与 Modbus TCP 客户端进行通信。MB_SERVER 指令将处理 Modbus TCP 客户端的连接请求、接收和处理 Modbus 请求，并发送 Modbus 应答报文。

注意：

Modbus TCP 服务器如果需要连接多个 Modbus TCP 客户端，则需要调用多个 MB_SERVER 指令，每个 MB_SERVER 指令需要分配不同的背景数据块和不同的连接 ID（ID 需要通过参数 CONNECT 指定）。

MB_SERVER 指令内部集成了 TCON、TSEND、TRCV 和 TDISCON 等 OUC 通信指令，其

建立连接方式与 TCP 通信建立连接方式相同。S7-1200 CPU 作为 Modbus TCP 服务器时，其本身即为 TCP 服务器。MB_SERVER 指令的调用如图 7-44 所示。

MB_SERVER 指令主要参数定义如下：

- DISCONNECT：用于建立与 Modbus TCP 客户端的被动连接。DISCONNECT = FALSE 时，可响应参数 CONNECT 指定的通信伙伴的连接请求；DIS-CONNECT = TRUE 时，断开 TCP 连接。

- MB_HOLD_REG：指向 Modbus 保持寄存器的指针。S7-1200 CPU 可以将全局数据块或位存储器（M）映射为 Modbus 保持寄存器，其中全局数据块支持优化访问或标准访问。Modbus 客户端可通过 Modbus 功能码 3（读取保持寄存器）、功能码 6（写入单个保持寄存器）和功能码 16（写入单个或多个

图 7-44　调用 MB_SERVER 指令

保持寄存器）操作服务器端的保持寄存器。图 7-44 例子中 MB_HOLD_REG 参数指向一个 Word 数组，那么数组中第一个元素即对应 Modbus 地址 40001，MB_HOLD_REG 参数与 Modbus 保持寄存器地址映射关系见表 7-11。

表 7-11　MB_HOLD_REG 参数与 Modbus 保持寄存器地址映射关系

Modbus 地址	MB_HOLD_REG 参数		
	P#M100.0 WORD 100	P#DB1.DBX0.0 WORD 100	"MyModbusTcp".Buff
40001	MW100	DB1.DBW0	"MyModbusTcp".Buff [0]
40002	MW102	DB1.DBW2	"MyModbusTcp".Buff [1]
40003	MW104	DB1.DBW4	"MyModbusTcp".Buff [2]
…	…	…	…
40100	MW298	DB1.DBW198	"MyModbusTcp".Buff [99]

MB_SERVER 指令背景数据块的静态变量 HR_Start_Offset 可以修改 Modbus 保持寄存器的地址偏移，HR_Start_Offset 功能见表 7-12。

表 7-12　Modbus 保持寄存器地址偏移设置

HR_Start_Offset	Modbus 地址	MB_HOLD_REG 参数	
		P#DB1.DBX0.0 WORD 100	"MyModbusTcp".Buff
0	40001	DB1.DBW0	"MyModbusTcp".Buff [0]
	40002	DB1.DBW2	"MyModbusTcp".Buff [1]
	…	…	…
100	40101	DB1.DBW0	"MyModbusTcp".Buff [0]
	40102	DB1.DBW2	"MyModbusTcp".Buff [1]
	…	…	…

- CONNECT：指向连接描述结构的指针，数据类型为 TCON_IP_v4，CONNECT 参数的设置如图 7-45 所示。

① 连接 ID 时，不能与 OUC 通信重叠。

② 被动建立连接时，"ActiveEstablished" 应设置为 FALSE。

③ 无须指定伙伴方的 IP 地址和通信端口。

④ 必须指定本地通信端口，默认端口为 502。

● NDR：0 表示无新数据；1 表示从 Modbus 客户端写入了新数据。

● DR：0 表示无数据被读取；1 表示有数据被 Modbus 客户端读取。

● ERROR：调用 MB_SERVER 指令出错，错误原因需要参考 STATUS。

● STATUS：通信状态字，如果 ERROR 为 TRUE 时，可以通过其查看通信错误原因。

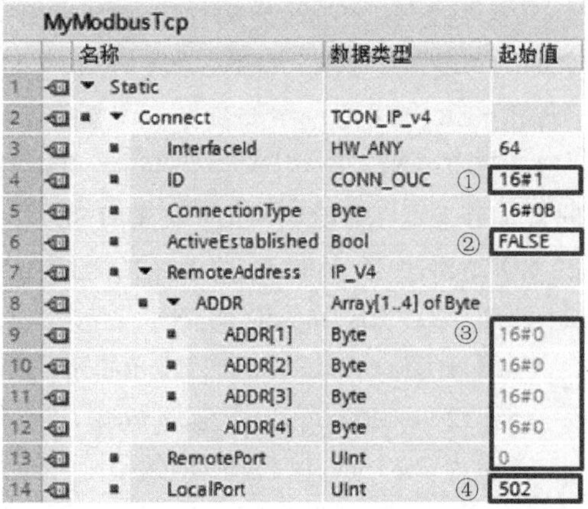

MB_SERVER 指令除了支持 Modbus 客户端通过 Modbus 功能码 3（读取保持寄存器）、功能码 6（写入单个保持寄存器）和功能码

MyModbusTcp				
	名称		数据类型	起始值
1	▼ Static			
2	■ ▼ Connect		TCON_IP_v4	
3	■ Interfaceld		HW_ANY	64
4	■ ID		CONN_OUC ①	16#1
5	■ ConnectionType		Byte	16#0B
6	■ ActiveEstablished		Bool ②	FALSE
7	■ ▼ RemoteAddress		IP_V4	
8	■ ▼ ADDR		Array[1..4] of Byte	
9	■ ADDR[1]		Byte ③	16#0
10	■ ADDR[2]		Byte	16#0
11	■ ADDR[3]		Byte	16#0
12	■ ADDR[4]		Byte	16#0
13	■ RemotePort		UInt	0
14	■ LocalPort		UInt ④	502

图 7-45　MB_SERVER 指令的
CONNECT 参数设置

16（写入单个或多个保持寄存器）操作保持寄存器，还支持 Modbus 功能码 1、2、4、5 和 15 直接读取或写入 CPU 的过程映像输入和输出区。S7-1200 CPU 作为 Modbus TCP 服务器时，Modbus 地址与 CPU 过程映像区的映射关系见表 7-13。

表 7-13　Modbus 地址与 CPU 过程映像区的映射关系

Modbus 地址			S7-1200 CPU	
功能码	功能	Modbus 地址	数据区	CPU 地址
01	读输出位	00001~08192	输出过程映像	Q0.0~Q1023.7
02	读输入位	10001~18192	输入过程映像	I0.0~I1023.7
04	读输入寄存器	30001~30512	输入过程映像	IW0~IW1022
05	写输出位	00001~08192	输出过程映像	Q0.0~Q1023.7
15	写输出位	00001~08192	输出过程映像	Q0.0~Q1023.7

7.4.3　Modbus TCP 通信示例

本示例中使用了两个 S7-1200 CPU，CPU 之间采用 Modbus TCP 通信。CPU 1 为 Modbus TCP 客户端，其 IP 地址为 192.168.0.215；CPU 2 为 Modbus TCP 服务器，其 IP 地址为 192.168.0.217。通信任务是 Modbus TCP 客户端读取 Modbus TCP 服务器 Modbus 地址 10001~10008（I0.0~I0.7）数据，并将读取到 8 位数据取反后写入到 Modbus TCP 服务器 Modbus 地址 00001~00008（Q0.0~Q0.7）。

1. CPU 1 编程组态

（1）设备组态

使用 TIA 博途软件创建新项目，并将 CPU 1215C 作为新设备添加到项目中。在设备视图的巡视窗口中，将 CPU 属性作如下修改：

在"PROFINET 接口"属性中，为 CPU"添加新子网"，并设置 IP 地址（192.168.0.215）和子网掩码（255.255.255.0）。

（2）程序编程

步骤一：在程序块添加一个数据块"MyModbusTcp"，并在数据块中定义一个数据类型为

"TCON_IP_v4"变量"Connect"，该变量将用于定义通信连接，S7-1200 CPU 作为 Modbus TCP 客户端时，需要指定 Modbus TCP 服务器侧的 IP 地址和通信端口，变量的定义请参考图 7-43。

步骤二：在主程序 OB 1 中，需要调用两次"MB_CLIENT"指令，"MB_CLIENT"指令的第一次调用用于读取 Modbus TCP 服务器 Modbus 地址 10001~10008 数据。该"MB_CLI-ENT"指令参数 REQ 的触发可使用"MB_CLIENT"背景数据块中静态变量 Connected 的上升沿信号，如图 7-46 所示。

图 7-46 MB_CLIENT 指令的第一次调用

步骤三：第一次调用"MB_CLIENT"指令的 DONE 或 ERROR 状态位，复位，该"MB_CLIENT"指令的 REQ 触发位，并置位第二次调用"MB_CLIENT"指令的参数 REQ；当第一次调用"MB_CLIENT"指令的执行无错误时，将接收到的 Modbus TCP 数据取反。程序如图 7-47 所示。

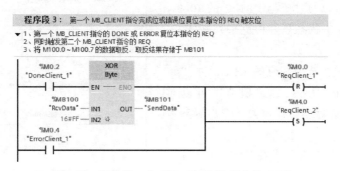

图 7-47 复位第一个 MB_CLIENT 指令的 REQ

步骤四：在主程序 OB 1 中，第二次调用"MB_CLIENT"指令，本次调用用于写入数据到 Modbus TCP 服务器 Modbus 地址 00001~00008。本条"MB_CLIENT"指令的 DONE 或 ERROR 状态位复位该"MB_CLIENT"指令的 REQ 触发位，并置位第一次调用"MB_CLI-ENT"指令的参数 REQ，程序如图 7-48 所示。

（3）下载组态和程序

CPU 1 的组态配置与编程已经完成，只需将其下载到 CPU 即可。

2. CPU 2 编程组态

（1）设备组态

使用 TIA 博途软件创建新项目，并将 CPU 1217C 作为新设备添加到项目中。在设备视图的巡视窗口中，将 CPU 属性作如下修改：

在"PROFINET 接口"属性中，为 CPU "添加新子网"，并设置 IP 地址（192.168.0.217）和子网掩码（255.255.255.0）。

（2）程序编程

步骤一：在程序块添加一个数据块"MyModbusTcp"，并在数据块中定义一个数据类型为 TCON_IP_v4 变量"Connect"，该变量将用于定义通信连接，S7-1200 CPU 作为 Modbus TCP 服务器时，需要指定本地的通信端口，变量的定义请参考图 7-45。

步骤二：在主程序 OB1 中，需要调用"MB_SERVER"指令，用于处理 Modbus TCP 客户端的连接请求、接收和处理 Modbus 请求，并发送 Modbus 应答报文，如图 7-49 所示。

（3）下载组态和程序

CPU 2 的组态配置与编程已经完成，只需将其下载到 CPU 即可。

3. 通信状态测试

将两个 CPU 站点组态配置和程序分别下载到 CPU 1 和 CPU 2 后，即可开始对通信状态进行测试。本例中可以通过监控 CPU 2 的 I0.0~I0.7 与 Q0.0~Q0.7 状态是否相反来判断 Modbus TCP 通信状态。

在网络视图中，选择相应的 CPU，并"转至在线"模式，在"连接"选项卡中可以对 Modbus TCP 连接进行诊断，相关操作步骤参考图 7-15。

示例程序请参见随书光盘中的例程目录《Modbus TCP》。

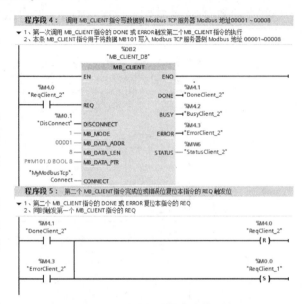

图 7-48 MB_CLIENT 指令的第二次调用

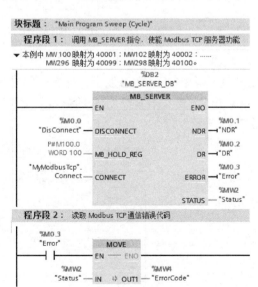

图 7-49 调用 MB_SERVER 指令

7.4.4 Modbus TCP 通信的常见问题

1. S7-1200 CPU 作为 Modbus TCP 客户端与一些 Modbus RTU 网关设备通信时，为什么"MB_CLIENT"指令会出现 16#8382 或 16#80C8 错误代码？

答：当 S7-1200 CPU 作为 Modbus TCP 客户端与 Modbus RTU 协议网关通信时，如果 MB_CLIENT 指令背景数据块中静态变量 MB_UNIT_ID 的值（默认值为 255）与 Modbus RTU 从站地址不相同，则 MB_CLIENT 指令会出现 16#8382 或 16#80C8 错误代码。

MB_CLIENT 指令向 Modbus RTU 网关发送请求时，MB_UNIT_ID 用于标识串行网络中的从站地址，使得 Modbus RTU 网关可将请求转发到正确的 Modbus RTU 从站设备。

2. S7-1200 CPU 作为 Modbus TCP 客户端，能否多次调用 MB_CLIENT 指令？

答：Modbus TCP 客户端如果需要连接多个 Modbus TCP 服务器，则需要调用多个 MB_CLIENT 指令，每个 MB_CLIENT 指令需要分配不同的背景数据块和不同的连接 ID。

Modbus TCP 客户端连接同一个 Modbus TCP 服务器，但需要对该服务器进行多次读写操作时，则需要调用多次 MB_CLIENT 指令，每次调用 MB_CLIENT 指令需要分配相同的背景数据块和相同的连接 ID，MB_CLIENT 指令之间需要采用轮询方式执行，具体编程请参考第 7.4.3 章节。

3. S7-1200 CPU 作为 Modbus TCP 服务器，能否连接多个 Modbus TCP 客户端？

答：Modbus TCP 服务器如果需要连接多个 Modbus TCP 客户端，则需要调用多个 MB_SERVER 指令，每个 MB_SERVER 指令需要分配不同的背景数据块和不同的连接 ID（ID 需要通过参数 CONNECT 指定）。

MB_SERVER 指令的 CONNECT 参数用于定义通信连接，在该连接参数中需要为每个 MB_SERVER 指令分配不同的连接 ID 和不同的本地端口，S7-1200 V4.2 版本 CPU 支持端口复用，但是建议使用不同的本地端口。

7.5 PROFINET IO 通信

7.5.1 PROFINET IO 通信概述

PROFINET IO 通信环境中各个通信设备根据组件功能划分为 IO 控制器、IO 设备和 IO 监视器。IO 控制器用于对连接 IO 设备进行寻址，需要与现场设备交换输入和输出信号，功能类似 PROFIBUS 网络中 DP 主站。IO 设备是分配给其中一个 IO 控制器的分布式现场设备，功能类似 PROFIBUS 网络中 DP 从站。IO 监视器是用于调试和诊断的编程设备或 HMI 设备。

PROFINET IO 提供三种执行水平的数据通信：

1）非实时数据传输（NRT）：用于项目的监控和非实时要求的数据传输，例如项目的诊断，典型的通信时间为 100ms。

2）实时通信（RT）：用于要求实时通信的过程数据，通过提高实时数据的优先级和优化数据堆栈（OSI 参考模型第 1 层和第 2 层）实现，可使用标准网络元件执行高性能的数据传输，典型的通信时间为 1~10ms。

3）等时实时（IRT）：用于实现 IO 通信中对 IO 处理性能极高的高端应用，等时实时可确保数据在相等的时间间隔进行数据传输，等时实时通信需要特殊的硬件支持（交换机和 CPU，S7-1200 CPU 目前还不支持该类型通信），其典型通信时间为 0.25~1ms。

　　支持 IRT 的交换机数据通道分为标准通道和 IRT 通道。标准通道用于 NRT 和 RT 的数据，IRT 通道专用于 IRT 的数据通信，网络上其他的通信不会影响 IRT 的数据通信。PROFINET IO 实时通信的 OSI 参考模型参考图 7-3。

　　S7-1200 CPU 作为 PROFINET IO 控制器时支持 16 个 IO 设备，所有 IO 设备的子模块的数量最多为 256 个。S7-1200 CPU 固件 V4.0 开始支持 PROFINET IO 智能设备（I-Device）功能，可与 1 个 PROFINET IO 控制器连接。S7-1200 CPU 固件 V4.1 开始支持共享设备（Shared-Device）功能，可与最多两个 PROFINET IO 控制器连接。S7-1200 CPU 可支持的 PROFINET IO 通信如图 7-50 所示。

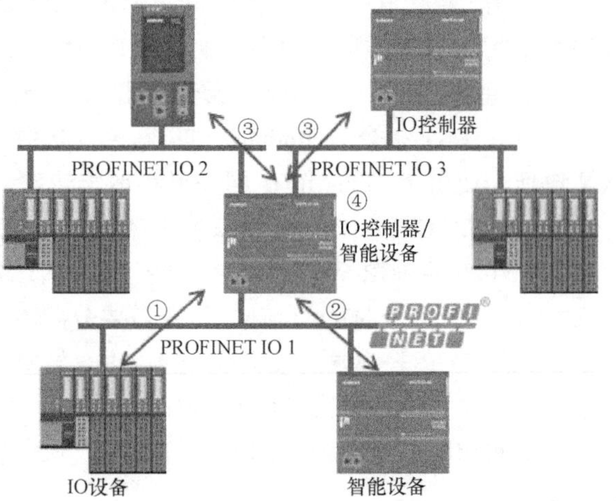

图 7-50　S7-1200 PROFINET IO 通信

　　① S7-1200 CPU 作为 IO 控制器与 IO 设备之间的通信。

　　② IO 控制器与智能设备之间通信。

　　③ S7-1200 CPU 作为共享设备，可最多与两个 IO 控制器通信。

　　④ S7-1200 CPU 可同时作为 IO 控制和 IO 智能设备。

7.5.2　S7-1200 CPU 作为 IO 控制器

　　S7-1200 系列 CPU 都集成了 PROFINET 接口，可以连接带有 PROFINET IO 接口的远程 IO 设备，例如 ET 200SP 和 ET 200MP 等设备。下面以 S7-1200 CPU 连接 ET200SP 为例，介绍 S7-1200 CPU 作为 IO 控制器的配置过程。

　　（1）组态 IO 控制器

　　使用 TIA 博途软件创建新项目，将 CPU 1215C 作为新设备添加到项目中，本例中 CPU 1215C 将作为 IO 控制器。在设备视图中为 CPU 1215C 以太网接口添加子网并设置 IP 地址和子网掩码。

　　（2）添加 IO 设备

　　在网络视图和硬件目录"分布式 IO>ET 200SP>接口模块>PROFINET"中，选择需要的 IO 设备并拖入到网络视图中。为新添加 IO 设备分配 IO 控制器（CPU 1215C），如图 7-51 所示。

　　① 在 IO 设备上，选择"未分配"。

　　② 鼠标右键菜单"分配给新 IO 控制器"分配给 CPU 1215 C。

　　（3）为 IO 设备分配 IP 和设备名称

　　当为 IO 设备分配 IO 控制器时，系统会自动给 IO 设备的以太网接口分配 IP 地址和设备名称。在设备视图中，单击 IO 设备的以太网接口，在巡视窗口中可以修改 IP 地址、设备名称和设备编号，如图 7-52 所示。

　　① 为 IO 设备分配 IP 地址。

　　② 为 IO 设备分配设备名称。

　　③ 分配设备编号。

　　为了使 IO 设备可作为 PROFINET 上的节点进行寻址，必须确保其 IP 地址、设备名称

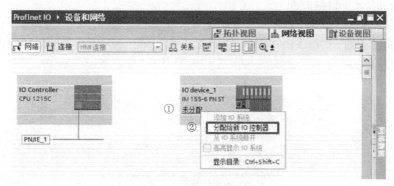

图 7-51　添加 IO 设备

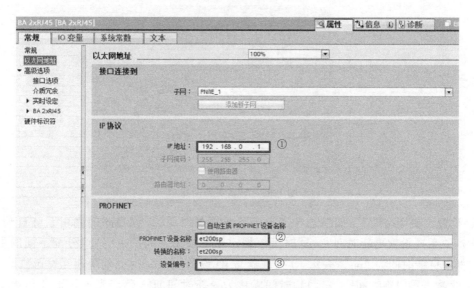

图 7-52　分配 IP 地址和设备名称

和设备编号唯一。因为 PROFINET IO 通信只使用了 OSI 参考模型第 1 层和第 2 层，未使用第 3 层网络层，不支持 IP 路由功能，所以 IO 设备的 IP 地址需要与 IO 控制器分配在同一网段。IP 地址只用于诊断和通信初始化，与实时通信无关。设备名称是 IO 设备的唯一标识，IO 设备必须具有设备名称才可被 IO 控制器寻址。设备编号一般用于编程诊断或程序中识别 IO 设备（例如，使用指令"LOG2GEO"）。

（4）IO 设备中组态 IO 模块

在设备视图中，根据实际为 IO 设备添加 I/O 模块。IO 设备中 I/O 模块的地址直接映射到 IO 控制器的 I、Q 区，I/O 地址可以直接在程序中调用。

> ET 200SP 设备组态注意事项：
> - ET 200SP 站的第一个 BaseUnit 必须为浅色 BaseUnit。
> - 浅色 BaseUnit 上安装的 I/O 模块，需要将参数"电位组"设置为"启用新电位组"。
> - I/O 模块有版本的区别，需要根据实际添加相应版本的模块。

（5）配置 IO 设备更新时间

在设备视图中，单击 IO 设备的以太网接口。在属性巡视窗口中，选择"常规>高级选项>实时设定>IO 周期"。在"IO 周期"设置界面中，可以设定 IO 控制器与 IO 设备的更新时间，如图 7-53 所示。

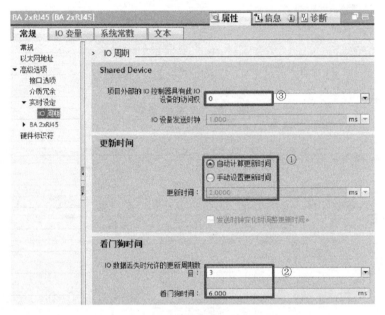

图 7-53　设备更新时间

① 设置"更新时间"：如果选择"自动计算更新时间"，刷新时间则由系统自动计算；也可选择"手动设置更新时间"，这时可根据实际需求为不同的 IO 站点分配不同的更新时间。本例中更新时间为 2ms，表示 IO 控制器与 IO 设备按 2ms 时间间隔相互发送数据。

② 设置"看门狗时间"：看门狗时间默认为更新时间的 3 倍，表示如果 3 倍更新时间内没有接收到数据，则判断 PROFINET IO 通信故障。

③ 指定项目外 IO 控制器个数：IO 设备作为共享设备时，需要指定访问该 IO 设备项目外 IO 控制器的数量。

> 注意：
> ● PROFINET IO 通信中如果使用了不能识别实时数据优先级的第三方交换机时，不能保证实时数据被优先转发，为了避免因达到看门狗时间数据未更新而造成通信故障误报，因此需要调整更新时间和看门狗时间。
> ● 看门狗时间需要根据实际需要进行修改，当 PROFINET 网络中使用介质冗余协议（MRP）时，网络的典型重构时间为 200ms，因此需要将看门狗时间设置大于 200ms。

（6）分配设备名称

在网络视图中，选择 PROFINET 网络，单击"分配设备名称"按钮为 IO 设备分配设备名称，如图 7-54 所示。

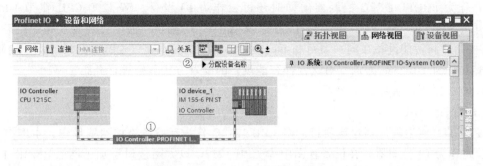

图 7-54　为 IO 设备分配设备名称

① 选择 PROFINET 网络。

② 单击"分配设备名称"按钮。

在随后弹出"分配 PROFINET 设备名称"视窗中，根据 MAC 地址给 IO 设备分配设备名称，如图 7-55 所示。

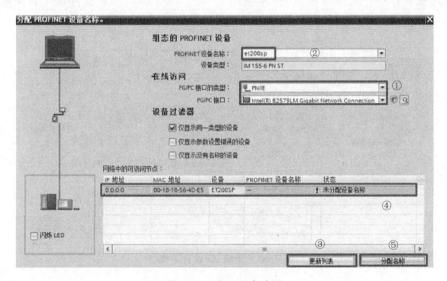

图 7-55　分配设备名称

① 为"在线访问"分配正确的 PG/PC 类型和接口。

② 在"PROFINET 设备名称"中，选择已配置的 IO 设备名称。

③ 单击"更新列表"，刷新网络中可访问节点。

④ 在"网络中可访问节点"窗口中，根据 MAC 地址选择需要分配名称的 IO 设备。

⑤ 单击"分配名称"按钮，分配设备名称。需要依次给所有 IO 站点分配设备名称。

（7）下载组态

将设备组态下载到 CPU 后，PROFINET IO 通信将自动建立。

通过监视 CPU 和接口模块上的指示灯可判断通信状态，也可通过调用"DeviceStates"和"ModuleStates"指令对分布式 IO 设备的站状态和模块进行诊断。

7.5.3　S7-1200 CPU 作为智能设备

S7-1200 CPU 固件 V4.0 开始支持 PROFINET IO 智能设备（I-Device）功能，即 S7-1200

CPU 在作为 PROFINET IO 控制器的同时还可以作为 IO 设备。S7-1200 CPU 作为 I-Device 时，可与 S7-1200、S7-300/400、S7-1500 以及第三方 IO 控制器通信。智能设备的组态区分为 IO 控制器和智能设备在同一项目和不同项目两种方式，本文以 CPU 1217C 为 IO 控制器，CPU 1215C 为 I-Device 为例，对这两种智能设备的配置方式分别进行介绍。

1. IO 控制器和智能设备在同一项目

（1）组态 IO 控制器

使用 TIA 博途软件创建新项目，将 CPU 1217C 作为新设备添加到项目中，本例中 CPU 1217C 将作为 IO 控制器。在设备视图中为 CPU 1217C 以太网接口添加子网 "PN/IE_1" 并设置 IP 地址（192.168.0.217）和子网掩码（255.255.255.0）。

（2）组态 I-Device

1）在 IO 控制器项目中，再插入 CPU 1215C 作为 I-Device。

在设备视图中，将 CPU 1215C 以太网接口连接到子网 "PN/IE_1"，并设置 IP 地址（192.168.0.215）、子网掩码（255.255.255.0）和设备名称。然后，在 CPU 1215C 以太网接口属性巡视窗口中，选择 "常规>操作模式"，在 "操作模式" 设置界面中，使能 "IO 设备" 并将它分配给 CPU 1217C 的 PROFINET 接口，如图 7-56 所示。

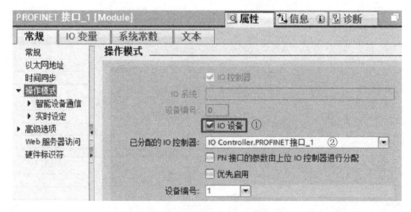

图 7-56　使能 IO 设备功能

① 使能 "IO 设备"。

② 为 I-Device 分配给 IO 控制器 CPU 1217C。

2）组态传输区：CPU 1215C 的以太网接口被分配给 IO 控制器后，在 CPU 1215C 以太网接口属性巡视窗口中，选择 "常规>操作模式>智能设备通信"。在 "传输区域" 设置界面中，双击 "新增" 添加一个传输区，并在其中定义通信双方的通信地址区域和通信长度，图 7-57 示例中定义了两个传输区，IO 控制器传输数据 QB100 ~ QB199 到 I-Device IB100 ~ IB199；I-Device 传输数据 QB200 ~ QB299 到 IO 控制器 IB200 ~ IB299。

单击箭头可以修改数据传输方向。

（3）下载组态

将设备组态分别下载到两个 CPU 中，它们之间的 PROFINET IO 通信将自动建立。可以通过监视 CPU 1215C 的 IB100 ~ IB199 数据是否跟随 CPU 1217C 的 QB100 ~ QB199 变化或 CPU 1217C 的 IB200 ~ IB299 数据是否跟随 CPU 1215C 的 QB200 ~ QB299 的变化来判断

图 7-57 定义传输区

PROFINET IO 通信是否成功建立。

示例程序请参见随书光盘中的例程《I-Device_Same_Project》项目。

2. IO 控制器和智能设备不在同一项目

（1）创建 I-Device 项目

1）组态 I-Device：使用 TIA 博途软件创建项目 "I-Device_Slave"，将 CPU 1215C 作为新设备添加到项目中并指定名称 "I-Device"，本例中 CPU 1215C 将作为 I-Device。在设备视图中为 CPU 1215C 以太网接口添加子网，并设置 IP 地址、子网掩码和设备名称，如图 7-58 所示。

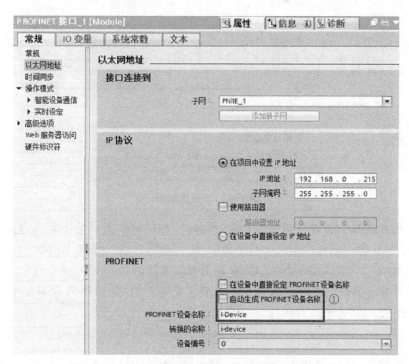

图 7-58 设置子网掩码、IP 地址和设备名称

不建议自动生成 PROFINET 设备名称，应根据应用设置设备名称。

2）使能 "IO 设备"：在 CPU 1215C 以太网接口属性巡视窗口中，选择 "常规>操作模式"，在 "操作模式" 设置界面中，使能 "IO 设备" 并将 "已分配的 IO 控制器" 设置为 "未分配"，如图 7-59 所示。

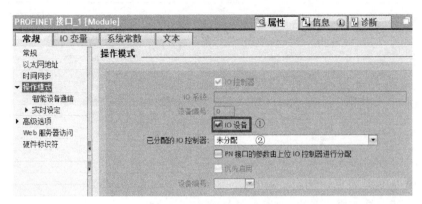

图 7-59　使能 IO 设备功能

① 使能 "IO 设备"。

② "已分配的 IO 控制器" 设置为 "未分配"。

3) 组态传输区：在 CPU 1215C 以太网接口属性巡视窗口中，选择 "常规>操作模式>智能设备通信"，在 "智能设备通信" 组态界面中组态 "传输区"，如图 7-60 所示。

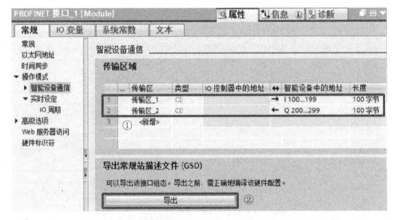

图 7-60　定义传输区

① 在 "传输区域" 设置界面中，双击 "新增" 添加传输区，并在其中定义本地的通信地址区域和通信长度。示例中定义了两个传输区，"传输区_1" 定义 IB100～IB199 作为数据接收区，"传输区_2" 定义 QB200～QB299 作为数据发送区。

② 在设置界面的最后，单击 "导出" 按钮，则可生成 IO 设备的 GSD 文件，并将其存储到存储介质中。

> 注意：
> 执行导出 GSD 文件之前，需要先编译硬件组态。硬件组态编译无误后，方可导出 GSD 文件。

（2）创建 IO 控制器项目

1) 组态 IO 控制器：使用 TIA 博途软件创建项目 "I-Device_Master"，将 CPU 1217C 作为新设备添加到项目中，并指定名称 "IO Controller"，本例中 CPU 1217C 将作为 IO 控制器。在设备视图中为 CPU 1217C 以太网接口添加子网，并设置 IP 地址（192.168.0.217）和子网掩码（255.255.255.0）。

2）安装 GSD 文件：在 TIA 博途软件主菜单栏中，选择"选项>管理通用站描述文件"，在弹出的对话框中选择安装 I-Device 项目导出的 GSD 文件。GSD 文件安装成功后，其将存放在"硬件目录 > 其他现场设备>PROFINET IO>PLC & CP>SIEMENS AG"路径下。

3）添加 I-Device 设备：在网络视图中，将刚安装的 I-Device 设备拖放到项目中，并将其 IO 控制器分配给 CPU 1217C，如图 7-61 所示。

图 7-61　拖入 I-Device 设备

① 将 I-Device 拖入到项目。

② 鼠标右键 I-Device 设备上"未分配"，将"分配给新 IO 控制器"分配给 CPU 1217C。

4）配置 I-Device 地址区：在设备视图中选择 IO 设备，在"设备概览"中为 IO 设备分配 IO 地址，该地址对应的是 IO 控制器的地址区，I-Device 地址区分配如图 7-62 所示。

图 7-62　配置 I-Device 设备地址区

① 在设备视图中，选择 I-Device 站点。

② 在"设备概览"中，为该 IO 设备分配 IO 地址。本例中 IO 控制器使用 QB100～QB199 作为数据发送区，该地址区对应 I-Device 设备侧的数据接收区为 IB100～IB199；IO 控制器使用 IB200～IB299 作为数据接收区，该地址区对应 I-Device 设备的数据发送区为 QB200～QB299。

（3）检测 I-Device 设备名称

由于 I-Device 设备的 IP 地址和设备名称已经由 I-Device 项目（即项目"I-Device_

Slave")分配了，固 IO 控制器无需再为 I-Device 设备分配 IP 地址和设备名称。IO 控制器项目中只需确保所拖入的 I-Device 设备名称与 I-Device 项目中所定义的设备名称一致即可。

（4）下载组态

将设备组态分别下载到两个 CPU 中，它们之间的 PROFINET IO 通信将自动建立。可以通过监视 CPU 1215C 的 IB100~IB199 数据是否跟随 CPU 1217C 的 QB100~QB199 变化或 CPU 1217C 的 IB200~IB299 数据是否跟随 CPU 1215C 的 QB200~QB299 变化来判断 PROFI-NETIO 通信是否成功建立。

示例程序请参见随书光盘中的例程目录《I-Device_Diff_Projects》。

7.5.4　S7-1200 CPU 作为共享设备

S7-1200 CPU 固件 V4.1 开始支持共享设备（Shared-Device）功能，可与最多两个 PROFINET IO 控制器连接。下面以 CPU 1215C 为 Shared-Device，两个 CPU 1217C "Controller1" 和 "Controller2" 为 IO 控制器为例，介绍 Shared-Device 的配置过程。该示例中将包含 3 个项目：《Shared-Device》《Controller1》和《Controller2》。

1. 创建 Shared-Device 项目

（1）组态 Shared-Device

使用 TIA 博途软件创建项目 "Shared-Device"，将 CPU 1215C 作为新设备添加到项目中并指定名称 "Shared-Device"，本例中 CPU 1215C 将作为 Shared-Device。在设备视图中为 CPU 1215C 以太网接口添加子网，并设置 IP 地址（192.168.0.215）、子网掩码（255.255.255.0）和设备名称 "shared-device"。

（2）使能 "IO 设备"

在 CPU 1215C 以太网接口属性巡视窗口中，选择 "常规>操作模式"，在 "操作模式" 设置界面中，使能 "IO 设备" 并将 "已分配的 IO 控制器" 设置为 "未分配"。

（3）组态传输区

在 CPU 1215C 以太网接口属性巡视窗口中，选择 "常规>操作模式>智能设备通信"。在 "传输区域" 设置界面中，双击 "新增" 添加传输区，并在其中定义本地的通信地址区域和通信长度。图 7-63 示例中定义了 4 个传输区，"传输区_1" 和 "传输区_2" 将用于与 "Controller1" 通信；"传输区_3" 和 "传输区_4" 将用于与 "Controller2" 通信。

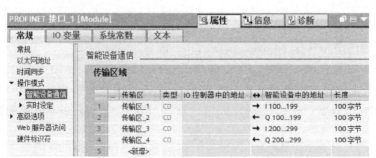

图 7-63　配置 Shared-Device 传输区域

（4）设置访问 Shared-Device 的 IO 控制器的数量

在 CPU 1215C 以太网接口属性巡视窗口中，选择"常规>操作模式>实时设定"，在"Shared-Device"区域设置"可访问该智能设备的 IO 控制器的数量"为"2"，如图 7-64 所示。

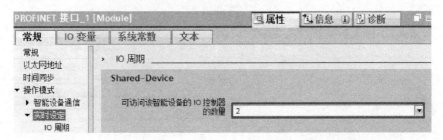

图 7-64　设置访问 Shared-Device 的 IO 控制器的数量

（5）导出 GSD 文件

保存编译 CPU 1215C 硬件配置后，在 CPU 1215C 以太网接口属性巡视窗口中，选择"常规>操作模式>智能设备通信"，在"智能设备通信"设置界面的底部，单击"导出"按钮，则可生成 Shared-Device 的 GSD 文件，并将其存储到存储介质中。

2. 创建 Contorller1 项目

（1）组态 IO 控制器

使用 TIA 博途软件创建项目"Controller1"，将 CPU 1217C 作为新设备添加到项目中并指定名称"Controller1"，CPU 1217C 将作为 Shared-Device（CPU 1215C）的其中一个 IO 控制器。在设备视图中为 CPU 1217C 以太网接口添加子网，并设置 IP 地址（192.168.0.217）和子网掩码（255.255.255.0）。

（2）导入 GSD 文件

在 TIA 博途软件主菜单栏中，选择"选项>管理通用站描述文件"，在弹出的对话框中选择安装 Shared-Device 设备导出的 GSD 文件。GSD 文件安装成功后，其将存放在"硬件目录 > 其他现场设备>PROFINET IO>PLCs & CPs>SIEMENS AG"路径下。

（3）添加 Shared-Device 设备

在网络视图中，将刚安装的 Shared-Device 设备拖放到项目中，并将其 IO 控制器分配给"Controller1"的 PROFINET 接口，如图 7-65 所示。

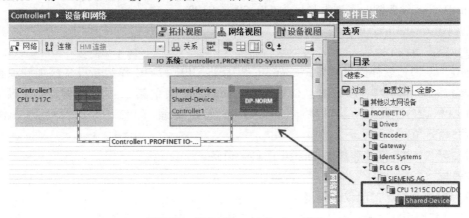

图 7-65　添加 Shared-Device 设备

（4）配置传输区访问权和地址区

在设备视图中，选择"Shared-Device"，在设备属性巡视窗口中，选择"常规>Shared-Device"。在 Shard-Device 访问权分配表中，为各个传输区分配 IO 控制器和 IO 地址，如图 7-66 所示。

图 7-66　配置访问区权限和 IO 地址

① 在 Shared-Device 站点的设备属性巡视窗口中，选择"常规 > Shared-Device"。

② 为各个传输区分配 IO 控制器。不被"Controller1"访问的传输区，其访问权限需要设置为"---"，本例中传输区_3 和传输区_4 将被"Controller2"访问。

③ 在"设备概览"中，为 Shared-Device 中可被 Controller1 访问的传输区分配 IO 地址。本例中 Controller1 使用 QB68～QB167 作为数据发送区，该地址区对应 Shared-Device 设备侧的数据接收区为 IB100～IB199；Controller1 使用 IB68～IB167 作为数据接收区，该地址区对应 Shard-Device 设备侧的数据发送区为 QB100～QB199。

3. 创建 Contorller2 项目

（1）组态 IO 控制器

使用 TIA 博途软件创建项目"Controller2"，将 CPU 1217C 作为新设备添加到项目中并指定名称"Controller2"，CPU 1217C 将作为 Shared-Device 的第二个 IO 控制器。在设备视图中，为 CPU 1217C 以太网接口添加子网，并设置 IP 地址（192.168.0.218）和子网掩码（255.255.255.0）。

（2）导入 GSD 文件和添加 Shared-Device 设备

步骤与"Controller1"相同，不再累述。

（3）配置传输区访问权和地址区

在设备视图中，选择 Shared-Device。在设备属性巡视窗口中，选择"常规 > Shared-Device"。

在"Shard Device"访问权分配表中，为各个传输区分配 IO 控制器和 IO 地址，如图 7-67 所示。

图 7-67   配置访问区权限和 IO 地址

① 在"Shared Device"站点的设备属性巡视窗口中，选择"常规 > Shared Device"。

② 为各个传输区分配 IO 控制器。不被"Controller2"访问的传输区，其访问权限需要设置为"---"，本例中传输区_1 和传输区_2 将被"Controller1"访问。

③在"设备概览"中，为"Shared Device"中可被 Controller1 访问的传输区分配 IO 地址。本例中 Controller2 使用 QB68～QB167 作为数据发送区，该地址区对应 Shared Device 设备侧的数据接收区为 IB200～IB299；Controller2 使用 IB68～IB167 作为数据接收区，该地址区对应 Shard Device 设备侧的数据发送区为 QB200～QB299。

4. 通信状态测试

将 3 个 CPU 站点组态配置分别下载到相应的 CPU 后，它们之间的 PROFINET IO 通信将自动建立。当三者之间的 PROFINET IO 通信正常建立时，Shared Device 的 IB100～IB199 数据将跟随 Controller1 的 QB68～QB167 变化，Shared-Device 的 IB200～IB299 数据将跟随 Controller2 的 QB68～QB167 变化。

示例程序请参见随书光盘中的例程目录《Shared-Device_Projects》。

注意：
● 在所有项目中，需要确保 Shared-Device 具有相同的 IP 地址和设备名称。
● 确保 Shared-Device 的一个传输区只有一个 IO 控制器具有访问权，如果传输区在一个 IO 控制器项目中设置了访问权，那么须在另外一个项目中设置访问权"---"，反之亦然。

7.5.5　不带可更换介质时支持设备更换

在 PROFINET IO 通信中，设备名称是 IO 设备的唯一标识，IO 设备必须具有设备名称才可被 IO 控制器寻址。当 IO 设备需要进行更换时，通常需要通过插入可更换介质或使用 PG 为 IO 设备分配设备名称，分配设备名称后，PROFINET IO 通信才能重新建立。当 S7-1200 CPU 以太网接口激活"不带可更换介质时支持设备更换"功能时，可直接更换 IO 设备而不需插入可更换介质或使用 PG 为其分配设备名称，替换的 IO 设备将由 IO 控制器分配设备名称。

使用 PROFINET "不带可更换介质时支持设备更换"功能，必须满足以下条件：

- 在 IO 控制器中，已激活"不带可更换介质时支持设备更换"功能；
- IO 设备和 PROFINET 网络组件需要支持 LLDP（Link Layer Discovery Protocol，链路层发现协议）；
- 用于替换的 IO 设备为出厂设置状态，未分配过设备名称和 IP 地址；
- PROFINET IO 系统需要组态网络拓扑。

通过组态拓扑，IO 控制器会记录 PROFINET IO 系统中所有 PROFINET 设备的相邻关系。通过比较组态拓扑所规定的相邻关系和 PROFINET 设备之间实际的相邻关系，IO 控制器可识别替换的无设备名称的 IO 设备，并将组态的设备名称和 IP 地址分配给更换的 IO 设备，然后将重新建立 PROFINET IO 通信。

下面以 S7-1200 CPU 连接两个 ET200SP 为例，介绍 PROFINET "不带可更换介质时支持设备更换"功能的配置过程。

（1）组态 IO 控制器

使用 TIA 博途软件创建新项目，将 CPU 1217C 作为新设备添加到项目中，CPU 1217C 在项目用作 IO 控制器。在设备视图中，为 CPU 1217C 以太网接口添加子网并设置 IP 地址和子网掩码。在以太网接口属性中的"接口选项"中，使能"不带可更换介质时支持设备更换"，如图 7-68 所示。

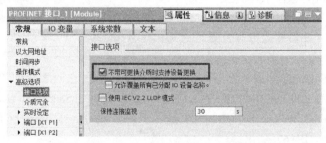

图 7-68　使能"不带可更换介质时支持设备更换"

（2）添加 IO 设备

在网络视图中，先后拖入两个 ET200SP 设备，并将它们的 IO 控制器分配给 CPU 1217C。在设备视图中，根据实际为 IO 设备添加 I/O 模块。详细配置可参考第 7.5.2 章节。

（3）组态网络拓扑

在拓扑视图中，按照实际拓扑进行端口间拖拽连接，组态的网络拓扑必须与实际的网络连接完全一致，拓扑组态如图 7-69 所示。

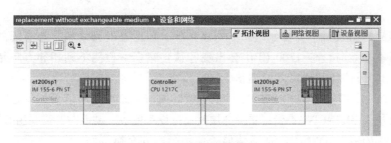

图 7-69　组态网络拓扑

（4）下载组态

保存、编译硬件组态并下载到 CPU。

如果 ET200SP 设备都处于出厂设置状态，则无须使用 PG 为 IO 设备分配设备名称，IO 控制器将依据组态的网络拓扑自动为它们分配设备名称和 IP 地址，并建立 PROFINET IO 通信。

（5）更换设备

如果某个 ET200SP 设备发生故障需要替换时，需要使用处于出厂设置的全新设备。如果将曾经使用过的设备用作更换设备时，则需要将它恢复到出厂设置状态，否则 IO 控制器将无法自动为它分配设备名称。

固件版本 V4.1 及以上版本 S7-1200 CPU 支持"允许覆盖所有已分配 IO 设备名称"功能，在替换有故障 IO 设备时无需将替换设备恢复到出厂设置。替换设备带有不同的设备名称时，也可以直接更换有故障的设备，而不需要首先将其恢复到出厂设置。要使用此功能，只需在 CPU 以太网接口属性中勾选"允许覆盖所有已分配 IO 设备名称"选项即可，如图 7-70 所示。

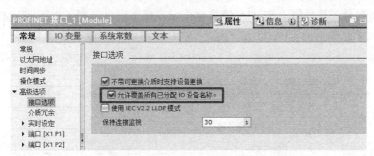

图 7-70　使能"允许覆盖所有已分配 IO 设备名称"

7.5.6　PROFINET IO 通信的常见问题

1. S7-1200 CPU PROFINET IO 支持多少个 IO 设备？

答：S7-1200 CPU 作为 PROFINET IO 控制器时，支持 16 个 IO 设备，所有 IO 设备的子模块的数量最多为 256 个。

2. S7-1200 CPU 进行 PROFINET IO 通信时，是否还可以同时执行 S7、OUC 和 Modbus TCP 等其他以太网通信？

答：S7-1200 CPU 集成的以太网接口可同时支持实时通信和非实时通信等通信服务。非实时通信包括 PG 通信、HMI 通信、S7 通信、OUC 通信和 Modbus TCP 等。因此，S7-1200 CPU 进行 PROFINET IO 通信时，还可同时执行其他以太网通信。

3. S7-1200 CPU 进行 PROFINET IO 通信时，出现"伙伴错误-检测不到相邻方"错误原因是什么?

答:在 TIA 博图项目中,可能组态了网络拓扑,但组态的网络拓扑与实际的网络连接不完全一致。当不一致时,S7-1200 CPU 会出现"伙伴错误 - 检测不到相邻方"错误,但不影响 PROFINET IO 通信和其他以太网通信。

S7-1200 CPU 只支持 PRONFINET RT 性能等级的通信,该类型通信无须组态网络拓扑。S7-1200 CPU 在使用 PROFINET "不带可更换介质时支持设备更换"功能时,需要组态网络拓扑。

4. S7-1200 CPU PROFINET IO 通信能否使用第三方交换机?

答:可以。但是,PROFINET IO 通信中如果使用了不能识别 RT 实时数据优先级的第三方交换机时,实时数据不会被交换机优先转发。使用这类交换机时,为了避免因达到看门狗时间数据未更新而造成通信故障误报,需要调整 IO 设备的更新时间和看门狗时间。

PROFINET RT 性能等级的通信,需使用符合"PROFINET 一致性等级 A"或更高等级的交换机。所有西门子 SCALANCE 系列交换机都满足这些要求。如果还需要使用其他 PROFINET 功能(例如拓扑识别、诊断、不带可更换介质时支持设备更换),必须使用符合"PROFINET 一致性等级 B"或更高等级的交换机。

5. S7-1200 CPU 是否支持介质冗余协议(MRP)?

答:CPU 1215C/1217C V4.2 版本开始支持 MRP,但是 S7-1200 CPU 只能作为 MRP 客户端,不能作为 MRP 管理器。

7.6 Web 服务器

S7-1200 CPU 支持 Web 服务器功能,PC 或移动设备可通过 Web 页面访问 CPU 诊断缓冲区、模块信息和变量表等数据。在 TIA 博途软件设备视图中,选择 CPU。在 CPU 属性的巡视窗口中,选择"常规 > Web 服务器",并在"Web 服务器"设置界面上使能"在此设备的所有模块上激活 Web 服务器",即可激活 S7-1200 CPU Web 服务器功能,如图 7-71 所示。

图 7-71 激活 Web 服务器功能

CPU 激活 Web 服务器功能后,通过 IE 浏览器输入 URL "http://ww.xx.yy.zz",即可访问 CPU Web 服务器内容,其中 "ww.xx.yy.zz" 为 S7-1200 CPU 的 IP 地址。如果 CPU 属性中激活了"仅允许使用 HTTPS 访问"选项,则需要在 IE 浏览器中输入 URL "https://ww.xx.yy.zz",实现对 Web 服务器的安全访问。

7.6.1　标准的 Web 服务器页面

S7-1200 CPU Web 服务器页面分为标准 Web 服务器页面和用户自定义页面两种。标准 Web 服务器页面布局相同，都具有导航链接、页面控件和登录窗口。S7-1200 CPU 可以为不同的登录用户提供不同的访问级别，以便访问 CPU 中不同的信息，如图 7-72 所示。

图 7-72　Web 服务器标准页面

标准的 Web 服务器页面功能见表 7-14。

表 7-14　标准的 Web 服务器页面功能

页面	功能描述
起始页面	起始页面提供了有关项目名称、TIA 博途软件版本、CPU 名称和 CPU 类型等常规信息,并为当前 CPU 提供了操作控制面板
诊断	诊断页面包括 3 个选项卡: • 标识:显示 CPU 序列号、订货号、固件版本和标识特征等信息 • 程序保护:显示专有知识保护和 CPU 绑定的状态,以及显示是否允许将内部装载存储器复制到外部装载存储器 • 存储器:显示装载存储器、工作存储器和保持存储器的使用信息
诊断缓存区	显示 CPU 诊断缓存区信息
模块信息	显示 CPU 和扩展模块的状态信息。对于固件版本 V4.0 及更高版本 CPU,可以通过此 Web 服务器页面进行固件更新
数据通信	数据通信页面包括 4 个选项卡: • 参数:显示 CPU MAC 地址、IP 地址和子网掩码等信息 • 统计参数:显示发送和接收数据的统计信息 • 连接资源:显示 CPU 最大连接数和连接资源在线使用信息 • 连接状态:显示 CPU 连接状态,包括 PG 连接、Web 服务器连接、OUC 通信连接和 S7 通信等连接状态

（续）

页面	功能描述
变量状态	用于监控和修改 CPU 变量
变量表	Web 服务器允许访问已在 STEP 7 中组态,并下载到 CPU 中的监控表
在线备份	通过此页面为在线 PLC 创建项目备份,以及恢复之前创建的 PLC 备份
文件浏览器	使用此页面访问 CPU 内部装载存储器或外部装载存储器上的文件

7.6.2　用户自定义页面

　　S7-1200 Web 服务器除了提供标准的 Web 服务器页面还支持用户自定义页面, 可以使用 Web 浏览器访问自由设计的 CPU Web 服务器页面。可使用各种 HTML 编写器（例如 Microsoft Front-page、Notepad++、Dreamweaver CS5 等）创建符合 W3C（万维网联盟）标准的自定义页面, 并借助 AWP（Automation Web Programming）命令实现自定义页面和 CPU 数据之间的接口。

　　本文以 Dreamweaver CS5 软件创建一个用于读写 CPU 变量的 Web 服务器页面为例, 介绍创建自定义页面的实现过程, 如图 7-73 所示。

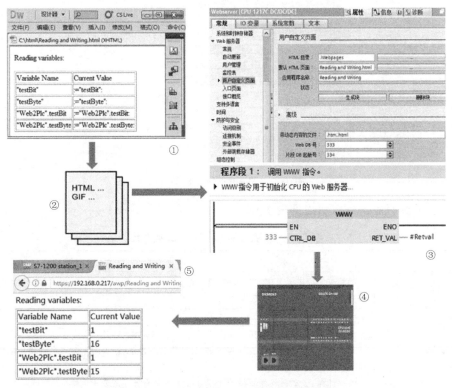

图 7-73　创建自定义 Web 服务器页面流程

　　① 使用 HTML 编辑器创建 Web 服务器页面, 并在 Web 服务器页面中使用 AWP 命令。

　　② 自定义 Web 服务器页面中可包含多个源文件, 如 *. html、*. gif、*. css、*. js 等。

　　③ 使用 TIA 博途软件组态自定义 Web 服务器页面, 并调用 "WWW" 指令。

　　④ 将组态和程序下载到 CPU。

　　⑤ 通过 IE 浏览器访问自定义 Web 服务器页面。

1. 使用 Dreamweaver CS5 创建 HTML 网页

使用 Dreamweaver CS5 创建 HTML 空白网页, 并在页面头文件中为页面标题命名为

"Reading and Writing"。由于 AWP 命令文件需要使用 UTF-8 编码，因此还需要在头文件中，将网页的字符集属性设置为 UTF-8 编码。另外，用户自定义 Web 服务器页面不会自动刷新，可根据需求，选择是否编写用来刷新页面的 HTML 程序。如果希望整个页面自动进行刷新，可将 <meta http-equiv = "Refresh" content = "10"/> 命令行添加到 HTML 头文件，其中 "10" 表示两次刷新间隔的时间为 10s。Web 服务器页面的头文件如图 7-74 所示。

```
1
2   <!DOCTYPE html PUBLIC "-//W3C//DTD XHTML 1.0 Transitional//EN"
    "http://www.w3.org/TR/xhtml1/DTD/xhtml1-transitional.dtd">
3   <html xmlns="http://www.w3.org/1999/xhtml">
4
5   <head>
6   <title>Reading and Writing</title>
7   <meta http-equiv="Content-Type" content="text/html; charset=utf-8" />
8   <meta http-equiv="Refresh" content="10"/>
9   </head>
10
```

图 7-74　自定义 Web 服务器页面头文件

> 注意：
> 有三种方法可以用来刷新自定义 Web 服务器网页：
> 1）通过 "F5" 手动刷新。该方法无须编辑，但是网页数据不能自动更新。
> 2）使用 HTML 自动刷新（参考图 7-74 所使用方法）。该方法简单有效，但需要将整个网页重新装载，会增加网络和 CPU 负载，干扰用户输入数据，数据有时还会出现闪动。
> 3）使用 JavaScript 控制数据和页面的更新。JavaScript 更新可以做到比较小的数据传输，这样不会对整个网络和 CPU 负载产生不利影响，但需要编写更新程序。

2. Web 服务器页面中读取 PLC 变量

在自定义 Web 服务器页面时，可通过语法 "：= <Varname>:" 方式读取 PLC 变量，<Varname>可以是 PLC 变量表中定义的变量，也可以是数据块变量。

本例，在 Web 服务器页面中插入一个表格，用于读取 PLC 变量，表格第一列内填入了 PLC 变量名称，第二列填入了 HTML 代码中的 PLC 变量名，如图 7-75 所示。

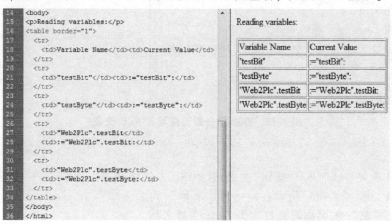

图 7-75　Web 服务器页面读取 PLC 变量

3. 在 Web 服务器页面写入 PLC 变量

当自定义 Web 服务器页面时，可以向 CPU 写入数据。首先需要使用 AWP 指令定义可被写入的 PLC 变量，然后使用 HTTP POST 命令，将数据写入到相应的 PLC 变量中。

AWP 命令"<! -- AWP_In_Variable Name = '<Varname1>'-->"用来定义 Web 服务器页面中需要写入的 PLC 变量，<Varname> 可以是 PLC 变量表中定义的变量，也可以是数据块变量。本例在 HTML 文件开始位置中，定义了 4 个可被 Web 服务器页面写入的 PLC 变量，如图 7-76 所示。

```
1   <!-- AWP_In_Variable Name='"testBit"' -->
2   <!-- AWP_In_Variable Name='"testByte"' -->
3   <!-- AWP_In_Variable Name='"Web2Plc".testBit' -->
4   <!-- AWP_In_Variable Name='"Web2Plc".testByte' -->
5   <!DOCTYPE html PUBLIC "-//W3C//DTD XHTML 1.0
    Transitional//EN"
    "http://www.w3.org/TR/xhtml1/DTD/xhtml1-transitional.dtd">
6   <html xmlns="http://www.w3.org/1999/xhtml">
7
8   <head>
9   <title>Reading and Writing</title>
10  <meta http-equiv="Content-Type" content="text/html;
    charset=utf-8" />
11  <meta http-equiv="Refresh" content="10" />
12  </head>
```

图 7-76　定义可被 Web 服务器页面写入的 PLC 变量

在 Web 服务器页面，一般采用 HTTP POST 方法，将数据写入到 PLC 变量中。典型用法是在 Web 服务器页面中，通过执行"插入>表单>文本域"和"插入>表单>按钮"来实现的。本例在 Web 服务器页面中插入一个表格，用于写入 PLC 变量，表格第一列内填入了 PLC 变量名称，第二列内插入了"文本域"，第三列内插入了"按钮"，如图 7-77 所示。

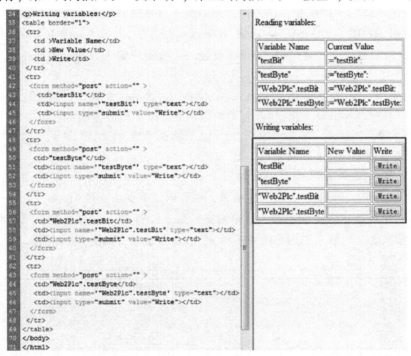

图 7-77　Web 服务器页面写入 PLC 变量

注意：
- 使用"文本域"和"按钮"，通过 POST 方法将数据写入到 PLC 变量时，需要将"文本域"和"按钮"组合在同一个"表单"内。
- "文本域"的名称需要修改为 PLC 变量名称。

4. 添加用于 Web 服务器页面读写的变量

使用 TIA 博途软件创建 Web 服务器项目，将 CPU 1217C 作为新设备添加到项目中。在 PLC 变量表中，添加数据类型为 Bool 的变量"testBit"和数据类型为 Byte 的变量"test-Byte"；在数据块中添加全局数据块"Web2Plc"，并在数据块中添加数据类型为 Bool 的变量"testBit"和数据类型为 Byte 的"testByte"，如图 7-78 所示。

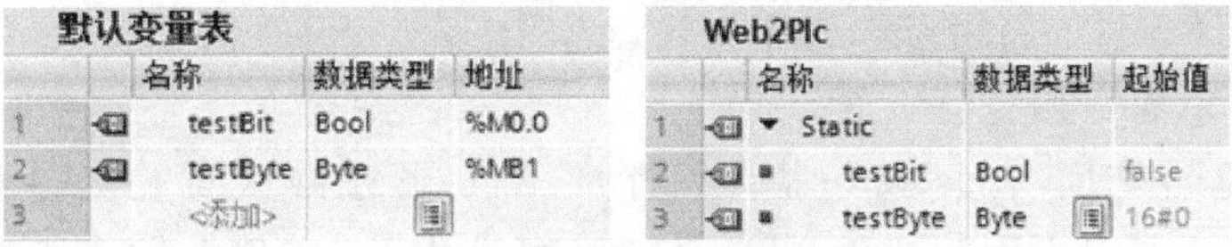

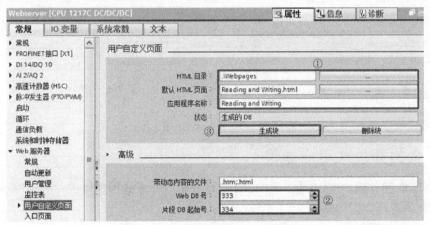

图 7-78　在 PLC 变量表和数据块中添加变量

5. 组态自定义 Web 服务器页面

在设备视图巡视窗口中，为 CPU 属性作如下设置：

• 为以太网接口添加子网，并设置 IP 地址（192.168.0.217）和子网掩码（255.255.255.0）；

• 在"Web 服务器"设置页面上使能"在此设备的所有模块上激活 Web 服务器"，然后在"用户管理"中为用户分配访问权限，"调用用户自定义网页"和"写入用户自定义的网页"的权限需要被选择；

• "用户自定义页面"设置页面组态如图 7-79 所示。

图 7-79　组态"用户自定义页面"

① 浏览到指定 Web 应用程序的 HTML 资源目录，选择默认页面并为应用程序命名。

② 为 Web Control DB 和片段 DB 分配合适的 DB 编号。

③ 单击"生成块"，创建 Web Control DB 和 Web 片段 DB。

注意：

本例是在 STEP 7 项目目录中，新建一个"Webpages"目录用于存储 Web 应用程序的 HTML 源代码。采用该种存储方式的优势如下：

• 用户自定义的 Web 服务器页面可与 STEP 7 项目一同归档。

• TIA 博途软件采用"项目 > 另存为"，可将 Web 资源目录一同复制到新路径中。

6. 调用"WWW"指令

通过标准 Web 服务器页面访问用户定义的 Web 服务器页面,在程序中必须执行"WWW"指令。"WWW"指令用于初始化 CPU 的 Web 服务器并同步用户自定义 Web 服务器页面,在"WWW"指令中,CTRL_DB 参数需要与步骤 5 中"用户自定义页面"中的"Web DB 号"一致,该指令的调用如图 7-80 所示。

7. 保存、编译项目并将组态和程序下载到 CPU

8. 访问自定义 Web 服务器页面

通过 IE 浏览器访问 Web 服务器,在标准 Web 服务器页面左侧导航菜单中,选择"客户页面"。在"客户页面"中,单击"应用程序主页",Web 服务器将跳转到自定义 Web 服务器页面。在自定义 Web 服务器页面中,可对 PLC 变量进行读写操作,如图 7-81 所示。

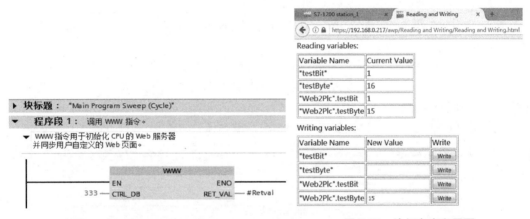

图 7-80 调用"WWW"指令   图 7-81 访问自定义页面

示例程序请参见随书光盘中的例程目录《Webserver》。

7.7 安全的开放式用户通信

从 S7-1200 固件版本 V4.3 起,S7-1200 支持安全的开放式用户通信,可实现不同系统之间基于 TCP 的安全数据传输。

7.7.1 安全通信概述

"安全"(secure)属性用于识别以 Public Key Infrastructure(PKI)为基础的通信机制(例如 RFC 5280,用于 Internet X.509 Public Key Infrastructure Certificate and Certificate Revocation List Profile)。Public Key Infrastructure(PKI)是一个可签发、发布和检查数字证书的系统,在 PKI 使用签发的数字证书来确保通信安全。如果 PKI 采用非对称密钥加密机制,则可对网络中的消息进行数字签名和加密。在 STEP7(TIA Portal)中组态用于安全通信的组件,将使用一个非对称密钥加密机制,使用一个公钥(Public Key)和一个私钥(Private Key)进行加密,并使用 TLS(Transport Layer Security)作为加密协议。

1. 安全通信的目标

安全通信用于实现以下目标:

- 机密性:数据安全/无法窃取;

● 完整性：接收方和发送方所接收/发送的消息完全相同，消息在传输过程中未发生更改；

● 端点认证：端点的通信伙伴确实为声明的本人且为数据应到达的通信端，验证伙伴方的身份。

在过去，这些目标通过与 IT 和联网的计算机相关。而如今，包含有敏感数据的工业设备和控制系统同样面临信息安全高风险，因为这些设备同样实现了网络互联，所以必须满足严格的数据交换安全要求。

2. 安全通信的通用原则

无论采用何种机制，安全通信都基于 Public Key Infrastructure（PKI）理念，包含以下组成部分：

1）非对称加密机制。该机制用于：

① 使用公钥或私钥对消息进行加密/解密；

② 验证消息和证书中的签名；

③ 发送方/证书所有方通过自己的私钥对消息/证书进行签名。接收方/验证者使用发送方/证书所有方的公钥对签名进行验证。

2）使用 X.509 证书传送和保存公钥。

① X.509 证书是一种数字化签名数据，根据绑定的身份对公钥进行认证；

② X.509 证书中还包含详细信息以及使用公钥的限制条件。例如，证书中公钥的生效日期和过期日期；

③ X.509 证书中还以安全的形式包含了证书颁发方的相关信息。

在 STEP7（TIA Portal）中，PLC 的设备证书可由 STEP7 的项目证书颁发机构（项目的 Certificate Authority，CA）签发，而 Secure Open User Communication 通信方式的底层协议为 TLS。图 7-82 所示为通信层中的 TLS 协议。

图 7-82　通信层中的 TLS 协议

在安全的开放式用户通信中，作为 TLS 客户端的 PLC 为主动建立连接一方，而作为 TLS 服务器的 PLC 作为被动建立连接一方。两个 PLC 要建立安全的 TCP 连接，双方必须具备所需要的全部证书，工作过程如图 7-83 所示。

① 客户端发送"Client Hello"消息到服务器；

② 服务器以"Server Hello"回应；

③ 服务器将其证书传给客户端；

④ 客户端用服务器的 CA 证书验证服务器的设备证书；

⑤ 客户端将其证书传给服务器；

⑥ 服务器用客户端的 CA 证书验证客户端的设备证书；

⑦ 双方定义一个会话密钥，通过会话密钥实现对称加密通信。

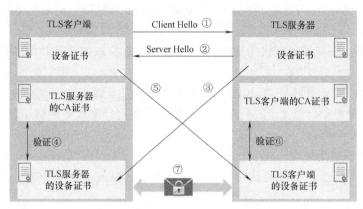

图 7-83　安全通信的工作过程

> **注意：**
> 建立安全连接时，通信伙伴通常只会传送设备证书，因此验证已传送的设备证书所需的 CA 证书必须位于相应通信伙伴的证书存储器中。

7.7.2　用于安全通信的系统数据类型

安全的开放式用户通信与普通的开放式用户通信的编程指令相同，不同的是用于建立连接的参数 CONNECT 的系统数据类型是 TCON_IP_V4_SEC，包含了基于数据类型 TCON_IP_V4 用于建立 TCP 连接的连接参数和用于 TLS 协议的 TLS 参数，数据结构见表 7-15。

表 7-15　系统数据类型 TCON_IP_V4_SEC 的数据结构

字节	参数	数据类型	起始值	注　释
0…15	ConnPara	TCON_IP_V4	—	连接参数，参考表 7-5
16	ActivateSecureConn	BOOL	FALSE	FALSE：建立非安全连接，可忽略下面安全参数 TRUE：建立安全连接
17	TLSServerReqClientCert	BOOL	FALSE	客户端：无关 服务器端：TRUE，服务器验证客户端证书
18…19	ExtTLSCapabilities	WORD	16#0	客户端：bit0 = TRUE，客户端验证服务器证书的备用名称 服务器端：无关
20…23	TLSServerCertRef	UDINT	0	客户端：服务器的 CA 证书 ID 号 *) * *) 服务器端：服务器的设备证书 ID 号 *)
24…27	TLSClientCertRef	UDINT	0	客户端：客户端的设备证书 ID 号 *) 服务器端：客户端的 CA 证书 ID 号 *) * * *)

* ：有关证书 ID 的说明请参考下面示例中的组态介绍；

* * ：如果服务器的设备证书的签名方式为自签名时，则此参数为服务器的设备证书 ID 号；

* * * ：如果客户端的设备证书的签名方式为自签名时，则此参数为客户端的设备证书 ID 号。

7.7.3　安全 OUC 通信示例

本示例中使用了两个 S7-1200 CPU 在同一个项目中实现安全 OUC 通信。所需博途版本为 TIA Portal V15.1，其他项目信息见表 7-16。通信任务是 PLC_1 通过安全通信将重要数据发送到 PLC_2。

表 7-16　安全 OUC 通信示例项目设备信息

站名称	CPU 型号	CPU 订货号	固件版本	通信关系	IP 地址
PLC_1	CPU1215C DC/DC/DC	6ES7215-1AG40-0XB0	V4.3	TLS 客户端	192.168.0.215
PLC_2	CPU1211C DC/DC/DC	6ES7211-1AE40-0XB0	V4.3	TLS 服务器	192.168.0.211

1. 创建新项目并设置项目保护

使用 TIA 博途软件创建新项目，在项目树中选择“安全设置”，单击项目保护窗口中的按钮“保护该项目”，如图 7-84 所示。

项目树
设备
名称
S7-1200SecOUC_1
添加新设备
设备和网络
未分组的设备
安全设置
设置
公共数据
S7-1200SecOUC_1 ▸ 安全设置 ▸ 设置
项目保护
密码策略
项目保护
指定项目管理员权限后，该项目数据立即受到保护。之后，必须登录该项目。该项目保护将无法再删除。
该设置无法撤销。
保护该项目

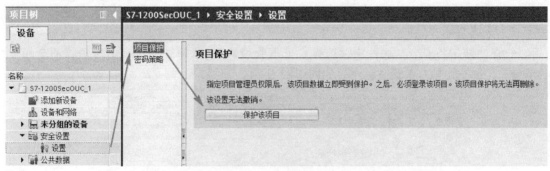

图 7-84　设置项目保护

在弹出的窗口中，设置用户名和密码，如图 7-85 所示。

保护项目
定义项目管理员的凭证
用户名：
siemens
密码：
****
确认密码：
****
注释：
确定
取消

图 7-85　设置项目管理账号

设置密码时，默认的密码策略是：至少一个大写字母，至少一个小写字母，以及至少一个数字字符，密码最短长度为 8 位。示例项目的访问保护用户名：siemens，密码：aA123456。

设置了项目管理账号后，在项目的“安全设置”中增加了项目的证书管理器，同时在项目中生成了两个证书颁发机构（CA），如图 7-86 所示，可用于对项目中 PLC 的设备证书进行签名。

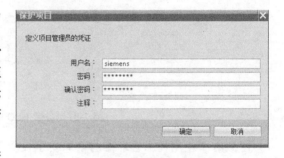

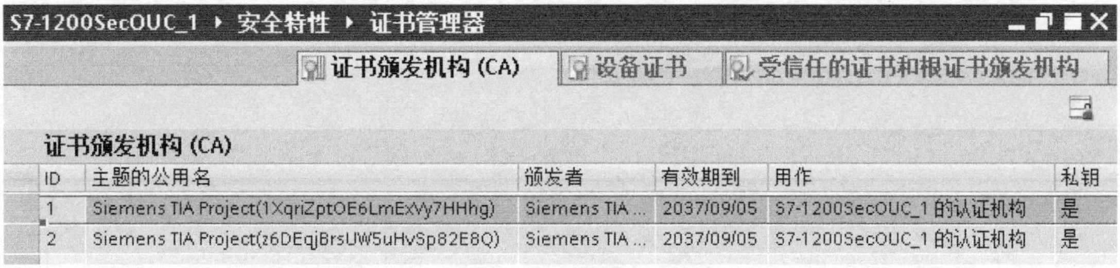

S7-1200SecOUC_1 ▸ 安全特性 ▸ 证书管理器
证书颁发机构 (CA)
设备证书
受信任的证书和根证书颁发机构
证书颁发机构 (CA)
ID
主题的公用名
颁发者
有效期到
用作
私钥
1
Siemens TIA Project(1XqriZptOE6LmExVy7HHhg)
Siemens TIA ...
2037/09/05
S7-1200SecOUC_1 的认证机构
是
2
Siemens TIA Project(z6DEqjBrsUW5uHvSp82E8Q)
Siemens TIA ...
2037/09/05
S7-1200SecOUC_1 的认证机构
是

图 7-86　博途项目的 CA

> 注意：
>
> 设置了项目保护后，每次打开此项目时必须输入设置的用户名和密码。

2. PLC_1 组态

将 CPU 1215C 作为新设备添加到项目中。在设备视图的巡视窗口中，将 CPU 属性作如下修改：

- "PROFINET 接口" 属性中为 CPU "添加新子网"，并设置 IP 地址 (192.168.0.215) 和子网掩码 (255.255.255.0)；
- 在 "系统和时钟存储器" 属性中，激活 "启用系统存储器字节" 和 "启用时钟存储器字节"，并分别设置这两个存储器的字节地址 (MBx)；
- "时间" 属性中 "本地时间" 设置为 "（UTC+08：00）北京、重庆、中国香港特别行政区、乌鲁木齐"；
- 在 "防护与安全" 属性中，选择 "证书管理器"，激活 "使用证书管理器的全局安全设置"，并添加 PLC 的设备证书，如图 7-87 所示。

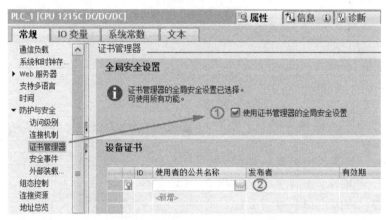

图 7-87 激活 PLC 的全局安全设置

① 激活 "使用证书管理器的全局安全设置"，此时 PLC_1 的证书可在项目的证书管理器进行管理。

② 添加 PLC_1 的设备证书，单击后，在弹出窗口中再单击 "新增" 按钮进行证书添加，如图 7-88 所示，然后将弹出创建新证书窗口，如图 7-89 所示。

图 7-88 新增设备证书

① 选择新证书的签名方式：博途支持"自签署"和"由证书颁发机构签名"两种签名方式，本示例选择"由证书颁发机构签名"。

② 选择证书颁发机构的"CA 名称"，可以选择图 7-86 中显示的本项目的 CA，其中数字 2 是此 CA 证书在此项目中的证书 ID 号。

③ 使用者的公共名称：默认包含 PLC 的设备名称、安全协议 TLS，以及证书 ID 号。

④ 选择用于签名的算法。

⑤ 证书有限期：只有 PLC 时间在证书有效期内，此证书才能用于建立安全通信。

⑥ 证书用途：用于安全的开放式用户通信，选择 TLS；用于 Web 服务器 https 的安全访问，选择 Web 服务器；本示例选择 TLS。

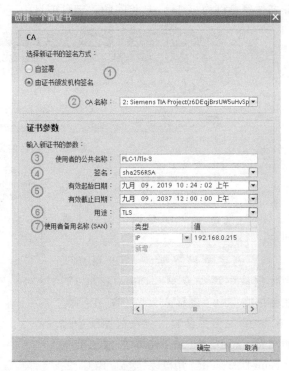

图 7-89　创建新证书

⑦ 使用者备用名称：PLC 的 IP 地址。

PLC 的新证书创建后将在 PLC 的证书管理器中的设备证书列表中显示，如图 7-90 所示，示例中创建的 PLC_1 的设备证书 ID 为 3。

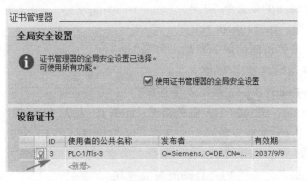

图 7-90　PLC_1 的设备证书

说明：

博途在生成或创建证书时会自动分配证书 ID，在用户程序中根据证书 ID 对证书进行引用。

3. PLC_2 组态

以相同的步骤组态 PLC_2，包括创建 PLC_2 的设备证书。这些证书都可以在项目的证书管理器中查看，如图 7-91 所示，PLC_2 的设备证书 ID 为 4，并且两个 PLC 所创建的设备证书的颁发机构（CA）是相同的，都是项目中证书 ID 为 2 的 CA，参考图 7-86。

S7-1200SecOUC_1 ▸ 安全特性 ▸ 证书管理器

证书颁发机构 (CA)　设备证书　受信任的证书和根证书颁发机构

设备证书

ID	主题的公用名	颁发者	有效期到	用作	私钥
3	PLC-1/Tls-3	Siemens TIA Project(z6DEqjBrsUW5uHvSp82E8Q)	2037/09/09	证书	是
4	PLC-2/Tls-4	Siemens TIA Project(z6DEqjBrsUW5uHvSp82E8Q)	2037/09/09	证书	是

图 7-91　项目的设备证书

4. 安全 OUC 通信编程

（1）PLC_1 编程

PLC_ 1 的安全 OUC 通信编程步骤如下：

1）创建全局数据块“ClientDB”，在数据块中添加变量“ClientConnect”，在数据类型中手动输入“TCON_IP_V4_SEC”，定义相关参数；再在数据块中添加“Array［0..9］of Byte”的数组变量“SecureDataSend”用于发送到 PLC_2，如图 7-92 所示。

ClientDB

	名称	数据类型	起始值	
1	▼ Static			
2	▼ ClientConnect	TCON_IP_V4_SEC		
3	▼ ConnPara	TCON_IP_v4		
4	InterfaceId	HW_ANY	64	
5	ID	CONN_OUC	1	
6	ConnectionType	Byte	16#0B	
7	ActiveEstablished	Bool	true	①
8	▼ RemoteAddress	IP_V4		
9	▼ ADDR	Array[1..4] of Byte		
10	ADDR[1]	Byte	192	②
11	ADDR[2]	Byte	168	②
12	ADDR[3]	Byte	16#0	②
13	ADDR[4]	Byte	211	②
14	RemotePort	UInt	2000	③
15	LocalPort	UInt	2000	④
16	ActivateSecureConn	Bool	true	⑤
17	TLSServerReqClientCert	Bool	false	
18	ExtTLSCapabilities	Word	16#0	
19	TLSServerCertRef	UDInt	2	⑥
20	TLSClientCertRef	UDInt	3	⑦
21	▸ SecureDataSend	Array[0..9] of Byte		

图 7-92　客户端连接参数

主要参数介绍如下：

① ActiveEstablished：True，客户端主动建立连接。

② ADDR：设置访问的服务器 IP 地址为 PLC_2 的 IP 地址：192.168.0.211。

③ RemotePort：设置访问的服务器端口号为 2000。

④ LocalPort：本地端口号为 2000。

⑤ ActivateSecureConn：true，激活安全连接。

⑥ TLSServerCertRef：访问的 TLS 服务器 CA 证书 ID 为 2，参考图 7-88。

⑦ TLSClientCertRef：本地设备作为 TLS 客户端的设备证书 ID 为 3，参考图 7-87。

2）在主程序 OB1 中，调用“TCON”指令，指令参数定义如下：

- REQ：“FirstScan”，实现 PLC 启动时建立连接；
- ID：1，连接 ID，与数据块中变量“ClientDB”.SecConnect.ConnPara.ID 一致；
- CONNECT：“ClientDB”.SecConnect。

3）在主程序 OB1 中，调用“TSEND”指令，指令参数定义如下：

- REQ：“Clock_0.5Hz”，实现 2 秒发送一次数据；
- ID：1，与“TCON”指令的连接 ID 一致；
- LEN：10，发送数据长度为 10 个字节；
- DATA：“ClientDB”.SecureDataSend，定义发送数据区为数据块中的数组变量。

PLC_1 的程序如图 7-93 所示。

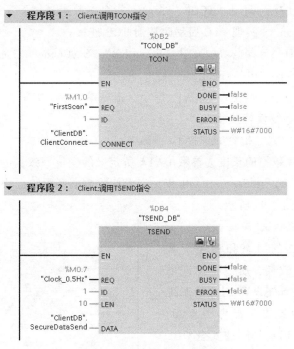

图 7-93　客户端通信程序

（2）PLC_2 编程

PLC_2 的安全 OUC 通信编程步骤如下：

1）创建全局数据块"ServerDB"，在数据块中添加变量"ServerConnect"，在数据类型中手动输入"TCON_IP_V4_SEC"，定

义相关参数；再在数据块中添加数组变量"SecureDataRCV"用于接收 PLC_1 发送的安全数据，如图 7-94 所示。

主要参数介绍如下：

① ActiveEstablished：false，服务器被动建立连接。

② ADDR：设置客户端 IP 地址为 PLC_1 的 IP 地址：192.168.0.215。

③ RemotePort：设置客户端端口号为 PLC_1 的端口号 2000。

④ LocalPort：本地端口号为 2000。

⑤ ActivateSecureConn：true，激活安全连接。

⑥ TLSServerReqClientCert：true，服务器验证客户端证书。

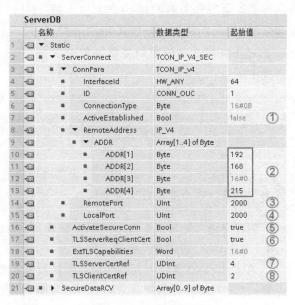

图 7-94　服务器连接参数

⑦ TLSServerCertRef：本地设备作为 TLS 服务器的设备证书 ID 为 4，参考图 7-88。

⑧ TLSClientCertRef：TLS 客户端的 CA 证书 ID 为 2，参考图 7-88。

2）在主程序 OB1 中，调用"TCON"指令，指令参数定义如下：

- REQ："FirstScan"，实现 PLC 启动时注册 TCP 连接；
- ID：1，连接 ID，与数据块中变量"ServerDB". SecConnect. ConnPara. ID 一致；
- CONNECT："ServerDB". SecConnect。

3）在主程序 OB1 中，调用"TRCV"指令，指令参数定义如下：

- EN_R：true，始终使能接收；
- ID：1，与"TCON"指令的连接 ID 一致；
- LEN：10，接收数据的长度为参数 DATA 所定义的变量一致；
- DATA："ServerDB". SecureDataRCV，定义接收数据区为数据块中的数组变量。

PLC_2 的程序如图 7-95 所示。

5. 安全 OUC 通信测试

分别将两个 PLC 的组态和程序下载后，由于证书具有有效期，所以要使证书在 PLC 中有效，必须首先设置 PLC 的系统时钟为当前时间，设置方法参考图 6-20，然后就可以对这两个 PLC 之间的安全 OUC 通信进行测试了。因为两个 PLC 的 TCON 指令的 REQ 参数都是"FirstScan"，所以先启动运行作为服务器的 PLC_2，PLC_2 通过 TCON 注册了连接 ID 为 1 的 TCP 连接；再启动运行作为客户端的 PLC_1，触发建立与 PLC_2 安全的开放式用户通信，此后 PLC_1 将以 2 秒的周期将数据加密后传送到 PLC_2。

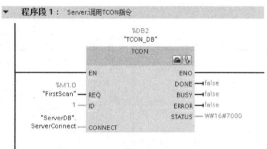

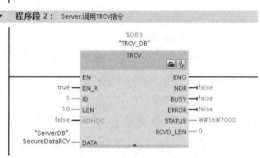

图 7-95　服务器通信程序

> 注意：
>
> - 下载 PLC 时，博途将自动将 PLC 所需的 CA 证书和设备证书连同硬件配置下载到 PLC 中。
> - 使用安全通信时，在 PLC 中必须设置当前的日期/时间，否则 PLC 将评估所用的证书为无效，而不能进行安全通信。

示例程序请参见随书光盘中的例程目录《S7-1200SecOUC_1》。

7.7.4　安全 OUC 通信常见问题

1. 在安全 OUC 通信中，当发送方发送数据长度变化时，接收方如何实现正常接收？

答：当 S7-1200 作为接收方时，与非安全的 TCP 通信相同，可以将 S7-1200 的 TRCV 指令参数 ADHOC 设为 True，实现安全 OUC 通信的变长接收。

2. 客户端触发 TCON 请求连接时，指令 STATUS 输出报错误代码 0x80C5，而同时服务器 TCON 指令报错误代码 0x80E2 是什么原因？

答：在客户端报 0x80C5 的含义是：

● 连接伙伴拒绝建立连接，已终止或主动结束该连接；

由此可见不能建立连接的原因与服务器有关，再来看服务器的错误代码 0x80E2 的含义：

● 证书不支持/证书无效/无证书，可能的原因是所连接模块的时间日期未设置，或模块未同步。

由此可见，不能建立安全连接的原因是服务器的证书无效，可能与 PLC_2 的时钟设置有关，使服务器的证书不在有效期内，这种情况下将 PLC_2 通过博途设置为当前日期/时间后通信可恢复正常。

另外，如果是客户端报 0x80E2，那么就是客户端的证书可能因为客户端 PLC 的时钟设置使证书不在有效期内。

3. 是否能实现在不同博途项目的两个 PLC 之间的安全 OUC 通信？

答：可以实现。但因为在各自创建 PLC 的设备证书时的证书颁发机构 CA 是不同的，所以需要将各自的 CA 证书导出再导入到对方项目的证书管理器中"受信任的证书和根证书颁发机构"列表中。下面通过示例项目说明与上面所介绍的示例项目不同的操作。

CPU1215C 作为客户端在项目 SecOUC1 中，CPU1211C 作为服务器在项目 SecOUC2 中。在各自的项目中创建 CPU1215C 和 CPU1211C 的设备证书的步骤与以上示例相同，不再介绍，需要说明的是在这两个示例项目中这两个 PLC 的设备证书 ID 都是 3，在各自的项目中颁发机构 CA 的证书 ID 都是 2。

（1）导出 PLC 的 CA 证书

在项目 SecOUC1 的证书管理器中，导出 CPU1215C 的 CA 证书，操作如图 7-96 所示，导出证书如图 7-97 所示。

图 7-96　导出 PLC 的 CA 证书

图 7-97　导出的 CA 证书

以相同的操作在项目 SecOUC2 中导出 CPU1211C 的 CA 证书。

（2）导入通信伙伴 PLC 的 CA 证书

在项目 SecOUC1 的证书管理器中，选择"受信任的证书和证书颁发机构"，在空白处单击鼠标右键，选择"导入"，如图 7-98 所示，在路径中选择之前项目 SecOUC2 导出的 CA 证书文件即可导入。在项目 SecOUC1 中导入的证书，如图 7-99 所示，证书中 ID 显示为 4，即为 CPU1211C 的 CA 证书在项目 SecOUC1 中的证书 ID。

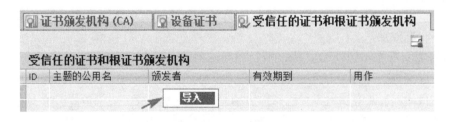

图 7-98　导入 CA 证书

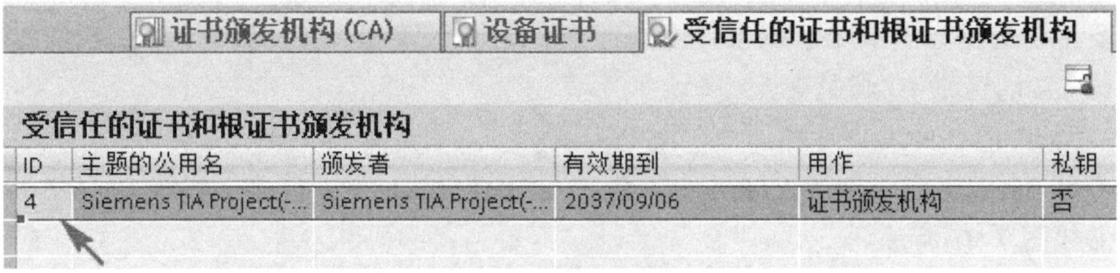

图 7-99　导入的 CA 证书

同样的操作，在项目 SecOUC2 中导入项目 SecOUC1 导出的 CA 证书，证书 ID 也为 4。

（3）添加导入的通信伙伴 PLC 的 CA 证书到"伙伴方设备的证书"列表中

在项目中导入了通信伙伴的 CA 证书后，还需要在 PLC 的证书管理器中将此证书添加到"伙伴方设备的证书"列表中，以使这个证书能加载到此 PLC 中。下面介绍在项目 SecOUC1 中的 CPU1215C 添加证书到"伙伴方设备的证书"列表中，操作如图 7-100 所示，在 PLC 的属性窗口中选择"防护与安全>证书管理器"。

① 单击"新增"，弹出证书选择窗口；

② 选择证书 ID 为 4 的证书（导入的证书，参考图 7-99）。

在 CPU1211C 中也做相同的操作即可。

（4）在连接参数中设置证书 ID

在不同的项目中两个 PLC 的 CA 证书是不同，本地设备的 CA 证书是项目自身产生的，而通信伙伴的 CA 证书是导入的，编程时设置 TCON_IP_V4_SEC 中的连接参数时，作为客户端的 CPU1215CC 要设置参数 TLSServerCertRef 为项目 SecOUC1 导入的 CA 证书 ID；作为服务器的 CPU1211C 要设置参数 TLSClientCertRef 为项目 SecOUC2 导入的 CA 证书 ID，如图 7-101 所示。

此方法也适用于 S7-1200 与第三方实现安全通信，相关程序请参见随书光盘中的例程目录《SecOUC1》和《SecOUC2》。

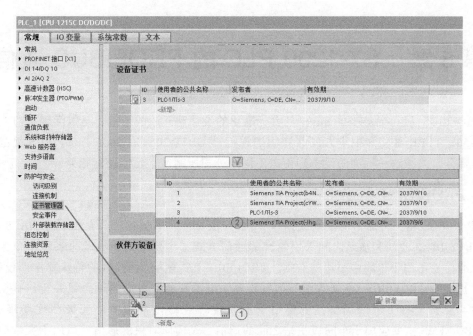

图 7-100　添加证书到"伙伴方设备的证书"列表

ClientDB					ServerDB			
	名称		数据类型	起始值		名称		数据类型	起始值
1	▼ Static				1	▼ Static			
2	▼ ClientConnect		TCON_IP_V4_SEC		2	▼ ServerConnect		TCON_IP_V4_SEC	
3	▶ ConnPara		TCON_IP_v4		3	▶ ConnPara		TCON_IP_v4	
4	ActivateSecureCo...		Bool	true	4	ActivateSecureCo...		Bool	true
5	TLSServerReqClie...		Bool	false	5	TLSServerReqClie...		Bool	true
6	ExtTLSCapabilities		Word	16#0	6	ExtTLSCapabilities		Word	16#0
7	TLSServerCertRef		UDInt	4	7	TLSServerCertRef		UDInt	3
8	TLSClientCertRef		UDInt	3	8	TLSClientCertRef		UDInt	4

a) b)

图 7-101　不同项目中的安全 OUC 通信的连接参数

a) 客户端连接参数中证书设置　b) 服务器连接参数中证书设置

第8章 S7-1200 PLC 的 PROFIBUS 通信

PROFIBUS（Process Field Bus）具有标准化的设计和开放的结构，是国际现场总线标准 IEC61158（TYPE Ⅲ）和中华人民共和国国家标准 GB/T 20540—2006 PROFIBUS 规范的重要组成部分。遵循这一标准的设备即使由不同的公司所制造，也能够互相兼容。

8.1 PROFIBUS 概述

PROFIBUS 由三种通信协议组成，即 PROFIBUS DP、PROFIBUS PA 和 PROFIBUS FMS。PROFIBUS DP 在主站和从站之间采用轮询的通信方式，主要应用于自动化系统中单元级和现场级通信，适用于传输中小量的数据。PROFIBUS PA 是为过程控制的特殊要求而设计的，使用了扩展的 PROFIBUS DP 协议进行数据传输，电源和通信数据通过总线并行传输，可以用于对本质安全有要求的场合，主要用于面向过程自动化系统中单元级和现场级通信。PROFIBUS FMS 主要应用于车间级主站之间的通信，是面向对象的通信，适用于大数据量的数据传输。对于西门子 PLC 系统，PROFIBUS 还提供了 S7 通信和 S5 兼容通信（PROFIBUS FDL）两种通信方式。

SIMATIC S7-1200 不支持 PROFIBUS FMS 和 PROFIBUS FDL 通信，可以通过 PROFIBUS DP 或者 PROFIBUS S7 与其他设备通信。

PROFIBUS DP 的模式一共有三个版本：DPV0、DPV1 和 DPV2。

1）DPV0：PROFIBUS 的基本通信功能，主从站间周期性通信，以及站诊断、模块诊断和特定通道的诊断功能；

2）DPV1：增加了主从站间非周期性通信功能及扩展诊断功能，可以进行参数设置、诊断和报警处理。非周期性通信与周期性通信是并行执行的，但非周期性通信优先级较低；

3）DPV2：增加了从站之间的通信、等时同步、时钟控制与时间标记、上传与下载、从站冗余等功能。

8.1.1 PROFIBUS DP 的访问机制

PROFIBUS DP 网络中的设备类型有以下三种：

1）1 类 DP 主站：完成总线通信控制与管理，与从站交换数据等，例如具有 DP 接口的 PLC、插有 PROFIBUS DP 主站板卡的 PC；

2）2 类 DP 主站：负责对 DP 系统进行配置，对网络进行诊断等，例如操作员站、编程器；

3）DP 从站：负责执行主站的输出命令，向主站提供现场传感器采集到的输入信号和输出信号，如分布式 I/O、具有 DP 接口的驱动器、传感器、执行机构等；

PROFIBUS 允许构成单主站或多主站系统，在同一总线上最多可连接 126 个站点。PROFIBUS DP 是一个分布式的具有周期性循环特点的实时系统，系统中的各个站点平等地连在总线上，且具有唯一的一个逻辑地址。如图 8-1 所示，总线上的主站集合形成逻辑令牌环，令牌在各主站之间按顺序轮转，令牌从低站地址到高站地址传递，传递到最高站地址后，则返回到最低站地址重新开始。获得令牌的主站拥有使用总线的权利，可以与属于它的从站通信，进行数据交换。而从站只能响应主站的请求，不能向主站提出请求。每个主站都有它自己所控制的从站，不能控制其他主站的从站。

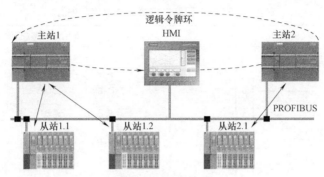

图 8-1　令牌的传递

8.1.2　PROFIBUS 网络

PROFIBUS 总线符合 EIA RS485 ［8］标准，PROFIBUS RS485 的传输是以半双工、异步、无间隙同步为基础的。传输介质可以是屏蔽双绞线或光缆。

1. PROFIBUS 网络的通信速率与通信距离

使用 PROFIBUS 电缆电气传输时，PROFIBUS 网络支持的通信速率与通信距离有关，见表 8-1。

表 8-1　PROFIBUS 网络通信速率与通信距离的对应关系

波特率/(Kbit/s)	9.6~187.5	500	1500	3000~12000
总线最大长度/m	1000	400	200	100

2. 电气网络拓扑结构

使用 PROFIBUS 电缆和 PROFIBUS 连接器连接 PROFIBUS 站点。每一个 RS485 网段最大为 32 个站点，在总线的两端必须使用终端电阻，总线的终端电阻集成在连接器及网络部件中。

使用西门子 RS485 网络连接器可将多台通信站点连接到通信网络上。RS485 网络连接器上有两组连接端子 A1B1 和 A2B2，分别用于连接输入电缆和输出电缆。网络连接器上集成有终端和偏置电阻的选择开关，网络两端的通信站点必须将网络连接器的选择开关设置为 On，网络中间的通信站点则需要将选择开关设置为 Off。RS485 网络连接如图 8-2 所示。

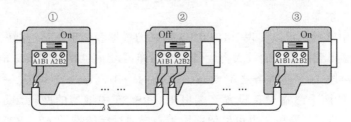

图 8-2　RS485 网络连接

开关位置说明如下：

① 开关位置=开（On）：端接且偏置。

② 开关位置=关（Off）：无端接或偏置。

③ 开关位置=开（On）：端接且偏置。

RS485 网络连接器终端电阻和偏置电阻接线见表 8-2。

表 8-2　RS485 网络连接器终端电阻和偏置

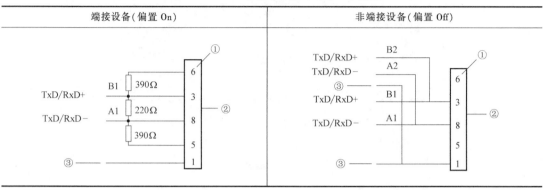

① 引脚编号。

② 网络连接器。

③ 电缆屏蔽。

如果需要扩展总线的长度，或者 PROFIBUS 站点数大于 32 个时，应使用 RS485 中继器。例如，PROFIBUS 总线的长度为 500m，而波特率要求达到 1.5Mbit/s，对照表 8-1 可知，波特率为 1.5Mbit/s 时总线最大的长度为 200m，要扩展到 500m，就需要加入两个 RS485 中继器，如图 8-3 所示，为使用 RS485 中继器的 PROFIBUS 网络进行总线拓扑。

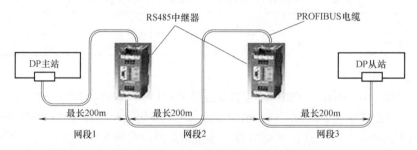

图 8-3　使用 RS485 中继器的总线拓扑结构

RS485 中继器是一个有源的网络元件，需要占一个站点。西门子 RS485 中继器具有信号放大和再生功能，可以实现网段之间的电气隔离。在一条 PROFIBUS 总线上最多可以安装 9 个西门子 RS485 中继器。

使用 RS485 中继器还可以实现 PROFIBUS 网络的星形和树形拓扑。如图 8-4 所示，该网络拓扑中，网段 2 得到网段 1 的放大再生信号，同样网段 1 也得到网段 2 的放大再生信号。RS485 中继器的网段 1 不是网络终端设备，而是网络中间的一个设备，终端电阻设置在"Off"，网段 1 上的两个终端设备设置终端电阻。RS485 中继器的网段 2 是网络终端设备，终端电阻设置在"On"，网段 2 也可以像网段 1 一样通过接线端子 A2、B2 进行扩展。

3. 光纤网络拓扑结构

光纤网络可以满足长距离数据传输并且保持较高的传输速率。尤其在强电磁干扰的环境中，光纤网络具有良好的传输特性，整个网络可以不受干扰信号的影响。

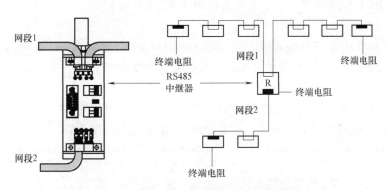

图 8-4　使用 RS485 中继器的拓扑结构

PROFIBUS OLM（Optical Link Module）是 PROFIBUS 电信号与 PROFIBUS 光信号相互转换的网络组件。使用 PROFIBUS OLM 构建光纤网络，可以实现总线拓扑、冗余环网和星形拓扑结构。

> 注意：
> ● 一个网段最大有 32 个节点（包括 RS485 中继器、PROFIBUS OLM 及其他带有 RS485 驱动的元件）。
> ● 每一个网段终端必须有终端电阻。

8.2　S7-1200 PLC PROFIBUS 通信

SIMATIC S7-1200 CPU 本体没有集成 PROFIBUS 接口，需要通过 CM 1243-5 通信模块作为 DP 主站或者 CM 1242-5 通信模块作为 DP 从站连接到 PROFIBUS 网络。CM 1243-5 模块和 CM 1242-5 模块都支持 DP V0/V1 模式。

> 注意：
> ● CM 1243-5 需要 DC 24V 供电。
> ● CM 1242-5 不需要 DC 24V 供电，通过 5V 背板总线供电。

8.2.1　S7-1200 PLC PROFIBUS 通信功能

S7-1200 CPU 通过 CM 1243-5 DP 主站模块可以实现以下通信服务：

（1）周期性通信

CM 1243-5 模块支持周期性通信，可实现和 DP 从站之间过程数据的传送。周期性通信由 CPU 的操作系统进行处理，直接在 CPU 的过程映像中读取或写入 I/O 数据。

（2）非周期性通信

可以使用 "RALRM" "RDREC" 和 "WRREC" 指令进行非周期性通信，"RALRM" 指令用于处理中断，"RDREC" 和 "WRREC" 指令用于传送组态和诊断数据。

（3）S7 通信

可以通过 PROFIBUS 连接实现 S7 通信，用于 S7 通信的最大连接资源数为 8，其中 4 个连接资源用于 PUT/GET 服务，4 个连接资源用于 PG/OP 通信。

- PUT/GET 服务

DP 主站可以作为客户机或者服务器，通过 PUT/GET 指令实现 S7 通信。PUT 指令最大通信数据量为 209 字节，GET 指令最大通信数据量为 222 字节。

- PG/OP 通信

通过 PG/OP 通信可以下载组态数据和用户程序，可以与支持 S7 通信的 HMI 面板、装有 WinCC flexible 的 SIMATIC 面板 PC 或者 SCADA 系统进行 OP 通信。

> 注意：
> - CM 1243-5 不支持输出同步/输入冻结功能（SYNC/FREEZE）。
> - CM 1243-5 不支持 DP 2 类主站的诊断请求（Get_Master_Diag）。

CM 1242-5DP 从站模块只支持周期通信，可实现和 DP 主站之间过程数据的传送。周期性通信由 CPU 的操作系统进行处理，直接在 CPU 的过程映像中读取或写入 I/O 数据。

8.2.2　S7-1200 PLC PROFIBUS DP 通信性能数据

每个 S7-1200 CPU 可以组态最多 3 个 PROFIBUS 通信模块，可以是 CM 1243-5 或 CM1242-5 的任意组合，每个 DP 主站最多可控制 32 个 DP 从站，每个 DP 主站最多扩展 512 个子模块。

CM 1243-5DP 主站的数据区最大 1024 字节：
- DP 主站输入区的总大小：最大 512 字节；
- DP 主站输出区的总大小：最大 512 字节；

CM 1242-5DP 从站的数据区：
- 每个 DP 从站的输入区：最大 240 字节；
- 每个 DP 从站的输出区：最大 240 字节。

8.2.3　PROFIBUS DP 分布式 I/O 从站通信

S7-1200 CPU 可以通过 CM1243-5 作为 DP 主站连接分布式 I/O 从站，本文以 S7-1200 CPU 1217C 连接 ET200SP 为例，介绍配置的过程。

第一步：创建新项目，例如 "S7-1200 PROFIBUS-MASTER"。

第二步：组态 CPU，进入项目视图，单击项目树菜单 "添加新设备>控制器>SIMATIC S7-1200>CPU"，选择 CPU 的类型。示例中选择 CPU 的型号为 CPU 1217C DC/DC/DC，CPU 版本号必须与实物匹配。单击 "确定" 按钮，创建一个 S7-1200 PLC 站点。

第三步：组态 CM 1243-5 主站模块，在硬件目录中选择 PROFIBUS 通信模块 CM 1243-5 并插入到机架中，CM 1243-5 版本号必须与实物匹配，然后进行主站参数配置，如图 8-5 所示。

① 单击 DP 接口。

② 在 "属性" 窗口的 "常规" 选项卡中，选择 "PROFIBUS 地址"，添加 PROFIBUS 网络。

③ 设定 DP 主站地址为 2，默认传输速率为 1.5Mbit/s，这里不能修改最高地址和传输速率。

④ 如果需要修改 "最高地址" 和 "传输率"，需要单击图 8-5 中所示的绿色箭头，切换至 "网络设置" 界面。在 "网络设置" 中，修改 "最高 PROFIBUS 地址" 和 "传输率"，如图 8-6 所示。

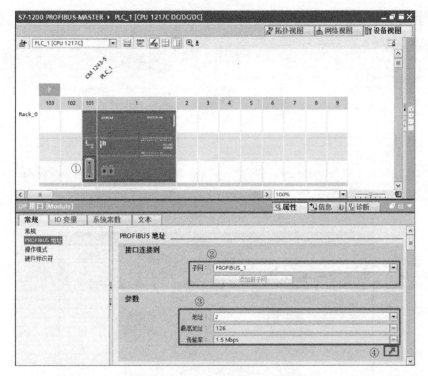

图 8-5　设定 PROFIBUS 主站参数

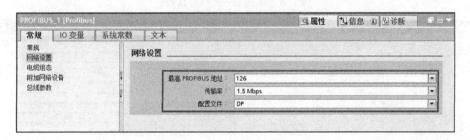

图 8-6　PROFIBUS 主站网络设置

　　第四步：组态分布式 I/O 接口模块，在硬件目录中，选择接口模块"IM 155-6 DP HF"并拖放到设备视图中。单击 ET200SP 的"未分配"，将 DP 从站 ET200SP 分配给 DP 主站 CM 1243-5，如图 8-7 所示。

　　分配 DP 主站后，在 DP 从站的图标上会显示 DP 主站的名称，例如"CM 1243-5"，如图 8-8 所示。

　　第五步：组态分布式 I/O 模块，双击 DP 从站，进入"设备视图"，按照实际安装添加 I/O 模块。DP 从站 I/O 模块的地址直接映射到主站 CPU 的 I、Q 区，可以直接在程序中使用，如图 8-9 所示。

8.2.4　PROFIBUS DP 智能从站通信

　　S7-1200 CPU 可以通过 CM 1243-5 作为 DP 主站连接其他 DP 从站，也可以通过 CM 1242-5 作为 DP 智能从站连接到第三方 DP 主站。如果同时安装了 CM 1243-5 和 CM 1242-5，则 S7-1200 CPU 既可充当下位 DP 从站系统的主站，又可充当上位 DP 主站系统的 DP 智能

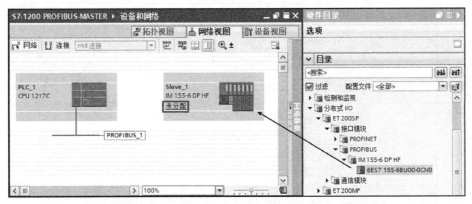

图 8-7　分配 DP 主站

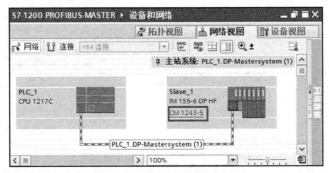

图 8-8　连接 DP 主站与从站

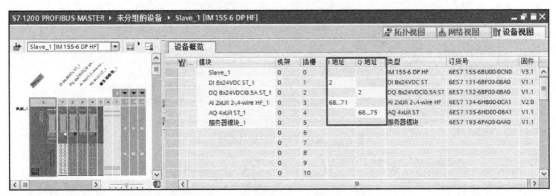

图 8-9　组态分布式 I/O 信号模块

从站，如图 8-10 所示。

① S7-1200 PLC 通过 CM 1243-5 作为 DP 主站。

② 分布式 I/O（ET200SP）作为 CM 1243-5 的 DP 从站。

③ S7-1500 PLC 作为 DP 主站。

④ S7-1200 PLC 通过 CM 1242-5 作为 S7-1500 PLC 的 DP 智能从站。

本文以 S7-1200 CPU 1217C 通过 CM 1243-5 作为 DP 主站，CPU 1211C 通过 CM 1242-5 作为 DP 智能从站为例，介绍 DP 主站和 DP 从站在不同项目下配置的过程。DP 主站传输数据 QW100~QW226 到 DP 从站的 IW200~IW326，DP 从站传输数据 QW200~QW326 到 DP 主站的 IW100~IW226。

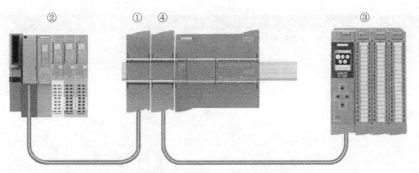

图 8-10　S7-1200 CPU 同时安装 CM 1243-5 和 CM 1242-5

1. 配置 DP 主站

前三步参考 PROFIBUS DP 分布式 I/O 从站通信的配置。

第四步：安装 CM 1242-5 GSD 文件，从西门子公司官网下载 CM 1242-5 的 GSD 文件，安装步骤如图 8-11 所示。

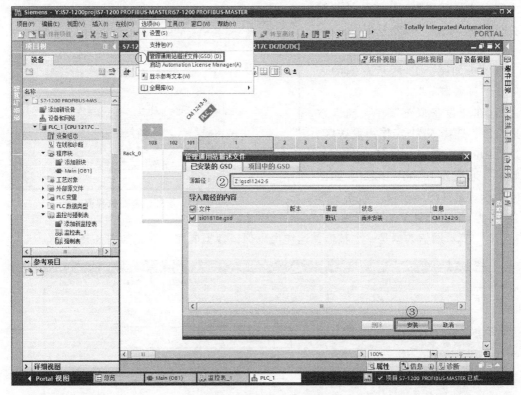

图 8-11　安装 GSD 文件

① 在 TIA 博途软件的 "选项" 菜单中，选择命令 "管理通用站描述文件（GSD）"。

② 在弹出的对话框中，选择 GSD 文件的存储路径，选择需要安装的 GSD 文件。

③ 单击 "安装" 按钮，安装 GSD 文件，安装成功后，系统将自动地更新硬件目录。

第五步：在硬件目录中，选择导入的 DP 从站 CM 1242-5 并拖放到设备视图中。分配 DP 主站后在 DP 从站的图标上会显示 DP 主站的名称，例如 CM 1243-5，如图 8-12 所示。

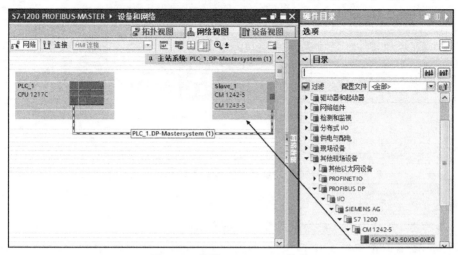

图 8-12 连接 PROFIBUS 从站

第六步：配置 DP 智能从站，双击 DP 从站，进入"设备视图"。

1）如果未显示"设备概览"界面，则单击如图 8-13 所示右侧的箭头展开"设备概览"。

2）在"设备概览"中，插入数据通信区，选择 64 个字作为发送区，地址为 QB100～QB227，64 个字作为接收区，地址为 IB100～IB227，如图 8-14 所示。选择的插槽模块数据一致性默认为"总长度"，不能更改，

图 8-13 展开设备概览界面

"总长度"表示通信数据是一个整体，这样可以保证数据的完整性，如图 8-15 所示。

图 8-14 配置主站数据通信

第七步：编译保存，配置 DP 主站工作完成。

2. 配置 DP 智能从站

第一步：创建新项目，例如"S7-1200 PROFIBUS-SLAVE"。

第二步：组态 CPU，进入项目视图，单击项目树菜单"添加新设备>控制器>SIMATIC

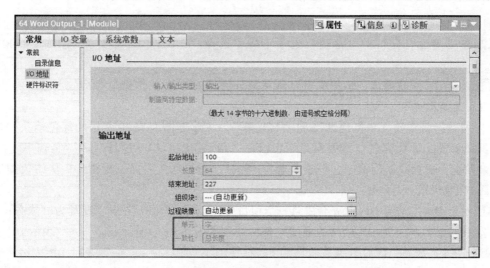

图 8-15　数据一致性

S7-1200>CPU"，选择 CPU 的类型。示例中选择 CPU 的型号为 CPU 1211C DC/DC/DC，CPU 版本号必须与实物匹配。单击"确定"按钮，创建一个 S7-1200 PLC 站点。

　　第三步：组态 CM 1242-5 从站模块，在硬件目录中选择 PROFIBUS 通信模块 CM 1242-5 并插入到机架中，CM 1242-5 版本号必须与实物匹配，然后进行从站站参数配置，如图 8-16 所示。

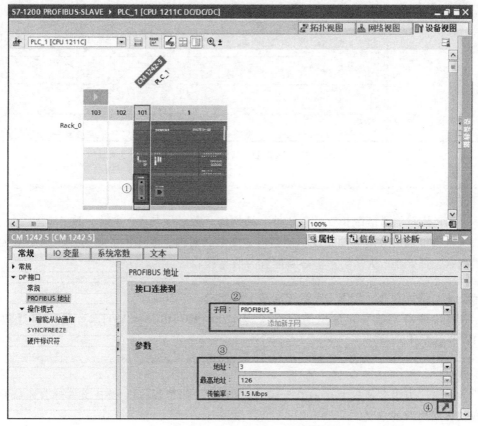

图 8-16　设定 PROFIBUS 从站参数

①　单击 DP 接口。

②　在"属性"窗口的"常规"选项卡中，选择"PROFIBUS 地址"，添加 PROFIBUS 网络。

③　设定 DP 从站地址，示例中设定从站地址为"3"，默认传输速率为 1.5Mbit/s，需与主站设置的传输速率一致。

④　如果需要修改"最高地址"和"传输率"，应单击图 8-16 中所示的绿色箭头，切换至"网络设置"界面，在"网络设置"中修改"最高 PROFIBUS 地址"和"传输率"。

第四步：配置数据传输区，单击"操作模式"，分配 DP 主站、配置 DP 从站数据通信传输区域，如图 8-17 所示。

①　由于 DP 主站与 DP 从站不在同一个项目中，"分配的 DP 主站"设置为"未分配"。

②　在传输区域配置 DP 从站的通信数据，通信区占用 I、Q 地址区。"→"表示 DP 主站传输数据到 DP 从站，配置数据接收区为 64 个字 IB200～IB327；"←"表示 DP 从站传输数据到 DP 主站，配置数据发送区为 64 个字 QB200～QB327，单击箭头可以切换数据传输方向。

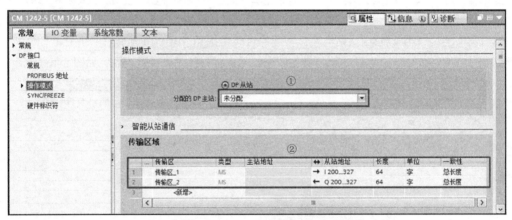

图 8-17　配置 DP 智能从站数据通信

注意：
● DP 从站的通信区长度、一致性、插槽的个数必须与 DP 主站一致。
● 数据传输的方向必须相反，通信双方要交叉对应，若 DP 主站第一个槽配置为数据发送区，那么 DP 从站第一槽必须配置为数据接收区。

第五步：编译保存，配置 DP 智能从站工作完成。

示例程序请参见随书光盘中的例程《S7-1200 PROFIBUS-MASTER》项目和《S7-1200 PROFIBUS-SLAVE》项目。

注意：
● 与第三方设备通过 PROFIBUS DP 协议通信，除了要提供 GSD 文件外，还需要提供通信数据内容的定义。

8.2.5　数据一致性

如果数据区域可作为一个整体在操作系统中读取或写入，则该数据区域是一致的。CPU 将通信区的"一致性"设置为"总长度"（见图 8-17），可以实现一致性数据访问。

访问过程映像 I/O 区或直接访问物理 I/O 地址，最多只能访问 4 个连续字节。

大于 4 字节的一致性数据访问 S7-1200PLC 可以使用 "DPRD_DAT/ DPWR_DAT"、"GETIO /SETIO" 和 "GETIO_PART / SETIO_PART" 指令实现将数据一致性读/写至 DB 区或者 M 区。

"GETIO" 指令与 "DPRD_DAT" 指令功能完全相同，可以一致性地从 DP 从站的模块\子模块读取数据，但 "GETIO" 指令可以输出读取的数据量；"GETIO_PART" 指令可以一致性地从 DP 从站的模块\子模块读取指定的部分数据。

"SETIO" 指令与 "DPWR_DAT" 指令功能完全相同，可以一致性地向 DP 从站的模块\子模块写入数据；"SETIO_PART" 指令可以一致性地向 DP 从站的模块\子模块写入指定的部分数据。

8.3　PROFIBUS 通信的常见问题

1. 打开包含有其他厂商从站设备的项目时，如果 TIA 博途软件没有安装相应的 GSD 文件，怎么办？

答：此时 TIA 博途软件会弹出对话窗口，提示是否需要安装所需的 GSD 文件，单击确认后，项目中包含 GSD 的文件将自动导入硬件目录中。

2. 从 PLC 中上传硬件配置时，如果上传的硬件配置中带有其他厂商的从站设备，而在 TIA 博途软件没有安装相应的 GSD 文件，怎么办？

答：上传项目会出错，不能上传项目，需要先安装相应的 GSD 文件才能上传项目。

3. 能否通过 TIA 博途软件升级 CM 1243-5 固件？

答：不能，目前 CM 1243_5 的固件版本低于 V1.3.3 时，必须通过存储卡升级。

4. 怎么删除已经安装的 GSD 文件？

答：若删除已经安装的 GSD 文件，本地存储目录中必须存储该 GSD 安装文件，操作步骤如下：

第一步：在"选项"菜单中，选择命令"管理通用站描述文件（GSD）"。

第二步：在"已安装的 GSD"选项卡上，选择 GSD 文件的存储目录。一般默认存储目录为 C：\ProgramData\Siemens\Automation\PortalV 15\data\xdd\。

第三步：从所显示的 GSD 文件列表中，选择要删除的文件。

第四步：单击"删除"按钮。

5. S7-1200 CPU 通过 CM1242-5 模块作为 DP 智能从站时，没有连接 DP 主站，CPU 是否报错？

答：没有连接 DP 主站，CPU 诊断缓冲区会报错"IO 设备故障-总线错误"和"过程映像更新过程中发生新的 I/O 访问错误"，连接 DP 主站后报错就会消失。

第 9 章 S7-1200 PLC 的串口通信

串行通信是一种传统的、经济有效的通信方式，可以用于不同厂商产品之间节点少、数据量小、通信速率低和实时性要求不高的场合。串行通信多用于连接扫描仪、条码阅读器和支持 Modbus 协议的现场仪表、变频器等带有串行通信接口的设备。

9.1 串行通信概述

串行通信的数据是逐位传送的，按照数据流的方向分成三种传输模式：单工、半双工、全双工；按照传送数据的格式规定分成两种传输方式：同步通信、异步通信。

1. 同步通信

广泛应用于位置编码器和控制器之间。控制器产生时钟脉冲串，传感器产生数据脉冲串。以帧为数据传输单位，字符之间没有间隙，也没有起始位和停止位。为保证接收端能正确区分数据流，收发双方必须建立起同步的时钟，如图 9-1 所示。

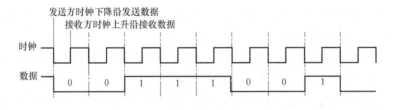

图 9-1 同步通信

2. 异步通信

以字符为数据传输单位。传送开始时，组成这个字符的各个数据位将被连续发送，接收端通过检测字符中的起始位和停止位来判断接收到达的字符，如图 9-2 所示。

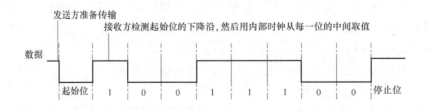

图 9-2 异步通信

S7-1200 PLC 的串行通信采用异步通信传输方式，每个字符由一个起始位、7 或 8 个数据位、一个奇偶校验位或无校验位、一个停止位组成，传输时间取决于 S7-1200 PLC 通信模块端口的波特率设置。例如，设置波特率为 9600bit/s，8 位数据位，奇校验，发送一个字节数据 2#01010101 时，示波器显示的字符帧波形如图 9-3 所示。

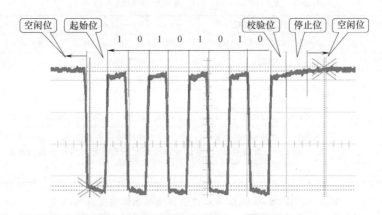

图 9-3　传送字符 2#01010101 的波形示意图

9.2　串口通信模块和通信板

S7-1200 PLC 系列产品提供了串口通信模块 CM1241 和通信板 CB1241 用于实现串行通信。用户可根据通信对象的接口特征，选择不同类型的 S7-1200 PLC 串口通信模块或通信板，采用不同的接线方式，通过通信处理器指令编程，与其他设备交换数据信息，以满足多样、灵活的串行通信需求。

9.2.1　串口通信模块和通信板

1. S7-1200 PLC 串口通信模块和通信板类型

S7-1200 PLC 有两个串口通信模块 CM1241 RS232，CM1241 RS422/485 和一个通信板 CB1241 RS485。串口通信模块 CM1241 安装在 S7-1200 CPU 模块或其他通信模块的左侧，通信板 CB1241 安装在 S7-1200 CPU 的正面插槽中。S7-1200 CPU 最多可连接 3 个通信模块和 1 个通信板，当 S7-1200 PLC 使用 3 个串口通信模块 CM1241（类型不限）和 1 个通信板 CB1241 时，总共可提供 4 个串行通信接口。

S7-1200 PLC 串口通信模块和通信板有以下特点：

- 端口与内部电路隔离；
- 支持点对点协议；
- 通过通信处理器指令编程；
- 具有诊断 LED（仅 CM1241）；
- 通过模块上的 LED 指示灯显示发送和接收活动；
- 均由 CPU 背板总线 DC 5V 供电，不必连接外部电源。

S7-1200 PLC 串口通信模块和通信板支持相同的波特率、校验方式和接收缓冲区。但通信模块和通信板类型不同，支持的流控方式、通信距离等也存在差异。S7-1200 PLC 串口通信模块和通信板技术规范见表 9-1。

2. S7-1200 PLC 串口通信模块和通信板支持的协议

S7-1200 PLC 串口通信模块和通信板根据类型不同，分别支持自由口（ASCII）、3964（R）、Modbus RTU、USS 通信协议。其中，3964（R）协议使用较少，本章节将不再另做介绍。S7-1200 PLC 串口通信模块和通信板支持的协议见表 9-2。

表 9-1　S7-1200 PLC 串口通信模块和通信板一览

类　　型	CM1241 RS232	CM1241 RS422/485	CB1241 RS485
订货号	6ES7241-1AH32-0XB0	6ES7241-1CH32-0XB0	6ES7241-1CH30-1XB0
通信口类型	RS232	RS422/485	RS485
流量控制	硬件流控;软件流控	软件流控(仅 RS422)	不支持
通信距离(屏蔽电缆)	最长 10m	最长 1000m	
波特率	300、600、1.2K、2.4K、4.8K、9.6K、19.2K、38.4K、57.6K、76.8K、115.2K		
校验方式	无校验、偶校验、奇校验、Mark 校验(将奇偶校验位置为 1)、Space 校验(将奇偶校验位置为 0)、任意奇偶校验(将奇偶校验位置为 0,在接收时忽略奇偶校验错误)		
接收缓冲区	1KB		

表 9-2　S7-1200 PLC 串口通信模块和通信板支持的协议

类　　型	CM1241 RS232	CM1241 RS422/485	CB1241 RS485
自由口(ASCII)	√	√	√
3964(R)	√	√	×
Modbus RTU	√	√	√
USS	×	√	√

注：√：支持；×：不支持。

3. S7-1200 PLC 串口通信模块和通信板指示灯

S7-1200 PLC 串口通信模块 CM1241 有 3 个 LED 指示灯：DIAG、Tx 和 Rx。

S7-1200 PLC 串口通信板 CB1241 有两个 LED 指示灯：TxD 和 RxD。

S7-1200 PLC 串口通信模块和通信板指示灯功能和说明见表 9-3。

表 9-3　S7-1200 PLC 串口通信模块和通信板指示灯

指 示 灯	功　能	说　　　　明
DIAG(仅 CM1241)	诊断显示	以红色和绿色报告模块的不同状态 • CPU 识别到通信模块前,DIAG 一直红色闪烁 • CPU 上电后检查通信模块,DIAG 绿色闪烁表示 CPU 寻址到通信模块,但尚未为其提供组态 • 将组态下载到 CPU 后,DIAG 绿色常亮
Tx(CM1241) TxD(CB1241)	发送显示	从通信端口向外发送数据时,Tx/TxD 将点亮
Rx(CM1241) RxD(CB1241)	接收显示	通信端口接收数据时,Rx/RxD 将点亮

9.2.2　串口通信模块和通信板特征及接线

1. 串口通信模块 CM1241 RS232

RS232 采取不平衡传输方式,因此其收、发端的数据信号相对于信号地,抗干扰能力较差。并且接口的信号电平值较高,易损坏接口电路的芯片。RS232 用正负电压表示逻辑状态,在发送 TxD 和接收 RxD 数据传送线上,逻辑 1 电压为 $-3V \sim -15V$;逻辑 0 电压为 $+3V \sim +15V$。在请求发送 RTS、允许发送 CTS 等控制线上,信号有效电压为 $+3V \sim +15V$;信号无效电压为 $-3V \sim -15V$。

CM1241 RS232 串口通信模块提供一个 9 针 D 型公接头,各引脚分布及功能描述见表 9-4。

表 9-4　RS232 接口各引脚分布及功能描述

RS232 连接头	引　脚　号	引 脚 名 称	功 能 描 述
	1	DCD	数据载波检测
	2	RxD	接收数据:输入
	3	TxD	发送数据:输出
	4	DTR	数据终端准备好:输出
	5	GND	逻辑地
	6	DSR	数据设备准备好:输入
	7	RTS	请求发送:输出
	8	CTS	允许发送:输入
	9	RI	振铃提示(未使用)
	外壳		外壳地

根据 RS232 各引脚的功能定义,RS232 与通信伙伴之间进行点对点通信时,必须连接两条数据线 RxD 和 TxD,分别用于接收数据和发送数据,并需要连接逻辑地线 GND。此外,用户可根据实际应用需求对其余六条控制线 RI、DCD、DTR、DSR、RTS、CTS 进行选择连接。RS232 接口只能用于点对点通信,以通信伙伴方使用的接口类型为 RS232 9 针 D 型公接头为例,CM1241 RS232 接口与通信伙伴 RS232 接口的连接方法如图 9-4 所示。

2. 串口通信模块 CM1241 RS422/485

RS422/485 数据信号采用差分传输方式,也称平衡传输。信号 B 与信号 A 之间电压差逻辑 1 为+2V~+6V,逻辑 0 为-2V~-6V。

串口通信模块 CM1241 RS422/485 提供一个 9 针 D 型母接头,各引脚分布及功能描述见表 9-5。

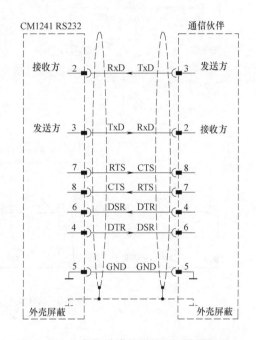

图 9-4　CM1241 RS232 接口与通信伙伴 RS232 接口的连接方法

表 9-5　RS422/485 接口各引脚分布及功能描述

RS422/485 连接头	引　脚　号	引 脚 名 称	功 能 描 述
	1	GND	逻辑接地或通信接地
	2	TxD+	用于连接 RS422 不适用于 RS485:输出
	3	TxD+	信号 B(RxD/TxD+):输入/输出
	4	RTS	请求发送(TTL 电平)输出
	5	GND	逻辑接地或通信接地
	6	PWR	+5V 与 100Ω 串联电阻:输出
	7		未连接
	8	TxD−	信号 A(RxD/TxD−):输入/输出
	9	TxD−	用于连接 RS422 不适用于 RS485:输出
	外壳		外壳地

　　CM1241 RS422/485 根据接线的方式可以选择 RS422 或 RS485 模式，只有一个模式有效。使用 RS422 接口为四线制通信，引脚 2（TxD+）和 9（TxD-）是发送信号，引脚 3（RxD+）和引脚 8（RxD-）是接收信号；使用 RS485 接口为两线制通信，引脚 3（RxD/TxD+）和引脚 8（RxD/TxD-）分别是发送和接收正负信号。RS422 和 RS485 网络拓扑都采用总线型结构，RS422 总线上支持最多 10 个节点，RS485 总线上支持最多 32 个节点，总线上可连接西门子 CM1241 RS422/485 通信模块或非西门子设备。以西门子 CM1241 RS422/485 在总线两端加终端电阻 220Ω 和偏置电阻 390Ω 为例，CM1241 RS422 网络拓扑连接如图 9-5 所示。对于 RS485 总线，可使用内部包含以上终端电阻和偏置电阻的西门子总线连接器和 PROFIBUS 电缆用于设备之间的连接，CM1241 RS485 网络拓扑连接如图 9-6 所示。

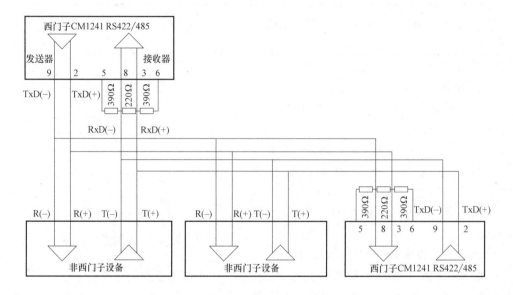

图 9-5　CM1241 RS422 网络拓扑连接

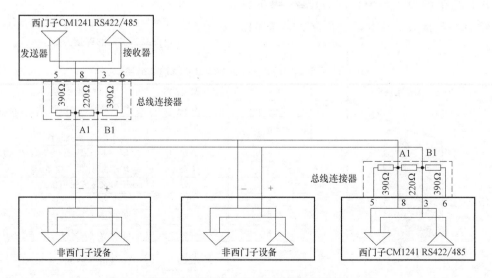

图 9-6　CM1241 RS485 网络拓扑连接

3. 通信板 CB1241 RS485

通信板 CB1241 RS485 提供一个接线连接器，各引脚分布及功能描述见表 9-6。

表 9-6　CB1241 RS485 连接器引脚分布及功能描述

CB1241 RS485	引脚号	9 针连接器	X20
CB 1241 RS485 6ES7 241-1CH30-1XB0	1	RS485/逻辑接地	—
	2	RS485/未使用	—
	3	RS485/TxD+	4-T/RB
	4	RS485/RTS	6-RTS
	5	RS485/逻辑接地	—
	6	RS485/5V 电源	—
	7	RS485/未使用	—
	8	RS485/TxD−	3-T/RA
	9	RS485/未使用	—
	外壳		1-M

① 连接"TA"和"TR/A"以及"TB"和"TR/B"以终止网络（仅端接 RS485 网络上的终端设备）。

② 使用屏蔽双绞线电缆，并将电缆屏蔽接地。

4. 偏置和端接 RS485 网络连接器

RS485 网络连接器终端电阻和偏置电阻接线参见第 8.1.2 章节。

CB1241 通信板提供了用于端接和偏置网络的内部电阻。要端接或偏置连接，应将 TRA 连接到 TA，将 TRB 连接到 TB，以便将内部电阻接到电路中。通信伙伴的 RS485 9 针连接器与 CB1241 通信板之间的连接见表 9-7。

表 9-7　CB1241 的端接和偏置

端接设备(偏置 ON)	非端接设备(偏置 OFF)

① 将 M 连接到电缆屏蔽。

② A = TxD/RxD−（绿色线/针 8）。

③ B = TxD/RxD+（红色线/针 3）。

9.2.3　串口通信模块和通信板端口硬件标识符

在 TIA 博途软件的设备视图中，组态 CM1241 或 CB1241 之后，系统会自动为其分配硬件标识符。串口通信模块的硬件标识符用于通信编程时寻址，使用串口通信指令进行编程时，需在指令的输入引脚"PORT"处填写通信模块或通信板的端口硬件标识符。硬件标识符可在模块的"属性>常规"选项卡或系统常量中查找，如图 9-7 所示。

图 9-7　CM1241 硬件标识符

9.2.4　串口通信概览

S7-1200 PLC 的串口通信可通过位于中央机架的 CM1241 或 CB1241 实现，或对于 V4.1 及以上的 S7-1200 CPU 和 STEP 7 V13 SP1 以上的 TIA 博途软件，也可以使用 PROFINET 或 PROFIBUS 分布式 I/O 机架与各类串口设备进行通信，这三种串口通信方式如图 9-8 所示。

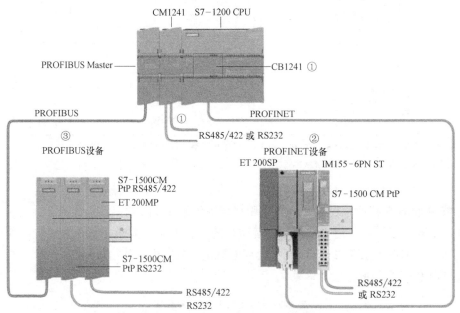

图 9-8　S7-1200 PLC 串口通信概览

① 中央机架：S7-1200 CPU 中央机架的串口通信模块或通信板。

② PROFINET：PROFINET 设备 ET200 SP/ET200MP 中的串口通信模块。

③ PROFIBUS：PROFIBUS 从站 ET200 SP/ET200MP 中的串口通信模块。

S7-1200 PLC 的串口通信指令分为两类，位于指令选项卡"通信>通信处理器"下，如图 9-9 所示。

用户需要根据使用的 TIA 博途软件和 S7-1200 CPU 及通信模块和通信板硬件的版本，正确使用符合要求的指令类型，见表 9-8。

图 9-9　串口通信指令概览

表 9-8　串口通信指令

图标	自由口通信	USS 通信	MODBUS 通信	适用范围	
①	PtP Communication	USS 通信	MODBUS(RTU)	S7-1200 PLC 中央机架	CM 1241 V2.1 或 CB1241 且 S7-1200 CPU V4.1 以上
				分布式 I/O	PROFINET 或 PROFIBUS ET200SP/ET200MP 串口模块
②	点到点	USS	MODBUS	S7-1200 PLC 中央机架	CM 1241 或 CB1241

以下串口通信章节将只介绍既适用于 S7-1200 PLC 中央机架又适用于分布式 I/O 的串口通信指令，即 PtP Communication，MODBUS（RTU），USS 通信指令。

9.3　自由口通信

自由口通信无固定的通信格式，用户可根据通信设备使用的协议格式自由编程，将信息直接发送到外部设备（例如打印机），并且能够从其他设备（例如条码阅读器）接收信息。

9.3.1　自由口通信模块的端口参数设置

在自由口通信编程之前，需要为串口通信模块或通信板组态端口参数。以 CM1241 RS232 为例，在 RS232 模块"属性>常规"选项卡，选择"RS232 接口>端口组态"设置自由口协议、波特率、奇偶校验、数据位、停止位、流量控制和等待时间等参数，如图 9-10 所示。

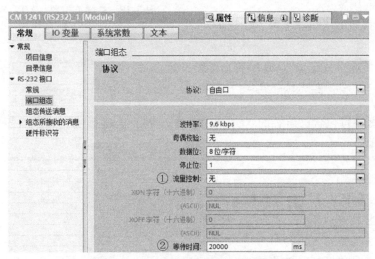

图 9-10　RS232 模块通信端口参数设置

①"流量控制"：用来协调数据的发送和接收的机制，以确保传输过程中无数据丢失，以及设备发送的信息不会多于接收伙伴所能处理的信息。默认设置为"无"，S7-1200 PLC 串口通信模块支持的流量控制工作模式见表 9-1。

②"等待时间"：用于指定继续数据传输信号必须在多长时间内到达。等待时间默认为 20000ms。可设置范围为 1~65535ms。

1. 流量控制

以 CM1241 RS232 模块为例，S7-1200 PLC 串口通信模块流量控制默认设置是"无"，可以选择的流量控制如图 9-11 所示。

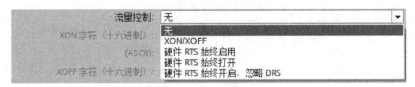

图 9-11　流量控制

（1）软件流控制

目前，普遍采用 XON/XOFF 软件流控制，是一种更主动、更积极和更有效的流量控制

方式。软件流控制需要全双工通信，选择 XON/XOFF 流量控制工作模式后，可设置 XON 和 XOFF 字符，默认 XON 字符（十六进制）：11；XOFF 字符（十六进制）：13。对于软件流控制，等待时间是指发送 XOFF 字符后等待接收 XON 字符的时间，在设置的等待时间内，软件流控制组态和时序图如图 9-12 所示。

① 必须在设置的等待时间内接收到 XON 字符，以继续发送。

② 接收到接收方 XOFF 字符，发送方停止发送。

③ 接收到接收方发送的 XON 字符，继续发送。

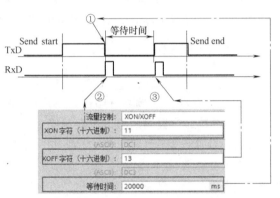

图 9-12　软件流控制（XON/XOFF）

> **注意：**
> 用户数据不可包含已组态的 XON 或 XOFF 字符，否则影响正常的数据传输，或被接收方过滤掉。

（2）硬件流控制

硬件流控制包括以下三种工作模式：

- 硬件 RTS 始终启用；
- 硬件 RTS 始终打开；
- 硬件 RTS 始终开启，忽略 DSR。

硬件流控制通过 RTS（请求发送）、CTS（允许发送）、DTR（数据终端准备好）和 DSR（数据设备准备好）信号来实现。当组态了硬件流控制时，需要连接通信模块的相关引脚，硬件流控制接线参考图 9-4。

1）"硬件 RTS 始终启用"：设置为该模式，除了连接 RTS、CTS，还需要连接 DTR 和 DSR。在"RTS 始终启用"模式下，CM 1241 将 RTS 设置为激活状态，通信伙伴监视来自 CM1241 的 RTS 信号，并将该信号用作允许发送信号，向 CM1241 发送数据。

2）"硬件 RTS 始终打开"：设置为该模式，除了连接 RTS、CTS，仍然需要连接 DTR 和 DSR。相对于"硬件 RTS 始终启用"，在"硬件 RTS 始终打开"模式下，RTS 信号是在发送数据情况下触发，因此方便用于检测数据的收发状态。选择"硬件 RTS 始终打开"模式后，可在"组态传送消息"界面组态"RTS 接通延时"和"RTS 关断延时"的时间（参考第9.3.2 章节及图 9-21）。对于硬件流控制，等待时间指模块发出 RTS 信号后等待接收来自通信伙伴的 CTS 信号的时间。硬件 RTS 始终打开组态和时序图，如图 9-13 所示。

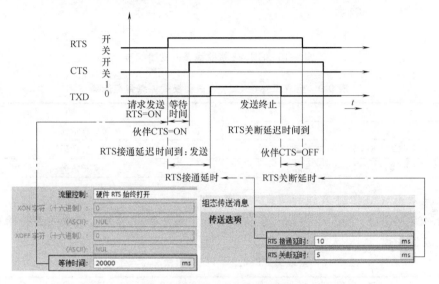

图 9-13　硬件 RTS 始终打开时序图

3）"硬件 RTS 始终开启，忽略 DSR"：相对于"硬件 RTS 始终打开"，在"硬件 RTS 始终开启，忽略 DSR"模式下，需要连接 RTS 和 CTS，不使用 DSR 和 DTR。

2. RS422/485 操作模式和接收线路初始状态

"操作模式"和"接收线路初始状态"的组态设置只适用于通信模块 CM1241 RS422/RS485。CM1241 RS422/RS485 有 4 种"操作模式"可供选择，如图 9-14 所示。

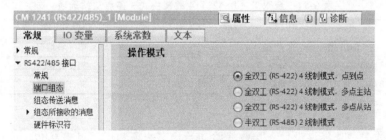

图 9-14　RS422 操作模式

"接收线路初始状态"用于通信伙伴之间的接口信号匹配，根据设置的"操作模式"，"接收线路初始状态"有 3 种不同的选择，如图 9-15 所示。

① "无"：在提供偏置和终端时选择此选项。

② "与 R(A)>R(B)>=0V 的偏差"：选择反向偏置以使用内部偏置和终端（选择此状态时可启用断路检查）。

③ "与 R(B)>R(A)>=0V 的偏差"：选择正向偏置以使用内部偏置和终端。

（1）全双工（RS422）4 线制模式·点到点

在 RS422 网络中，有两台设备时选择此选项。接收线路初始状态选项和说明见表 9-9。

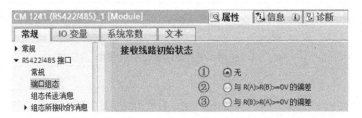

图 9-15　RS422 接收线路的初始状态

表 9-9　全双工（RS422）4 线制模式·点到点选项

选　项	说　明
无	第 3 种情况
与 R（A）>R（B）>=0V 的偏差	第 1 种情况
与 R（B）>R（A）>=0V 的偏差	第 2 种情况

（2）全双工（RS422）4 线制模式·多点主站

在 RS422 网络中，有一个主站和多从站时，主站选择此选项。接收线路初始状态选项和说明见表 9-10。

表 9-10　全双工（RS422）4 线制模式·多点主站选项

选　项	说　明
无	第 3 种情况
与 R（B）>R（A）>=0V 的偏差	第 2 种情况

（3）全双工（RS422）4 线制模式·多点从站

在 RS422 网络中，有一个主站和多从站时，所有从站选择此选项。接收线路初始状态选项和说明见表 9-11。

表 9-11　全双工（RS422）4 线制模式·多点从站选项

选　项	说　明
无	第 3 种情况
与 R（A）>R（B）>=0V 的偏差	第 1 种情况
与 R（B）>R（A）>=0V 的偏差	第 2 种情况

（4）半双工（RS485）2 线制模式

RS485 模式时，选择该设置。接收线路初始状态选项和说明见表 9-12。

表 9-12　全双工（RS422）4 线制模式·多点主站选项

选　项	说　明
无	第 5 种情况
与 R（B）>R（A）>=0V 的偏差	第 4 种情况

第 1 种情况：全双工（RS422）4 线制模式下，接收线路初始状态 "R（A）>R（B）>=0V 的偏差" "启用断路检查"（发送器始终处于激活状态），如图 9-16 所示。

① 接地。

② 外部终端电阻为 330Ω。

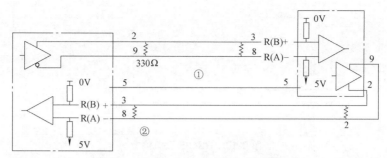

图 9-16 RS422 反向偏置启用断路检查

第 2 种情况：全双工（RS422）4 线制模式下，接收线路初始状态为"R（B）>R（A）>=0V 的偏差""无断路检查"（发送器仅在发送时才启用），如图 9-17 所示。

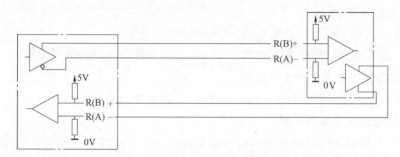

图 9-17 RS422 正向偏置无断路检查

第 3 种情况：全双工（RS422）4 线制模式下，接收线路初始状态为"无""无断路检查"（发送器仅在发送时才启用），偏置和终端由用户在网络末端节点添加，如图 9-18 所示。

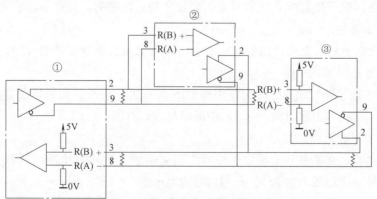

图 9-18 RS422 无偏置无断路检查

① 主站，终端和偏置。

② 从站 1，无偏置。

③ 从站 2，终端和偏置。

第 4 种情况：半双工（RS485）2 线制模式下，接收线路初始状态为"R（B）>R（A）>=0V 的偏差""无断路检查"（发送器仅在发送时才启用），如图 9-19 所示。

图 9-19　RS485 正向偏置

第 5 种情况：半双工（RS485）2 线制模式下，接收线路初始状态为"无""无断路检查"（发送器仅在发送时才启用），如图 9-20 所示。

除了通过"属性>常规"选项卡进行端口组态，也可以通过程序进行程序编程界面右侧指令选项卡"通信>通信

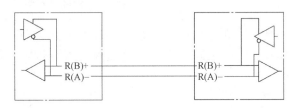

图 9-20　RS485 无偏置

处理器>PtP Communication"下的"Port_Config"动态配置端口参数。

9.3.2　自由口通信发送参数设置

S7-1200 PLC 串口通信模块和通信板可组态传送消息，使其按照设置参数发送数据。以 CM1241 RS232 为例，在"属性>常规"选项卡，选择"RS232 接口>组态传送消息"设置发送参数。其中，"RTS 接通延时"和"RTS 关断延时"仅在组态为"硬件流控"时可设置。如图 9-21 所示。

1. RTS 接通延时

RTS 接通延时表示在发出 RTS 信号之后和发送初始化之前，需要等待的时间。

2. RTS 关断延时

RTS 关断延时表示在完成传送后和撤销 RTS 信号之前，需要等待的时间。

3. 在消息开始时发送中断

在延时 RTS 接通延时设定的时间并检测 CTS 信号后，在消息的开始位置发送中断持续时间为多少个位时间（上限时间为 8s）。中断信号为低电平。

4. 中断后发送线路空闲信号

此设置仅选择"在消息开始时发送中断"后才有效。表示在中断之后再发送多少个位时间的空闲信号（上限时间为 8s）。空闲信号为高电平。

一个完整字符传输时间定义为传输起始位、数据位、校验位和停止位的时间总和。信号的持续时间以位时间为单位，由组态波特率确定。以波特率 9.6K bits/s 为例，每个位传输时间为（1/9600）×1000ms＝0.104ms。设置"中断期间的位时间数"和"中断后线路空闲"位时间如图 9-21 所示，当 CM1241 发送数据 2#11110000，波形如图 9-22 所示。

① 发送 16 位中断位，时间为 1.664ms。

② 发送 6 位空闲位，时间为 0.624ms。

③ 发送数据 2#11110000。

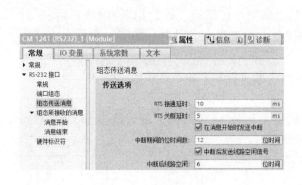

图 9-21　组态传送消息

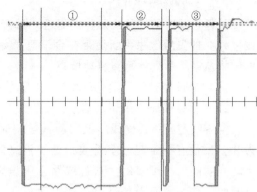

图 9-22　发送数据波形图

> 注意：
> 　设置中断的位时间数小于等于 16 位时，通信模块会发送 16 位时间的中断位；设置大于 16 位时，通信模块发出的中断位与设置相符。

除了通过"属性"选项卡组态传送消息，也可以通过指令选项卡"通信>通信处理器>PtP Communication"下的"Send_Config"指令来动态配置。

9.3.3　自由口通信接收参数设置

对于 S7-1200 PLC 串口通信模块和通信板的自由口通信，必须组态接收的消息开始和结束条件以使其能正常接收数据。

1. 消息开始

以 CM1241 RS232 通信模块为例，在"属性>常规"选项卡，选择"RS232 接口>组态所接收的消息>消息开始"，组态消息开始条件，如图 9-23 所示。

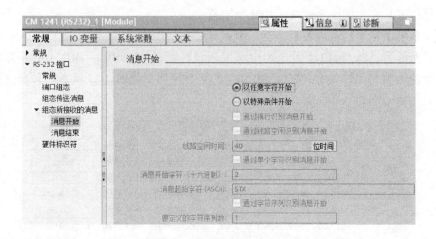

图 9-23　组态消息开始

（1）以任意字符开始

任何字符都可作为消息接收的开始。

（2）以特殊条件开始

可任选其中的一种或几种的组合。选择组合条件时，按照"换行识别>线路空闲>字符或序列"的先后次序判断是否符合消息开始接收。检查组合条件时，如有一个没有满足条件则将从第一个开始重新启动检查。

1）"通过换行识别消息开始"：指定在接收中断字符后开始消息接收。

2）"通过线路空闲识别消息开始"。

空闲线定义为传输线路上安静或空闲时间，默认是 40 位时间，最大值为 65535，最大为 8s。对没有特定起始字符或指定了消息间最小时间间隔的，可使用"通过线路空闲识别消息开始"作为消息开始条件。接收消息功能会忽略在空闲线时间到之前接收到任何字符，并按组态时间重新启动空闲线定时器，在空闲线时间到之后，将所有接收到的字符存入消息缓冲区，如图 9-24 所示。

图 9-24　空闲线检测消息开始

① 字符。

② 重启线路空闲定时器。

③ 检测到线路空闲，并启动消息接收操作。

3）"通过单个字符识别消息开始"：接收到单一组态字符后开始接收。默认值为 2（十六进制），即 STX（ASCII），用户可自定义该消息起始字符。

4）"通过字符序列识别消息开始"：满足其中任何一个启用的字符序列均作为消息开始。"要定义的字符序列数"默认值为 1，最多可设置为 4 组。每组字符序列最多可包含 5 个字符，每个字符均可被选择是否检测该字符，如不选择表示任意字符均可，如选择则输入该字符对应的 ASCII 码值。

- 可定义连续 5 个字符开始接收，序列前数据被丢弃；
- 也可约束其中连续或不连续的某几个字符；
- 定义多组字符序列是或关系，有一个满足就开始接收。

以下举例说明，以 CM1241 发送端定义发送缓冲区 DB3. DBB0 ~ DB3. DBB8 为例，在监视表输入待发送的 01 02 03 0A 0B 0C 0D 0E 0F 字符序列，如图 9-25 所示，并且通过自由口编程发送数据到 CM1241 接收端。

	i	名称	地址	显示格式	监视值
1		"SENDBUFFER".SEND_DATA[0]	%DB3.DBB0	十六进制	16#01
2		"SENDBUFFER".SEND_DATA[1]	%DB3.DBB1	十六进制	16#02
3		"SENDBUFFER".SEND_DATA[2]	%DB3.DBB2	十六进制	16#03
4		"SENDBUFFER".SEND_DATA[3]	%DB3.DBB3	十六进制	16#0A
5		"SENDBUFFER".SEND_DATA[4]	%DB3.DBB4	十六进制	16#0B
6		"SENDBUFFER".SEND_DATA[5]	%DB3.DBB5	十六进制	16#0C
7		"SENDBUFFER".SEND_DATA[6]	%DB3.DBB6	十六进制	16#0D
8		"SENDBUFFER".SEND_DATA[7]	%DB3.DBB7	十六进制	16#0E
9		"SENDBUFFER".SEND_DATA[8]	%DB3.DBB8	十六进制	16#0F

图 9-25　CM1241 发送端输入发送数据

在 CM1241 接收端定义的字符序列数为 1 组。帧开始序列 1 的第一个字符为 A，第 2、3 个字符无约束，第 4 个字符为 D，第 5 个字符无约束，如图 9-26 所示。

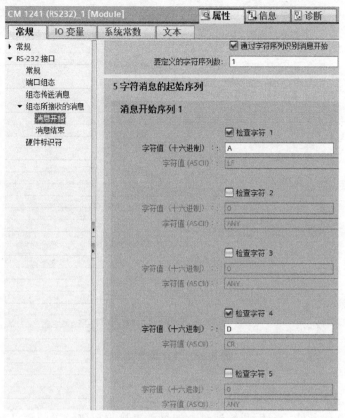

图 9-26　CM1241 接收端定义字符序列

以 CM1241 的 DB4.DBB0-DB4.DBB4 接收缓冲区为例，当检测到第一个字符是 0A，第 4 个字符是 0D，而不论第 2、3、5 个字符是何字符，即认为满足消息结束条件。接收到如图 9-27 所示的字符序列。

	i	名称	地址	显示格式	监视值
1		"RCVBuffer".RCV_DATA[0]	%DB4.DBB0	十六进制	16#0A
2		"RCVBuffer".RCV_DATA[1]	%DB4.DBB1	十六进制	16#0B
3		"RCVBuffer".RCV_DATA[2]	%DB4.DBB2	十六进制	16#0C
4		"RCVBuffer".RCV_DATA[3]	%DB4.DBB3	十六进制	16#0D
5		"RCVBuffer".RCV_DATA[4]	%DB4.DBB4	十六进制	16#0E

图 9-27　S7-1200 PLC 接收到字符序列

2. 消息结束

以 CM1241 RS232 通信模块为例，在"属性>常规"选项卡，选择"RS232 接口>组态所接收的消息>消息结束"，组态消息结束条件，如图 9-28 所示。

注意：
　　与多个消息开始条件的判断不同，多个结束条件中满足任何一个，消息接收结束。

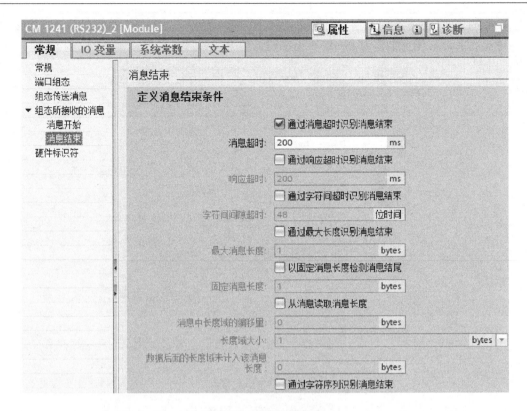

图 9-28　组态消息结束

（1）通过消息超时识别消息结束

时间从满足开始条件标准后开始计时，如果消息接收超出设置的消息超时时间，将识别到消息结束，如图 9-29 所示。消息超时时间默认为 200ms，可设置值为 0~65535ms。

① 接收的字符。

② 满足消息开始条件，消息定时器启动。

③ 消息定时器时间已到并终止消息。

（2）通过响应超时识别消息结束

时间从发送结束时开始计时，如果在发送数据后的设定时间内没有接收到通信伙伴的响应，将识别到消息结束，如图 9-30 所示。"响应超时时间"默认为 200ms，可设置值为 0~65535ms。

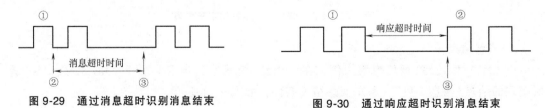

图 9-29　通过消息超时识别消息结束　　　　图 9-30　通过响应超时识别消息结束

① 发送的字符。

② 接收的字符。

③ 必须在该时间之前成功接收到第一个字符。

（3）通过字符间超时识别消息结束

接收的两个字符之间的时间间隔如果超过设置的"字符间间隙超时"，则认为消息结束，如图 9-31 所示。"字符间间隙超时"默认值为 48 位时间，可设置值 0 ~ 2500 位时间。如果"字符间间隙超时"所设置的位时间根据波特率换算后超过 8s，S7-1200 PLC 也只能接受最多 8s。

① 接收的字符。

② 重启字符间定时器。

③ 字符间定时器时间已到并终止消息。

（4）通过最大长度识别消息结束

如果超过消息的最大长度，将识别到消息结束。可设置 1 ~ 1023 个字符的值。使用

图 9-31　通过字符间超时识别消息结束

"通过最大长度识别消息结束"可以防止消息缓冲区超负荷运行。如果将该结束条件与"通过字符间超时识别消息结束"结合使用，在出现超时的情况下，即使未达到最大长度也会认为该字符帧有效并进行接收。

（5）以固定消息长度检测消息结尾

在接收到指定数量的字符后，视为消息结束。固定长度的有效范围是 1 ~ 4096。如果所接收字符的帧长度与组态的固定帧长度不匹配，则在达到组态的固定帧长度之后接收到的所有字符都将被丢弃，直至检测到新的开始标准。如果将该结束条件与"通过字符间超时识别消息结束"结合使用，在出现超时的情况下，未达到固定帧长度则会输出一条错误消息并丢弃该帧。

（6）从消息读取消息长度

"从消息读取长度"作为消息结束条件时，在消息本身指定消息长度，在接收到指定长度的消息后，视为消息结束。

以下举例说明，以 CM1241 发送端定义发送缓冲区 DB3. DBB0 ~ DB3. DBB9 为例，在监视表输入待发送的 01 02 04 0A 0B 0C 0D 05 06 07 字符，如图 9-32 所示，并且通过自由口编程发送数据到 CM1241 接收端。

在 CM1241 接收端定义"消息长度域的偏移量""长度域大小""数据后面的长度域未计入该消息长度"的字节数，以接收端定义 DB4. DBB0 ~ DB4. DBB9 接收缓冲区为例，第 3 个字节 DB4. DBB2 为消息长度 4

	i	名称	地址	显示格式	监视值
1		"SENDBUFFER".SEND_DATA[0]	%DB3.DBB0	十六进制	16#01
2		"SENDBUFFER".SEND_DATA[1]	%DB3.DBB1	十六进制	16#02
3		"SENDBUFFER".SEND_DATA[2]	%DB3.DBB2	十六进制	16#04
4		"SENDBUFFER".SEND_DATA[3]	%DB3.DBB3	十六进制	16#0A
5		"SENDBUFFER".SEND_DATA[4]	%DB3.DBB4	十六进制	16#0B
6		"SENDBUFFER".SEND_DATA[5]	%DB3.DBB5	十六进制	16#0C
7		"SENDBUFFER".SEND_DATA[6]	%DB3.DBB6	十六进制	16#0D
8		"SENDBUFFER".SEND_DATA[7]	%DB3.DBB7	十六进制	16#05
9		"SENDBUFFER".SEND_DATA[8]	%DB3.DBB8	十六进制	16#06
10		"SENDBUFFER".SEND_DATA[9]	%DB3.DBB9	十六进制	16#07

图 9-32　CM1241 发送端输入发送数据

个字节，DB4. DBB3 ~ DB4. DBB6 为接收到的 4 个字节长度的数据，并且在消息长度后有两个字节 DB4. DBB7 ~ DB4. DBB8 不计入长度，如图 9-33 所示。

"从消息读取长度"作为消息结束条件时，实际收到的数据长度 = 长度偏移前的字节数+长度字节大小+读取的实际数据长度+不计入字节长度的字节数。

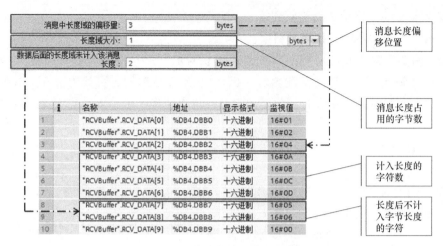

图 9-33　从消息读取消息长度

（7）通过字符序列识别消息结束

如果指定的字符出现在消息中的正确位置，则识别消息结束。

以下举例说明，字符 1 和字符 3 分别具有特定值 6A 和 7A 时识别消息结束，如图 9-34 所示，激活字符 1 和字符 3 的复选框，并输入字符值。当接收到 6A 字符，后跟任意一个字符，再接收到 7A 字符，后跟任意两个字符，即满足结束条件。6A 序列前面的字符不是结束字符序列的组成部分，字符位置 2、4 和 5 中接收的值不相关，但必须接收它们才能满足结束条件。

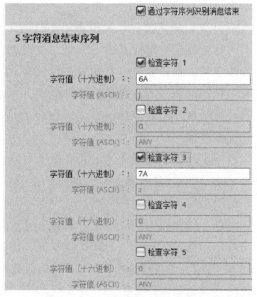

图 9-34　通过字符序列识别消息结束

3. 接收缓冲区

S7-1200 PLC 通信模块和通信板缓冲区大小为 1KB，即 1024 字节。接收缓冲区默认设置为"缓冲区内接收的帧为 20 帧""防止重写"和"在启动时清空接收缓冲区"，如图 9-35 所示。如果缓存区中的信息超过 20 帧，后面的信息被自动丢弃，且不报错。如果发送一帧数据大于 1024 字节，缓冲区接收到数据达 1024 字节时，即使未满足结束条件，数据仍会由缓存区送给 CPU，但会报错 16#80E0。

9.3.4　自由口通信指令

在指令选项卡"通信>通信处理器"下，调用"PtP Communicaion"指令用于自由口通信编程，如图 9-36 所示。该指令除了适用于 S7-1200 PLC 中央机架，还可用于分布式 I/O PROFINET 或 PROFIBUS 的 ET200SP/ET200MP 串口通信模块，但要求 CM1241 V2.1 以上及 S7-1200CPU V4.1 以上。

"PtP Communication"指令说明见表 9-13。其中最常用的指令是发送指令"Send_P2P"和接收指令"Receive_P2P"。

图 9-35　S7-1200 PLC 接收缓冲区

图 9-36　自由口通信指令

表 9-13　PtP Communication 指令说明

指　令	说　明
Port_Config	组态 PtP 通信端口。通过该指令,可使用程序更改运行期间数据传输速率、奇偶校验等参数
Send_Config	组态 PtP 发送方。该指令允许在运行时更改发送参数
Receive_Config	组态 PtP 接收方。该指令允许在运行时更改接收参数,并可组态所接收数据的开始和结束条件
P3964_Config	组态 3964(R)协议。该指令允许在运行时更改 3964(R)的协议参数,如字符延迟时间、优先级和块检查
Send_P2P	该指令用于发送数据
Receive_P2P	该指令用于接收数据,检查通信模块中接收到的帧,如果帧可用,则将其从通信模块传输至 CPU
Receive_Reset	该指令用于清除 CM 中的接收缓冲区
Signal_Get	该指令用于读取并输出 RS232 伴随信号的当前状态
Signal_Set	该指令用于设置 RS232 通信伴随信号
Get_Features	该指令用于获取模块支持 CRC 和生成诊断消息
Set_Features	该指令用于激活 CRC 支持和诊断消息生成

　　注意:
　　通过"Port_Config""Send_Config""Receive_Config""P3964_Config"功能块设置的参数会覆盖端口设置界面中的设置,但这些功能块的组态更改将保存在 CM 中,而不是 CPU 中,CPU 从 RUN 模式切换到 STOP 模式和循环上电后,将恢复设备配置中组态的参数。

9.3.5　自由口通信示例

　　以两个 CM1241 RS232 通信模块之间的自由口通信为例,介绍 S7-1200 PLC 串口通信模块使用自由口协议和指令编程发送和接收数据。

1. 本例所用的硬件和软件

本例中使用标准 RS232C 电缆连接两个 CM1241 RS232 通信模块，硬件和软件如下：

- CPU 1217C DC/DC/DC（6ES7 217-1AG40-0XB0）V4.2；
- CM1241 RS232（6ES7 241-1AH32-0XB0）V2.2；
- 标准 RS232C 电缆。

2. S7-1200 PLC 自由口通信组态

本示例中，在 RS232 模块"属性>常规>RS232 接口"选项卡组态自由口通信。

- 端口组态：设置参考图 9-10。使用"波特率：9.6K bit/s；奇偶校验：无；数据位：8 位字符；停止位：1；流量控制：无"；
- 组态传送消息：默认不使用；
- 消息开始：设置参考图 9-23。使用"以任意字符开始"；
- 消息结束：设置参考图 9-28。使用"通过消息超时识别消息结束，超时时间 200ms"。

3. S7-1200 PLC 自由口通信发送端编程

在指令选项卡"通信>通信处理器>PtP Communication"下，将"Send_P2P"指令拖入到 Main [OB1]程序段 1 中，分配背景数据块"Send_P2P_DB"，并对"Send_P2P"指令的输入输出引脚赋值，如图 9-37 所示。

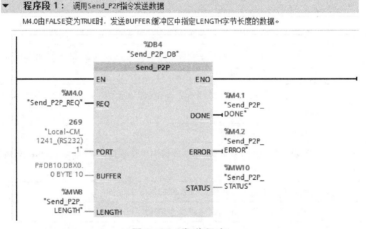

图 9-37 发送程序

"Send_P2P"指令各引脚的解释如下所述：

- REQ：发送请求，每个上升沿发送一个消息帧；
- PORT：端口硬件标识符。本例中的值为 269；
- BUFFER：发送缓冲区。本例中建立数据块 DB10 名称为"SendBuffer"，在 DB10 的"常规>属性"选项卡取消"优化的块访问"。

在 DB10 中定义变量名称"Send_Data"，其结构为 10 个字节的数组"Array [0..9] of Byte"，如图 9-38 所示。

- LENGTH：发送的消息帧中包含数据字节的长度。传输复杂结构时，建议设置 LENGTH 为 0，此时指令将

SendBuffer				
	名称	数据类型	偏移量	起始值
1	▼ Static			
2	▶ Send_Data	Array[0..9] of Byte	0.0	

图 9-38 Send_P2P 发送缓冲区

会传送 BUFFER 中定义的整个帧。

- DONE：发送完成无错误，置位为 TRUE 并保持一个周期；
- ERROR：发送完成有错误，置位为 TRUE 并保持一个周期；
- STATUS：发送状态。通信接口接受发送数据时，STATUS = 16#7001；数据传输时 STATUS = 16#7002；发送完成无错误 DONE = TRUE 一个周期，STATUS = 16#0000，随后 STATUS = 16#7000；发送完成有错误 ERROR = TRUE 一个周期，STATUS 输出错误代码。

本例中，M4.0 由 FALSE 变为 TRUE 时，发送 "SendBuffer"［DB10］内 "Send_Data" 数组中的 10 个字节字符数据 "hi siemens"，发送结束无错误后，STATUS = 16#7000。"Send_P2P" 指令的输入输出引脚在监控表中的值如图 9-39 所示。

	i	名称	地址	显示格式	监视值
1		"Send_P2P_REQ"	%M4.0	布尔型	▣ TRUE
2		"Send_P2P_LENGTH"	%MW8	无符号十进制	10
3		"SendBuffer".Send_Data[0]	%DB10.DBB0	字符	'h'
4		"SendBuffer".Send_Data[1]	%DB10.DBB1	字符	'i'
5		"SendBuffer".Send_Data[2]	%DB10.DBB2	字符	' '
6		"SendBuffer".Send_Data[3]	%DB10.DBB3	字符	's'
7		"SendBuffer".Send_Data[4]	%DB10.DBB4	字符	'i'
8		"SendBuffer".Send_Data[5]	%DB10.DBB5	字符	'e'
9		"SendBuffer".Send_Data[6]	%DB10.DBB6	字符	'm'
10		"SendBuffer".Send_Data[7]	%DB10.DBB7	字符	'e'
11		"SendBuffer".Send_Data[8]	%DB10.DBB8	字符	'n'
12		"SendBuffer".Send_Data[9]	%DB10.DBB9	字符	's'
13		"Send_P2P_DONE"	%M4.1	布尔型	▣ FALSE
14		"Send_P2P_ERROR"	%M4.2	布尔型	▣ FALSE
15		"Send_P2P_STATUS"	%MW10	十六进制	16#0000

图 9-39　S7-1200 PLC 发送端监视表

4. S7-1200 PLC 自由口通信接收端编程

在指令选项卡 "通信>通信处理器>PtP Communication" 下，将 "Receive_P2P" 指令拖入到 Main［OB1］程序段 1 中，分配背景数据块 "Receive_P2P_DB"，并对 "Receive_P2P" 指令的输入输出引脚赋值，如图 9-40 所示。

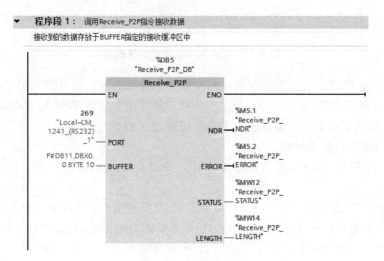

图 9-40　接收程序

"Receive_P2P" 指令各引脚的解释如下所述：

- PORT：端口硬件标识符。本例中的值为 269；
- BUFFER：指定接收缓冲区。本例中建立非优化的数据块 DB11 名称为 "Receive-Buffer"，在 DB11 的 "常规>属性" 选项卡取消 "优化的块访问"。

在 DB11 中定义变量名称 "RCV_Data"，其结构为 10 个字节的数组 Array ［0 . . 9］of Byte。

- NDR：成功接收到一个新的消息，置位为 TRUE 并保持一个周期；
- ERROR：发送完成有错误，置位为 TRUE 并保持一个周期；
- STATUS：接收完成无错误 NDR = TRUE 一个周期，STATUS = 16#0000 或信息代码；接收完成有错误 ERROR = TRUE 一个周期，STATUS 输出错误代码；
- LENGTH：接收到的消息中包含的字节数，长度信息保持一个周期。

由于接收完成位 NDR，错误位 ERROR 和长度 LENGTH 信息仅保持一个周期，因此在程序段 2 和 3 分别调用 MOVE 指令，以获取接收长度和错误信息，如图 9-41 所示。

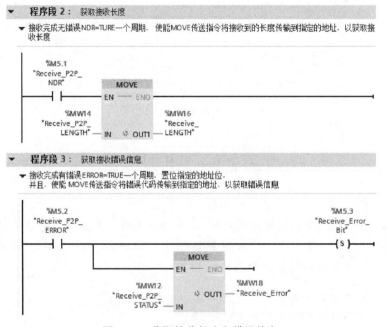

图 9-41　获取接收长度和错误信息

查看 S7-1200 PLC 自由口通信接收端的监视表，接收到发送端发送的 10 个字符 "hi siemens!"，"Receive_P2P" 指令一直使能，STATUS 将返回状态 16#7002，"Receive_P2P" 指令接收到的数据及输入输出引脚在监控表中的值如图 9-42 所示。

9.3.6　自由口通信的常见问题

1. 在指令选项卡 "通信>通信处理器" 下，"PtP Communication" 和 "点到点" 指令有什么区别？

答："点到点" 指令只能用于 S7-1200 PLC 中央机架的 CM1241 和 CB1241；"PtP Communication" 指令既可以用于 S7-1200 PLC 中央机架的 CM1241 和 CB1241（但要求 CM1241 V2.1 和 S7-1200 CPU V4.1 以上），也可以用于分布式 I/O PROFINET 或 PROFIBUS 的 ET200SP/ET200MP 串口模块。

	i	名称	地址	显示格式	监视值
1		"ReceiveBuffer".RCV_Data[0]	%DB11.DBB0	字符	'h'
2		"ReceiveBuffer".RCV_Data[1]	%DB11.DBB1	字符	'i'
3		"ReceiveBuffer".RCV_Data[2]	%DB11.DBB2	字符	'$00'
4		"ReceiveBuffer".RCV_Data[3]	%DB11.DBB3	字符	's'
5		"ReceiveBuffer".RCV_Data[4]	%DB11.DBB4	字符	'i'
6		"ReceiveBuffer".RCV_Data[5]	%DB11.DBB5	字符	'e'
7		"ReceiveBuffer".RCV_Data[6]	%DB11.DBB6	字符	'm'
8		"ReceiveBuffer".RCV_Data[7]	%DB11.DBB7	字符	'e'
9		"ReceiveBuffer".RCV_Data[8]	%DB11.DBB8	字符	'n'
10		"ReceiveBuffer".RCV_Data[9]	%DB11.DBB9	字符	's'
11		"Receive_P2P_NDR"	%M5.1	布尔型	FALSE
12		"Receive_P2P_ERROR"	%M5.2	布尔型	FALSE
13		"Receive_P2P_STATUS"	%MW12	十六进制	16#7002
14		"Receive_P2P_LENGTH"	%MW14	无符号十进制	0
15		"Receive_LENGTH"	%MW16	无符号十进制	10

图 9-42　S7-1200 PLC 接收端监视表

2. 当“Send_P2P”指令发送缓冲区 BUFFER 长度和 LENGTH 定义不一致时，发送数据长度是多少？

答：如果 LENGTH = 0，“Send_P2P”发送 BUFFER 参数中定义的全部数据；如果 LENGTH>0，则发送 BUFFER 参数中的部分数据结构，长度由 LENGTH 决定，见表 9-14。

另外，“Send_P2P”指令可以传送的最小数据单位是一个字节，BUFFER 参数不能传送 Bool 数据类型或 Bool 数组。

表 9-14　LENGTH 和 BUFFER 参数

LENGTH	BUFFER	说　明
=0	未使用	发送 BUFFER 参数中定义的全部数据
>0	基本数据类型	LENGTH 值必须包含此数据类型的字节计数。否则，不会传送任何数据并返回错误 8088H。例如： 对于 Word，LENGTH 值必须为 2 对于 Dword 或 Real，LENGTH 值必须为 4
	结构	LENGTH 值包含字节数可以小于结构的完整字节长度，指令将只发送结构的头 n 个字节，且该结构来自 BUFFER。由于结构的内部字节组织不总是确定不变的，所以可能得到无法预料的结果。在这种情况下，建议使用 LENGTH = 0 发送整个结构
	数组	LENGTH 值必须包含小于或等于数组完整字节长度的字节数，而且还必须为数据元素字节数的倍数。否则，STATUS = 8088H，ERROR = 1，且不进行任何传送。例如： 对于 Word 数组，LENGTH 参数值必须为 2 的倍数 对于 Real 数组，必须为 4 的倍数 如果 BUFFER 包含由 15 个 Dword 构成的数组（总共 60 个字节），LENGTH 指定为 20，则将传送数组中的前 5 个 Dword
	String	LENGTH 包含要传送的字符数。只传送 String 中相应数量的字符，而不会传送 String 的最大长度和实际长度的字节数

3. S7-1200 PLC 作为自由口通信接收端，如何获取接收到的数据长度和“Receive_P2P”指令的错误信息？

答：“Receive_P2P”指令上一请求因错误而终止后，接收完成位 NDR，错误位 ERROR

和长度 LENGTH 信息仅保持一个周期，并且 STATUS 参数中的错误代码值仅在 ERROR ＝ TRUE 的一个扫描周期内有效，因此无法通过程序或监控表查看到，可采用编程方式获取接收到的数据长度，并将 ERROR 和 STATUS 参数读出，参考图 9-41。

4. 有哪些方法能清除 S7-1200 PLC 串口通信的接收缓冲区，恢复数据接收？

答：有以下三种方法能清除 S7-1200 PLC 串口通信的接收缓冲区：

方法 1. 上升沿触发 "Receive_Reset" 指令输入引脚 REQ，如图 9-43 所示。

方法 2. CPU 在线执行 "RUN > STOP > RUN" 的操作。参考第 6.2.3 章节，显示和改变 PLC 工作模式。

方法 3. 激活 "启动时清空接收缓冲区"，CPU 断电再上电，如图 9-35 所示。

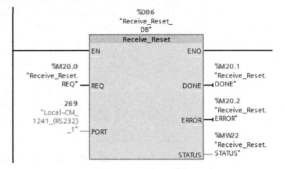

图 9-43　复位接收缓冲区

5. 以 "通过线路空闲识别消息开始" 作为消息开始条件，线路空闲时间设置为多少位时间合适？

答：空闲线时间应总是大于指定波特率下传输一个字符（包括起始位、数据位、校验位和停止位）的时间。空闲线时间设置不能太短，也不能设置过长，如下所述：

● 线路空闲时间短：如空闲线时间设置小于 1 个字符时间，则相当于没有空闲线检测功能。检测到字符就接收。

● 线路空闲时间长：如发送端发送频率很快，接收端设置的空闲线时间长，则接收消息功能会忽略发送端发送的字符，按照设置时间重新启动空闲线定时器，接收端收不到数据。

6. 以 "通过字符序列识别消息开始" 作为消息开始条件，有哪些情况会导致 S7-1200 PLC 接收不到数据？

答：以下三种情况都会导致 S7-1200 PLC 接收不到数据：序列中字符先后顺序不对，序列中字符不连续，序列中字符少于定义的字符个数。

9.4　Modbus RTU 通信

9.4.1　Modbus RTU 基本原理

Modbus 具有两种串行传输模式：分别为 ASCII 和 RTU。S7-1200 PLC 通过调用软件中的 Modbus（RTU）指令实现 Modbus RTU 通信，而 Modbus ASCII 则需要用户按照协议格式自行编程。Modbus RTU 是一种单主站的主从通信模式，主站发送数据请求报文帧，从站回复应答数据报文帧。Modbus 网络上只能有一个主站存在，主站在网络上没有地址，每个从站必须有唯一的地址，从站的地址范围为 0~247，其中 0 为广播地址，用于将消息广播到所有 Modbus 从站，只有 Modbus 功能代码 05、06、15 和 16 可用于广播。Modbus RTU 数据报文帧的基本结构见表 9-15。

表 9-15　Modbus RTU 数据报文帧的基本结构

地址域	功能码	数据 1	…	数据 n	CRC 低字节	CRC 高字节

Modbus RTU 主从站之间的数据交换是通过功能码（Function Code）控制的。有些功能码对位操作；有些功能码对字操作。S7-1200 PLC 用作 Modbus RTU 主站或从站时支持的 Modbus RTU 功能码见表 9-16。

表 9-16　Modbus RTU 地址和功能码

Modbus 地址	读写	功能码	说　　明
00001- 0XXXX	读	1	读取单个/多个开关量输出线圈状态
00001-0XXXX	写	5	写单个开关量输出线圈
	写	15	写多个开关量输出线圈
10001-1XXXX	读	2	读取单个/多个开关量输入触点状态
10001-1XXXX	写	—	不支持
30001-3XXXX	读	4	读取单个/多个模拟量输入通道数据
30001 - 3XXXX	写	—	不支持
40001-4XXXX	读	3	读取单个/多个保存寄存器数据
40001-4XXXX	写	6	写单个保持寄存器数据
	写	16	写多个保持寄存器数据

每个 Modbus 网段最多可有 32 个设备。当达到 32 个设备的限制时，必须使用中继器扩展到下一个网段。因此，需要 7 个中继器才能将 247 个从站连接到同一个主站的 RS485 接口。

> 注意：
> 西门子中继器不支持 Modbus 协议，因此用户需要使用第三方 Modbus 中继器。

9.4.2　Modbus RTU 通信指令

在指令选项卡 "通信>通信处理器" 下，调用 "Modbus（RTU）" 指令用于 Modbus RTU 通信编程，如图 9-44 所示。该指令除了适用于 S7-1200 PLC 中央机架，还可用于分布式 I/O PROFINET 或 PROFIBUS 的 ET200SP/ET200MP 串口通信模块。

1. 初始化指令 "Modbus_Comm_Load"

（1）"Modbus_Comm_Load" 指令使用规则

"Modbus_Comm_Load" 指令用于配置 Modbus RTU 协议通信参数，如图 9-45 所示。对 Modbus 通信的每个通信端口，都必须执行一次 "Modbus _ Comm _ Load" 来组态。每个 "Modbus_Comm_Load" 需要分配一个唯一的背景数据块。

● 如果 "Modbus（RTU）" 指令用于中央机架中的模块，建议在 Main［OB1］使用系统存储器的首次循环位调用执行一次。只有在必须更改波特率或奇偶校验等通参数时，才再次执行 "Modbus_Comm_Load" 指令；

● 如果 "Modbus（RTU）" 指令用于分布式机架中的模块，当插拔模块或模块断电导致通信中断后，需要再次触发 "Modbus_Comm_Load" 指令恢复 Modbus RTU 通信，可以考虑在 OB83/86 中置位一个 BOOL 变量，用这个变量在 OB1 中启动初始化。

图 9-44　"Modbus（RTU）" 指令

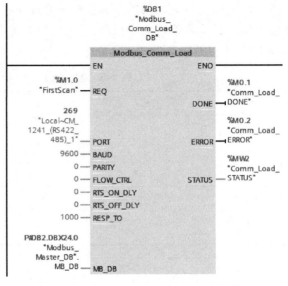

图 9-45　" Modbus_Comm_Load" 指令

（2）"Modbus_Comm_Load" 指令各引脚说明

Modbus_Comm_Load 指令各引脚说明见表 9-17。

表 9-17　"Modbus_Comm_Load" 指令各引脚说明

参数	数据类型	说　明
REQ	Bool	通过上升沿信号启动操作
PORT	Port	端口硬件标识符
BAUD	UDInt	波特率选择：300、600、1200、2400、4800、9600、19200、38400、57600、76800、115200
PARITY	UInt	奇偶校验选择： • 0-无校验 • 1-奇校验 • 2-偶校验
FLOW_CTRL	UInt	流控制选择： • 0- 无流控制 • 1- RTS 始终为 ON 的硬件流控制（不适用于 RS485 端口） • 2-带 RTS 切换的硬件流控制
RTS_ON_DLY	UInt	RTS 接通延时选择： • 0- 从 RTS 激活一直到传送消息的第一个字符之前无延时 • 1~65535-从 RTS 激活一直到传送消息的第一个字符之前以毫秒表示的延时（不适用于 RS485 端口）
RTS_OFF_DLY	UInt	RTS 关断延时选择： • 0-从传送最后一个字符一直到 RTS 转入非活动状态之前无延时 • 1 ~ 65535-从 RTS 激活一直到传送消息的第一个字符之前以毫秒表示的延时（不适用于 RS485 端口）

（续）

参数	数据类型	说　　明
RESP_TO	UInt	响应超时：Modbus_Master 允许用于从站响应的时间（5ms 到 65535ms，默认值 = 1000ms）。如果从站在此时间段内未响应，Modbus_Master 在发送指定次数的重试请求后终止请求并报错
MB_DB	Variant	对"Modbus_Master"或"Modbus_Slave"指令所使用的背景数据块引用。在用户程序中放置"Modbus_Master"或"Modbus_Slave"后，该引用将出现在 MB_DB 功能框连接的参数下拉列表中
DONE	Bool	上一请求完成且没有出错，DONE 将保持为 TRUE 一个扫描周期时间
ERROR	Bool	上一请求因错误而终止，ERROR 将保持为 TRUE 一个扫描周期时间
STATUS	Word	错误代码。STATUS 错误仅在 ERROR = TRUE 一个扫描周期内有效

（3）"Modbus_Comm_Load"指令背景数据块静态变量

"Modbus_Comm_Load"指令背景数据块静态变量见表 9-18。

表 9-18　Modbus_Comm_Load 指令背景数据块静态变量

变　　量	数据类型	说　　明
ICHAR_GAP	Word	字符间最大字符延迟时间。该参数以毫秒为单位指定，用于增加接收字符间的预期时间
RETRIES	Word	主站进行重复尝试次数
EN_SUPPLY_VOLT	Bool	启用对缺失电源电压 L+ 的诊断
MODE	USInt	• 工作模式如下： • 0 = 全双工（RS232） • 1 = 全双工（RS422）四线制模式（点对点） • 2 = 全双工（RS422）四线制模式（多主站） • 3 = 全双工（RS422）四线制模式（多从站） • 4 = 半双工（RS485）两线模式
LINE_PRE	USInt	接收线路初始状态如下： • 0 = "无"初始状态 • 1 = 信号 R(A) = 5V DC，信号 R(B) = 0V DC • 2 = 信号 R(A) = 0V DC，信号 R(B) = 5V DC • 该设置对应空闲状态（无激活的发送操作），无法通过该初始状态进行断路检测
BRK_DET	USInt	断路检测 • 0 = 禁止断路检测 • 1 = 激活断路检测
EN_DIAG_ALARM	Bool	诊断中断： • 0 = 未激活 • 1 = 已激活
STOP_BITS	USInt	停止位： • 1 = 1 个停止位 • 2 = 2 个停止位 • 0,3 到 255 = 保留

2. 主站指令"Modbus_Master"

（1）Modbus_Master 通信规则

S7-1200 PLC 串口通信模块作为 Modbus RTU 主站与一个或多个 Modbus RTU 从站设备进行通信，需要调用"Modbus_Master"指令。将"Modbus_Master"指令拖入到程序时，系统为其自动分配背景数据块，该背景数据块指向"Modbus_Comm_Load"指令的输入参数"MB_DB"，如图 9-46 所示。

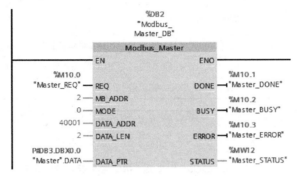

图 9-46　　"Modbus_Master"指令

● 必须先执行"Modbus_Comm_Load"指令组态端口，然后"Modbus_Master"指令才能通过该端口通信；

● 如果将某个端口用于 Modbus RTU 主站，则该端口不能再用于 Modbus RTU 从站；

● 对于同一个端口，所有"Modbus_Master"指令都必须使用同一个背景数据块；

● 同一个时刻只能有一个"Modbus_Master"指令执行。当有多个读写请求时，用户需要编写 Modbus_Master 轮询程序。

（2）"Modbus_Master"指令各引脚说明

"Modbus_Master"指令各引脚说明见表 9-19。

表 9-19　　"Modbus_Master"指令各引脚说明

参　　数	数 据 类 型	说　　明
REQ	Bool	通过上升沿信号请求 Modbus 从站
MB_ADDR	UInt	Modbus RTU 从站地址： ● 标准寻址范围(1~247) ● 扩展寻址范围(1~65535)
MODE	USInt	模式选择：指定请求类型(读、写或诊断)
DATA_ADDR	UDInt	指定要在 Modbus 从站中访问的数据的起始地址
DATA_LEN	UInt	指定此请求中要访问的位数或字数
DATA_PTR	Variant	指向要写入或读取的数据的 M 或 DB 地址
DONE	Bool	上一请求完成且没有出错，DONE 将保持为 TRUE 一个扫描周期时间
BUSY	Bool	● 0-无 Modbus_Master 操作正在进行 ● 1-Modbus_Master 操作正在进行
ERROR	Bool	上一请求因错误而终止，ERROR 将保持为 TRUE 一个扫描周期时间
STATUS	Word	错误代码，仅在 ERROR=TRUE 的扫描周期内有效

"Modbus_Master" 指令 MODE 和 Modbus 地址一起确定 Modbus 消息中使用的功能码。
MODE 参数、Modbus 功能码和 Modbus 地址范围之间的对应关系见表 9-20。

表 9-20　Modbus 功能码和 Modbus 地址范围之间的对应关系

MODE	Modbus 功能码	数据长度	操作和数据	Modbus 地址
0	01	1~2000 1~1992[①]	读取输出位: 每个请求 1~1992 或 2000 个位	1~9999
0	02	1~2000 1~1992[①]	读取输入位: 每个请求 1~1992 或 2000 个位	10001~19999
0	03	1~125 1~124[①]	读取保持寄存器: 每个请求 1~124 或 125 个字	40001~49999 或 400001~465535
0	04	1~125 1~124[①]	读取输入字: 每个请求 1~124 或 125 个字	30001~39999
104[②]	04	1~125 1~124[①]	读取输入字: 每个请求 1~124 或 125 个字	00000~65535
1	05	1	写入一个输出位: 每个请求一位	1~9999
1	06	1	写入一个保持寄存器: 每个请求 1 个字	40001~49999 或 400001~465535
1	15	2~1968 2~1960[①]	写入多个输出位: 每个请求 2~1960 或 1968 个位	1~9999
1	16	2~123 2~122[①]	写入多个保持寄存器: 每个请求 2~122 或 123 个字	40001~49999 或 400001~465535
2	15	1~1968 2~1960[①]	写入一个或多个输出位: 每个请求 1~1960 或 1968 个位	1~9999
2	16	1~123 1~122[①]	写入一个或多个保持寄存器: 每个请求 1~122 或 123 个字	40001~49999 或 400001~465535
11	11	0	读取从站通信状态字和事件计数器。状态字指示忙闲情况 (0-不忙, 0xFFFF-忙)。每成功完成一条消息,事件计数器的计数值递增。	—
80	08	1	利用诊断代码 0x0000 检查从站状态(回送测试-从站回送请求) 每个请求 1 个字	—
81	08	1	利用数据诊断代码 0x000A 重新设置从站事件计数器。每个请求 1 个字	—

① 对"扩展寻址"模式,根据功能所使用的数据类型,数据的最大长度减小 1 个字节或 1 个字。
② 模式 104 只适用于 CM 1241 V2.1 或 CB1241 且 S7-1200 CPU V4.1 以上使用 Modbus (RTU) 指令的模块。

3. 从站指令 "Modbus_Slave"

(1) Modbus_Slave 通信规则

S7-1200 PLC 串口通信模块作为 Modbus RTU 从站用于响应 Modbus 主站的请求,需要调用 "Modbus_Slave" 指令。将 "Modbus_Slave" 指令拖入到程序时,系统为其自动分配背景数据块，该背景数据块指向 "Modbus_Comm_Load" 指令的输入参数 "MB_DB"，如图 9-47 所示。

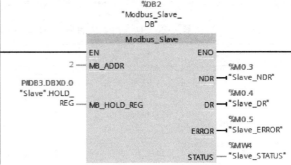

　　● 必须先执行 "Modbus_Comm_Load" 指令组态端口，然后 "Modbus_Slave" 指令才能通过该端口通信；

　　● 如果将某个端口用于 Modbus RTU 从站，则该端口不能再用于 Modbus RTU 主站；

　　● 对于给定端口，只能使用一个 Modbus_Slave 指令；

　　● "Modbus_Slave" 指令必须以

图 9-47　"Modbus_Slave" 指令

一定的速率定期执行，以便能够及时响应来自 Modbus_Master 的请求。建议在主程序循环 OB 中调用 "Modbus_Slave" 指令；

　　● "Modbus_Slave" 指令支持来自 Modbus 主站的广播写请求，只要该请求是用于访问有效地址的请求即可。对于广播不支持的功能代码，"Modbus_Slave" 指令的 STATUS 将输出错误代码 16#8188。

（2）"Modbus_Slave" 指令各引脚说明

"Modbus_Slave" 指令各引脚说明见表 9-21。

表 9-21　"Modbus_Slave" 指令各引脚说明

参　　数	数据类型	说　　明
MB_ADDR	UInt	Modbus RTU 从站地址： ● 标准寻址范围(1~247) ● 扩展寻址范围(0~65535)
MB_HOLD_REG	Variant	Modbus 通信功能码 3、6、16 读写保持寄存器，可以使用 M 存储器或 DB 的指针
NDR	Bool	新数据就绪： ● 0- 无新数据 ● 1-Modbus 主站已写入新数据
DR	Bool	数据读取： ● 0- 无数据读取 ● 1-Modbus 主站已读取数据
ERROR	Bool	上一请求因错误而终止,ERROR 将保持为 TRUE 一个扫描周期时间
STATUS	Word	错误代码,仅在 ERROR=TRUE 的扫描周期内有效

　　Modbus 通信功能码 1、2、4、5 和 15 可以直接读写 CPU 的输入/输出过程映像区。Modbus 地址与 S7-1200 CPU 过程映像区的映射关系见表 9-22。

（3）"Modbus_Slave" 的背景数据块静态变量 "HR_Start_Offset"

"HR_Start_Offset" 变量用于修改 Modbus RTU 通信保持寄存器的地址偏移。例如，保持寄存器被组态为起始于 DB1. DBW0 开始的 100 个字长度的地址区；偏移量 HR_Start_Offset = 100 指定了保持寄存器的起始地址为 40101。Modbus 保持寄存器寻址示例见表 9-23。

表 9-22　Modbus 地址与 S7-1200 CPU 过程映像区的映射关系

Modbus 功能				S7-1200 CPU	
代码	功能	数据区	地址范围	数据区	CPU 地址
01	读位	输出	1~8192	输出过程映像	Q0.0~Q1023.7
02	读位	输入	10001~18192	输入过程映像	I0.0~I1023.7
04	读字	输入	30001~30512	输入过程映像	IW0~IW1022
05	写位	输出	1~8192	输出过程映像	Q0.0~Q1023.7
15	写位	输出	1~8192	输出过程映像	Q0.0~Q1023.7

表 9-23　Modbus 保持寄存器地址偏移设置

HR_Start_Offset	Modbus 地址	MB_HOLD_REG 参数
		P#DB1.DBX0.0 WORD 100
0	40001	DB1.DBW0
	40002	DB1.DBW2
	…	…
100	40101	DB1.DBW0
	40102	DB1.DBW2
	…	…

9.4.3　Modbus RTU 通信示例

以两个 CM1241 RS422/485 通信模块之间的 Modbus RTU 通信为例，介绍 S7-1200 PLC Modbus RTU 主站与从站轮询发送和接收数据。CPU 1217 作为 Modbus RTU 主站，CPU 1215 作为 Modbus RTU 从站，使用 PROFIBUS 电缆连接两个 CM 1241 RS422/485 的串口，实现的功能为主站读写从站的保持寄存器的数据以及写位寄存器。

1. 本例所用的硬件
- CPU 1217C DC/DC/DC（6ES7 217-1AG40-0XB0）V4.2；
- CPU 1215C DC/DC/DC（6ES7 215-1AG40-0XB0）V4.2；
- CM1241 RS422/485（6ES7 241-1CH32-0XB0）V2.2；
- PROFIBUS 电缆及总线连接器。

2. CPU1215 Modbus RTU 从站端编程

（1）Modbus RTU 从站端初始化

在 OB1 中程序段 1，修改 MODE＝4，将工作模式设置为半双工 RS485 两线模式。在 OB1 中程序段 2，调用 "Modbus_Comm_Load" 指令初始化 Modbus RTU 从站，如图 9-48 所示。

（2）Modbus RTU 从站端通信编程

创建全局数据块 DB3 名称为 "Slave"，并设置成 "非优化访问"，定义保持寄存器变量名称 "Hold_REG"，其结构为 100 个字的数组 Array [0..99] of Word，如图 9-49 所示。

在 OB1 中的程序段 3，调用 Modbus RTU 从站通信指令 "Modbus_Slave"，将 Modbus 从站地址设置为 2，如图 9-50 所示。

▼　程序段 1：　设置通信端口模式=4 Modbus 通信

▼ 在 S7-1200 启动的第一个扫描周期，将数值 4 传送到在"Modbus_Comm_Load.DB"MODE，将工作模式设置为半双工 RS485 两线模式

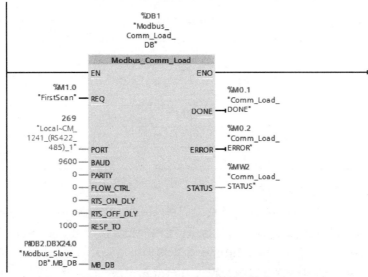

```
%M1.0
"FirstScan"            MOVE
  ┤ ├              EN      ENO
              4 — IN
                            "Modbus_
                       OUT1 Comm_Load_
                            DB".MODE
```

▼　程序段 2：　Modbus 从站初始化

▼ 在 S7-1200 启动的第一个扫描周期，将 Modbus RTU 通信的 RS485 端口参数初始化为波特率：9600，无校验，无流控，响应超时 1000ms（Modbus RTU 默认为数据位：8位，停止位：1位）
MB_DB 指向"Modbus_Slave"指令所使用的背景数据块引用

```
                              %DB1
                            "Modbus_
                          Comm_Load_
                              DB"
                    ┌─────────────────────────────┐
                    │      Modbus_Comm_Load        │
                    │ EN                       ENO │
        %M1.0       │                              │          %M0.1
     "FirstScan" ───┤ REQ                          │       "Comm_Load_
                    │                         DONE ├───       DONE"
          269       │                              │
    "Local~CM_      │                              │          %M0.2
   1241_(RS422_     │                              │       "Comm_Load_
       485)_1" ─────┤ PORT                         │          ERROR"
         9600 ──────┤ BAUD                   ERROR ├───
            0 ──────┤ PARITY                       │          %MW2
            0 ──────┤ FLOW_CTRL                    │       "Comm_Load_
            0 ──────┤ RTS_ON_DLY            STATUS ├───      STATUS"
            0 ──────┤ RTS_OFF_DLY                  │
         1000 ──────┤ RESP_TO                      │
                    │                              │
   P#DB2.DBX24.0    │                              │
   "Modbus_Slave_   │                              │
   DB".MB_DB ───────┤ MB_DB                        │
                    └─────────────────────────────┘
```

图 9-48　Modbus RTU 从站端初始化

Slave		名称	数据类型	偏移量	起始值
1	▼	Static			
2	■ ▶	HOLD_REG	Array[0..99] of Word	0.0	

图 9-49　定义 Hold_REG 数组

▼　程序段 3：　Modbus 从站指令

▼ 设置 Modbus RTU 从站地址 MB_ADDR=2
定义 Modbus RTU 保持寄存器地址 MB_HOLD_REG

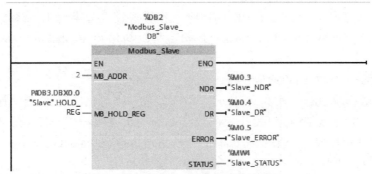

```
                              %DB2
                           "Modbus_Slave_
                               DB"
                    ┌─────────────────────────────┐
                    │        Modbus_Slave          │
                    │ EN                       ENO │
             2 ─────┤ MB_ADDR                      │          %M0.3
                    │                         NDR ├───      "Slave_NDR"
   P#DB3.DBX0.0     │                              │          %M0.4
   "Slave".HOLD_    │                          DR ├───      "Slave_DR"
       REG ─────────┤ MB_HOLD_REG                  │
                    │                              │          %M0.5
                    │                       ERROR ├───     "Slave_ERROR"
                    │                              │          %MW4
                    │                      STATUS ├───    "Slave_STATUS"
                    └─────────────────────────────┘
```

图 9-50　Modbus RTU 从站端通信编程

3. CPU1217 Modbus RTU 主站端编程

(1) Modbus RTU 主站端初始化

Modbus RTU 主站初始化与 Modbus RTU 从站初始化编程类似, 如图 9-51 所示。

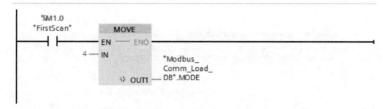

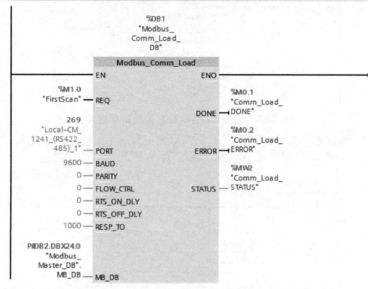

图 9-51　Modbus RTU 主站端编程初始化

(2) Modbus RTU 主站端轮询编程

本例中有多个 Modbus 地址区读写操作, 因此需要在主站端进行轮询编程, 保证同一时刻只有一个 Modbus 读写请求激活。

新建全局数据块 DB3 名称为 "Master", 在该块中定义 Modbus 读写请求的数据存放区以及轮询的步 "Step", 如图 9-52 所示。

Modbus RTU 主站端轮询第一步: 读取 Modbus RTU 从站地址 2 保持寄存器 40001 地址开始的两个字长的数据, 如图 9-53 所示。

Modbus RTU 主站端轮询第二步: 写 4 个字数据到 Modbus RTU 从站 40003 地址开始的保持寄存器, 如图 9-54 所示。

		名称	数据类型	偏移量	起始值
		Master			
1	◀ ▼	Static			
2	◀ ■ ▶	Read_DATA	Array[0..9] of Word	0.0	
3	◀ ■ ▶	Write_DATA	Array[0..9] of Word	20.0	
4	◀ ■ ▶	Write_Bits	Array[0..15] of Bool	40.0	
5	◀	Step	USInt	42.0	0

图 9-52　定义 Modbus 读写数据的存放地址和数据类型

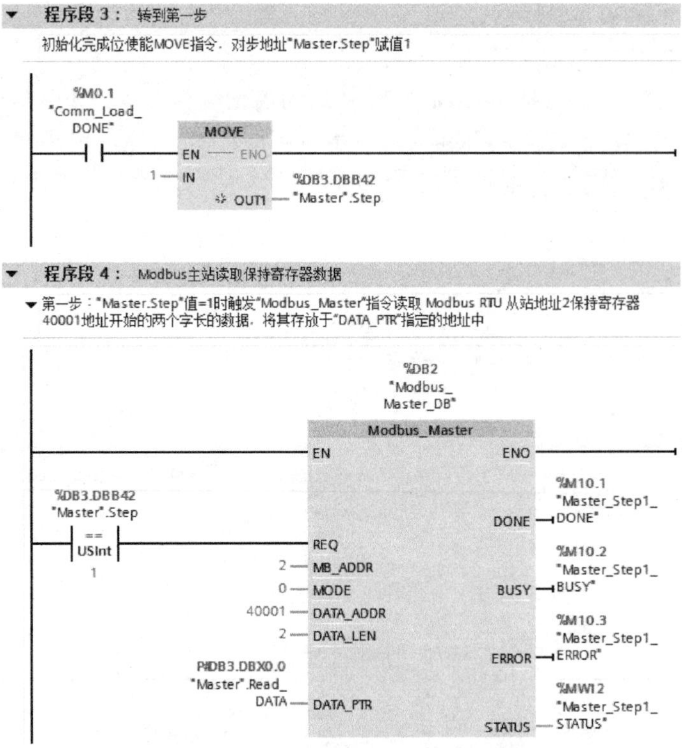

程序段 3： 转到第一步
初始化完成位使能MOVE指令，对步地址"Master.Step"赋值1
%M0.1
"Comm_Load_
DONE"
MOVE
EN
ENO
1
IN
OUT1
%DB3.DBB42
"Master".Step
程序段 4： Modbus主站读取保持寄存器数据
第一步："Master.Step"值=1时触发"Modbus_Master"指令读取 Modbus RTU 从站地址2保持寄存器40001地址开始的两个字长的数据，将其存放于"DATA_PTR"指定的地址中
%DB2
"Modbus_
Master_DB"
Modbus_Master
EN
ENO
%DB3.DBB42
"Master".Step
==
USInt
1
REQ
2
MB_ADDR
0
MODE
40001
DATA_ADDR
2
DATA_LEN
P#DB3.DBX0.0
"Master".Read_
DATA
DATA_PTR
DONE
%M10.1
"Master_Step1_
DONE"
BUSY
%M10.2
"Master_Step1_
BUSY"
ERROR
%M10.3
"Master_Step1_
ERROR"
STATUS
%MW12
"Master_Step1_
STATUS"

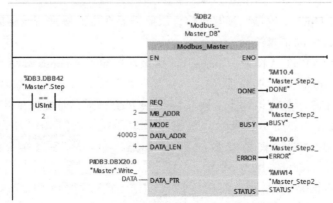

图 9-53　Modbus 主站读取保持寄存器数据

程序段 5： 转到第二步
第一步完成位或错误位作为条件转到第二步，使能MOVE指令，对步地址"Master.Step"赋值2
%DB3.DBB42
"Master".Step
==
USInt
1
%M10.1
"Master_Step1_
DONE"
%M10.3
"Master_Step1_
ERROR"
MOVE
EN
ENO
2
IN
OUT1
%DB3.DBB42
"Master".Step
程序段 6： Modbus主站写数据到保持寄存器
第二步："Master.Step"值=2时触发"Modbus_Master"指令，将存放于"DATA_PTR"指定的地址中的4个字数据写到Modbus RTU从站40003地址开始的保持寄存器
%DB2
"Modbus_
Master_DB"
Modbus_Master
EN
ENO
%DB3.DBB42
"Master".Step
==
USInt
2
REQ
2
MB_ADDR
1
MODE
40003
DATA_ADDR
4
DATA_LEN
P#DB3.DBX20.0
"Master".Write_
DATA
DATA_PTR
DONE
%M10.4
"Master_Step2_
DONE"
BUSY
%M10.5
"Master_Step2_
BUSY"
ERROR
%M10.6
"Master_Step2_
ERROR"
STATUS
%MW14
"Master_Step2_
STATUS"

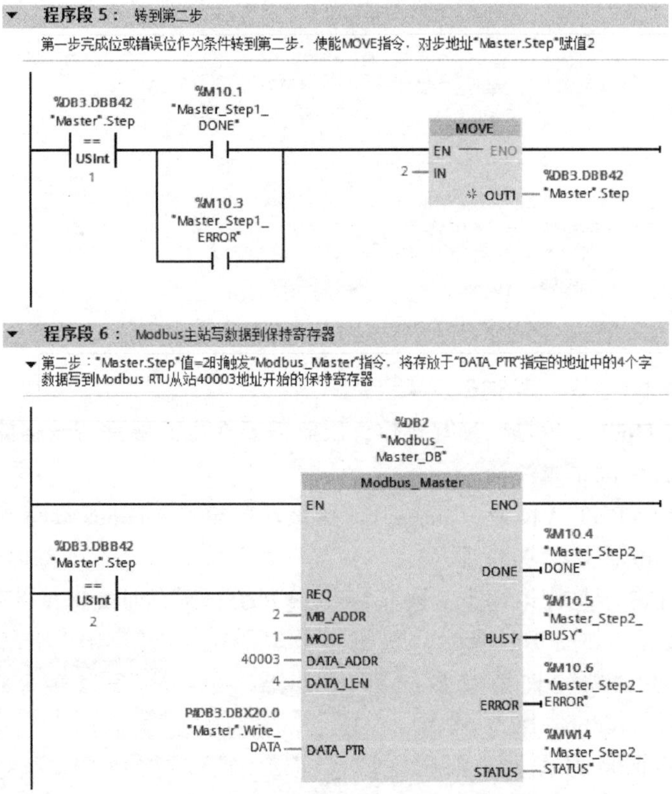

图 9-54　Modbus 主站写数据到保持寄存器

Modbus RTU 主站端轮询第三步：写 8 位数据到 Modbus 从站的位寄存器，如图 9-55 所示。

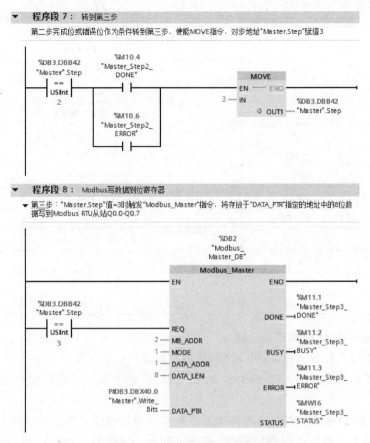

图 9-55　Modbus 主站写数据到位寄存器

Modbus RTU 主站端轮询返回第一步：第三步完成位或错误位作为条件回到第一步，继续轮询，如图 9-56 所示。

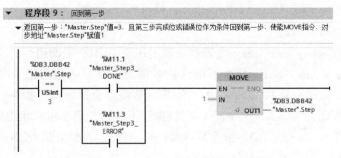

图 9-56　Modbus RTU 轮询返回到第一步

4. Modbus RTU 通信程序测试

分别打开 Modbus RTU 主站 CPU 1217 和 Modbus RTU 从站 CPU 1215 的监控与强制表进行监视，Modbus RTU 主站和从站赋值以及通信测试结果见表 9-24。

表 9-24　Modbus RTU 通信测试结果

Modbus RTU 主站			Modbus RTU 从站	
CPU 1217 地址	监视值	功能	CPU 1215 地址	监视值
DB3. DBW0	1	读保持寄存器	DB3. DBW0	1
DB3. DBW2	2		DB3. DBW2	2
DB3. DBW20	3	写保持寄存器	DB3. DBW4	3
DB3. DBW22	4		DB3. DBW6	4
DB3. DBW24	5		DB3. DBW8	5
DB3. DBW26	6		DB3. DBW10	6
DB3. DBX40.0	TRUE	写位寄存器	Q0.0	TRUE
DB3. DBX40.1	TRUE		Q0.1	TRUE
DB3. DBX40.2	TRUE		Q0.2	TRUE
DB3. DBX40.3	FALSE		Q0.3	FALSE
DB3. DBX40.4	TRUE		Q0.4	TRUE
DB3. DBX40.5	FALSE		Q0.5	FALSE
DB3. DBX40.6	FALSE		Q0.6	FALSE
DB3. DBX40.7	TRUE		Q0.7	TRUE

9.4.4　Modbus RTU 通信的常见问题

1. S7-1200 PLC 是否支持 Modbus ASCII 通信模式？

答：西门子公司不提供支持 Modbus ASCII 通信模式的指令，需要用户按照协议格式自行编程。

2. 在"指令>通信处理器"下有两类指令可用于串口通信，应该使用哪个？

答：在选项卡"通信>通信处理器"选项下的 S7-1200 PLC 的串口通信指令分为两类，参考图 9-9。

"PtP Communication" "USS 通信" "Modbus（RTU）"可用于 S7-1200 PLC 中央机架和分布式 I/O PROFINET 或 PROFIBUS ET200SP/ET200MP 串口模块的通信，但要求 CM1241 V2.1 以上且 S7-1200 CPU V4.1 以上。而"点到点" "USS" "Modbus"只能用于 S7-1200 PLC 中央机架串口模块的通信。

3. "Modbus_Comm_Load"指令能否在启动组织块 OB100 中调用？

答："Modbus_Comm_Load"指令调用读取数据记录和写入数据记录等指令实现与分布式 I/O 机架上串口通信模块的 Modbus RTU 通信。该指令为异步读写指令，指令的执行需要多个扫描周期。因此，"Modbus_Comm_Load"指令不建议在启动组织块 OB100 中调用。

4. 使用 Modbus_Comm_Load 指令对 CM1241 RS422/485 初始化不成功，报错"16# 81AA"，为什么？

答：报错"16#81AA"（无效的工作模式），可能原因为未修改"Modbus_Comm_Load"指令背景数据块中的静态变量 MODE 的数值。该 MODE 变量默认为 0，代表"全双工（RS232）"工作模式，而实际使用的模块为 CM1241 RS422/485。串口通信模块和信号板有效的工作模式见表 9-18。

解决方法:根据实际的工作模式,在"Modbus_Comm_Load"指令背景数据块中对MODE 进行修改。例如,使用 RS485 工作模式,需要设置 MODE = 4,如图 9-57 所示。或通过编程的方式对 MODE 进行赋值,参考图 9-48。

5. S7-1200 PLC CM1241 或 CB1241 Modbus RTU 通信是否支持两位停止位?

答:支持。当 Modbus RTU 通信需要两位停止位时,可在"Modbus_Commload"指令的背景数据块中,修改参数"Static >STOP_BITS"停止位数值为 2(默认 STOP_BITS = 1),如图 9-58 所示。

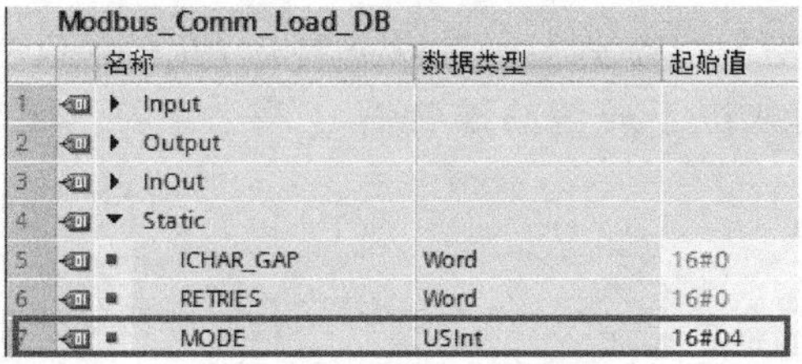

图 9-57 设置工作模式

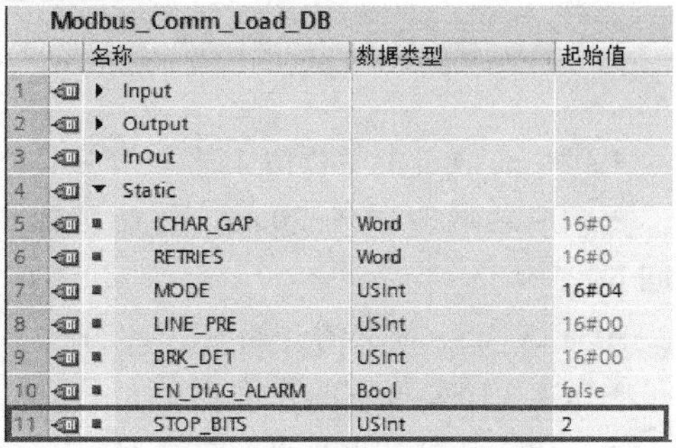

图 9-58 修改 Modbus 停止位

6. "Modbus_Master"指令如何实现对 310000~365536 地址区的读取?

答:当访问的 Modbus 地址超过 39999 时,可采用模式 104 对从站进行读取。当使用模式 104 时,"Modbus_Master"指令的输入参数"DATA_ADDR"设置的是 Modbus 地址的偏移量,见表 9-25。

表 9-25 Modbus_Master 输入参数 MODE 与 Modbus 地址及偏移量对应关系

MODE	DATA_ADDR	Modbus 地址	Modbus 偏移量
104	0	30001	0
	9998	39999	9998
	9999	310000	9999
	65535	365536	65535

7. 为什么执行"Modbus_Master"指令,"BUSY"位总是输出为 TRUE?

答:当"Modbus_Master"正忙于处理读写请求时,BUSY 总是输出为 TRUE。出现该现象时请检查"Modbus_Master"指令输入"REQ"是否在 Modbus 请求完成或报错前被多次触发,或是否有其他多个"Modbus_Master"指令在同时执行。

9.5 USS 通信

9.5.1 USS 通信基本原理

USS 协议(Universal Serial Interface Protocol,通用串行接口协议)是西门子公司专为驱动装置开发的通用通信协议,它是一种基于串行总线进行数据通信的协议。USS 通信总是由主站发起,USS 主站不断轮询各个从站,从站根据收到主站报文,决定是否、以及如何响应。从站必须在接收到主站报文之后的一定时间内发回响应到主站,否则主站将视该从站出错。USS 通信报文格式如图 9-59 所示。

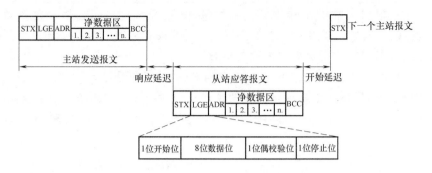

图 9-59　USS 报文发送格式

- USS 通信每个字符由 1 位开始位、8 位数据位、1 位偶校验位以及 1 位停止位组成;
- 响应延迟时间约 20ms, 开始延迟时间则取决于通信的波特率 (两个字符的传输时间);
- STX: USS 报文的开始 (16#02);
- LGE: USS 报文的长度;
- ADR: 从站站地址及报文类型;
- 1. 2. … n.: 净数据区, 由 PKW (参数识别) 和 PZD (过程数据) 组成;
- BCC: 块校验字符。

USS 协议是主从结构的协议, 总线上的每个从站都有唯一的从站地址。1 个 S7-1200 CPU 中最多可安装 3 个 CM 1241 RS422/RS485 模块和 1 个 CB1241 RS485 板, 每个 RS485 端口最多控制 16 台驱动器。

图 9-60　USS 通信指令

9.5.2　USS 通信指令

在指令选项卡 "通信>通信处理器" 下, 调用 "USS 通信" 指令用于 USS 通信编程, 如图 9-60 所示。该指令除了适用于 S7-1200 PLC 中央机架, 还可用于分布式 I/O PROFINET 或 PROFIBUS 的 ET200SP/ET200MP 串口通信模块, 但要求 CM1241 V2.1 以上及 S7-1200 CPU V4.1 以上。

USS 通信指令使用两个 FB 和两个 FC。对于一个 USS 网络, 使用一个背景数据块用于 "USS_Port_Scan", 一个背景数据块用于所有 "USS_Drive_Conrol" 指令的调用。USS 通信指令说明见表 9-26。

表 9-26　USS 通信指令说明

指　令	说　明
USS_Port_Scan	用于处理 USS 网络上的通信 USS_Port_Scan 函数块(FB)通过 RS485 通信端口控制 CPU 与变频器之间的通信。程序中每个通信端口只对应一个 USS_Port_Scan,将 USS_Port_Scan 拖放入程序中,提示为此 FB 分配 DB。可从任何 OB 调用 USS_Port_Scan,但是 S7-1200 PLC 与驱动器的 USS 通信与 CPU 的周期不同步,CPU 与驱动器的通信完成前,通常会运行几个周期,如果通信发生错误,用户必须允许多次重试完成这一事务(默认设置为 2 次重试)。因此,为确保通信的响应时间恒定,防止驱动器超时,通常从循环中断 OB 调用 USS_Port_Scan

（续）

指　　令	说　　明
USS_Drive_Control	通过发送请求消息和评估驱动器消息与驱动器交换数据。USS_Drive_Control 函数块（FB）用于访问 USS 网络中的指定变频器。将 USS_Drive_Control 拖放入程序中，提示为此 FB 分配 DB。统一 USS 网络中的多个驱动器分别调用 USS_Drive_Control 指令，但都必须使用同一个背景数据块。只能从主程序的循环 OB 调用 USS_Drive_Control，首次执行 USS_Drive_Control 时，将在背景数据块中初始化由 USS 地址参数 DRIVE 指示的驱动器。完成初始化后，随后执行 USS_Port_Scan 即可开始与驱动器通信
USS_Read_Param/ USS_Write_Param	用于从驱动器读写参数 只能从主程序的循环 OB 调用 USS_Read_Param 和 USS_Write_Param。在任意时刻一台驱动器都只能激活一个读取或写入请求。使用 USS_Read_Param 或 USS_Write_Param 都必须调用 USS_Drive_Control

　　注意：

　　不能在优先级比 USS_Port_Scan 所在 OB 的优先级高的 OB 中使用 USS_Drive_Control，USS_Read_Param 或 USS_Write_Param。例如，不能在主程序中调用 USS_Port_Scan 或循环中断 OB 中调用 USS_Read_Param。如果其他指令中断了 USS_Port_Scan 的执行，可能会发生意外错误。

9.5.3　USS 通信示例

　　以 CM1241 RS422/485 与 SINAMICS V20 变频器 USS 通信为例，通信任务要求 S7-1200 PLC 控制变频器的启停和频率，并轮询修改和读取变频器的加减速时间。

　　1. 本例中使用的硬件

　　• CPU 1217C DC/DC/DC（6ES7 217-1AG40-0XB0）V4. 2；

　　• CM1241 RS422/485（6ES7 241-1CH32-0XB0）V2. 2；

　　• SINAMICS V20（6SL3210-5BE03-7UV0）V3. 93；

　　• 1LA9 电机（1LA9060-4KA10-Z）；

　　• PROFIBUS 电缆及总线连接器。

　　2. USS 通信接线

　　CM1241 RS422/485 与 SINAMICS V20 变频器 USS 通信总线采用 RS485 网络，设备之间使用西门子 PROFIBUS 电缆连接，屏蔽层双端接地。CM1241 RS422/485 通信端口使用带有终端电阻和偏置电阻的西门子 PROFIBUS 总线连接器。SINAMICS V20 变频器通信端口为端子连接，端子 6 、7 用于 RS485 通信，当变频器处于通信总线终端时，需要加终端电阻和偏置电阻，其中 P+与 N-端子间的终端电阻为 120Ω；10V 与 P+端子间的上拉偏置电阻为 1500Ω，0V 与 N-端子间的下拉偏置电阻为 470Ω。CM1241 RS422/485 与 SINAMICS V20 变频器 USS 通信接线如图 9-61 所示。

　　① 通信板 CB1241 作为终端设备连接到 USS 网络时，连接 "TA" 和 "TRA" 以及 "TB" 和 "TRB" 以终止网络。

　　② PROFIBUS 电缆红线（信号+）。

　　③ PROFIBUS 电缆绿线（信号-）。

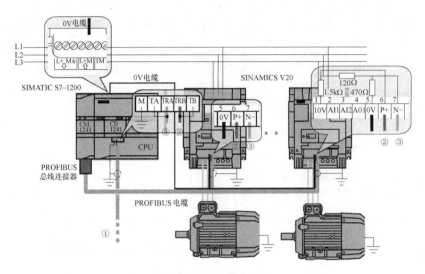

图 9-61　USS 通信接线

3. SINAMICS V20 变频器设置

SINAMICS V20 变频器的启停和频率控制通过 PZD 过程数据来实现，参数读取和修改通过 PKW 参数通道来实现。可以使用连接宏 Cn010 实现 SINAMICS V20 变频器的 USS 通信，也可以直接修改变频器参数。变频器参数设置步骤如下：

（1）恢复工厂设置

设置参数 P0010（调试参数）= 30，P0970（工厂复位）= 21。

执行恢复工厂设置操作将所有参数以及所有用户默认设置复位至工厂状态，但参数 P2010、P2021、P2023 的值不受工厂复位影响。

（2）设置用户访问级别

设置 P0003（用户访问级别）= 3（专家访问级别）。

（3）设置变频器参数值

S7-1200 PLC 与 SINAMICS V20 变频器 USS 通信需要对变频器设置命令源、协议、波特率、地址等参数。选择连接宏 Cn010 后，需要将 P2013 的值由 127（PKW 长度可变）修改为 4（PKW 长度为 4）；还需要将参数 P2010 的值由 8（波特率为 38400）修改为 6（本例中使用波特率为 9600）。SINAMICS V20 变频器参数 P2010 USS 所支持的波特率见表 9-27，变频器参数设置见表 9-28。

表 9-27　参数 P2010 USS 所支持的波特率

参数值	6	7	8	9	10	11	12
波特率/（bit/s）	9600	19200	38400	57600	76800	93750	115200

表 9-28　SINAMICS V20 变频器设置参数值

参数	描述	设置值	备注
P0700[0]	选择命令源	5	命令源来源于 RS485 总线
P1000[0]	选择设定源	5	设定值来源于 RS485 总线
P2023[0]	RS485 协议选择	1	USS 协议
P2010[0]	USS 波特率	6	波特率为 9600

（续）

参数	描述	设置值	备　注
P2011［0］	USS 地址	1	USS 站地址为 1
P2012［0］	USS PZD 长度	2	USS PZD 长度为 2 个字长
P2013［0］	USS PKW 长度	4	USS PKW 长度为 4 个字长
P2014［0］	USS 报文间断时间	500	可设置范围 0~65535ms 如设置为 0，则不进行超时检查；如果设定了超时时间，报文间隔超过此设定时间还没有接收到下一条报文信息，则变频器将会停止运行。通信恢复后此故障才能被复位。根据 USS 网络通信速率和站数的不同，USS 报文间断时间设定值会有所不同

（4）变频器重新上电

在更改通信协议 P2023 后，需要对变频器重新上电。在此过程中，请在变频器断电后等待数秒，确保 LED 灯熄灭或显示屏空白后再次接通电源。

4. USS 通信编程

USS 通信指令位于指令选项卡 "通信>通信处理器>USS 通信" 下，用户可按如下步骤进行 USS 编程，以实现本例中 SINAMICS V20 变频器的启停控制和轮询读写数据的任务。

（1）控制 SINAMICS V20 变频器的启停和速度改变

将 "USS＿Drive＿Control" 指令拖入到 Main［OB1］程序段 1 中，默认自动分配背景数据块 "USS_Drive_Control_DB"，并对指令的输入输出引脚赋值。输入组态频率的百分比到 SPEED＿SP，当 RUN = TRUE 时，变频器以预设速度运行；如果在驱动器运行时 RUN 变为 FALSE，电动机将减速直至停止，"USS_Drive_Control" 的执行状态和变频器返回的状态通过该指令的输出显示，如图 9-62 所示。

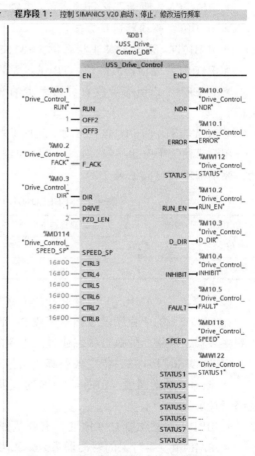

图 9-62　控制变频器启停和速度编程

"USS_Drive_Control" 指令各引脚的解释如下所述：

- RUN：驱动器起始位；

- OFF2：自由停止位；FALSE：将使驱动器在无制动的情况下自然停止；本例中 OFF2 = TRUE；

- OFF3：快速停止位；FALSE：将通过制动的方式使驱动器快速停止；本例中 OFF3 = TRUE；

- F_ACK：故障确认位；

- DIR：驱动器方向控制；
- DRIVE：驱动器 USS 地（有效范围 1~16），本例中变频器地址 Drive = 1；
- PZD_LEN：PZD 数据的字长度；有效值为 2、4、6 或 8 个字；本例中为 2；
- SPEED_SP：以组态频率的百分比设置驱动器速度（有效范围 -200.0~200.0）；
- CTRL3~CTRL8：控制字；写入驱动器上用户可组态参数的值，需要在驱动器上组态该参数；
- NDR：新数据就绪；成功接收到一个新的消息，置为 TRUE 并保持一个周期；
- ERROR：错误位；通信有错误时，置为 TRUE 并保持一个周期；
- STATUS：错误状态（STATUS 不是驱动器返回的状态值）；
- RUN_EN：驱动器运行状态位；FALSE：变频器停止；TRUE：变频器运行中；
- D_DIR：驱动器运行方向位；
- INHIBIT：驱动器禁止状态位；FALSE：未禁止；TRUE：已禁止；
- FAULT：驱动器故障位；TRUE：无故障；TRUE：故障；
- SPEED：以组态速度百分数表示的驱动器当前速度值（显示驱动器状态字 2 的标定值）；
- STATUS1~STATUS8：驱动器返回的状态字。

用户可使用 DIR 和 SPEED_SP 参数控制驱动器旋转方向。以电动机按正向旋转接线为例，驱动器旋转方向见表 9-29。

表 9-29　SPEED_SP 和 DIR 控制驱动器旋转方向

SPEED_SP	DIR	驱动器旋转方向	SPEED_SP	DIR	驱动器旋转方向
数值 > 0	0	反转	数值 < 0	0	正转
数值 > 0	1	正转	数值 < 0	1	反转

（2）修改 SINAMICS V20 变频器的加减速时间

在 Main［OB1］程序段 2 和程序段 3，通过 "USS_Write_Param" 指令将加减速时间写入到变频器，该指令的执行状态通过该指令的输出显示，如图 9-63 所示。

"USS_Write_Param" 指令各引脚说明：

- REQ：发送请求。REQ = TRUE 时，发送新请求。如果该指令正在处理 USS 请求，将忽略新请求；
- DRIVE：驱动器 USS 地址（有效范围 1~16）；
- PARAM：要写入的驱动器参数。该参数的范围为 0~2047；
- INDEX：要写入的驱动器参数索引；
- EEPROM：存储到驱动器 EEPROM。TRUE：写参数将存储在驱动器 EEPROM 中，但不能过多使用永久写操作；FALSE：写操作是临时的，在驱动器循环上电后不会保留；
- VALUE：要写入的参数值；
- USS_DB：指向 "USS_Drive_Control_DB" . USS_DB；
- DONE：写入驱动器数据完成位；
- ERROR：错误位。有错误时，置为 TRUE 并保持一个周期；
- STATUS：请求的错误状态（STATUS 不是驱动器返回的状态值）。

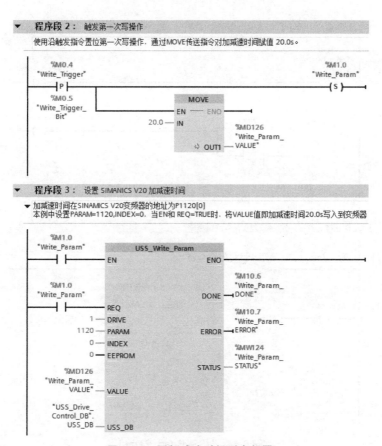

图 9-63　写加减速时间到变频器

（3）读取 SINAMICS V20 变频器的加减速时间

在 Main［OB1］程序段 4 中编写程序，当 "USS_Write_Param" 完成位 DONE＝TRUE 或出现非 "16#818A" 错误时，复位写操作并置位读操作。因为 USS 执行参数读写请求完成后，还需发送空的 PKW 请求到变频器并由指令确认才能对变频器执行下次读写，如果立即调用读写指令将导致 "16#818A" 错误，所以当 ERROR＝TRUE 且报错为 "16#818A" 时不能复位本次操作，直到 DONE＝TRUE 或出现其他错误时才能复位本次操作。

在程序段 5 拖入 "USS_Read_Param" 指令，并对指令的输入输出引脚赋值，参数设置同 "USS_Write_Param" 指令，当 EN 和 REQ＝TRUE 时，读取变频器的加减速时间，如图 9-64 所示。

"USS_Read_Param" 指令各引脚说明：

● DONE：读取驱动器数据完成位；TRUE：表示已从驱动器读取有效数据并已将其传送到 CPU；

● VALUE：已读取的参数的值；

● 其他输入输出引脚同 "USS_Write_Param" 说明。

为了实现对变频器读写参数的轮询，当 "USS_Read_Param" 完成位 DONE＝TRUE 或出现非 "16#818A" 错误时，需要复位本次读操作并置位写操作，如图 9-65 所示。

（4）控制 USS 通信

▼ **程序段 4：** 使用写操作完成位、错误位和错误状态（非16#818A错误）复位写操作、置位读操作

```
%M10.6
"Write_Param_                                                                    %M1.0
DONE"                                                                          "Write_Param"
──┤ ├──                                                                          ──( R )──

                                                                                  %M1.1
%M10.7              %MW124                                                       "Read_Param"
"Write_Param_      "Write_Param_                                                 ──( S )──
ERROR"             STATUS"
──┤ ├──────────────┤ <> ├───────────────────────────────────────────────
                   │ UInt │
                   └──────┘
                   16#818A
```

▼ **程序段 5：** 从 SIMANICS V20 读取加减速时间

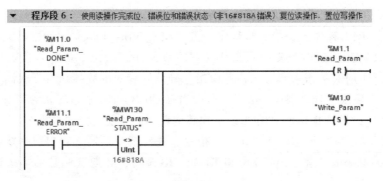

图 9-64　USS_Read_Param

▼ **程序段 6：** 使用读操作完成位、错误位和错误状态（非16#818A错误）复位读操作、置位写操作

```
%M11.0
"Read_Param_                                                                     %M1.1
DONE"                                                                          "Read_Param"
──┤ ├──                                                                          ──( R )──

                                                                                  %M1.0
%M11.1             %MW130                                                       "Write_Param"
"Read_Param_      "Read_Param_                                                   ──( S )──
ERROR"             STATUS"
──┤ ├──────────────┤ <> ├───────────────────────────────────────────────
                   │ UInt │
                   └──────┘
                   16#818A
```

图 9-65　返回写操作轮询

　　为确保通信的响应时间恒定，防止驱动器超时，建议从循环中断 OB 调用 "USS_Port_Scan"。在程序块下双击添加新块，选择循环中断 "Cyclic interrupt"，默认编号为 30。为尽快处理 USS 通信任务，应该设置较短循环时间，本例中循环时间设置为 30ms，如图 9-66 所示。

　　在循环中断 OB30 中，将 "USS_Port_Scan" 指令拖入到程序段 1 中，默认自动分配背景数据块 "USS_Port_Scan_DB"，并对指令的输入输出引脚赋值，如图 9-67 所示。

　　"USS_Port_Scan" 指令各引脚说明：

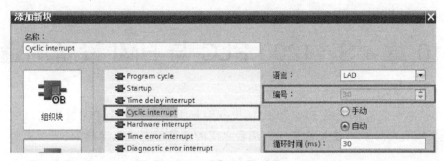

图 9-66　添加循环中断

- PORT：端口硬件标识符。本例中为 269；
- BAUD：用于 USS 通信的波特率。波特率需要与变频器设置一致；
- USS_DB：指向 "USS_Drive_Control_DB".USS_DB；
- ERROR：该输出为真时，表示发生错误，且 STATUS 输出有效；
- STATUS：错误代码。

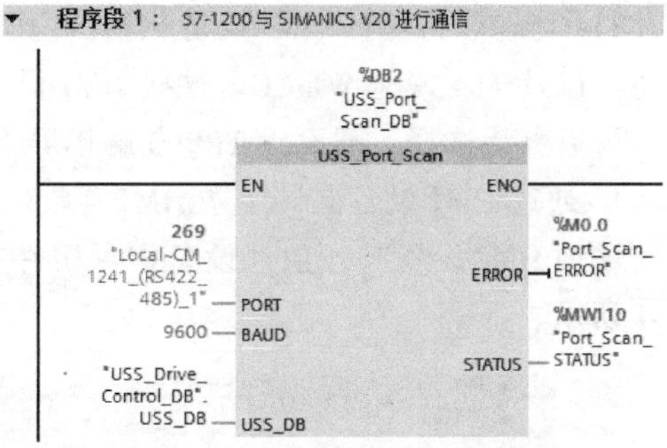

图 9-67　USS_Port_Scan 指令

9.5.4　USS 通信的常见问题

1. 同一时刻触发多条 "USS_Read_Param" 或 "USS_Write_Param" 指令，为什么只有一条参数读写指令被执行，其他指令报错 16#818A？

答："USS_Read_Param" 指令和 "USS_Write_Param" 指令同一时刻只能激活一条指令，多条参数读写指令的执行会导致指令报错 16#818A（此变频器的另一个请求当前处于激活状态）。可以采用轮询方式，具体编程可参考第 9.5.3 章节 USS 通信示例。

2. 在 USS 通信时，为什么只能控制变频器启停，但无法在 "USS_Drive_Control" 指令读取其运行状态？

答：S7-1200 USS 通信要求变频器 USS PKW 必须为 4 个字。当变频器中该参数设置不合适时，"USS_Drive_Control" 指令无法读取变频器的运行状态。

"USS_Drive_Control" 指令的输出 STATUS1 为变频器返回的状态字，该状态字可用于读取变频器的实际状态。

3. 为什么 "USS_Drive_Control" 指令输出 "STATUS1" 报错 16#EB87？

答：当 S7-1200 PLC 与 SINAMICS V20 变频器之间的通信断开时间超出了变频器 P2014 设置的时间（两次连续的过程数据报文接收的最大间隔时间），将导致变频器报错 F72。

通信恢复时，程序中将会监视到 "USS_Drive_Control" 指令的输出参数 STATUS1 = 16#EB87。上升沿触发 "USS_Drive_Control" 指令的 "F_ACK" 参数或对变频器进行错误确认即可消除错误故障。

第 10 章 S7-1200 PLC 与 HMI 设备的通信

TIA 博途软件可以同时对 PLC 和 HMI 设备编程组态。在一个 TIA 博途项目中，HMI 设备可以轻松地实现对 PLC 变量的访问，两者之间的通信组态也非常简单。

10.1 S7-1200 PLC 与 HMI 设备在同一个项目中实现通信

TIA 博途软件中的 HMI 设备包括西门子精智面板、精简面板等具有 S7-1200 PLC 驱动的设备，以及 TIA 博途 WinCC。这些 HMI 设备可以通过多种方式与 S7-1200 PLC 建立通信连接，可以灵活选择。下面以 TP900 触摸屏为例，分别介绍各种建立连接的方式。

1. 通过 HMI 设备向导建立 HMI 连接

添加 HMI 设备时，在"设备向导"中选择 PLC 的方式建立与 PLC 的通信连接，如图 10-1 所示。

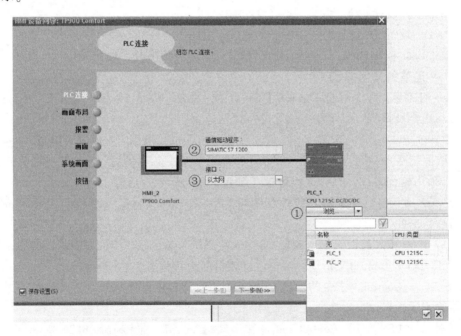

图 10-1 HMI 设备向导建立 HMI 连接

① 选择 HMI 所要访问的 PLC。
② 在①中选择 PLC 后，显示"通信驱动程序"。
③ 选择与 PLC 通信的通信接口。

> 注意：
> TIA 博途 WinCC Professional 没有向导功能，不能通过向导的方式建立与 PLC 的通信。

2. 通过 "网络视图" 建立 HMI 连接

在 "网络视图" 的 "连接" 中，选择 "HMI 连接" 类型，单击 HMI 通信接口拖拽到 PLC 的通信接口，鼠标标志变为连接标志后释放鼠标，这样就建立了连接，如图 10-2 所示。

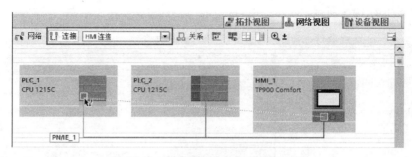

图 10-2　使用拖拽方式建立 HMI 连接

3. 通过在 HMI 画面中拖拽 PLC 变量的方式建立 HMI 连接

将 PLC 的变量直接拖拽到 HMI 的画面中，通信连接将自动建立，如图 10-3 所示。

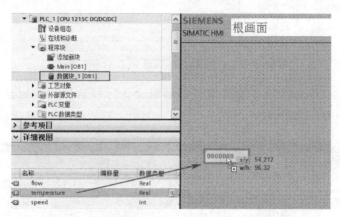

图 10-3　拖拽变量到 HMI 画面中建立 HMI 连接

10.2　S7-1200 PLC 与 HMI 设备在不同的项目中实现通信

在一个工程项目中，经常会有不同的工程师对 PLC 和 HMI 设备进行编程组态，那么就会存在将 PLC 变量导入到 HMI 设备的问题。为了解决这个问题，可以使用 TIA 博途中的 "PLC 代理" 功能在 HMI 项目中，创建代理 PLC 实现其他 TIA 博途项目中 PLC 变量的导入。PLC 代理数据包括 PLC 变量、数据块和报警，可以根据需要选择，如图 10-4 所示。

① 在 HMI 项目中导入 PLC 项目 IPE 文件，实现导入 PLC 代理数据。

从 PLC 项目中导出 IPE（项目内工程组态）

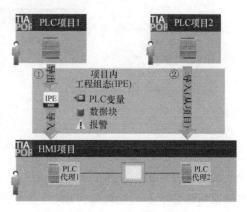

图 10-4　PLC 代理功能图

文件，导出后不再需要 PLC 的项目，之后再将 IPE 文件导入。HMI 项目中的代理 PLC，操作步骤如下：

在 PLC 项目中导出 IPE 文件：首先在"项目树"中选择 PLC 站点，双击"设备代理数据>新增设备代理数据"，生成"设备代理数据_1"，导出 IPE 文件"设备代理数据_1. IPE"，示例如图 10-5 所示。

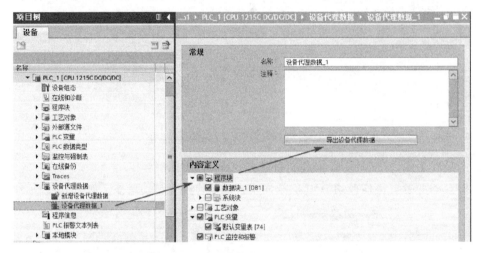

图 10-5　在 PLC 项目中导出 PLC 的 IPE 文件

创建代理 PLC：在 HMI 设备项目中"添加新设备"并选择"控制器"，选择"Device Proxy"添加代理 PLC，如图 10-6 所示。

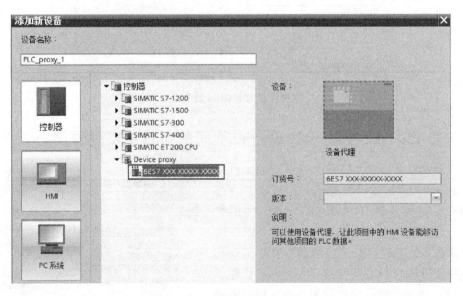

图 10-6　创建 PLC 代理设备

为创建的"Device Proxy"导入 PLC 代理数据：在"设备视图"中选择"PLC_Proxy_1"，右键菜单选择"初始化设备代理"，在弹出窗口中选择步骤（1）中导出的文件"设备代理数据_1. IPE"，即可导入 PLC 代理数据，如图 10-7 所示。

　　如果 PLC 中的变量发生变化需要在 HMI 中更新，可重复步骤（1）的操作，再在设备代理 PLC_Proxy_1 的"设备视图"中，右键菜单选择"更新设备代理的数据"实现更新。

　　在 HMI 设备项目中，建立 HMI 设备与 PLC_Proxy_1 之间的通信连接，操作与第 10.1 章节介绍相同。

　　② 在 HMI 项目中，直接选择 PLC 项目导入 PLC 代理数据。

　　这种方式需要有 PLC 项目，操作步骤与方式①不同的是在步骤（1）中添加"设备代理数据"后，不需要导出 IPE 文件，而在步骤（3）中

图 10-7　初始化设备代理

"初始化设备代理"时，选择 PLC 项目文件（*.ap14），实现导入 PLC 代理数据。

　　注意：
　　• PLC 代理也可以获取在 PLC 项目中组态的通信模块和通信处理器，从而实现 HMI 设备通过 PLC 代理，建立与 S7-1200 PLC 集成以太网口之外的通信接口（CM/CP）的通信连接。
　　• 当选择 PLC 代理数据中的"PLC 监控和报警"时，可以在 HMI 设备中显示 S7-1200 PLC 系统诊断的信息。

10.3　通过 OPC 访问 S7-1200 PLC

　　在工程项目中，使用不支持 S7-1200 PLC 驱动的第三方 HMI 软件时，不能直接与 S7-1200 PLC 通信。如果第三方软件具有 OPC 客户端的功能时，可以通过西门子 OPC 服务器与 S7-1200 PLC 通信。

10.3.1　OPC 概述

　　OPC 是自动化行业及其他行业用于数据安全交换时的互操作性标准。它独立于平台，并确保来自多个厂商设备之间信息的无缝传输，OPC 基金会（www.opcfoundation.org）负责该标准的开发和维护。

　　OPC 标准是由行业供应商、终端用户和软件开发者共同制定的一系列规范。这些规范定义了客户端与服务器之间以及服务器与服务器之间的接口，例如访问实时数据、监控报警和事件、访问历史数据和其他应用程序等，都需要 OPC 标准的协调。

　　最初，OPC 标准仅限于 Windows 操作系统。因此，OPC 是 OLE for Process Control（用于过程控制的 OLE）的缩写。我们所熟知的 OPC 规范一般是指 OPC Classic，规范基于 Microsoft Windows 技术，使用 COM/DCOM（分布式组件对象模型）在软件组件之间交换数据。规范为访问过程数据（OPC DA）、报警（OPC AE）和历史数据（OPC HDA）提供了单独的定义，被广泛应用于各个行业，包括制造业、楼宇自动化、石油和天然气、可再生能源和公用事业等领域。

　　随着在制造系统内以服务为导向的架构的引入，给 OPC 带来了新的挑战，如何重新定

义架构来确保数据的安全性？2008 年发布的 OPC 统一架构（UA）用以满足这些需求，将各个 OPC Classic 规范的所有功能集成到一个可扩展的框架中，并且兼容 OPC Classic，独立于平台并且面向服务。

西门子公司提供了 PC Access 和 SIMATIC NET 这两个 OPC 服务器软件，可以用于访问 S7-1200 PLC，其中 PC Access 基于 OPC Classic 规范，可以通过 OPC DA 访问 S7-1200 PLC，SIMATIC NET 从版本 V12 开始可以通过 OPC UA 访问 S7-1200 PLC（固件版本 V4.0 以上）的基于符号的优化数据块。

10.3.2　PC Access 作为 OPC Server 访问 S7-1200 PLC

PC Access 是西门子公司提供的一款 OPC 服务器软件，特点是配置简单，使用方便，具有 OPC 客户端测试功能，可以用于测试配置和通信质量。

下面通过示例说明 PC Access 的配置过程。

1）在 S7-1200 PLC 中创建数据块 DB1：创建标准访问的数据块 DB1。

2）使能 S7-1200 CPU 属性中的访问保护选项"允许来自远程对象的 PUT/GET 通信访问"，参考图 3-22。

3）设置 PC Access 的 PG/PC 接口：在 PC Access 的"项目树"下选择"Micro/WIN"，右键菜单中选择"PG/PC Interface.."，设置为 TCP/IP，如图 10-8 所示。

4）添加 PLC：在 PC Access 的"项目树"下，选择"Micro/WIN（TCP/IP）"，右键菜单中选择"新 PLC"，添加一个新 PLC，设置 PLC 属性如图 10-9 所示。

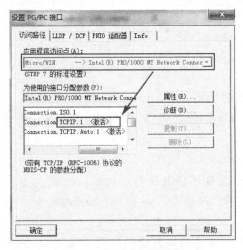

图 10-8　设置 PG/PC 接口

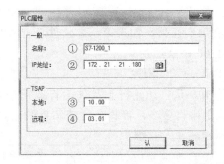

图 10-9　在 PC Access 中添加 PLC 的属性设置

① 定义 PLC 的名称。

② 设置访问 PLC 的 IP 地址。

③ 本地 TSAP：PC Access 的 TSAP。

④ 远程 TSAP：S7-1200 PLC 的 TSAP，始终为"03.01"。

5）保存 PC Access 配置文件：单击"保存"，会生成一个 *.pca 的配置文件，此时 OPC 服务器配置已生效，OPC 客户端可以通过 PC Access 访问 S7-1200 PLC。

6）OPC 测试：通过 PC Access 自带的测试客户端测试通信。

首先选择"项目树"、添加的 PLC"S7-1200_1"，右键菜单选择"新建>项目"新建项目，设置如图 10-10 所示。

①"名称"：项目名称用于 OPC 客户端寻址 OPC 服务器数据。

②"地址"：PLC 变量的地址，对于 S7-1200 PLC 来说 V 地址区代表 DB1，示例中"v0.0"表示访问 DB1.DBX0.0。

③"读/写"：设置 OPC 客户端对 PLC 变量的"读/写"访问权限，可设置读取、写入和读/写。

④"数据类型"：设置访问 PLC 变量的数据类型。

图 10-10　PC Access 添加的项目属性

将添加的 OPC 变量拖拽到下面"测试客户机"的窗口中，在菜单栏中选择"状态 >启动测试客户机"启动测试客户机在线监测变量。在"数值"栏中可以看到变量的实际数值，当访问 S7-1200 PLC 成功时，在"质量"栏中会显示"好"，如图 10-11 所示。

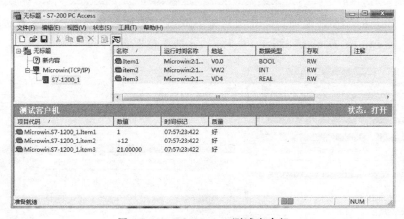

图 10-11　PC Access 测试客户机

> 注意：
> OPC 客户端可以通过 PC Access 访问 PLC 的 I，Q，M，V 地址区实现对 S7-1200 PLC 的 I，Q，M，标准访问 DB1 地址的访问。

10.3.3　SIMATIC NET 作为 OPC SERVER 访问 S7-1200 PLC

西门子上位监控软件 WinCC V7.3 和 WinCC Professional V13 集成有 S7-1200 PLC 的驱动，可以符号访问 S7-1200 PLC 的所有变量，使工程组态更高效。而对于第三方的 HMI 软件只能通过绝对地址访问方式访问 S7-1200 PLC 的数据（例如过程映像输入和输出区、M 区以及标准访问的数据块 DB），不能直接访问 PLC 中所定义的符号变量，需要在 HMI 中对访问的 PLC 地址重新定义，除此之外还无法访问 PLC 中的优化访问数据块。为解决此问题，第三方 HMI 软件（只要支持 OPC 客户端）可通过 SIMATIC NET OPC 服务器访问 S7-1200 PLC 的符号变量（包括优化访问数据块）。下面通过示例介绍配置 OPC 服务器的过程。

1）在 PC 上，安装 SIMATIC NET V14 软件。

注意：

　　SIMATIC NET 软件可以与 HMI 软件安装在不同的计算机上，如多台计算机中的 HMI 软件通过一个 OPC 服务器访问 PLC。

　　2）在计算机的桌面上，双击打开"Station Configurator"；或在"开始>所有程序>Siemens Automation"下，打开"Station Configurator"，如图 10-12 所示。

　　① 定义站名称。

　　② 添加组件：可以在任意空白"index"中添加组件，本示例在 index 1 中添加"IE General"，在 index 2 中添加"OPC Server"。

　　③ 选择添加的组件。

注意：

　　"IE General"选择计算机中与 PLC 连接的商用网卡，当用西门子网卡时会显示网卡名称。

　　3）打开 PLC 的 TIA 博途项目，在项目树下双击"添加新设备"，在弹出的界面中选择"PC 系统>常规 PC>PC Station"添加 PC 站，如图 10-13 所示。

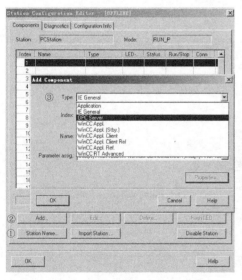

图 10-12　配置 Station Configurator

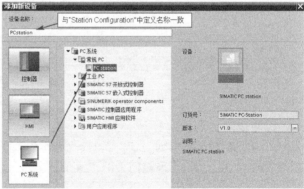

图 10-13　添加 PC 站

注意：

　　通过 SIMATIC NET OPC 服务器访问 PLC 的符号变量，PC 站和 PLC 站需要组态在一个 TIA 博途项目中。

　　4）打开 PC 站的"设备视图"，从硬件目录中分别通过拖拽的方式，在 index 1 中插入"常规 IE"，在 index 2 中插入"OPC 服务器"，如图 10-14 所示。

　　① 在"用户应用程序"目录中，选择"OPC 服务器"。

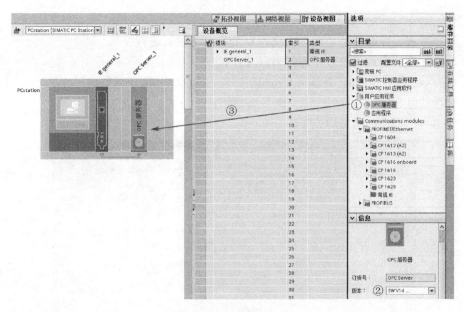

图 10-14　配置 PC 站

② 检查 "OPC 服务器" 的版本, 要保证与安装的 SIMATIC NET 软件的版本一致。

③ 拖拽组件到相应空槽中。

> 注意:
> 　　对于 "IE 常规", 要在插入 PC 站后设置 IP 地址, 并且与在 "Station Configurator" 中选择的以太网网卡的 IP 地址一致。

5) 建立 PC 站与 S7-1200 PLC 之间的 S7 连接, 操作可参考通信章节。

6) 使能 S7-1200 CPU 属性中的访问保护选项 "允许来自远程对象的 PUT/GET 通信访问"。

7) 在 PC 站的 "OPC 服务器" 中设置访问的 PLC 符号, 如图 10-15 所示。

① "无": 此时在 OPC 客户端无法访问 PLC 的所有符号, 只能通过绝对地址访问。

② "全部": 可以访问 PLC 中所有的符号, 并且对 M 区和数据块没有读写访问限制。

③ "已组态": 可以通过组态界面, 选择 OPC 可访问的符号及设置读写访问权限。

当 "OPC 符号访问" 设置为 "已组态" 时, 具体设置如图 10-16 所示。

① 在目录树中选择变量所在目录, 可

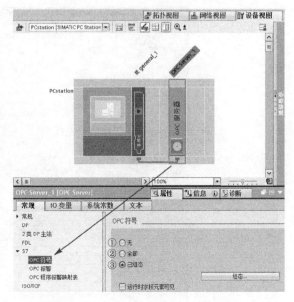

图 10-15　配置 PC 站的 OPC 符号

选择"PLC 变量"（即变量表）和数据块。

　　② 符号列表，可查看符号信息，选择单个符号可对其进行编辑。

　　③ 勾选此选项表示此符号可通过 OPC 访问。

　　④ "访问权限" Read：只读，Write：只写，Read/Write：可读写，None：不可访问。

　　⑤ 可将符号导出到 csv 文件中，统一编辑完后再导入，可提高组态效率。

　　8）下载 PC 站，如图 10-17 所示。

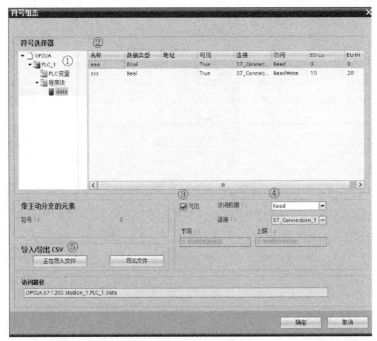

图 10-16　OPC 符号组态

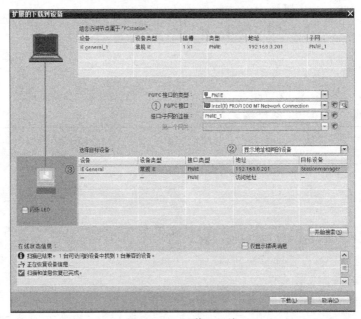

图 10-17　下载 PC 站

① 选择以太网网卡，要与 "Station Configurator" 中选择的以太网网卡一致。

② 当本机作为 OPC 服务器时，选择 "显示地址相同的设备"。

③ 搜索到的站点显示为 "Station Configurator" 中组态的 "IE General"。

9）OPC 测试　PC 站下载完成后，第三方的 HMI 软件通过自带的 OPC 客户端连接 SIMATIC NET OPC 服务器，就可以访问 S7-1200 PLC 中的变量（包括符号和地址变量）。SIMATIC NET 软件自带 OPC 客户端 OPC SCOUT V10，可以用于测试 OPC 服务器。单击打开 "开始>所有程序>Siemens Automation>SIMATIC>SIMATIC NET>OPC SCOUT V10"，如图 10-18 所示。

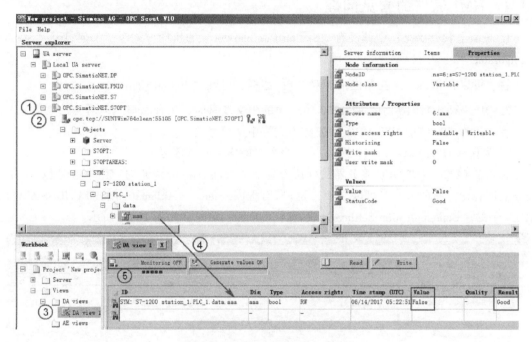

图 10-18　OPC SCOUT V10 测试

① 在服务器浏览器中，选择 OPC 服务器 "UA server>Local UA server>OPC. SimaticNET. S7OPT"。

② 在 "OPC. SimaticNET. S7OPT" OPC 服务器下面选择其中一个选项，右键菜单中单击 "User authentication change" 访问账号，输入作为 OPC 服务器的计算机的用户名和密码，如图 10-19 所示。

然后，在右键菜单中单击 "connect" 连接 OPC 服务器。

③ 在 DA views 中，选择 "DA view 1"。

④ 从 "SYM:" 中，选择要访问的 PLC 的符号，拖入到 "DA view 1" 中的空白行中。

⑤ 单击 "Monitoring ON" 按钮，开始监控变量的数值。当访问 S7-1200 PLC 成功时，

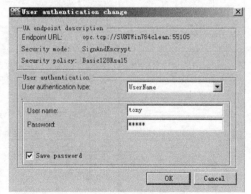

图 10-19　访问账号设置

在 "Result" 栏中显示 "Good"。

> 注意：
> 以上 PC 站的组态和下载是基于 SIMATIC NET 软件与博途软件安装在同一个计算机上，如果是在不同的计算机，那么要注意以下事项：
> - 确保 PC 站的 "IE 常规" 的 IP 地址设置与作为 OPC 服务器的计算机的 IP 地址相同。
> - 下载时，在 "选择目标设备" 中选择 "显示所有兼容的设备"，参考图 10-16。

10.4　HMI 通信的常见问题

1. 桌面上和开始菜单中都没有 "Station Configurator" 的快捷方式时，如何打开 "Station Configurator"？

答：可以在 Windows 任务栏中，双击 🖥 图标，打开 "Station Configurator"。

2. OPC SCOUT V10 访问 S7-1200 PLC 中的中文变量时，为什么显示问号？

答：因为 SIMATIC NET OPC 服务器不支持中文符号名。

3. 为什么 OPC SCOUT V10 连接 OPC 服务器时需要输入账号？

答：SIMATIC NET OPC 服务器的默认设置是需要用户身份认证的，用户账号就是 OPC 服务器所在计算机的账号，可以在 "开始>所有程序>Siemens Automation>SIMATIC>SIMATIC NET" 中的 "Communication Settings" 设置为 "匿名" 访问，如图 10-20 所示。

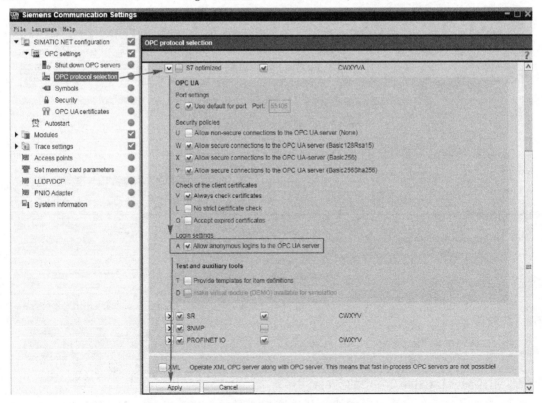

图 10-20　Communication Settings

设置成功后，OPC 客户端都可以匿名访问 OPC 服务器，以 OPC SCOUT V10 为例，如图 10-21 所示。

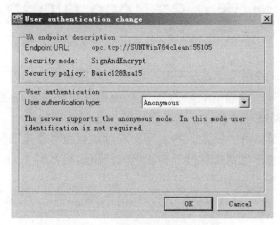

图 10-21　访问账号设置：匿名

注意：

在"Communciation Settings"中，对 OPC 服务器的任何修改，单击"Apply"按钮应用后会导致 OPC 服务器停止，所有 OPC 客户端与此 OPC 服务器的连接将断开，数据访问也将终止；OPC 服务器修改完毕后会提示重启，此后 OPC 客户端需要重新连接 SI-MATIC NET OPC 服务器。

第 11 章　S7-1200 PID 控制

在工程应用中，PID 控制系统是应用最广泛的闭环控制系统。PID 控制的原理是给被控对象一个设定值，然后通过测量元件将过程值测量出来，并与设定值比较，将其差值送入PID 控制器，PID 控制器通过运算，计算出输出值，送到执行器进行调节，其中的 P、I、D 指的是比例、积分、微分运算。通过这些运算，可以使被控对象追随设定值的变化而使系统达到稳定，自动消除各种干扰对控制过程的影响。控制回路如图 11-1 所示。

图 11-1　PID 控制回路图

比例（P）：偏差乘以的一个系数。纯比例调节会产生稳态误差。比例越大，调节速度越快，但也容易让系统产生振荡；比例越小，调节速度越慢。

积分（I）：对偏差进行积分控制，用以消除纯比例调节产生的稳态误差。积分过大，有可能导致系统超调；积分过小，系统调节缓慢。

微分（D）：根据偏差的变化速度调节，与偏差的大小无关，用于有较大滞后的控制系统，不能消除稳态误差。

S7-1200 PLC 所支持的 PID 控制器回路数仅受程序量大小及程序执行时间的影响，没有具体数量的限制，可同时进行多个回路的控制。S7-1200 PLC 所支持的 PID 控制器仅有一个指令集：Compact PID，包含以下 3 个指令块："PID_Compact""PID_3Step""PID_Temp"。用户可以手动调节 PID 参数，也可以使用 PID 指令自带的自整定功能，即由 PID 控制器根据被控对象自动计算参数。同时，TIA 博途软件还提供了调试面板，用户可以查看被控对象状态，也可以直接进行参数调节。

11.1　PID 指令调用

PID 指令需要在定时循环中断块内调用，以确保 PID 的运算以固定的采样周期完成。每一个指令需要一个背景数据块。PID 指令调用结构如图 11-2 所示。

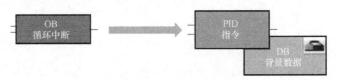

图 11-2　PID 指令调用结构

用户在调用 PID 指令时所需要的背景数据块可以在调用 PID 指令时自动生成，也可以在工艺对象中自行添加。

11.2　PID_Compact 指令

"PID_Compact" 指令采集被控对象的实际过程值,与设定值进行比较,生成的偏差用于计算该控制器的输出值。PID 的输出值有多个输出参数选择,可以通过 Output 输出实数类型,通过 Output_PER 输出连续的模拟量信号,也可以通过 Output_PWM 输出脉宽调制信号。

"PID_Compact" 指令块可以工作在手动或自动模式下,且可以通过预调节与精确调节这两种自整定模式对 PID 的比例、积分和微分参数进行自动计算。用户也可以手动调节这些参数。"PID_Compact" 的算法如图 11-3 所示。

$$y = K_{p} \left[(b \cdot w - x) + \frac{1}{T_{I} \cdot s}(w - x) + \frac{T_{D} \cdot s}{a \cdot T_{D}s + 1}(c \cdot w - x) \right]$$

图 11-3　PID 算法

y—PID 输出值　　K_{p}—比例增益　　s—拉普拉斯运算符

b—比例作用权重　　w—设定值　　x—过程值

T_{I}—积分作用时间　　T_{D}—微分作用时间　　a—微分延迟系数　　c—微分作用权重

在程序内按以下路径:"指令>工艺>PID 控制>Compact PID" 将 "PID_Compact" 指令拖动到程序内,自动生成工艺背景数据块。

11.2.1　PID_Compact 指令

"PID_Compact" 指令的参数主要分为两部分:输入参数、输出参数。其指令的视图分为扩展视图、基本视图,在不同的视图下所能看见的参数是不一样的,在基本视图中可看到的参数为常用参数,如设定值、过程值、输出值等。定义这些参数可实现控制器最基本的控制功能,而在扩展视图中,可看到更多的高级参数,如模式切换、手动输出值等,使用这些参数可使控制器具有更丰富的控制功能。PID_Compact 指令块的基本视图切换如图 11-4 所示。

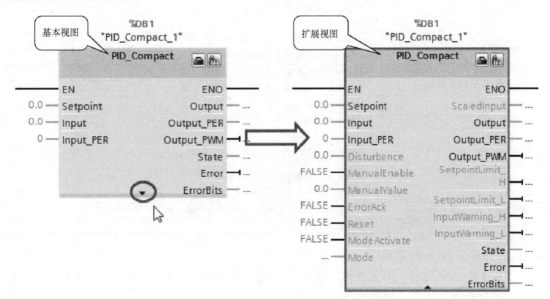

图 11-4　PID_Compact 指令块的基本视图

1. PID Compact 输入参数

"PID_Compact" 的输入参数见表 11-1。

表 11-1　PID_Compact 输入参数

参数名称	数据类型	说　明
Setpoint	REAL	PID 控制器在自动模式下的设定值
Input	REAL	PID 控制器的过程值(工程量)
Input_PER	INT	PID 控制器的过程值(模拟量)
Disturbance	REAL	扰动变量或预控制值
ManualEnable	BOOL	为 TRUE 时,切换到手动模式 由 TRUE 变为 FALSE 时,PID_Compact 将切换到保存在 Mode 参数中的工作模式
ManualValue	REAL	手动模式下的 PID 输出值
ErrorAck	BOOL	由 FALSE 变为 TRUE 时,错误确认,清除已经离开的错误信息
Reset	BOOL	重新启动控制器,PID 输出、积分作用清零,不论错误是否离开都会清除错误
ModeActivate	BOOL	由 FALSE 变为 TRUE 时,PID_Compact 将切换到保存在 Mode 参数中的工作模式
Mode	INT	指定 PID_Compact 将转换到的工作模式: Mode = 0:未激活 Mode = 1:预调节 Mode = 2:精确调节 Mode = 3:自动模式 Mode = 4:手动模式

2. PID_Compact 输出参数

"PID_Compact" 的输出参数见表 11-2。

表 11-2　PID_Compact 输出参数

参数名称	数据类型	说　明
ScaledInput	REAL	标定后的过程值
Output	REAL	PID 控制器的输出值(工程量)
Output_PER	INT	PID 控制器的输出值(模拟量)
Output_PWM	BOOL	PID 控制器的输出值(脉宽调制)
SetpointLimit_H	BOOL	为 TRUE 时设定值达到上限 Setpoint ≥ Config. SetpointUpperLimit
SetpointLimit_L	BOOL	为 TRUE 时设定值达到下限 Setpoint ≤ Config. SetpointLowerLimit
InputWarning_H	BOOL	为 TRUE 时过程值已达到或超出警告上限
InputWarning_L	BOOL	为 TRUE 时过程值已达到或超出警告下限
State	INT	PID 控制器的当前工作模式: State = 0:未激活 State = 1:预调节 State = 2:精确调节 State = 3:自动模式 State = 4:手动模式 State = 5:带错误监视的输出替代值
Error	BOOL	为 TRUE 时,表示此周期内至少有一条错误消息处于未决状态
ErrorBits	DWORD	输出错误代码

11.2.2　PID_Compact 组态

使用 PID 控制器前,需要在其工艺对象中进行组态设置。组态分为基本设置、过程值设置、高级设置 3 部分,如图 11-5 所示。

1. 基本设置

（1）控制器类型

选项说明如图 11-6 所示。

① 选择设定值与过程值的物理量及单位。

② PID 控制正反作用选择：勾选为反作用。

正作用：随着 PID 输出的增加（或减小），控制过程值使偏差变小（或变大）。

图 11-5　PID_Compact 组态界面

反作用：随着 PID 输出的增加（或减小），控制过程值使偏差变大（或变小）。

③ CPU 重启后 PID 控制器的工作模式。

勾选后可选择所需工作模式；

不勾选为"非活动"模式。

（2）选择 Input/Output 参数

在 Input/Output 选项卡内可以选择过程值及 PID 输出的类型，如图 11-7 所示

图 11-6　PID_Compact 控制器类型设置

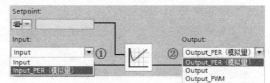

图 11-7　PID_Compact Input/Output 类型设置

① 选择过程值类型：

"Input"：标定后的过程值。例如：0~100%，或实际值 0~16kPa 等物理量。

"Input_PER"：模拟量通道值，0~27648。

② 选择 PID 输出类型：

"Output_PER"：直接输出模拟量通道值，0~27648。

"Output"：0~100%。

"Output_PWM"：脉宽调制输出。

2. 过程值设置

当选择 Input 作为过程值时，设置过程值的上、下限，如图 11-8 所示。当选择 Input_PER 作为过程值时，可对该值进行标定，如图 11-9 所示。

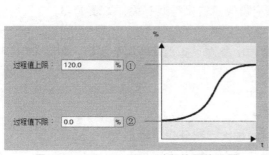

图 11-8　PID_Compact 过程值限值设置

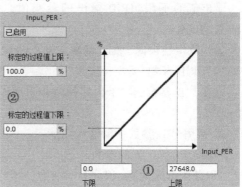

图 11-9　PID_Compact 过程值标定

图 11-8 中① "过程值上限"：当选择 Input 为输入时，过程值的上限值。

② "过程值下限"：当选择 Input 为输入时，过程值的下限值。

图 11-9 中① "上限" 和 "下限"：当选择 Input_PER 为输入时，过程值对应的模拟量输入上、下限值，默认为 0~27648。

② "标定的过程值上限" 和 "标定的过程值下限"：当选择 Input_PER 为输入时，过程值（0~27648）所对应的工程量上、下限值。

3. 高级设置

（1）过程值监视

可以设置过程值警告上、下限值，当过程值超出上、下限时，PID_Compact 输出错误代码 0001h；当警告的上、下限范围大于过程值上、下限范围时，过程值上、下限值同时作为警告的上、下限，如图 11-10 所示。

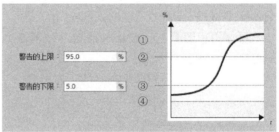

图 11-10　PID_Compact 警告值上、下限设置

①—过程值上限　②—警告的上限

③—警告的下限　④—过程值下限

（2）PWM 限制

在 PWM 限制内设置 PID 输出的最短接通时间及最短关闭时间以防止输出频繁振荡，对设备造成损坏，对工艺造成冲击。

- 最短接通时间：一个 PWM 周期内允许 PID 脉冲输出的最短时间，当 PID 计算得到的脉冲输出时间小于该值时，该周期内脉冲不输出；

- 最短关闭时间：一个 PWM 周期内允许 PID 脉冲关闭的最短时间，当 PID 计算得到的脉冲关闭时间小于该值时，该周期内脉冲不关闭。

（3）输出限制值

可以设置 PID 的输出的上、下限，同时也可以设置当 PID 发生错误时，"PID_Compact" 对错误的响应，如图 11-11 所示。

① 设置输出值的上、下限。

输出值的上限：PID 输出的最大值，最大为 100%。

输出值的下限：PID 输出的最小值，最小为 -100%。

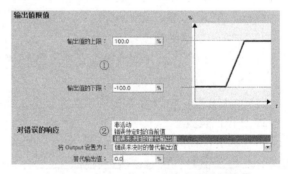

图 11-11　PID_Compact 输出值限制设置

②当发生错误时，PID 的响应与此错误响应模式及错误类型有关，见表 11-3。

（4）PID 参数

可在 PID 参数选项卡内选择是否手动设置 PID 参数，及 PID 的调节规则，如图 11-12 所示。

① 启用 PID 参数手动输入功能：

"比例增益"：比例参数。

"积分作用时间"：积分时间参数，积分时间越大，积分作用越小。

"微分作用时间"：微分时间参数，微分时间越大，微分作用越大。

表 11-3　PID_Compact 错误的响应

ErrorBits	错误类型	错误响应		
		非活动	错误待定时的 当前值	错误待定时的 替代输出值明
16#0001	参数 Input 超出了过程值限值的范围	自动切换到"未激活"模式，输出清零。只能在错误离开后，通过 Reset 的下降沿或 ModeActivate 的上升沿激活控制器在 MODE 参数设置的模式	自动模式	自动模式
16#0800	采样时间错误：PID_Compact 的循环时间设置与调用的循环中断 OB 的时间不一致			
16#40000	Disturbance 参数的值无效。值的数字格式无效		输出保持为错误出现前最后一个有效值；当错误离开后，PID_Compact 切换回自动模式	输出组态的"替换输出值"；当错误离开后，PID_Compact 切换回自动模式
16#0002	参数 Input_PER 的值无效。请检查模拟量输入是否有处于未决状态的错误			
16#0200	参数 Input 的值无效：值的数字格式无效			
16#1000	参数 Setpoint 的值无效：值的数字格式无效			
16#20000	变量 SubstituteOutput 的值无效。值的数字格式无效			

"微分延迟系数"：用于延迟微分作用，系数越大，微分作用的生效时间延迟越久。

"比例作用权重"：限制设定值变化时的比例作用，设置在 0.0~1.0 之间。

"微分作用权重"：限制设定值变化时的微分作用，设置在 0.0~1.0 之间。

"PID 算法采样时间"：PID 计算输出值时间，必须设置为循环中断的整数倍。

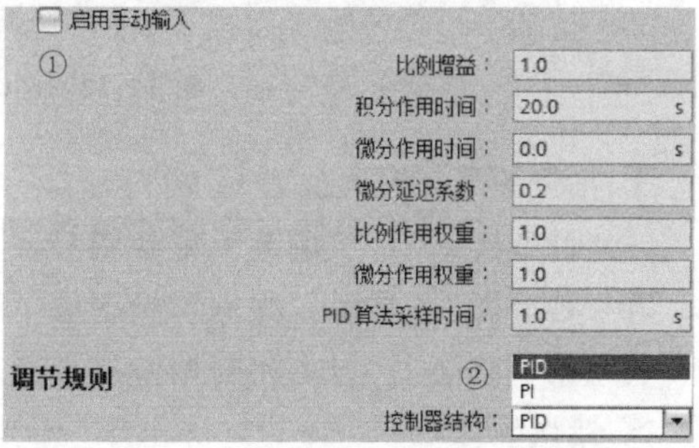

② 选择 PID 调节规则：

"PI"：PI 调节引入了积分消除了系统的稳态误差。

"PID"：PID 调节引入了微分适用于大滞后系统。

图 11-12　PID_Compact PID 参数

注意：

当选择手动输入 PID 参数时，所修改的参数为初始值而不是当前值。

11.2.3　PID_Compact 调试

为保证 PID 控制器能正常运行，需要设置符合实际运行系统的控制参数，但由于每套系统都不完全相同，所以每一套系统的控制参数也不尽相同。PID 控制参数可以由用户自己手动设置，也可以通过 TIA 博途软件提供的自整定功能实现。PID 自整定是按照一定的数学算法，通过外部输入信号激励系统，并根据系统的反应确定 PID 参数。S7-1200 PID 提供了两种自整定方式：预调节和精确调节。可通过调试面板进行整定，调试面板通过以下路径："项目>工艺对象>PID_Compact_1>调试"打开，如图 11-13 所示。

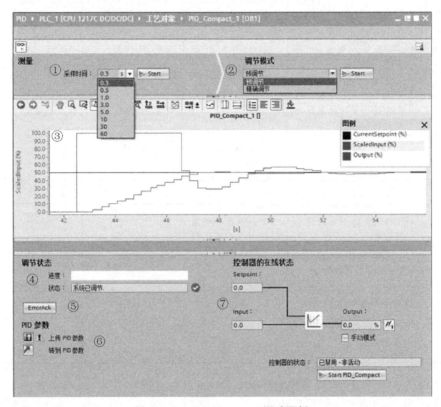

图 11-13　PID_Compact 调试面板

① 趋势图采样时间。

② "调节模式"：预调节、精确调节。

③ "趋势图"：显示过程值、设定值、PID 输出值。

④ "调节状态"：显示当前调节的进度及状态。

⑤ 错误确认。

⑥ "上传 PID 参数"：将实际的 PID 控制参数上传至项目并转到 PID 参数组态界面。

⑦ "控制器的在线状态"：显示过程值、设定值、PID 输出值及控制启动 "PID_Compact"。

1. 预调节

预调节功能可确定对输出值阶跃的过程响应，并搜索拐点。根据受控系统的最大上升率与延迟时间计算 PID 参数。过程值越稳定，PID 参数就越容易计算，其结果的精度也会越高。只要过程值的上升速率明显高于噪声，就可以容忍过程值的噪声。启动预调节的必要条件如下：

1）在循环中断 OB 中调用 "PID_Compact"。

2）ManualEnable = FALSE 且 Reset = FALSE。

3）"PID_Compact" 处于以下模式之一，即 "未激活" "手动模式" "自动模式"。

4）设定值和过程值均处于组态的限值范围内。

5) 设定值与过程值的差值大于过程值上限与过程值下限之差的 30%。

6) 设定值与过程值的差值大于设定值的 50%。

要执行预调节，可参考图 11-14。

2. 精确调节

精确调节将使过程值出现恒定受限的振荡，根据此振荡的幅度和频率为操作点调节 PID 参数，所有 PID 参数都重新计算。精确调节得出的 PID 参数通常比预调节得出的 PID 参数具有更好的主控和扰动特性。启动精确调节的必要条件如下：

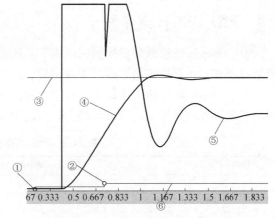

图 11-14　PID_Compact 预调节趋势图

①—开始整定 State=1　②—整定完成 State=3　③—设定值曲线
④—过程值曲线　⑤—PID 输出值曲线　⑥—State 曲线

1) 已在循环中断 OB 中，调用 "PID_Compact"。

2) ManualEnable = FALSE 且 Reset = FALSE。

3) "PID_ Compact" 处于以下模式之一，即 "未激活" "手动模式" "自动模式"。

4) 设定值和过程值均处于组态的限值范围内。

5) 在操作点处，控制回路已稳定。过程值与设定值一致时，表明到达了操作点。

6) 不能被干扰。

要精确调节，可参考图 11-15 所示。

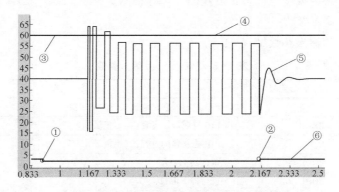

图 11-15　PID_Compact 精确调节趋势图

①—开始整定 State=2　②—整定完成 State=3　③—设定值曲线
④—过程值曲线　⑤—PID 输出值曲线　⑥—State 曲线

注意：
- 上传 PID 参数后，将出现程序不一致的情况，建议重新下载程序。
- 启动自整定对设备会有冲击，需注意现场是否适合自整定。
- 启动精确调节时，当不满足精确调节但满足预调节的条件，则应先进行预调节再进行精确调节。

11.3　PID_3Step 指令块

"PID_3Step"连续采集在控制回路内测量的过程值，并将其与设定值进行比较。根据所生成的控制偏差计算输出值。通过该输出值，过程值可以尽可能快速且稳定地到达设定值。

"PID_3Step"可以输出模拟量，也可以输出两个开关量实现三步控制，常应用在控制电动阀的正反转来控制流量、压力等场合。PID_3Step 三步控制见表 11-4。

表 11-4　PID_3Step 三步控制

模式	Manual_UP	Manual_DN	Output_UP	Output_DN
Mode = 4 （手动模式）	1	0	1	0
	0	1	0	1
	1	1	0	0

在自动模式下，PID 运算输出大于 0，则输出 Output_UP，反之输出 Output_DN。

"PID_3Step"可组态以下 3 种控制器：

1）带位置反馈的三步控制器。

2）不带位置反馈的三步控制器。

3）具有模拟量输出值的阀门控制器。

"PID_3Step"指令的调用与"PID_Compact"调用方法相同，详细可见第 11.2.1 节。

11.3.1　PID_3Step 指令

"PID_3Step"与"PID_Compact"的指令参数类似并分为以下主要两部分：输入参数、输出参数。其指令块的视图也包含扩展视图、基本视图。

1. PID_3Step 输入参数

"PID_3Step"的输入参数见表 11-5。

表 11-5　PID_3Step 输入参数

参数名称	数据类型	说　明
Setpoint	REAL	PID 控制器在自动模式下的设定值
Input	REAL	PID 控制器的过程值（工程量）
Input_PER	INT	PID 控制器的过程值（模拟量）
Actuator_H	BOOL	执行器上限位
Actuator_L	BOOL	执行器下限位
Feedback	REAL	执行器位置反馈
Feedback_PER	INT	执行器位置反馈
Disturbance	REAL	扰动变量或预控制值
ManualEnable	BOOL	为 TRUE 时，切换到手动模式；由 TRUE 变为 FALSE 时，PID_3Step 将切换到保存在 Mode 参数中的工作模式
ManualValue	REAL	手动模式下的 PID 输出值（调节类执行器）
Manual_UP	BOOL	执行器打开（开关类执行器）
Manual_DN	BOOL	执行器关闭（开关类执行器）
ErrorAck	BOOL	ErrorAck 由 FALSE 变为 TRUE 时，错误确认，清除已经离开的错误信息
Reset	BOOL	重新启动控制器，PID 输出、积分作用清零。不论错误是否离开都会清除错误

（续）

参数名称	数据类型	说　明
ModeActivate	BOOL	由 FALSE 变为 TRUE 时,PID_3Step 将切换到保存在 Mode 参数中的工作模式
Mode	INT	指定 PID_3Step 将转换到的工作模式: Mode=0:未激活 Mode=1:预调节 Mode=2:精确调节 Mode=3:自动模式 Mode=4:手动模式 Mode=6:转换时间测量 Mode=10:无停止位信号的手动模式

2. PID_3Step 输出参数

"PID_3Step" 的输出参数见表 11-6。

表 11-6　PID_3Step 输出参数

参数名称	数据类型	说　明
ScaledInput	REAL	标定后的过程值
ScaledFeedback	REAL	标定后的位置反馈
Output_UP	REAL	执行器开输出(开关类执行器)
Output_DN	REAL	执行器关输出(开关类执行器)
Output_PER	INT	PID 控制器的输出值(调节类执行器)
SetpointLimit_H	BOOL	为 TRUE 时设定值达到上限 Setpoint ≥ Config. SetpointUpperLimit
SetpointLimit_L	BOOL	为 TRUE 时设定值达到下限 Setpoint ≤ Config. SetpointLowerLimit
InputWarning_H	BOOL	为 TRUE 时,过程值已达到或超出警告上限
InputWarning_L	BOOL	如果 InputWarning_L= TRUE 过程值已达到或超出警告下限
State	INT	PID 控制器的当前工作模式: State= 0:未激活 State= 1:预调节 State= 2:精确调节 State= 3:自动模式 State= 4:手动模式 State= 5:逼近替代输出值 State= 6:转换时间测量 State= 7:错误监视 State= 8:在监视错误的同时逼近替代输出值 State= 10:无停止位信号的手动模式
Error	BOOL	为 TRUE 时,表示此周期内至少一条错误消息处于未决状态
ErrorBits	DWORD	输出错误代码

11.3.2　PID_3Step 组态

在使用 PID 控制器之前，需要在 PID 工艺对象中对其进行组态设置，主要分为基本设置、过程值设置、执行器设置和高级设置。

1. 基本设置

（1）控制器类型

"PID_3Step" 与 "PID_Compact" 设置基本相同，如图 11-7 所示。"PID_3Step" 增加了

"转换时间测量"模式,用来检测执行器从关到开所需的行程时间,如图 11-16 所示。

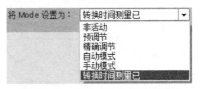

图 11-16　PID_3Step 模式设置

(2) Input/Output 参数

可以选择过程值、PID 输出的类型及执行器反馈信号选择等参数,如图 11-17 所示。

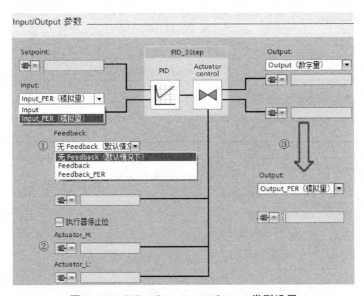

图 11-17　PID_3Step Input/Output 类型设置

① 执行器反馈信号类型选择:

"无 Feedback":没有执行器模拟量反馈信号;

"Feedback":输入标定后的执行器模拟量反馈信号;

"Feedback_ PER":输入未标定的执行器模拟量反馈信号。

② 勾选"执行器停止位"以激活上、下限位功能:

"Actuator_H":执行器上限停止位;

"Actuator_L":执行器下限停止位。

③ PID 输出类型选择:

Output(数字量):PID 数字量输出 Output_UP/Output_DN;

Output_PER(模拟量):PID 模拟量输出 0~27648。

> 注意:
>
> 当选择 PID 输出为模拟量时,"PID_3Step"与"PID_Compact"的自动调节和抗积分饱和功能略有不同。"PID_3Step"会将因电机转换时间所致的模拟量输出值对过程的延迟影响考虑在内;如果相关电动机转换时间并未影响过程,即 PID 输出值直接且完全影响过程,建议使用"PID_Compact"。

2. 过程值设置

"PID_3Step"的过程值设置选项卡与"PID_Compact"一致,详见第 11.2.2 节。

3. 执行器设置

（1）执行器

设置电动机转换时间、最小关断时间及最小接通时间，如图 11-18 所示。

① "执行器特定时间"：

"电机转换时间"：执行器动作从下限停止位到上限停止位所需的时间；

"最短接通时间" 和 "最短关闭时间" 与 "PID_Compact" 设置相同。

② "对错误的响应" 与 "PID_Compact" 错误响应相同，见表 11-3。

（2）输出值限制

当选择输出类型为 Output_PER，则 PID_3Step 的输出限制将被激活，其设置与 PID_Compact 一致，详见第 11.2.2 节。

（3）反馈标定

当启用执行器模拟量阀位反馈时，可通过阀位开度的模拟量反馈信号标定阀门的实际开度，如图 11-19。

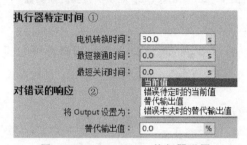

图 11-18　PID_3Step 执行器设置

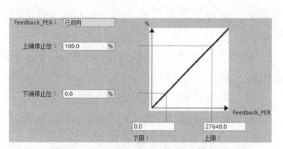

图 11-19　PID_3Step 阀门反馈标定

4. 高级设置

（1）过程值监视

"PID_3Step" 的过程值监视与 "PID_Compact" 一致，详见第 11.2.3 节。

（2）PID 参数

"PID_3Step" 与 "PID_Compact" 相比，增加了死区功能。在控制系统中，执行机构如果动作频繁，会导致小幅振荡，造成机械磨损，很多控制系统允许被控量在一定范围内存在误差，该误差称为 PID 的死区，其大小称为死区宽度，参数如图 11-20 所示。

当过程值满足公式：SP－"死区宽度" <PV<SP＋ "死区宽度" 时，PID 停止调节保持输出不变，如图 11-21 所示。

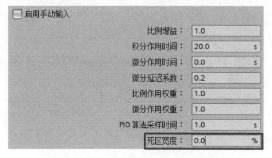

图 11-20　PID_3Step PID 参数设置

图 11-21　PID_3Step 死区控制

11.3.3　PID_3Step 调试

"PID_3Step" 的预调节、精确调节与 "PID _Compact" 类似。由于支持开关类执行器位置反馈，所以可以测量电动机的转换时间。

1. 电动机转换时间

电动机转换时间是执行器动作从下限停止位到上限停止位所需的时间。简单地说，也就是执行器从全关到全开所需的时间。

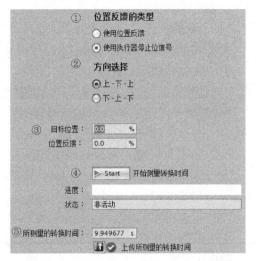

图 11-22　PID_3Step 电动机转换时间测量

"PID_3Step" 要求电动机转换时间尽可能的准确，以便获得良好的控制效果。如果使用提供位置反馈或停止位信号的执行器，则可在调试期间测量电动机转换时间。测量期间，不考虑输出值的限值，执行器可行进至上限位或下限位。电动机转换时间可使用调试面板进行测量，如图 11-22 所示。

① "位置反馈类型"：与 Input/Output 选项卡中的 "Feedback" 和 "执行器停止位" 设置相关，参考图 11-17。

② "方向选择"：执行器运行轨迹。

③ "目标位置"：到达此位置时结束测量转换时间。

④ 开始测量按钮及测量状态。

⑤ 显示 "所测量的转换时间"，可通过 "上传所测量的转换时间" 将测量结果上传至项目。

如果位置反馈或停止位信号均不可用，则无法测量电动机转换时间，可以在组态界面内设置人工测量出的电动机转换时间，参考图 11-17。

2. 预调节

"PID_3Step" 支持模拟量输出与数字量输出，模拟量输出的预调节曲线与 "PID_Compact" 相同，数字量输出的预调节曲线如图 11-23 所示。启动预调节的必要条件如下：

1）已在循环中断 OB 中调用 PID_3Step。

2）ManualEnable＝FALSE 且 Reset＝FALSE。

3）已对电动机转换时间进行了设置与测量。

4）"PID_3Step" 处于以下模式之一，即 "未激活""手动模式" 和 "自动模式"。

5）设定值和过程值均处于组态的限值范围内。

3. 精确调节

"PID_3Step" 数字量输出精确调节曲线，如图 11-24 所示。启动精确调节的必要条件如下：

1）已在循环中断 OB 中调用 PID_3Step。

2）ManualEnable＝FALSE 且 Reset＝FALSE。

3）已对电动机转换时间进行了设置与测量。

4）"PID_3Step" 处于以下模式之一，即 "未激活""手动模式" 和 "自动模式"。

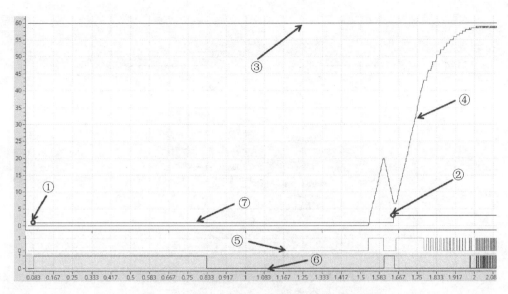

图 11-23　PID_3Step 数字量输出预调节曲线

①—开始整定 State = 1　　②—整定完成 State = 3　　③—设定值曲线
④—过程值曲线　　⑤—Output_UP　　⑥—Output_DN　　⑦—State 曲线

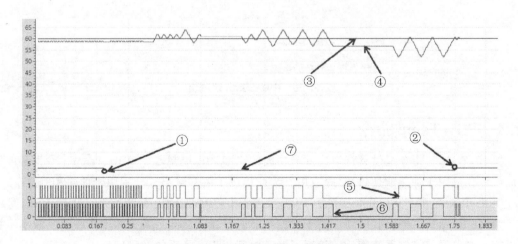

图 11-24　PID_3Step 数字量输出精确调节曲线

①—开始整定 State = 2　　②—整定完成 State = 3　　③—设定值曲线　　④—过程值曲线
⑤—Output_UP　　⑥—Output_DN　　⑦—State 曲线

5) 定值和过程值均处于组态的限值范围内。

6) 在操作点处, 控制回路已稳定。过程值与设定值一致时, 表明到达了操作点。

7) 不能被干扰。

11.3.4　PID_3Step 示例程序

以燃气总管压力调节为例, 通过 Output_UP 控制电动阀打开增大压力, 通过 Output_DN 控制电动阀关闭减小压力, 同时安装阀门全开及全关限位, 程序如图 11-25 所示。参数说明见表 11-5、表 11-6。

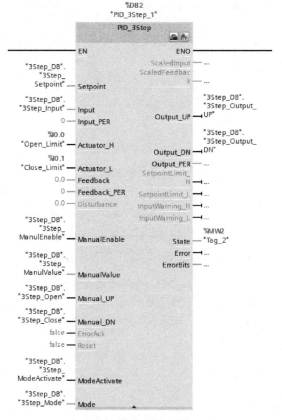

图 11-25　PID_3Step 程序块

11.4　PID_Temp 指令

"PID_Temp" 指令提供具有集成调节功能的连续 PID 控制器。"PID_Temp" 专为温度控制而设计,适用于加热或加热/制冷应用,为此提供了两路输出,分别用于加热和制冷。

"PID_Temp" 除了支持死区控制之外,还支持温度控制带功能,可以缩短温度调节的时间。

"PID_Temp" 支持级联控制,由于从控制器的存在,提高了系统的工作频率,减小了振荡周期。与单回路控制系统相比,缩短了调节时间,提高了系统的稳定性。

"PID_Temp" 可连续采集在控制回路内测量的过程值并将其与设定值进行比较。

"PID_Temp" 根据计算的控制偏差计算加热或加热/制冷的输出值,用于将过程值调整到设定值。

11.4.1　PID_Temp 指令参数

"PID_Temp" 与 "PID_Compact" 指令参数类似,分为三部分:输入参数、输入/输出参数和输出参数。其指令块的视图也包含扩展视图、基本视图。

1. PID_Temp 输入参数

"PID_Temp" 的输入参数见表 11-7 所示。

2. PID_Temp 输入/输出参数

"PID_Temp" 的输入/输出参数见表 11-8。

表 11-7　PID_Temp 输入参数

参数名称	数据类型	说　　明
Setpoint	REAL	PID 控制器在自动模式下的设定值
Input	REAL	PID 控制器的过程值(工程量)
Input_PER	INT	PID 控制器的过程值(模拟量)
Disturbance	REAL	扰动变量或预控制值
ManualEnable	BOOL	为 TRUE 时,切换到手动模式;由 TRUE 变为 FALSE 时,PID_Temp 将切换到保存在 Mode 参数中的工作模式
ManualValue	REAL	手动模式下的 PID 输出值
ErrorAck	BOOL	ErrorAck 由 FALSE 变为 TRUE 时,错误确认,清除已经离开的错误信息
Reset	BOOL	重新启动控制器
ModeActivate	BOOL	ModeActivate 由 FALSE 变为 TRUE 时,PID_Temp 将切换到保存在 Mode 参数中的工作模式

表 11-8　PID_Temp 输入/输出参数

参数名称	数据类型	说　　明
Mode	INT	指定 PID_Temp 将转换到的工作模式: Mode=0:未激活 Mode=1:预调节 Mode=2:精确调节 Mode=3:自动模式 Mode=4:手动模式
Master	DWORD	级联控制的接口 位 0~位 15:保留 位 16~位 23:限值计数器 位 24:从控制器的自动模式 位 25:从控制器的替代模式
Slave	DWORD	级联控制的接口

3. PID_Temp 输出参数

"PID_Temp" 的输出参数见表 11-9。

表 11-9　PID_Temp 输出参数

参数名称	数据类型	说　　明
ScaledInput	REAL	标定后的过程值
OutputHeat	REAL	PID 控制器加热输出(工程量)
OutputCool	REAL	PID 控制制冷输出(工程量)
OutputHeat_PER	INT	PID 控制器加热输出(模拟量)
OutputCool_PER	INT	PID 控制器制冷输出(模拟量)
OutputHeat_PWM	BOOL	PID 控制器加热输出(数字量)
OutputCool_PWM	BOOL	PID 控制器制冷输出(数字量)
SetpointLimit_H	BOOL	为 TRUE 时,设定值达到上限 Setpoint ≥ Config. SetpointUpperLimit
SetpointLimit_L	BOOL	为 TRUE 时,设定值达到下限 Setpoint ≤ Config. SetpointLowerLimit
InputWarning_H	BOOL	为 TRUE 时,过程值已达到或超出警告上限
InputWarning_L	BOOL	为 TRUE 时,过程值已达到或超出警告下限

（续）

参数名称	数据类型	说　　明
State	INT	PID 控制器的当前工作模式： State＝0：未激活 State＝1：预调节 State＝2：精确调节 State＝3：自动模式 State＝4：手动模式 State＝5：含错误监视功能的替代输出值
Error	BOOL	为 TRUE 时，表示此周期内至少有一条错误消息处于未决状态
ErrorBits	DWORD	输出错误代码

11.4.2　PID_Temp 组态

在使用 PID 控制器之前，应对其进行组态设置，分为基本设置、过程值设置、输出设置和高级设置。

1. 基本设置

1）"控制器类型"："PID_Temp"没有"反转控制逻辑"复选框，且只能选择常规或温度两种模式。

2）"Input/Output"参数：可选择激活制冷模式，如图 11-26 所示。

勾选"激活制冷"时，"PID_Temp"为加热/制冷两个 PID 控制回路。

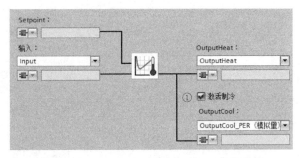

图 11-26　PID_Temp Input/Output 参数设置

2. 过程值设置

"PID_Temp"的过程值设置选项卡与"PID_Compact"一致，详见第 11.2.2 节。

3. 输出设置

1）"输出的基本设置"：可选择"加热/制冷方法""制冷系数"及"对错误的响应"等参数，如图 11-27 所示。

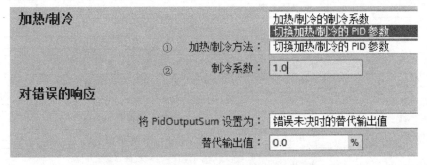

图 11-27　PID_Temp 输出的基本设置参数

①"加热/制冷方法"：当选择"加热/制冷的制冷系数"时，制冷无法进行预调节或精确调节。适用于加热执行器和制冷执行器的时间响应相似，但增益不同的情况。当选择"切换加热/制冷的 PID 参数"时，通过单独的 PID 参数进行制冷调节，可进行预调节和精

确调节。适用于加热执行器和制冷执行器的时间响应和增益都不同的情况。

② "制冷系数"：当选择 "加热/制冷的制冷系数" 时，"制冷系数" 有效。制冷 PID 回路的比例参数等于加热 PID 回路的比例参数乘以制冷系数。

2) "OutputHeat/OutputCool"：输出标定，如图 11-28 所示。

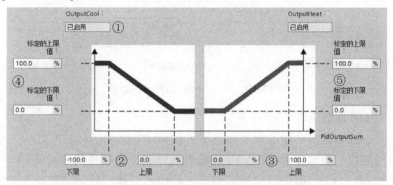

图 11-28　PID_Temp OutputHeat/OutputCool 参数设置

① 加热或制冷输出的状态。

② OutputCool "上限" 和 "下限"：PID 制冷输出时，上限为 0.0，下限为 -100.0。

③ OutputHeat "上限" 和 "下限"：PID 加热输出时，上限为 100.0，下限为 0。

④ OutputCool "标定的上限值" 和 "标定的下限值"：PID 制冷输出时，将 -100~0 转化为 0~100 输出。

⑤ OutputHeat "标定的上限值" 和 "标定的下限值"：PID 加热输出时，将 0~100 转化为 0~100 输出。

> 注意：
> "OutputHeat_PWM/OutputCool_PWM" 和 "OutputHeat_PER/OutputCool_PER" 两个选项卡是否启用或禁止，与 "Input/Output" 选项卡内是否激活制冷及输出类型设置相关。

4. 高级设置

"PID_Temp" 的高级设置与 "PID_Compact" 相比增加了制冷、死区、控制带功能，如图 11-29 所示。

① "控制区域宽度"：设置控制带宽度。

控制带：当过程值满足公式：SP-控制区域宽度<PV<SP+控制区域宽度时，PID 正常输出；当过程值不在上述公式范围内，则 PID 按照组态输出最大或最小值，让过程值快速回到一个该公式的范围内，以缩短回路的调节时间，如图 11-30 所示。

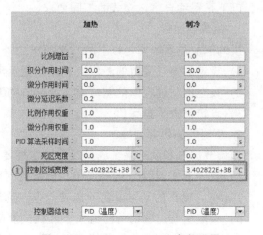

图 11-29　PID_Temp PID 参数设置

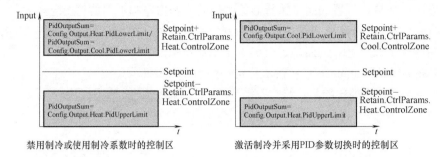

图 11-30　PID_Temp 控制带原理图

11.4.3　PID_Temp 自整定

"PID_Temp"的预调节和精确调节的调节方法与"PID_Compact"类似，但是整定条件不同。如果激活制冷，也可以对制冷 PID 参数进行预调节与精确调节。同时，"PID_Temp"支持 PID 级联控制。"PID_Temp"自整定包含 5 种模式，即"预调节加热""预调节加热和制冷""预调节制冷""精确调节加热"和"精确调节制冷"，自整定首先应满足下列常规要求。

预调节的常规要求：

1）已在循环中断 OB 中，调用"PID_Temp"。

2）ManualEnable = FALSE 且 Reset = FALSE。

3）"PID_Temp"处于以下模式之一，即"未激活""手动模式"和"自动模式"。

4）设定值和过程值均处于组态的限值范围内。

精确调节的常规要求：

1）已在循环中断 OB 中，调用"PID_Temp"。

2）ManualEnable=FALSE 且 Reset = FALSE。

3）控制回路已稳定在工作点。

4）不能被干扰。

5）PID_Temp 处于以下模式之一，即"未激活""手动模式"和"自动模式"。

6）设定值和过程值均处于组态的限值范围内。

以下是每种自整定模式的不同要求。

1. 预调节加热

预调节加热除了满足以上的常规要求之外，还应满足下列相关要求：

1）设定值与过程值的差值大于过程值上限与过程值下限之差的 30%。

2）设定值与过程值的差值大于设定值的 50%。

3）设定值大于过程值。

2. 预调节加热和制冷

预调节加热和制冷除了满足以上的常规要求之外，还应满足下列相关要求：

1）在"基本设置"选项卡中，已激活制冷输出。

2）在"输出的基本设置"选项卡中，选择"切换加热/制冷的 PID 参数"。

3）设定值与过程值的差值大于过程值上限与过程值下限之差的 30%。

4）设定值与过程值的差值大于设定值的 50%。

5）设定值大于过程值。

3. 预调节制冷

预调节制冷除了满足以上的常规要求之外，还应满足下列相关要求：

1）在"基本设置"选项卡中，已激活制冷输出。

2）在"输出的基本设置"选项卡中，选择"切换加热/制冷的 PID 参数"。

3）已成功执行了"预调节加热"或"预调节加热和制冷"。

4）设定值与过程值的差值小于过程值上限与过程值下限之差的 5%。

4. 精确调节加热

精确调节加热除了满足以上的常规要求之外，还应满足下列相关要求：

1）Heat. EnableTuning = TRUE。

2）Cool. EnableTuning = FALSE。

3）PidOutputSum>0.0，若不符合该条件，则应在精确调节加热前增加制冷偏移量。

精确调节控制面板如图 11-31 所示。

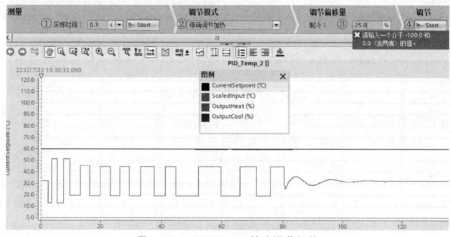

图 11-31　PID_Temp 精确调节加热

在图 11-31 中：

① "采样时间"：TRACE 图的采样时间。

② "调节模式"：自整定调节模式的选择。

③ "调节偏移量"：

"PID_Temp"用作加热/制冷控制器时，PID 输出值应满足以下条件，否则无法使过程值振荡并成功地进行精确调节：

- 精确调节加热的 PID 输出为正；
- 精确调节制冷的 PID 输出为负。

"制冷"：输入一个 -100~0 的数值，保证精确调节加热的 PID 输出为正。

"加热"：输入一个 0~100 的数值，保证精确调节制冷的 PID 输出为负。

④ "Start"：启动调节按钮。

5. 精确调节制冷

精确调节制冷的相关要求：

1) Heat. EnableTuning = FALSE。

2) Cool. EnableTuning = TRUE。

3) PIDOutputSum<0.0，若不符合该条件，则应在精确调节制冷前增加加热偏移量。

> 注意：
>
> 当使用控制面板调节时，Heat. EnableTuning 参数会根据精确调节自动地切换为 TRUE/FALSE 的状态，但若在程序中对其有修改，则需要在精确调节之前修改其状态为所需状态。

11.4.4　PID_Temp 级联控制

多个 PID 控制回路相互嵌套，形成了级联控制。在此过程中，主控制器的输出值作为从控制器的设定值，被控对象的设定值由最外层的主控制器指定，最内层从控制器的输出值应用于执行器。建立级联控制系统的先决条件是受控系统为具有自身测量变量的各个子系统。与单回路控制系统相比，使用级联控制系统的主要优势如下：

1) 由于存在从控制器回路，所以可以迅速纠正控制系统中发生的扰动，因此会显著降低扰动对受控变量的影响。

2) 从控制器回路以线性形式发挥作用，因此这些非线性扰动对受控变量的负面影响可得到缓解。

"PID_Temp" 具有以下专用于级联控制系统的功能：

1) 从控制器在进行自整定期间，可以指定替代设定值。

2) 在主从控制器间交换状态信息（如当前操作模式）。

3) 不同的 Anti-Wind-Up 模式（主控制器对其从控制器限值的响应）。

Anti-Wind-Up 模式：级联中的抗积分饱和功能，当从控制器输出达到限值时，主控制器根据存储在 "Config. Cascade. AntiWindUpMode" 变量中不同的模式，进行不同的响应，见表 11-10。

创建一个巧克力融化装置 PID_Temp 串级控制，如图 11-32 所示。

表 11-10　Anti-Wind-Up 模式

Config. Cascade. AntiWindUpMode	响　应
0	从控制器输出达到限值时，主控制器不响应从控制器的限值
1	从控制器输出达到限值时，主控制器的积分作用乘以比值"达到限值的从控制器数量/从控制器总数量"
2	任一从控制器输出达到限值时，主控制器的积分作用将立即暂停

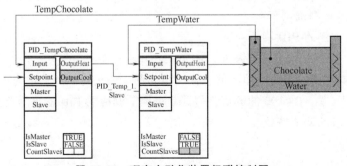

图 11-32　巧克力融化装置级联控制图

1. 创建程序

1）创建两个 PID_Temp 的工艺对象："PID_TempChocolate" 和 "PID_TempWater"。

2）在循环中断 OB 中，必须先调用主控制器 "PID_TempChocolate"，再调用从控制器 "TempWater"。

3）将主控制器 "PID_TempChocolate" 的输出 "OutputHeat" 参数连接到从控制器 "TempWater" 的设定值 "Setpoint" 参数。

将主控制器 "PID_TempChocolate" 的 "Slave" 参数连接到从控制器 "PID_TempWater" 的 "Master" 参数，如图 11-33 所示。

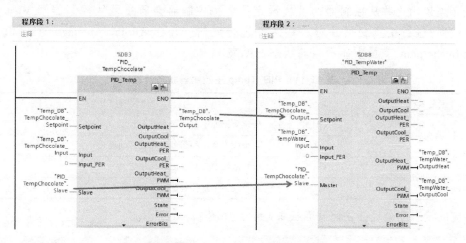

图 11-33　PID_Temp 级联创建程序

2. 组态

1）主控制器设置如图 11-34 所示。

图 11-34　PID_Temp 级联主控制器组态

① 在 "Input/Output" 参数选项卡中，取消 "激活制冷"。

② 在级联选项卡中，激活 "控制器为主站"，并填写 "从站数量"。

2）从控制器在级联选项卡中激活 "控制器为从站"。主控制器与从控制器的其他组态，可参考第 11.4.2 节。

3. 调试

编译和加载程序后，可启动级联控制系统的调试过程。在调试过程中，从最内层的从控制器开始，逐步向外调试，直到达到最外层的主控制器。在本例中首先调试 "PID_TempWater"，然后继续调试 "PID_TempChocolate"。

1）从控制器：因为调节 "PID_Temp" 时要求设定值恒定，可以激活从控制器的替代设定值（SubstituteSetpoint 和 SubstituteSetpointOn 变量）以调节从控制器，或设置主控制器为手动模式，通过设置主控制器的手动值，实现从控制器的设定值在调节过程中保持恒定，如图 11-35 所示。

① 勾选 "Subst. Setpoint" 激活替代设定值。

② 输入替代设定值。

2）主控制器：主控制器执行整定或调节时，必须将所有从控制器置于自动模式，

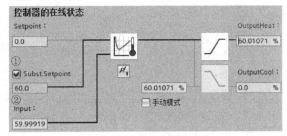

图 11-35　PID_Temp 级联从控制器

且必须禁用这些从控制器的替代设定值。主控制器会通过主从控制器间 Master 参数和 Slave 参数进行信息交换并对这些条件进行评估，并在 AllSlaveAutomaticState 和 NoSlaveSubstituteSetpoint 变量中显示当前状态，见表 11-11。

表 11-11　PID_Temp 主控制器状态消息

变量名称	状态	主控制器的 DB 参数
AllSlaveAutomaticState	TRUE	所有从站处于自动状态
	FALSE	一个或多个从控制器未处在自动模式
NoSlaveSubstituteSetpoint	TRUE	所有从站都没有激活替代设定值
	FALSE	一个或多个从控制器激活替代设定值

相应的状态消息也会在调试面板中显示，如图 11-36 所示。

> 注意：
> 需要将级联系统切换到自动模式，必须首先将从控制器切换到自动模式，再将主控制器切换到自动。

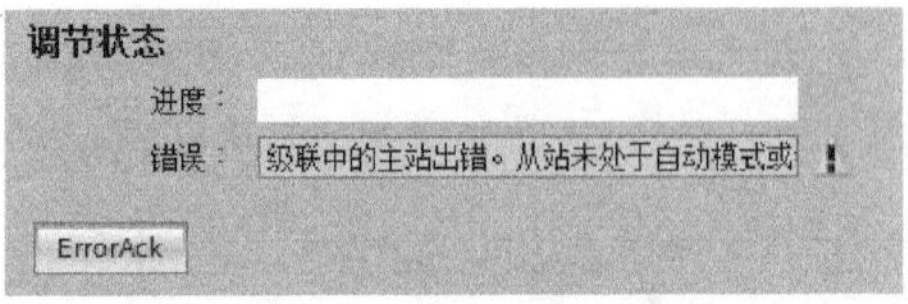

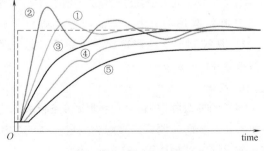

图 11-36　PID_Temp 调节状态

11.5　典型曲线的调节

除了使用 PID 自整定功能自动计算 PID 参数外，还可以通过手动优化参数提高控制器的控制质量。在实际应用中，为了确定控制器的控制参数，必须正确设置采样时间，通常可通过获取循环中断的循环时间来设置采样时间。另外，还必须考虑被控对象的特性，例如温度控制的采样时间，所需的采样时间稍长，位置控制和压力控制通常要求非常短的采样时间，这是由于每种被控对象都有不同的时间响应行为。

典型控制曲线如图 11-37 所示，显示了设定值阶跃变化时 PID 不同的响应。需要重点注意的是，在设定值阶跃变化之前，首先工况应满足 PID 自动运行的条件。

在图 11-37 中：

曲线①：过程值迅速的接近设定值，在振荡调节过程中超调量在允许的范围内。如果主

图 11-37　典型控制曲线

控制器要求必须对误差和设定值改变迅速做出响应，这是一种良好的控制行为。在这种情况下，不必再改变控制参数。

曲线②：过程值非常迅速地接近设定值，在振荡调节过程中出现了严重的超调，有可能会导致超出工况允许的范围，这可能是由于比例系数过大或积分时间太短导致的。为了获得更加稳定的曲线，建议首先减小比例系数，直到状况有所改善，然后再增加积分时间。应按照顺序执行以上步骤，直到取得良好效果。

曲线③：过程值缓慢地接近设定值，并且无超调的到达设定值。如果控制器不允许任何超调，这是一种良好的控制行为。在这种情况下，不必再改变控制参数。

曲线④：过程值缓慢地接近设定值，波形出现向下倾斜的趋势，这可能是由于微分作用太强。首先，应该增大比例系数直到情况得到改善，然后减小微分时间。应按照顺序执行以上步骤，直到取得良好效果。

曲线⑤：过程值非常缓慢地接近设定值，这可能是由于比例系数太小或积分时间太长。首先，应增大比例系数直到情况得到改善，然后减小积分时间。应按照顺序执行以上步骤，直到取得良好效果。

11.6　PID 的常见问题

1. S7-1200CPU 的 PID 功能支持仿真吗？

答：S7-1200CPU 固件版本 V4.0 以上，TIA 博途 V13 SP1 以上，使用 S7-PLCSIM V13 SP1 可以仿真 PLC 的程序，但不支持工艺功能（高速计数器、运动控制、PID 调节）的仿真。

2. S7-1200 系列 CPU 支持几路 PID 控制？

答：S7-1200 系列 CPU 可组态的 PID 回路最大数量没有固定限制，但与以下两点相关：

1）CPU 存储区的大小及 DB 块数量的限制；

2）在循环中断里调用 PID 指令，应保证中断里执行指令的时间远小于该中断的循环时间。

3. 如何实现手/自动无扰动切换？

答：以"PID_Compact"为例，其他 PID 指令与其相同，相关编程步骤如下：

1）PID_Compact 手动到自动切换，支持无扰动切换。

2）PID_Compact 自动到手动切换，需要编程实现，如图 11-38 所示。

4. 为何 PID 设置了"CPU 重启后，激活 Mode"为自动模式，CPU 重启后，该设置不生效？

答：以"PID_Compact"为例，当 Mode 参数有输入实参时，CPU 重启后 PID 的工作模式决定于 Mode 参数的实际值，而与"CPU 重启后激活 Mode"设置无关。解决方法：不要在 Mode 参数处连接实参。

5. 如何在第三方触摸屏上修改 PID 参数？

答：以"PID_Compact"为例，"PID_Compact"的工艺 DB 为优化访问，没有实际地址，所以需要按照如下步骤操作：

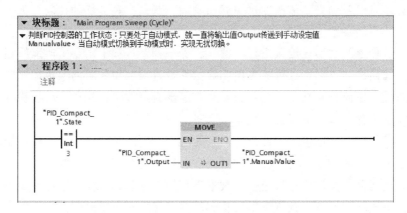

图 11-38　PID_Compact 自动到手动无扰切换

1）在项目树下选择 PLC 站点，打开工艺对象，选择该工艺对象 DB 块，右键菜单中选择"打开 DB 编辑器"，在"Static. Retain. CtrlParams"下找到"Gain"比例参数、"Ti"积分参数和"Td"微分参数。

2）编程如图 11-39 所示。

3）在触摸屏上，访问"Tag_3""Tag_4""Tag_5"。

6. 使用 PID 预调节前是否需要将 PID 控制器调整到基本稳定状态？

答：不需要，只需要满足预调节的条件即可。

7."PID_Compact""PID_3Step"与"PID_Temp"指令功能对比？

答：3 个 PID 指令功能对比见表 11-12。

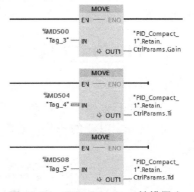

图 11-39　PID_Compact 触摸屏上修改 PID 参数

表 11-12　PID 指令功能对比

指　令	PID_Compact	PID_3Step	PID_Temp
模拟量输出	√	√	√
PWM	√	√	√
加热/制冷输出	—	—	√
死区	—	√	√
控制带	—	—	√
级联控制	—	—	√
预调节	√	√	√
精确调节	√	√	√
抗击分饱和	√	√	√
阀位反馈模拟量	—	√	—
阀位反馈数字量	—	√	—

8. PID 指令为什么报错 16#800：采样时间错误？

答：为了保证 PID 采样与计算输出在同一个周期内完成，需要设置 PID 指令的采样时间与循环中断的时间相同，以"PID_Compact"为例，需要将静态变量"CycleTime". Value 设置为循环中断时间，其单位为秒（s）。

9. 如何让 PID 切换到自动模式？

答：PID 在首次调用时，处于模式 0，即非活动状态，想要将 PID 切换到自动模式可参考以下 4 种方法：

1）Mode = 3，ModeActivate 上升沿触发。

2）Mode = 3；Reset 下降沿触发。

3）Mode = 3；ManualEnable 下降沿触发。

4）在组态内设置 CPU 断电重启后，进入自动模式，参考第 11.2.2 节。

10. 在 PID 调节中，如何将非线性化的传感器信号做线性化处理？

答：可以利用"Polyline"指令。

"Polyline"指令可对传感器的非线性特性执行线性化操作。"Polyline"指令利用特性曲线将输入值 Input 映射到输出值 Output。特性曲线是一条最大点数为 50 的折线，相邻两点（x_i 和 x_{i+1}）之间执行线性插值。

Polyline 指令主要分为以下 3 个部分：输入、输出及静态变量。Polyline 的输出可作为 PID 控制器的过程值输入，指令如图 11-40 所示。参数见表 11-13、表 11-14、表 11-15。

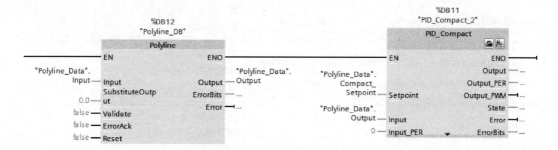

图 11-40　Polyline 指令

表 11-13　Polyline 输入参数

参数名称	数据类型	说　　明
Input	REAL	输入值
SubstituteOutput	REAL	替代输出值 1. Reset = TRUE 2. ErrorBits ≥ 16#0001_0000，ErrorMode = 1
Validate	BOOL	为 TRUE 时，将 UserData 中的折线数据进行有效性检查并传至 WorkingData
ErrorAck	BOOL	错误确认
Reset	BOOL	重启指令

表 11-14　Polyline 输出参数

参数名称	数据类型	说　　明
Out	REAL	输出值
Error	REAL	为 TRUE 时,至少有一个错误处于未决状态
ErrorBits	BOOL	ErrorBits 显示了当前未决状态的错误消息,通过 Reset 或 ErrorAck 的上升沿复位

表 11-15　Polyline 静态变量

参数名称	数据类型	说　　明
UserData	AuxFct_PointTable	用于输入折线数据
UserData. NumberOfUsedPoint	INT	用于插值计算的点数 范围:2~50
UserData. Point	Array[1..50]of AuxFct_Point	用于插值计算的点 50 个元素的数组
UserData. Point[i]	AuxFct_Point	用于插值计算的点
UserData. Point[i]. x	REAL	点的 x 值 范围:Point[i]. x<Point[i+1]. x
UserData. Point[i]. y	REAL	点的 y 值
WorkingData	AuxFct_PointTable	用于输入折线数据
WorkingData. NumberOfUsedPoint	INT	用于插值计算的点数 范围:2~50
UserData. Point	Array[1..50]of AuxFct_Point	用于插值计算的点 50 个元素的数组
UserData. Point[i]	AuxFct_Point	用于插值计算的点
UserData. Point[i]. x	REAL	点的 x 值 范围:Point[i]. x<Point[i+1]. x
UserData. Point[i]. y	REAL	点的 y 值

（1）启动

使用插值计算,首先需要编辑 UserData 结构中的值,再将通过有效性检查的值传送到 WorkingData。只有 WorkingData 结构中的值才可以用于插值计算。

有以下两种方式启动插值计算:

1）将 Validate 参数设置为 TRUE,同时 Reset 参数设置为 FALSE。

2）CPU 的工作状态从 STOP 到 RUN 后,首次调用 Polyline,同时 Reset 参数设置为 FALSE。

（2）折线数据的适用范围

检查 UserData 结构中的值时,必须满足以下条件才能确保有效的折线数据可用于插值计算。

1）2 ≤ UserData. NumberOfUsedPoint ≤ 50。

2）UserData. Point ［i］. x ≤ UserData. Point ［i+1］. x。

3）−3. 402823e+38 ≤ UserData. Point ［i］. x ≤ 3. 402823e+38。

4）−3. 402823e+38 ≤ UserData. Point ［i］. y ≤ 3. 402823e+38。

5）UserData. Point ［i］. x 与 UserData. Point ［i］. y 为有效的 REAL 值。

（3）OutOfRangeMode

如果 Input 参数的输入值低于所输入点的第一个 x 值或高于所输入点的最后一个 x 值，此时可通过 OutOfRangeMode 变量组态 Output 的输出规则，组态如下：

● OutOfRangeMode = 0 输出值由首尾两点的斜率计算。

● OutOfRangeMode = 1 输出值等于第一个点或最后一个点的 y 值。

第 12 章　S7-1200 PLC 工艺功能

高速计数器 S7-1200 CPU 提供了最多 6 个高速计数器，其独立于 CPU 的扫描周期进行计数。1217C 可测量的脉冲频率最高为 1MHz，其他型号的 S7-1200 CPU 本体可测量到的单相脉冲频率最高为 100kHz，A/B 相最高为 80kHz。如果使用信号板还可以测量单相脉冲频率高达 200kHz 的信号，A/B 相最高为 160kHz。高速计数器可连接 PNP 或 NPN 脉冲输入信号，支持增量型旋转编码器。

12.1　高速计数器概述

使用普通计数器时，输入信号要经过光电隔离、数字滤波、脉冲捕捉、过程映像等多个环节，最后才能进入 CPU 由程序处理，且由于输入信号通过过程映像区，所以受扫描周期影响，如图 12-1 所示。

图 12-1　普通计数器信号输入

高速计数器在测量输入信号时，输入信号经过光电隔离、数字滤波两个环节后进入 HSC 专用芯片，不经过过程映像区，所以不受扫描周期影响，如图 12-2 所示。

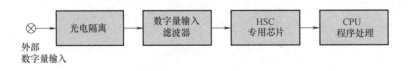

图 12-2　高速计数器信号输入

数字量输入滤波器可过滤输入信号中的干扰，这些干扰可能因开关触点跳跃或电气噪声产生。高速计数器（HSC）的输入点需要设置合适的滤波时间以避免计数遗漏。建议的滤波时间见表 12-1。

1. 硬件组成

S7-1200 PLC 系列为用户提供了多种型号的 CPU 选择，用户可根据现场工艺进行选型，每种 CPU 的高速计数输入点略有不同，见表 12-2。

表 12-1　建议的滤波时间

HSC 最高频率	建议的滤波时间/μs
1MHz	0.1
100kHz、200kHz	0.8
30kHz	3.2

表 12-2　CPU 本体输入：最大频率

CPU	CPU 输入通道	单相		两相位		A/B 正交	
		频率/kHz	高速计数最大数量	频率/kHz	高速计数最大数量	频率/kHz	高速计数最大数量
1211C	Ia. 0 ~ Ia. 5	100	6	100	3	80	3
1212C	Ia. 0 ~ Ia. 5	100	6	100	3	80	3
	Ia. 6 ~ Ia. 7	30	2	30	1	20	1
1214C/ 1215C	Ia. 0 ~ Ia. 5	100	6	100	3	80	3
	Ia. 6 ~ Ib. 5	30	6	30	4	20	4
1217C	Ia. 0 ~ Ia. 5	100	6	100	3	80	3
	Ia. 6 ~ Ib. 1	30	4	30	2	20	2
	Ib. 2 ~ Ib. 5	1MHz	4	1MHz	2	1MHz	2

S7-1200 除了 CPU 本体提供高速输入点之外，同时也提供了支持高速输入的信号板（SB），见表 12-3。

表 12-3　信号板（SB）输入：最大频率

SB 信号板	SB 输入通道	单相		两相位		A/B 正交	
		频率/kHz	高速计数最大数量	频率/kHz	高速计数最大数量	频率/kHz	高速计数最大数量
6ES7221-3BD30-0XB0	Ie. 0 ~ Ie. 3	200	4	200	2	160	2
6ES7221-3AD30-0XB0							
6ES7223-3BD30-0XB0	Ie. 0 ~ Ie. 1	200	2	200	1	160	1
6ES7223-3AD30-0XB0							
6ES7223-0BD30-0XB0	Ie. 0 ~ Ie. 1	30	2	30	1	20	1

注意：
S7-1200 CPU 本体和扩展信号板，总共仅支持 6 路高速计数器。

2. 高速计数器工作模式

S7-1200CPU 高速计数器支持的工作模式有以下 4 种：

- 单相计数，方向由内部或外部控制；
- 两相位；
- A/B 正交计数器；
- A/B 正交计数器四倍频。

其对应的工作模式时序图，如图 12-3~图 12-6 所示。

3. 高速计数器寻址

S7-1200 CPU 将每个高速计数器的测量值存储在输入过程映像区内，其数据类型为 32 位有符号双整数，可以在设备组态中修改其存储地址。由于过程映像区受扫描周期的影响，在一个扫描周期内该测量值不会发生变化，但高速计数器中的实际值有可能会在一个周期内变化，可通过读取外设地址的方式读取到当前测量值的实际值。以高速计数器测量值存储地址是 ID1000 为例，其外设地址为 "%ID1000：P"。

4. 高速计数器计数类型

高速计数器具有 "计数" "周期" "频率" "Motion Control" 4 种计数类型。"Motion Control" 类型需要在运动控制工艺对象中组态，其他 3 种计数类型均在硬件组态中配置。高速计数器的计数模式见表 12-4。

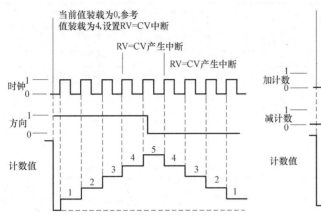

图 12-3　单相计数时序图

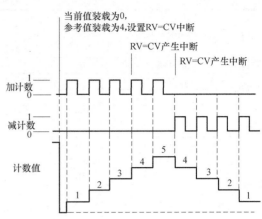

图 12-4　两相位计数时序图

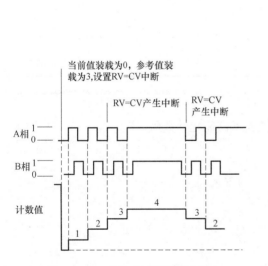

图 12-5　A/B 正交计数器时序图

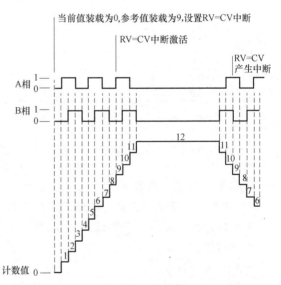

图 12-6　A/B 正交计数器四倍频时序图

表 12-4　高速计数器的计数模式

类型	计数类型	输入 1	输入 2	同步	门	捕捉	比较输出
单相（内部方向控制）	计数	时钟	—	√	√	√	√
	频率、周期			—	—	—	—
单相（外部方向控制）	计数	时钟	方向	√	√	√	√
	频率、周期			—	—	—	—
两相位	计数	加时钟	减时钟	√	√	√	√
	频率、周期			—	—	—	—
A/B 正交计数器	计数	时钟 A	时钟 B	√	√	√	√
	频率、周期			—	—	—	—
A/B 正交计数器 4 倍频	计数	时钟 A	时钟 B	√	√	√	√
	频率、周期			—	—	—	—

12.1.1　高速计数器计数测量

计数类型选择为"计数"时，用来测量输入信号的脉冲个数，并按照计数方向增加或减少计数值，计数类型组态如图 12-7 所示。

① "计数类型"："计数"。

② "工作模式"：参考图 12-3 ~ 图 12-6 所示的工作模式。

③ "计数方向取决于"：仅在"工作模式"为"单相"时有效。

"输入（外部方向控制）"：由组态的外部输入点控制方向。

"用户程序（内部方向控制）"：由高速计数器指令控制。

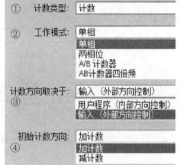

图 12-7　计数类型组态

④ "初始计数方向"：仅在"工作模式"为"单相"，"计数方向取决于"：用户程序（内部方向控制）"时有效。

"加计数"：计数时计数值增加。

"减计数"：计数时计数值减小。

1. 计数功能

计数类型选择为"计数"时，支持门输入、捕捉输入、同步输入和比较输出等功能。

（1）门输入

可通过门功能开启或关闭计数。每个高速计数器都有两个门，即硬件门与软件门。硬件门需要在硬件组态内激活，可组态为"高电平有效"或"低电平有效"；软件门需要调用高速计数指令"CTRL_HSC_EXT"，并创建一个"HSC_Count"类型的变量与指令关联，变量中的"HSC_Count. EnHSC"用于控制软件门的打开与关闭。将"HSC_Count. EnHSC"设为TRUE，打开软件门；将"HSC_Count. EnHSC"设为 False，关闭软件门。内部门的状态取决于硬件门和软件门的状态，见表 12-5。

表 12-5　门功能状态

硬件门	软件门	内部门
打开/未组态	打开/未调用 CTRL_HSC_EXT	打开
打开/未组态	关闭	关闭
关闭	打开	关闭
打开	关闭	关闭

（2）同步输入

同步功能可通过外部输入信号给高速计数器设置初始值。当同步输入信号出现，用户可以将当前计数值同步为更新的初始值。更新的初始值存储在"HSC_Count. NewStartValue"内。同步输入信号可组态为"高电平有效""低电平有效""上升沿""下升沿""上升沿和下降沿"。将高速计数指令"CTRL_HSC_EXT"的"HSC_Count. EnSync"设置为 TRUE，才能启用同步功能。同步功能始终以同步信号出现为准，与内部门状态无关，如图 12-8 所示。

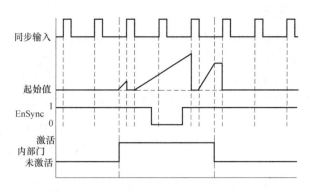

图 12-8　高速计数器同步输入功能

（3）捕捉输入

可通过外部输入信号保存高速计数器的当前计数值，捕捉值存放在 "HSC _ Count. CapturedCount" 内。将高速计数指令 "CTRL_HSC_EXT" 的 "HSC_Count. EnCapture" 设置为 TRUE，才能启用捕捉功能。捕捉功能始终以捕捉信号出现为准，与内部门状态无关，如图 12-9 所示。

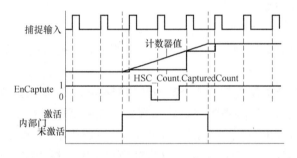

图 12-9　高速计数器捕捉输入功能

（4）比较输出

启用比较输出功能后，发生组态的事件时便会生成一个可组态周期时间和脉冲宽度的脉冲。如果正在输出脉冲的过程中又发生了组态的事件，则该事件不会产生脉冲，组态如图 12-10 所示，时序图如图 12-11 所示。

①"初始计数器值"：CPU 从 STOP 模式转变为 RUN 模式时，程序会将"初始计数器值"设置为当前计数值。

②"初始参考值"：在当前计数到达"初始参考值"时，如已设置相关功能，则可以产生一个中断和/或脉冲。

③"初始参考值 2"：在当前计数到达"初始参考值 2"时，如已设置相关功能，则可以产生一个脉冲。

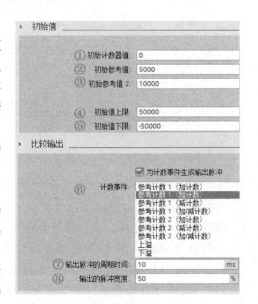

图 12-10　比较输出组态

④ "初始值上限"：计数值的最大值，超出该值时高速计数器上溢。

⑤ "初始值下限"：计数值的最小值，超出该值时高速计数器下溢。

⑥ "计数事件"：可生成脉冲的事件。

⑦ "输出脉冲的周期时间"：用于设置输出脉冲周期；

⑧ "输出的脉冲宽度"：用于设置输出脉冲宽度。

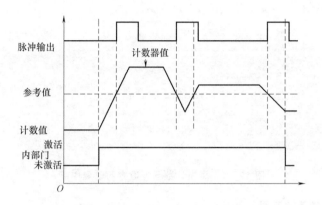

图 12-11　高速计数器比较输出功能

2. 中断功能

S7-1200CPU 在高速计数器中提供了中断功能，用以在某些特定条件下触发程序，共有 3 种中断事件：

（1）计数值等于参考值中断

计数值等于 "初始参考值" 时，产生中断，该中断仅在 "计数类型" 选择 "计数" 时可激活，中断设置如图 12-12 所示。

① 勾选 "为计数器值等于参考值这一事件生成中断"：使能计数值等于参考值中断。

② "硬件中断"：为硬件中断分配组织块。

（2）外部同步中断

当触发同步输入时，产生中断，该中断仅在 "计数类型" 选择 "计数" 时可激活，中断设置在 "事件组态" 中组态，如图 12-13 所示。

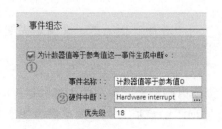

图 12-12　高速计数器 CV＝RV 中断

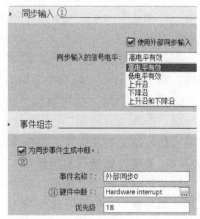

图 12-13　高速计数器外部同步中断

① "同步输入"：勾选"使用外部同步输入"后，为同步输入设置触发条件。

② 勾选"为同步事件生成中断"：使能同步事件中断。

③ "硬件中断"：为硬件中断分配组织块。

（3）计数方向改变中断

当改变计数方向时，产生中断，该中断在计数类型选择"计数"，且方向选择"输入（外部方向）"时有效，中断设置如图 12-14 所示。

图 12-14　高速计数器计数方向改变中断

12.1.2　高速计数器周期测量

计数类型选择为"周期"时，可在指定的测量周期内测量输入脉冲的个数，并在周期结束后，计算脉冲的间隔，即为周期，测量原理如图 12-15 所示。

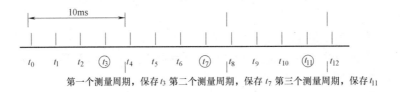

第一个测量周期，保存 t_3 第二个测量周期，保存 t_7 第三个测量周期，保存 t_{11}

图 12-15　高速计数器周期测量

图 12-15 中，在第二个测量周期开始后，记录第一个测量周期的是最后一个脉冲的时间 t_3，但是由于没有更早的测量周期，所以无法计算出脉冲周期；在第三个测量周期开始后，记录第二个周期的是最后一个脉冲的时间 t_7，与 t_3 相减得到脉冲间隔时间为 t_7-t_3，再除以从第一个测量周期最后一个脉冲到第二个测量周期最后一个脉冲的脉冲个数 4 个，则得到脉冲周期 $\text{Period}=(t_7-t_3)/4$。

当计数类型选择为"周期"时，必须调用高速计数器指令"CTRL_HSC_EXT"，指令说明详见第 12.1.5 节，周期类型组态如图 12-16 所示。

① "计数类型"："周期"。

② "频率测量周期"：仅在计数类型为"周期"与"频率"时有效。在指定周期内测量输入信号的脉冲并计算出脉冲周期，时间单位为秒（s）。

12.1.3　高速计数器频率测量

计数类型选择为"频率"时，可在指定的测量周期内测量输入脉冲的个数和持续时间，然后计算出脉冲的频率（单位为 Hz）。如果计数方向向下，该值为负，频率类型组态如图 12-17 所示。

图 12-16　周期类型组态

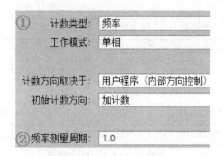

图 12-17　频率类型组态

① "计数类型"："频率"。

② "频率测量周期"：仅在计数类型为"周期"与"频率"时有效。在指定周期内测量输入信号的脉冲并计算出脉冲频率，时间单位为秒（s）。

12.1.4　高速计数器指令

高速计数器指令"CTRL_HSC_EXT"允许用户通过程序控制高速计数器。该指令可以用来更新高速计数器参数。当高速计数器的计数类型选择为"计数"或"频率"时，不需要调用"CTRL_HSC_EXT"指令，直接读取高速计数器的寻址地址即可，例如 ID1000；当计数类型选择为"周期"时，必须调用"CTRL_HSC_EXT"指令。"CTRL_HSC_EXT"指令的调用如图 12-18 所示。

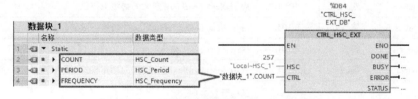

图 12-18　高速计数器指令 CTRL_HSC_EXT

图 12-18 中，使用高速计数器指令首先需要创建一个数据块，并在数据块中根据计数类型，手动创建 HSC_Count、HSC_Period 或 HSC_Frequency 类型的变量并将其连接在"CTRL_HSC_EXT"指令的 CTRL 引脚。"CTRL_HSC_EXT"指令引脚参数见表 12-6。

表 12-6　高速计数器指令 CTRL_HSC_EXT 引脚说明

参数名称	参数类型	数据类型	说　　明
HSC	IN	HW_HSC	高速计数器的硬件标识符
CTRL	INOUT	VARIANT	HSC_Count、HSC_Period 或 HSC_Frequency
DONE	OUT	BOOL	指令完成位
BUSY	OUT	BUSY	指令执行中
ERROR	OUT	BUSY	指令执行出错
STATUS	OUT	WORD	指令执行状态

1. 数据类型 HSC_Count

数据类型 HSC_Count 用于"计数"类型的高速计数器，其数据结构与功能见表 12-7。

表 12-7　**HSC_Count 数据结构**

参数名称	参数类型	数据类型	说　明
CurrentCount	输出	DINT	计数器当前计数值
CapturedCount	输出	DINT	捕捉输入的计数值
SyncActive	输出	BOOL	同步输入已激活
DirChange	输出	BOOL	计数方向已改变
CmpResult1	输出	BOOL	CurrentCount 等于 Reference1
CmpResult2	输出	BOOL	CurrentCount 等于 Reference2
OverflowNeg	输出	BOOL	CurrentCount 达到最低下限值
OverflowPos	输出	BOOL	CurrentCount 达到最高上限值
EnHSC	输入	BOOL	为 TRUE 时,打开软件门;EnHSC = 0,关闭软件门
EnCapture	输入	BOOL	为 TRUE 时,启用捕捉;EnCapture = 0,禁用
EnSync	输入	BOOL	为 TRUE 时,启用同步;EnCSync = 0,禁用
EnDir	输入	BOOL	启用 NewDirection 定义的方向
EnCV	输入	BOOL	启用 NewCurrentCount 定义的当前值
EnSV	输入	BOOL	启用 NewStartValue 定义的起始值
EnReference1	输入	BOOL	启用 NewReference1 定义的参考值 1
EnReference2	输入	BOOL	启用 NewReference2 定义的参考值 2
EnUpperLmt	输入	BOOL	启用 NewUpperLimit 定义的初始上限值
EnLowerLmt	输入	BOOL	启用 New_Lower_Limit 定义的初始下限值
EnOpMode	输入	BOOL	启用 NewOpModeBehavior 定义的操作模式
EnLmtBehavior	输入	BOOL	启用 NewLimitBehavior 定义的操作模式
NewDirection	输入	INT	新的计数方向: NewDirection = 1, 加计数 NewDirection = -1, 减计数
NewOpModeBehavior	输入	INT	溢出的高速计数器操作模式: NewOpModeBehavior = 1, 停止计数 NewOpModeBehavior = 2, 继续计数
NewLimitBehavior	输入	INT	溢出的当前值结果: NewLimitBehavior = 1, 将当前值设为相反极限 NewLimitBehavior = 2, 将当前值设为 NewStartValue
NewCurrentCount	输入	DINT	新的计数当前值
NewStartValue	输入	DINT	新的开始值
NewReference1	输入	DINT	新的参考值 1
NewReference2	输入	DINT	新的参考值 2
NewUpperLimit	输入	DINT	新的计数值上限
New_Lower_Limit	输入	DINT	新的计数值下限

2. 数据类型 HSC_Period

使用高速计数器检测输入信号的脉冲周期,必须调用 "CTRL_HSC_EXT" 指令,数据类型 HSC_Period 用于 "周期" 类型的高速计数器,其数据结构与功能见表 12-8。

表 12-8　HSC_Period 数据结构

参数名称	参数类型	数据类型	说　　明
ElapsedTime	输出	UDINT	前两个测量时间周期的最后一个脉冲的时间之差
EdgeCount	输出	UDINT	测量时间周期内的脉冲个数
EnHSC	输入	BOOL	EnHSC=1,启用周期测量;EnHSC=0,禁用
EnPeriod	输入	BOOL	启用 NewPeriod 值
NewPeriod	输入	INT	新的测量时间周期

注意：
- 对于周期测量，高速计数器指令"CTRL_HSC_EXT"没有直接输出脉冲周期，脉冲周期可按照如下公式编程计算：
- Period = ElapsedTime/EdgeCount。Elapsed Time 单位为 ns。

3. 数据类型 HSC_Frequency

数据类型 HSC_Frequency 用于"频率"类型的高速计数器，其数据结构与功能见表 12-9。

表 12-9　HSC_Frequency 数据结构

参数名称	参数类型	数据类型	说　　明
Frequency	输出	DINT	计算输出的频率值
EnHSC	输入	BOOL	EnHSC=1,启用频率测量;EnHSC=0,禁用
EnPeriod	输入	BOOL	启用 NewPeriod 值
NewPeriod	输入	INT	新的测量时间周期

12.1.5　应用示例

下面通过一个示例介绍高速计数器计数测量的组态及编程。假设一个 A/B 正交编码器，要求实现以下功能：

- 有硬件门；
- 当前计数值等于 8000 时，比较输出一个脉冲，脉冲周期为 100ms，脉冲宽度为 50%；
- 当前计数值等于 10000 时，并将计数器复位，周而复始。

针对以上要求，配置高速计数器 HSC1，激活门输入、比较输出及 CV=RV 的硬件中断。硬件输入点分配如下：A 相为 I0.0，B 相为 I0.1，门输入为 I0.3，比较输出为 Q0.3。

1. 硬件组态

1）激活高速计数器，选择计数类型为计数。工作模式：A/B 计数器。

2）设置初始计数器值、初始参考值、初始参考值 2，如图 12-19 所示。

3）激活门输入、比较输出，如图 12-20
所示。

4）激活 CV=RV 中断，新建硬件中断
OB40，如图 12-21 所示。

5）选择高速计数器硬件输入/输出点，相关输入/输出点均可由用户自行分配，如图
12-22 所示。

图 12-19　设置初始值
①—初始参考值：RV　②—初始参考值 2—比较输出值

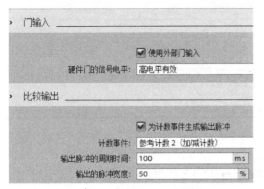

图 12-20　激活门输入、比较输出

图 12-21　激活中断
①—激活中断功能　②—新建中断 OB40

6）设置当前高速计数器 I/O 地址，如图 12-23 所示。

7）设置 I0.0 与 I0.1 的滤波时间，如图 12-24 所示。

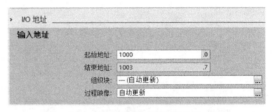

图 12-23　选择高速计数器 I/O 地址

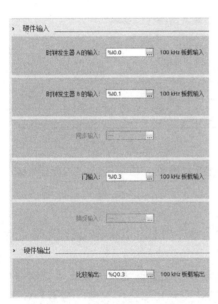

图 12-22　分配硬件输入/输出点

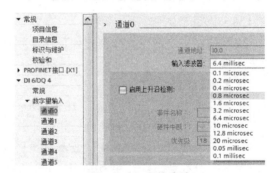

图 12-24　硬件滤波

2. 程序编写

1）新建全局数据块"HSC_1"，在数据块中手动创建数据类型为"HSC_Count"的变量"Count"。

2）打开主程序 OB1，在程序中拖入"CTRL_HSC_EXT"指令后，软件会自动创建指令的背景数据块，填写相关参数，如图 12-25 所示。

① "HSC"：高速计数器硬件标识符。

② "CTRL"：连接"HSC_1".Count 变量。

3）打开硬件中断 OB40 编程，每次进入中断后置位更新当前值位，执行完"CTRL_HSC_EXT"指令后再复位更新当前值位，编程如图 12-26 所示。

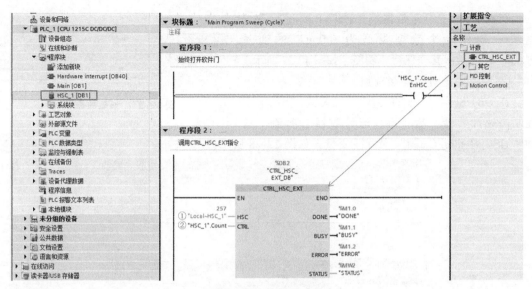

图 12-25　调用程序块

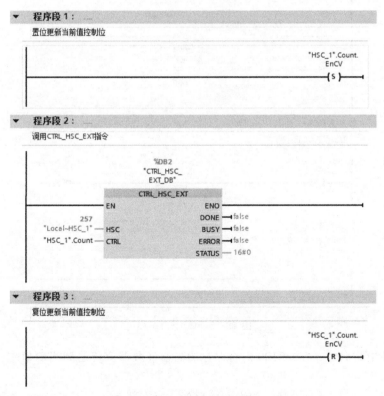

图 12-26　硬件中断内编程

12.1.6　常见问题

1. S7-1200 CPU 高速计数器如何实现当前计数值断电保持？

答：S7-1200CPU 高速计数器断电保持需要按照以下三步编程实现：

① 创建一个用于保持高速计数器当前值的存储区。

在程序块中，新建数据块"HSC_Retain"，在数据块中创建一个数据类型为"Dint"的变量"Count"，并激活其"保持"功能，如图 12-27 所示。

② 保存高速计数器当前值。

图 12-27　创建数据块

在 OB1 里调用"CTRL_HSC_EXT"指令用于控制高速计数器，然后将高速计数器当前值传送到"HSC_Retain. Count"保持性变量，如图 12-28 所示。

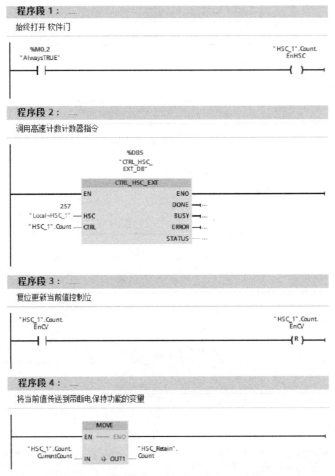

图 12-28　OB1 内编程

③ PLC 断电重启后，在 OB100 内将保存的高速计数器值传送到当前值中，相关编程如图 12-29 所示。

2. S7-1200 CPU 高速计数器为何在编码器低速时有计数，在高速时无计数？

答：用于高速计数器的输入滤波要调整到足够小的滤波时间，才能保证接收到高频信号并成功计数，默认为 6.4ms，具体设置见表 12-1 所推荐的滤波时间设置。

3. 高速计数器功能为何会造成"CPU 错误：硬件严重不一致"？

答：出现该错误的可能原因是高速计数器所组态的硬件输入点激活了上升沿或下降沿中断功能，导致多次进入硬件中断，诊断缓冲区故障如图 12-30 所示。

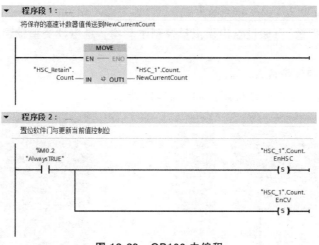

图 12-29　OB100 内编程

图 12-30　诊断缓冲区错误信息

使用高速计数器功能时，高速计数器所组态的硬件输入点不能激活上升沿或下降沿中断功能，设置如图 12-31 所示。

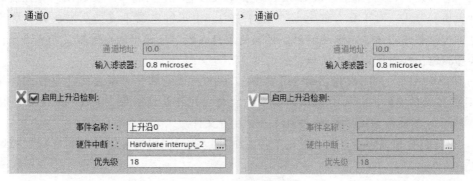

图 12-31　取消硬件中断

12.2　运动控制

12.2.1　运动控制简述

S7-1200PLC 运动控制根据连接驱动方式的不同可分为三种控制方式，如图 12-32 所示。

① PROFIdrive：通过基于 PROFIBUS/PROFINET 的 PROFIdrive 方式与支持 PROFIdrive 的驱动器连接，进行运动控制。

② PTO（Pulse Train Output）：通过发送 PTO 脉冲的方式控制驱动器，可以是脉冲+方

向、A/B 正交、也可以是正/反脉冲的方式。

③ Analog（模拟量）：通过输出模拟量控制驱动器。继电器类型输出，不能作为 PTO 输出点使用。

1. 运动控制的硬件组成

S7-1200 PLC 运动控制的硬件组成如图 12-33 所示。

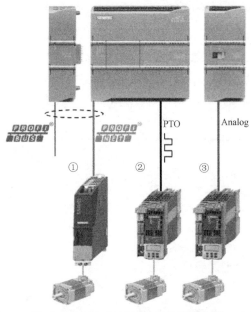

图 12-32　S7-1200PLC 运动控制方式

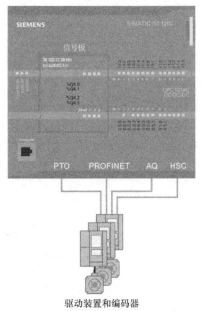

驱动装置和编码器

图 12-33　运动控制的硬件组成

1）信号板：可以使用信号板为 CPU 添加输入和输出。可将数字量输出用作控制驱动器的脉冲发生器输出。对于具有继电器输出的 CPU，由于继电器不支持所需的开关频率，因此无法通过板载输出来输出脉冲信号，必须使用具有数字量输出的信号板。如果需要，还可使用模拟量输出控制所连接的模拟量驱动器。

2）PROFINET：PROFINET 接口用于在 S7-1200PLC 与编程设备之间建立在线连接。除了 CPU 的在线功能外，附加的调试和诊断功能也可用于运动控制。PROFINET 支持用于连接 PROFIdrive 驱动器和编码器的 PROFIdrive 配置文件。

3）驱动装置和编码器：驱动器用于控制轴的运动。编码器提供轴的闭环位置控制的实际位置。

驱动器和编码器的连接方式，见表 12-10。

表 12-10　驱动器和编码器的连接方式

驱动器连接	轴的闭环/开环控制	编码器连接
PTO（带有脉冲接口的步进电动机和伺服电动机）	速度控制、开环控制	—
模拟量输出（AQ）	位置控制、闭环控制	PROFINET/PROFIBUS 上的编码器 高速计数器（HSC）上的编码器
PROFINET	位置控制、闭环控制	PROFINET/PROFIBUS 上的编码器 高速计数器（HSC）上的编码器

2. 运动控制基础知识

（1）通过 PTO 连接驱动器

1）最大 PTO 数：不论是使用板载 I/O、信号板 I/O 还是两者的组合，最多可以控制 4 个 PTO 输出。脉冲发生器具有默认的 I/O 分配，但是它们可组态为 CPU 或 SB 上的任意数字量输出。不能将 CPU 上的脉冲发生器分配至 SM 或分布式 I/O。

> 注意：
> 如果已选择 PTO 并将其分配给某个轴，固件将通过相应的脉冲发生器和方向输出接管控制，将断开过程映像和 I/O 输出间的连接。虽然用户可通过用户程序或监视表写入脉冲发生器和方向输出的过程映像，但所写入的内容不会传送到 I/O 输出。因此，通过用户程序或监视表格无法监视 I/O 输出。读取的信息反映过程映像中的值，与 I/O 输出的实际状态不一致。

2）PTO 的信号类型：根据 PTO 的信号类型，不同 PTO 信号类型占用的脉冲发生器 DO 通道个数见表 12-11。

表 12-11　脉冲发生器 DO 通道个数

信号类型	脉冲发生器 DO 通道个数
脉冲 A 和方向 B（未激活方向输出）	1
脉冲 A 和方向 B	2
脉冲上升沿 A 和脉冲下降沿 B	2
A/B 相移	2
A/B 相移-4 倍频	2

PTO 信号类型具体含义见表 12-12。

表 12-12　PTO 信号类型

PTO 信号类型	示　例　图
脉冲和方向（未激活方向输出）： 输出（P0）控制脉冲。未使用输出 P1，输出 P1 可供其他程序使用。在此模式下 CPU 只接受正向运动指令。选择此模式时，运动控制向导会限制非法的负向组态	
脉冲 A 和方向 B： 一个输出（P0）控制脉冲，另一输出（P1）控制方向。如果脉冲处于正向，则 P1 为高电平（激活）。如果脉冲处于负向，则 P1 为低电平（未激活）	
向上脉冲 A 和向下脉冲 B： 一个输出（P0）脉冲控制正方向，另一个输出（P1）脉冲控制负方向	

（续）

PTO 信号类型	示　例　图
A/B 相移: 　两个输出均以指定速度产生脉冲,但相位相差 90°。它是一种 1X 组态,表示一个脉冲是 P0 的两次正向转换之间的时间量,P0 领先 P1 表示正向,P1 领先 P0 表示负向。生成的脉冲数取决于 A 相的 0~1 的转换次数。相位关系决定了移动方向	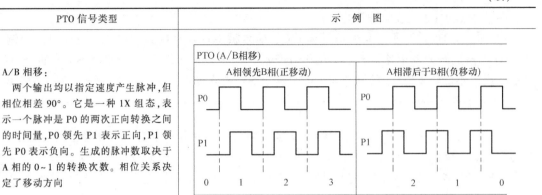
A/B 相移-4 倍频: 　两个输出均以指定速度产生脉冲,但相位相差 90°。4 倍频是一种 4X 组态,表示一个脉冲是每个输出的电平转换(A 相和 B 相的所有上升沿和下降沿),P0 领先 P1 表示正向,P1 领先 P0 表示负向。脉冲取决于 A 相和 B 相的正向和负向转换。相位关系(A 领先 B 或 B 领先 A)决定了移动方向	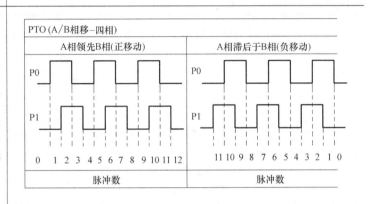

　　3）可用的脉冲发生器输出和频率范围：CPU 及信号板可用的脉冲发生器输出和频率范围见表 12-13。

表 12-13　CPU 及信号板可用的脉冲发生器输出和频率范围

板　载	Q0.0	Q0.1	Q0.2	Q0.3	Q0.4	Q0.5	Q0.6	Q0.7	Q1.0	Q1.1
CPU 1211 （DC/DC/DC）	100kHz	100kHz	100kHz	100kHz	—	—	—	—	—	—
CPU 1212 （DC/DC/DC）	100 kHz	100 kHz	100 kHz	100 kHz	20 kHz	20 kHz	—	—	—	—
CPU 1214（F） （DC/DC/DC）	100 kHz	100 kHz	100 kHz	100 kHz	20 kHz	20 kHz	20 kHz	20 kHz	20 kHz	20 kHz
CPU 1215（F） （DC/DC/DC）	100 kHz	100 kHz	100 kHz	100 kHz	20 kHz	20 kHz	20 kHz	20 kHz	20 kHz	20 kHz
CPU 1217 （DC/DC/DC）	1MHz	1MHz	1MHz	1MHz	100 kHz	100 kHz	100 kHz	100 kHz	100 kHz	100 kHz
信号板	Qx. 0	Qx. 1	Qx. 2	Qx. 3						
DI2/DQ2 x DC24V 20kHz	20kHz	20kHz								

（续）

板　　载	Q0.0	Q0.1	Q0.2	Q0.3	Q0.4	Q0.5	Q0.6	Q0.7	Q1.0	Q1.1
DI2/DQ2 x DC24V 200kHz	200 kHz	200 kHz								
DQ4 x DC24V 200kHz	200 kHz	200 kHz	200 kHz	200 kHz						
DI2/DQ2 x DC5V 200kHz	200 kHz	200 kHz								
DQ4 x DC5V 200kHz	200 kHz	200 kHz	200 kHz	200 kHz						

> 注意：
> 同一个 PTO 使用具有不同频率范围的脉冲发生器输出点（除信号类型"脉冲 A 和方向 B"外），输出频率以较低频率范围为准。例如：A/B 相移，选择脉冲发生器输出频率分别为 100kHz 和 20kHz 的两个输出点时，输出频率最高为 20kHz。

（2）PROFIdrive 驱动/模拟量驱动连接

1）最大轴数量：通过 PROFIdrive 或模拟量驱动接口，最多可控制 8 个驱动装置。

2）驱动和编码器的连接：通过信号板或模拟量输出模块上的模拟量输出与具有模拟量设定值接口的驱动器进行连接，通过模拟量输出指定设定值；具有 PROFIdrive 功能的驱动器可通过 CPU 的 PROFINET 接口进行连接，通过 PROFIdrive 报文指定设定值。

可通过以下方式连接编码器：

• PROFIdrive 驱动器上的编码器；

• 工艺模块上的编码器；

• PROFIdrive 编码器。

对于以上编码器，编码器值通常通过 PROFIdrive 报文经由 PROFIBUS 或 PROFINET 进行传送。

• 高速计数器（HSC）上的编码器；

编码器信号将直接连接 HSC，并生成编码器值，根据所用的 CPU，最多可使用 6 个 HSC 编码器。

3）PROFIdrive：PROFIdrive 是通过 PROFIBUS/PROFINET 连接驱动器和编码器的标准化驱动技术配置文件。支持 PROFIdrive 配置文件的驱动器都可根据 PROFIdrive 标准进行连接。控制器和驱动器/编码器之间通过各种 PROFIdrive 报文进行通信。每个报文均有一个标准化的结构。可根据具体应用，选择相应的报文。通过 PROFIdrive 报文，可传输控制字、状态字、设定值和实际值。定位轴的设定值可通过 PROFIdrive 消息帧 1、2、3 或 4 传送到驱动装置中。编码器值既可与设定值（消息帧 3 和 4）一同经由消息帧传送，也可通过单独的编码器消息帧（消息帧 81 或消息帧 83）进行传送。支持用于连接驱动器和编码器的 PROFIdrive 报文见表 12-14。

4）闭环控制：通过 PROFIdrive 或模拟量驱动装置接口连接驱动装置，可以实现闭环位置控制，运动控制器闭环结构如图 12-34 所示。

插补器（MC-Interpolator［OB92]）用于计算轴的位置和速度设定值。位置设定值与实际位置之间的差，乘以位置控制器的增益系数，之后与预控制值相加，结果作为驱动装置的速度设定值，通过 PROFIdrive 或模拟量输出进行输出。可见，位置控制器是使用预控制速度的比例控制器。编码器用于记录轴的实际位置，并通过 PROFIdrive 消息帧或 HSC（高速计数器）返回控制器。

5）过程响应：创建带有 PROFIdrive 驱动装置或模拟量驱动接口的工艺对象"定位轴（Positioning axis）"时，系统将自动创建用于处理工艺对象的组织块。下面的组织块会被创建：

● MC-Servo［OB91]，用于位置控制器的计算；

表 12-14　PROFIdrive 报文

消息帧	简要描述
标准消息帧	
1	· 16 位速度设定值（NSET） · 16 位实际速度（NACT）
2	· 32 位速度设定值（NSET） · 32 位实际速度（NACT） · 设备状态
3	· 32 位速度设定值（NSET） · 32 位实际速度（NACT） · 1 个编码器 · 设备状态
4	· 32 位速度设定值（NSET） · 32 位实际速度（NACT） · 2 个编码器 · 设备状态
标准报文编码器	
81	· 1 个编码器 · 设备状态
83	· 32 位实际速度（NACT） · 1 个编码器 · 设备状态

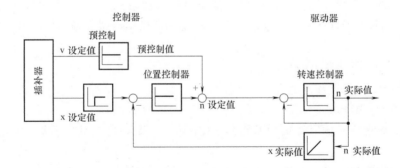

图 12-34　运动控制器闭环结构

● MC-Interpolator［OB92]，用于评估运动控制指令、生成设定值和监控功能。

两个组织块为受保护块（专有知识保护），无法查看或更改程序代码。两个组织块彼此之间出现的频率关系始终为 1：1。MC-Servo［OB91]总是在 MC-Interpolator［OB92]之前执行。根据控制质量要求与系统负载的不同，可以设定组织块的循环时间和优先级。

在组织块"MC-Servo［OB91]"上右键菜单选择"属性"，在属性窗口"常规>循环时间"中，可设置"MC-Servo［OB91]"的循环时间，"MC-Servo［OB91]"以指定的循环时间进行循环执行，完成位置控制器的

图 12-35　OB91 循环时间

计算，如图 12-35 所示。

　　所选循环时间必须足够长，以确保可在一个循环中完成所有工艺对象的处理操作，否则将发生溢出。可根据所使用的轴数量设置 MC-Servo［OB91］的循环时间，建议的循环时间为循环时间 = 2ms + 位置控制轴的数量×2ms。

　　不同位置控制轴数量对应的 MC-Servo［OB91］循环时间，见表 12-15。

表 12-15　不同位置控制轴数量对应的循环时间

轴数量	运动控制应用循环/ms	轴数量	运动控制应用循环/ms
1	4	4	10
2	6	8	18

　　使用 SINAMICS 驱动器时，设置 MC-Servo［OB91］循环时间需要满足：

　　MC-Servo［OB91］循环时间≥SINAMICS 驱动装置过程映像采样时间（参数 P2048）≥总线时钟周期且时间之间应为整数倍。

　　在组织块的属性"常规>属性>优先级"中，可以按需设定组织块的优先级：

- MC-Servo［OB91］，优先级 17~26（默认值 25）;
- MC-Interpolator［OB92］，优先级 17~26（默认值 24）。

　　MC-Servo［OB91］的优先级必须至少比 MC-Interpolator［OB92］的优先级高 1 级。

　　为了对控制进行优化，将运动控制使用的所有 I/O 模块（如工艺功能模块、硬限位开关）均指定给过程映像分区"PIP OB 伺服"。这样，I/O 模块即可与工艺对象同时处理。运动控制使用的高速计数器（HSC）会自动分配给过程映像分区"PIP OB 伺服"。

　　执行运动控制功能时，将在每个应用循环中调用和执行组织块 MC-Servo［OB91］和 MC-Interpolator［OB92］。余下的循环时间用于处理用户程序。要实现无错程序执行，应遵循下列规则：

- 在每个应用循环中，都必须启动并完全执行 MC-Servo［OB91］;
- 在每个应用循环中，至少启动相关的 MC-Interpolator［OB92］。

　　运行组织块无故障操作顺序如图 12-36 所示。如果未遵循规则设置（例如由于应用循环过短），则可能发生溢出。溢出信息将输入到 CPU 的诊断缓冲区中。

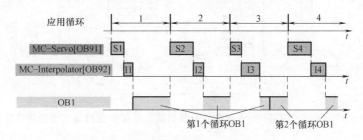

图 12-36　运动组织块无故障操作顺序

　　6）通过数据块实现驱动装置/编码器的数据连接：PROFIdrive 驱动装置和 PROFIdrive 编码器可通过 PROFIdrive 报文或数据块建立数据连接。出于控制过程特定的原因（例如非线性的液压轴的控制），如果要修改或评估用户程序中的报文内容时，则需通过数据块建立连接。

通过数据块建立数据连接的操作原理如下：

通常，轴闭环位置控制开始时，将通过 MC-Servo［OB91］读取驱动装置或编码器的输入报文。闭环位置控制结束时，将输出报文写入驱动装置或编码器中。由于过程特定的原因要修改或评估报文内容时，必须在闭环位置控制前后通过数据块在驱动装置和编码器之间连接数据接口。

- 通过 MC-PreServo［OB67］组织块，可编辑报文的输入区域。在 MC-Servo 前调用 MC-PreServo；
- 通过 MC-PostServo［OB95］组织块，可编辑报文的输出区域，在 MC-Servo 后调用 MC-PostServo；

数据块由用户创建，其中需包含数据类型为"PD_TELx"的数据结构，以进行数据连接，"x"表示在设备组态中组态的驱动装置或编码器的报文编号。

在数据块"属性"选项中，需禁用以下属性：

- "仅存储在装载存储器中"（Only store in load memory）；
- "设备中的写保护数据块"（Data block write-protected in the device）；
- "优化块访问"（Optimized block access）。

用户可对 MC-PreServo 和 MC-PostServo 组织块进行编程，通过 PROFIdrive 报文以及数据块建立数据连接的操作原理如图 12-37 所示。

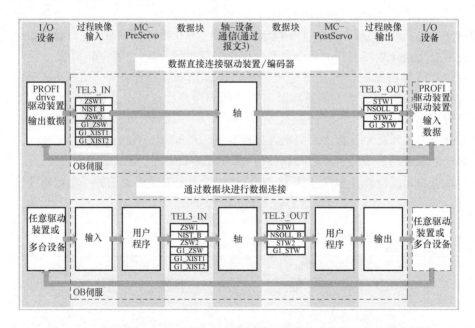

图 12-37　通过 PROFIdrive 报文以及数据块无故障建立数据连接的操作原理

7）带模拟量驱动接口的数据连接驱动装置：带模拟量驱动接口的数据连接驱动装置，也可通过数据块进行数据连接。通常，在"MC-Servo［OB91］"位置控制结束处，模拟量驱动装置的设定值将写入所指定的模拟量输出中。模拟量驱动装置的设定值可通过数据块中的组织块"MC-PostServo［OB95］"进行编辑，并写入该 I/O 地址中。

（3）硬件和软件限位开关

硬限位开关和软限位开关用于限制定位轴工艺对象的"允许行进范围"和"工作范围"。这两者的相互关系如图 12-38 所示。

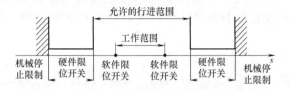

图 12-38　硬件和软件限位开关

硬限位开关是限制轴的最大"允许行进范围"的限位开关。硬限位开关是物理开关元件，PTO 轴的输入必须具有硬件中断功能。软限位开关将限制轴的"工作范围"。它们应位于限制行进范围的相关硬限位开关的内侧。由于软限位开关的位置可以灵活设置，因此可根据当前的运行轨迹和具体要求调整轴的工作范围。与硬限位开关不同，软限位开关只通过软件来实现，无须借助自身的开关元件。在组态或用户程序中使用硬限位和软限位开关之前，必须先将其激活。

> 注意：
> 只有在轴回原点之后，软限位开关才生效。

（4）加加速度限值

利用加加速度限值，可以降低在加速和减速斜坡运行期间施加到机械上的应力。当加加速度限值处于激活状态时，加速度和减速度的值不会突然改变，而是逐渐增大和减小的。不使用和使用加加速度限值时的速度和加速度曲线如图 12-39 所示。使用加加速度限值可以产生"平滑"的轴运动速度轨迹。例如，可以确保传送带的软启动和软制动。

（5）回原点

通过回原点，可使工艺对象的位置与驱动器的实际物理位置相匹配。为显示工艺对象的正确位置或进行绝对定位时，都需要进行回原点操作。在 S7-1200 CPU 中，使用运动控制指令"MC_Home"执行轴回原点。"MC_Home"指令可启动轴的回原点操作，回原点模式有：

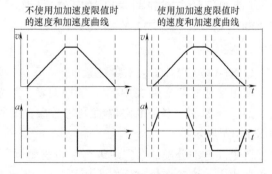

图 12-39　加加速度限值

1）模式 0：绝对式直接回原点

轴位置的设置与回原点开关无关，不会终止任何已激活的运动控制命令。立即将运动控制指令"MC_Home"中输入参数"Position"的值设置为轴的参考点。

2）模式 1：相对式直接回原点

轴位置的设置与回原点开关无关，不会终止当前的运动控制命令。

回到原点后轴的定位：

新的轴位置 = 当前轴位置 + 指令"MC_Home"中"Position"参数的值。

3）模式 2：被动回原点

被动回原点期间，运动控制指令"MC_Home"不会执行任何回原点运动。用户需通过其他运动控制指令，执行这一步骤中所需的行进移动。检测到回原点开关时，将根据组态使轴回原点。此功能有助于应对正常的机器磨损和齿轮间隙，从而无需对磨损进行手动补偿。

4）模式 3：主动回原点

在主动归位模式下，运动控制指令"MC_Home"将执行所需要的回原点操作。检测到回原点开关时，将根据组态的运行轨迹使轴回原点。此模式是最精确的回原点方法。

5）模式 6：绝对编码器相对调节

将当前轴位置的偏移值设置为参数"Position"的值。

6）模式 7：绝对编码器绝对调节

将当前的轴位置设置为参数"Position"的值。

模式 6 和 7 仅用于带模拟驱动接口的驱动器和 PROFIdrive 驱动器，且编码器是绝对值编码器。

12.2.2　开环运动控制

S7-1200 PLC 可以通过 PTO 方式实现轴的开环控制，下面以 S7-1200 PLC 通过高速输出脉冲+方向信号方式控制 SINAMICS V90 PTI 为例，介绍 S7-1200 PLC 的开环运动控制配置。SINAMICS V90 PTI 可以与 S7-1200 PLC 配合使用，S7-1200 PLC 通过高速输出脉冲+方向信号或者 AB 正交脉冲方式控制 SINAMICS V90 PTI 实现开环速度控制及位置控制。

示例中使用的硬件见表 12-16。

本例中，使用 S7-1200 PLC 的 DQa.0 及 DQa.1 两个数字量输出通道，通过输出脉冲+方向的信号方式控制 V90 做定位运行，S7-1200 PLC 与 V90 PTI 的接线如图 12-40 所示。

表 12-16　使用的硬件

序号	说明	订货号
1	CPU 1214C	6ES7214-1AG40-0XB0
2	SINAMICS V90	6SL3210-5FE10-4UA0
3	1FL6 电机	1FL6042-1AF61-0AG1

1. S7-1200 PLC 工艺对象配置

双击工艺对象文件夹中的"新增对象"，选择"TO_PositioningAxis"对象。单击"确定"后，将添加一个新的定位轴工艺对象，并保存在项目树中的"工艺对象"文件夹中，如图 12-41 所示。

要更改自动分配的数据块编号，可选择"手动"选项。定位轴工艺对象的组态保存在该数据块中。该数据块也将作为用户程序和 CPU 固件间的接口，用户程序运行期间，当前的轴数据也保存在工艺对象的数据块中。

在组态窗口中，组态工艺对象的属性，组态分为以下两类：

● 基本参数：包括必须为工作轴组态的所有参数；

● 扩展参数：包括适合特定驱动器或设备的参数。

（1）基本参数

1）常规：基本参数中的"常规"参数包括"轴名称""驱动器""测量单位"，如图 12-42 所示。

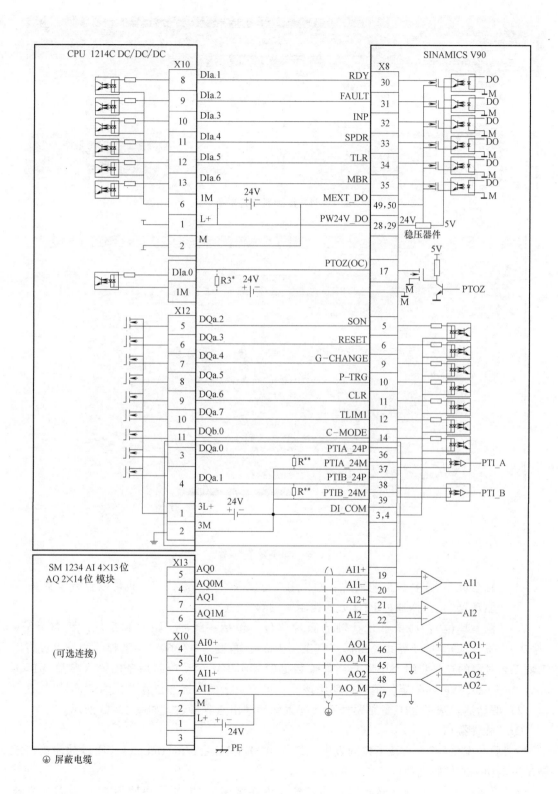

图 12-40　S7-1200 PLC 连接 V90 PTI 接线图

图 12-41　添加新工艺对象

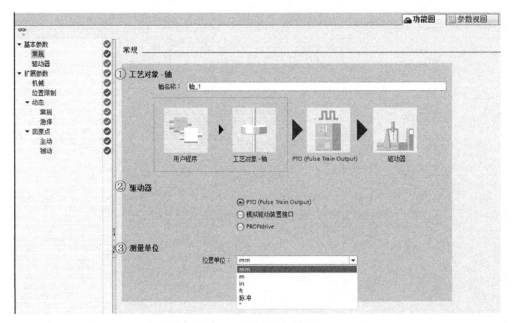

图 12-42　基本参数-常规

① "轴名称": 定义该工艺轴的名称, 用户可以采用系统默认值, 也可以自行定义。

② "驱动器": 选择通过 PTO 方式控制驱动器。

③ "测量单位": 提供了几种轴的测量单位, 包括: 脉冲、距离和角度。距离有 mm (毫米)、m (米)、in (英寸 inch)、ft (英尺 foot); 角度是° (360°)。选择的测量单位将用于轴工艺对象的进一步组态中以及当前轴数据的显示中。运动控制指令的输入参数 (Position、Distance、Velocity 等) 值也会使用该测量单位。本例中选择位置单位为 "mm"。

2) 驱动器: 选择 PTO 的信号类型, 配置脉冲输出点等参数, 如图 12-43 所示。

① "硬件接口"。

● "脉冲发生器": 在该下拉列表中, 选择 PTO (Pulse Train Output), 通过脉冲接口控制步进电动机或伺服电动机;

● "设备组态": 单击该按钮可以跳转到 "设备视图", 方便用户回到 CPU 设备属性修改组态;

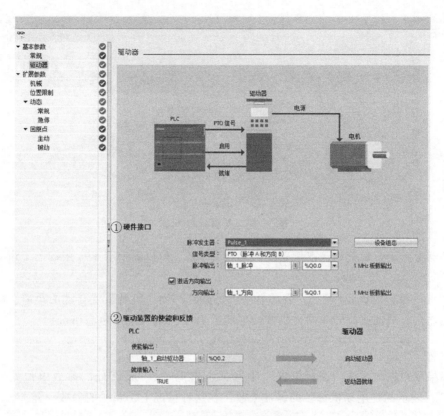

图 12-43　基本参数-驱动器

●"信号类型"：根据驱动器信号类型进行选择。在这里选择 PTO（脉冲 A 和方向 B）；

●"脉冲输出"：根据实际配置，自由定义脉冲输出点，或是选择系统默认脉冲输出点；本例中 Q0.0 为脉冲输出，Q0.1 为方向输出；

●"激活方向输出"：是否使能方向控制位；选择 PTO（正数 A 和倒数 B）或是 PTO（A/B 相移）或是 PTO（A/B 相移-四倍频），则该处是灰色的，用户不能进行修改；

●"方向输出"：根据实际配置，自由定义方向输出点；或是选择系统默认方向输出点。也可以禁用方向输出，在这种情况下，只能实现单向运动。

② "驱动装置的使能和反馈"。

●"使能输出"：步进或是伺服驱动器一般都需要一个使能信号，该使能信号的作用是让驱动器通电。在这里用户可以组态一个 DO 点作为驱动器的使能信号。如果驱动器的使能采用其他方式控制，则可以不配置使能信号。

●"就绪输入"：是指驱动器在接收到使能信号之后，准备好开始执行运动时会向 CPU 发送"驱动器准备就绪"信号。如果驱动器不包含此类型的任何接口，则无须组态这些参数，在这种情况下，"就绪输入"设置为 TRUE。

（2）扩展参数

1）机械："扩展参数>机械"主要设置轴的脉冲数与轴移动距离的参数对应关系，如图 12-44 所示。

① "电机每转的脉冲数"：表示电动机旋转一周需要接收多少个脉冲。该数值是根据用

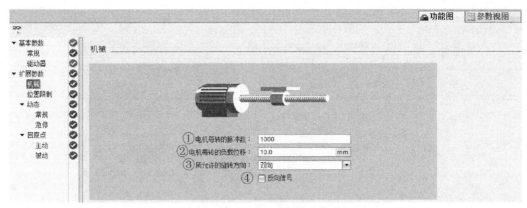

图 12-44　扩展参数-机械

户的驱动器参数进行设置的。本例中控制对象为 V90, 所以需要与 V90 中的电子齿轮比保持一致。

②"电机每转的负载位移": 表示电动机每旋转一周, 机械装置移动的距离。比如, 某个直线工作台, 电动机每转一周, 机械装置前进 1mm, 则该设置为 1.0mm。

> 注意:
> 如果用户在前面的"测量单位"中选择了"脉冲", 则②处的参数单位就变成了"脉冲", 表示的是电动机每转的脉冲个数, 在这种情况下①和②的参数一样。

③"所允许的旋转方向": 有三种设置: 双向、正方向和负方向。表示电动机允许的旋转方向。如果尚未在"PTO (脉冲 A 和方向 B)"模式下激活脉冲发生器的方向输出, 则只能选择正方向或负方向。

④"反向信号": 如果使能反向信号, 当 PLC 端进行正向控制电动机时, 电动机实际是反向旋转。

2) 位置限制: 位置限制用于设置软件/硬件限位开关, 不管轴碰到了软限位还是硬限位, 轴都将停止运行并报错, 如图 12-45 所示。

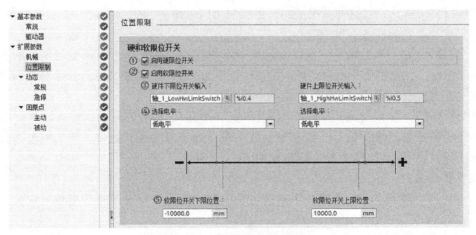

图 12-45　扩展参数-位置限制

①"启用硬限位开关"：激活硬件限位功能。

②"启用软限位开关"：激活软件限位功能。

③"硬件上/下限位开关输入"：设置硬件上/下限位开关输入点，可以是 S7-1200 CPU 本体上的 DI 点，也可以是 SB 信号板上的 DI 点。PTO 轴的输入必须具有硬件中断功能。

如果决定更改输入地址，系统会显示一个边缘检测对话框，提供以下选项，如图 12-46 所示。

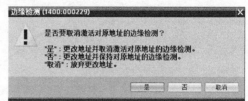

　● "是"（Yes）：切换到新地址、激活新地址的边沿检测，并禁用旧地址的边沿检测（默认选项）。

　● "否"（No）：切换到新地址、激活新地址的边沿检测，并保持旧地址的边沿检测；

　● "取消"（Cancel）：不切换到新地址，并且保持当前的边沿检测状态。

图 12-46　边缘检测

④"选择电平"：设置硬件上/下限位开关输入点的有效电平。

⑤"软限位开关上限位置/软限位开关下限位置"：设置软限位开关位置点。

到达硬限位开关时，轴将以所组态的急停减速度制动直到停止。为此，必须选择足够大的急停减速度，以使轴在机械挡块前可靠停止，如图 12-47 所示。

图 12-47 中，①以组态的急停减速度（PTO）进行轴制动，直至停止。②硬件限位开关产生"已逼近"状态信号的范围。

到达软限位开关时，轴在运行过程中会根据用户设置的软件限位的位置提前以减速度制动，保证轴停止在软件限位的位置，如图 12-48 所示。

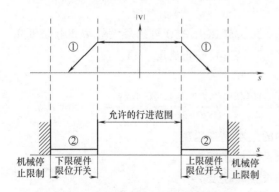

图 12-47　到达硬件限位开关时的轴操作

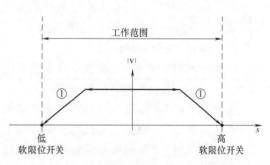

图 12-48　到达软件限位开关时的轴操作
①—轴将以所组态的减速度制动直到停止

3）动态：可以在"动态>常规"组态窗口中组态轴的"最大速度""启动/停止速度""加速度""减速度"以及"加加速度限值"，如图 12-49 所示。

①"速度限值的单位"：参数②"最大转速"和③"启动/停止速度"的显示单位；

无论"基本参数>常规"中的"测量单位"组态了怎样的单位，在这里有两种显示单位是默认可以选择的，包括"脉冲/s"和"转/分钟"。根据前面"测量单位"的不同，这里可以选择的选项也不同。比如：在"基本参数>常规"中的"测量单位"组态了"mm"，

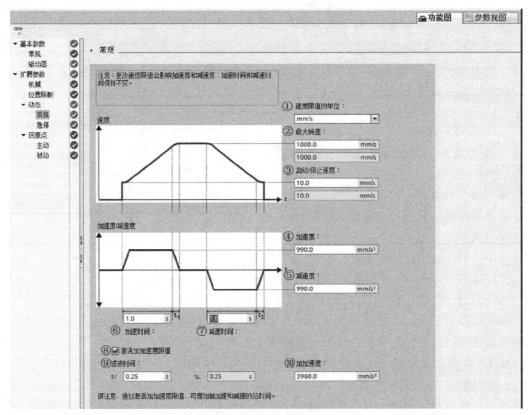

图 12-49　动态-常规

这样除了"脉冲/s"和"转/分钟"之外又多了一个"mm/s"显示单位。

② "最大转速":用来设定电动机最大转速。最大转速由 PTO 输出最大频率和电动机允许的最大速度共同限定。最大速度值必须大于等于"启动/停止速度"值。

以"mm"为例进行说明:

$$\frac{\text{PTO 输出最大频率} \times \text{电动机每转的负载位移}}{\text{电动机每转的脉冲数}} = \frac{100000(\text{脉冲/s}) \times 10.0\text{mm}}{1000(\text{脉冲})} = 1000\text{mm/s};$$

③ "启动/停止速度":启动/停止速度是轴的最小允许速度。

④ "加速度":根据电动机和实际控制要求设置加速度。

⑤ "减速度":根据电动机和实际控制要求设置减速度。

⑥ "加速时间":如果用户先设定了加速度,则加速时间由软件自动计算生成。用户也可以先设定加速时间,这样加速度由系统自动计算。

⑦ "减速时间":如果用户先设定了减速度,则减速时间由软件自动计算生成。用户也可以先设定减速时间,这样减速度由系统自动计算。

$$\text{加速时间} = \frac{\text{最大速度} - \text{启动/停止速度}}{\text{加速度}} \qquad \text{减速时间} = \frac{\text{最大速度} - \text{启动/停止速度}}{\text{减速度}}$$

⑧ "激活加加速限值":激活加加速限值,可以降低在加速和减速斜坡运行期间施加到机械上的应力。如果激活了加加速度限值,加速度和减速度的值不会突然改变,而是根据设置的滤波时间逐渐调整。

⑨ "滤波时间"、⑩ "加加速度"：如果用户先设定了加加速度，则滤波时间由软件自动计算生成。用户也可以先设定滤波时间，这样加加速度由系统自动计算。t_1 为加速斜坡的平滑时间，t_2 为减速斜坡的平滑时间。

在 "动态>急停" 组态窗口中，可以组态轴的急停减速度，如图 12-50 所示。出现错误或者禁用轴时，可以使用该减速度将轴制动至停止状态。

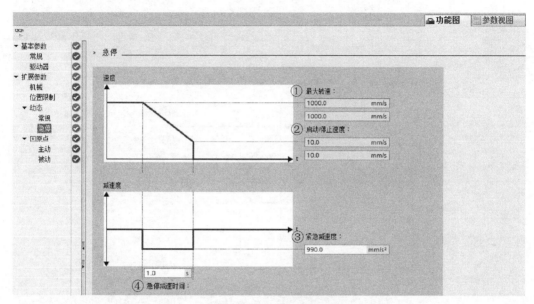

图 12-50　动态-急停

① "最大转速"：与 "常规" 中的 "最大转速" 一致。

② "启动/停止速度"：与 "常规" 中的 "启动/停止速度" 一致。

③ "紧急减速度"：设置急停速度。

④ "急停减速时间"：如果用户先设定了紧急减速度，则紧急减速时间由软件自动计算生成。用户也可以先设定紧急减速时间，紧急减速度由系统自动计算。

$$急停减速时间 = \frac{最大速度 - 启动/停止速度}{紧急减速度}$$

4）回原点：在 "回原点>主动" 组态窗口中组态主动回原点所需的参数。运动控制指令 "MC_Home" 的输入参数 "Mode" = 3 时，会启动主动回原点，如图 12-51 所示。

① "输入原点开关"：设置原点开关的 DI 输入点，输入必须具有硬件中断功能。

② "选择电平"：选择原点开关的有效电平，也就是当轴碰到原点开关时，该原点开关对应的 DI 点是高电平还是低电平。

③ "允许硬件限位开关处自动反转"：激活该复选框可将硬限位开关用作回原点过程中的反向开关。只有启用硬限位开关才能实现反向控制（必须至少组态位于逼近方向上的硬限位开关）。如果在主动回原点过程中到达硬限位开关，轴将以组态的减速度（不是以急停减速度）制动，然后反向检测原点开关。如果未激活反向功能且在主动回原点过程中轴到达硬限位开关，则将因错误而中止回原点过程并以急停减速度对轴进行制动。

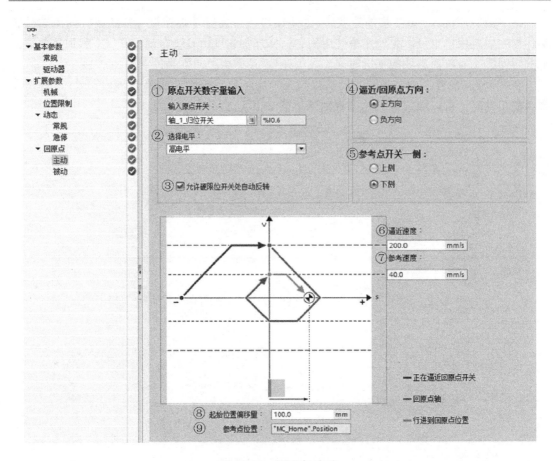

图 12-51　回原点-主动

> 注意：
> 采用以下措施之一，以确保机器在发生反向时不会碰到机械挡块：
> - 保持较低的行进速度。
> - 增加组态的加速度/减速度。
> 增加硬限位开关和机械挡块之间的距离。

④ "逼近/回原点方向"：设置寻找原点的起始方向。也就是说触发了寻找原点功能后，轴是向"正方向"或是"负方向"开始寻找原点。

⑤ "参考点开关一侧"：

"上侧"指的是：轴完成回原点指令后，轴的左边沿停在参考点开关右侧边沿。

"下侧"指的是：轴完成回原点指令后，轴的右边沿停在参考点开关左侧边沿。

无论用户设置寻找原点的起始方向为正方向还是负方向，轴最终停止的位置只取决于设置的参考点开关侧"上侧"或"下侧"。

⑥ "逼近速度"：寻找原点开关的起始速度，当程序中触发了"MC_Home"指令后，轴立即以"逼近速度"运行寻找原点开关。

⑦ "参考速度"：最终接近原点开关的速度，当轴第一次碰到原点开关有效边沿儿后运行的速度，也就是触发了 "MC_Home" 指令后，轴立即以 "逼近速度" 运行寻找原点开关；当轴碰到原点开关的有效边沿后轴从 "逼近速度" 切换到 "参考速度" 最终完成原点定位。"参考速度" 要小于 "逼近速度" "参考速度" "逼近速度" 都不宜设置得过快。在可接受的范围内，设置较慢的速度值。

⑧ "起始位置偏移量"：如果指定的归位位置与归位开关的位置存在偏差，则可在此域中指定起始位置偏移量。

⑨ "参考点位置"："Mc_Home" . Position 存储了回原点后轴的参考点位置。

在 "回原点 >被动" 组态窗口中，可以组态被动归位所需的参数。被动归位的移动必须由其他运动控制指令（如 "MC_MoveRelative"）执行到达归位开关所需的运动。运动控制指令 "MC_Home" 的输入参数 Mode = 2 时，会启动被动回原点。到达原点开关的组态侧时，将当前的轴位置设置为参考点位置，参考点位置由运动控制指令 "MC_Home" 的 Position 参数指定，如图 12-52 所示。

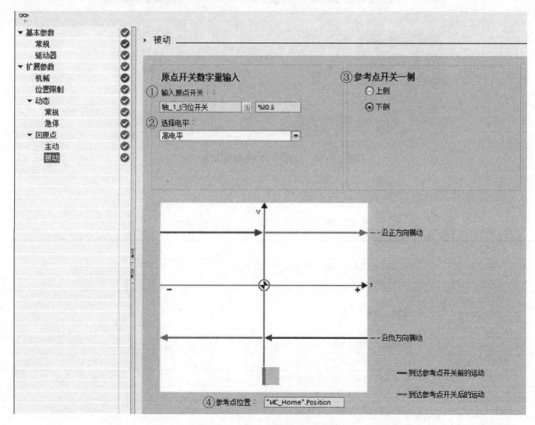

图 12-52　回原点-被动

① 输入原点开关、②选择电平、③参考点开关一侧、④参考点位置等的参数含义参考主动回原点设置。

2. V90 PTI 的基本配置

可以使用 V-Assistant 调试软件设置 V90 PTI 相关配置，V-Assistant 在线后将 V90 PTI 的

控制模式设定为"外部脉冲位置控制"。之后设定电子齿轮比，如图 12-53 所示，本例中 S7-1200 PLC 发出 1000 个脉冲，电动机转 1 圈，负载移动 10mm。

选择脉冲输入形式为脉冲+方向，信号电平为 24V，如图 12-54 所示。

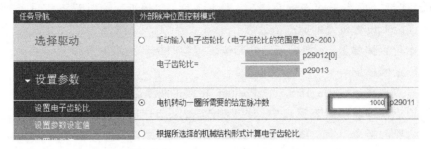

图 12-53　V90 PTI 设置电子齿轮比

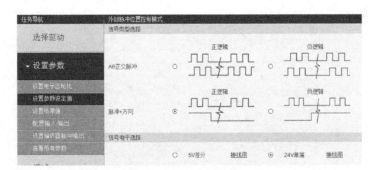

图 12-54　V90 PTI 脉冲输入形式

PTI 模式下 V90 的相关参数设置见表 12-17。

表 12-17　PTI 模式下 V90 的参数设置

参数设置	说　　明
P29003 = 0	P29003 设置控制模式,等于 0 为 PTI 模式
P29010 = 0	选择脉冲+方向的形式
P29011 = 0	设置电子齿轮比
P29012 = 1	
P29013 = 1	
P29014 = 1	脉冲输入通道:24V 单端脉冲输入通道
P29301[0] = 1	设置 DI1 为 SON,伺服使能
P29302[0] = 2	设置 DI2 为 RESET,复位故障
P29303[0] = 3	设置 DI3 为 CWL,正限位
P29304[0] = 4	设置 DI4 为 CCWL,负限位
P29305[0] = 5	设置 DI5 为 G-CHANGE,更改增益
P29306[0] = 6	设置 DI6 为 P-TRIG,位置触发
P29307[0] = 7	设置 DI7 为 CLR,清除脉冲
P29308[0] = 10	设置 DI8 为 TLIM1,转矩限幅选择位
P2544	位置窗口(位置达到取值范围)
P2546	设定定位偏差可接受的范围
P1520	设定转矩正限幅
P1521	设定转矩负限幅

12.2.3　闭环运动控制

S7-1200 PLC 支持通过 PROFIdrive 或者模拟量输出（AQ）方式控制伺服驱动器实现闭环控制。S7-1200 PLC 模拟量输出方式可以与 V90 PTI 的速度控制模式配合使用，实现闭环控制，V90 PTI 接收 S7-1200 PLC 模拟量模块或信号板发出的 ±10V 模拟量信号作为速度给定，并通过 PTO 输出功能反馈位置信号给 S7-1200 PLC 的 HSC，在 S7-1200 PLC 中实现闭环位置控制。

带 PROFINET 接口的 V90 驱动器（V90 PN）有两个 RJ45 接口用于与 PLC 的 PROFINET 通信连接，支持 PROFIdrive 运动控制协议。S7-1200 PLC 可以通过 PROFIdrive 方式对 V90 PN 进行闭环控制，V90 PN 建议选择标准报文 3。与开环运动控制相同或类似的内容在闭环运动控制中不再累述。下文将以 S7-1200 PLC 通过 PROFIdrive 方式对 V90 PN 进行闭环控制为例，介绍闭环控制新增的组态选项以及组态内容。与开环运动控制相比以下元素将添加到组态导航中：编码器、模数、位置监控（定位监控、跟随误差和静止信号）、控制回路。项目中使用的硬件见表 12-18。

1. S7-1200 PLC 工艺对象配置

在硬件目录的路径中找到 V90 PN 的 GSD 文件，如图 12-55 所示。

表 12-18　使用的硬件

序号	说明	订货号
1	CPU 1217C	6ES7217-1AG40-0XB0
2	SINAMICS V90 PN	6SL3210-5FB10-1UF0
3	1FL6 电机	1FL6024-2AF21-1AA1（增量编码器）

将 V90 PN 拖拽到网络视图，单击"未分配"按钮，选择 1200 CPU 作为 I/O 控制器，单击 V90 PN 的以太网网口，可以设置 V90 PN 的 IP 地址和设备名称等信息，如图 12-56 所示。

V90 PN 的设备视图中配置标准报文 3，如图 12-57 所示。

网络视图和设备视图组态完成之后，需要插入新的定位轴工艺对象，进行闭环轴的参数配置。

（1）基本参数

1）常规：基本参数中增加了"仿真"选项，如图 12-58 所示。

图 12-55　V90 PN GSD 文件

① "驱动器"：

a. "模拟驱动装置接口"：通过模拟量输出连接驱动装置；

b. "PROFIdrive"：通过 PROFINET/PROFIBUS 连接驱动装置。控制器和驱动器之间通过 PROFIdrive 报文进行通信。

图 12-58 中示例选择"PROFIdrive"连接驱动装置。

② "仿真"：在下拉列表中，选择是否仿真驱动器和编码器。模拟量驱动接口或 PROFIdrive 驱动装置均可仿真。在仿真模式下，不需要对驱动装置和编码器进行硬件配置。在仿真模式下，设定值不会输出到驱动器，也不从驱动器/编码器读取实际值。硬件限位开关和原点开关不产生任何影响。

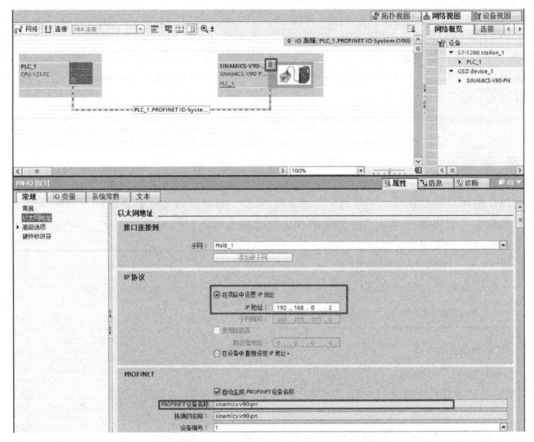

图 12-56　S7-1200 CPU IP 地址和设备名称

图 12-57　V90 PN 报文配置

仿真模式下的运动控制指令行为见表 12-19。

表 12-19　仿真模式下的运动控制指令行为

运动控制指令	仿真模式下的行为
MC_Power	该轴将立即启用，而不等待驱动装置的反馈
MC_Home	立即执行回原点作业而无须仿真轴运动

2) 驱动器：驱动器的配置如图 12-59 所示。

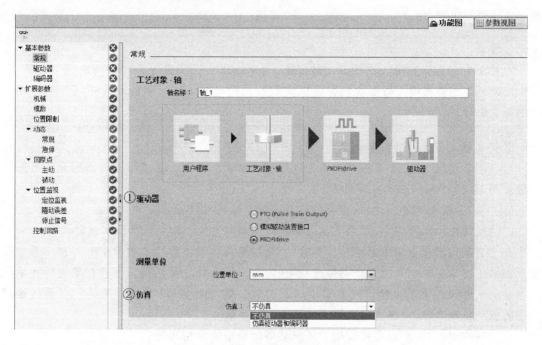

图 12-58　基本参数-常规

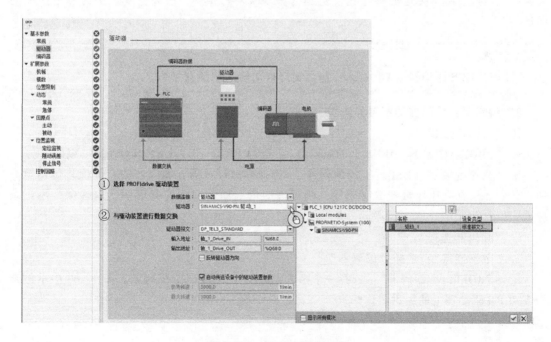

图 12-59　基本参数-驱动器

① 选择 PROFIdrive 驱动装置：

a. "数据连接"：在下拉列表中，选择连接接口为"驱动器"。

b. "驱动器": 在"驱动器"域中, 选择一个已经组态的 PROFIdrive 驱动器。这里选择之前组态的 V90 PN。

> 注意:
> 如果为"数据连接"选择了"数据块","驱动器"选项将变为"数据块", 选择一个之前创建的数据块, 数据块包含数据类型为"PD_TELx"的变量结构 ("x"为所用的报文编号)。

② "与驱动装置进行数据交换":

a. "驱动器报文": 在下拉列表中, 选择该驱动器的报文, 必须与驱动器的设备组态相一致。图 12-59 中示例选择标准报文 3。

b. "输入/输出地址": 显示报文的符号名称及输入/输出地址。

c. "反转驱动器方向": 如果要反向驱动器的旋转方向, 则可选择该复选框。

d. "自动传送设备中的驱动装置参数": 如果要将驱动器参数"参考速度"和"最大速度"以数值形式从驱动器组态自动传送到 CPU 中, 可选择该复选框。工艺对象进行初始化并启动驱动器和 CPU 后, 将通过总线传送驱动器参数。图 12-59 中示例选择"自动传送设备中的驱动装置参数", 也可以选择手动同步以下参数:

e. "参考速度": 组态参考速度, 与驱动器组态中的值相匹配。

f. "最大速度": 在该域中, 将组态驱动装置的最大速度。从驱动装置的组态中获取最大速度。通过总线可传送的参考速度范围为 $-200\% \sim +200\%$, 最大速度最多为参考速度的两倍。

> 注意:
> SINAMICS 驱动器 (V4.x 及以上) 支持自动传送驱动器参数。

3) 编码器: 编码器的配置如图 12-60 所示。

① "编码器连接":

a. "PROFINET/PROFIBUS 上的编码器": 选择 PROFINET 上的 PROFIdrive 编码器。

b. "高速计数器 (HSC) 上的编码器": 选择高速计数器, 编码器的实际值将传输至高速计数器。检查高速计数器数字量输入的滤波时间。滤波时间应足够短, 以确保可靠记录脉冲。

② "编码器选择":

a. "数据连接": 选择"编码器"。

b. "PROFIdrive 编码器": 选择一个事先组态的 PROFIdrive 编码器。图 12-60 中示例选择 V90 PN 驱动器上的编码器。

> 注意:
> 如果为"数据连接"选择了"数据块","PROFIdrive 编码器"选项将变为"数据块", 选择一个之前用户创建的数据块, 数据块包含数据类型为"PD_TELx"的变量结构 ("x"为所用的报文编号)。

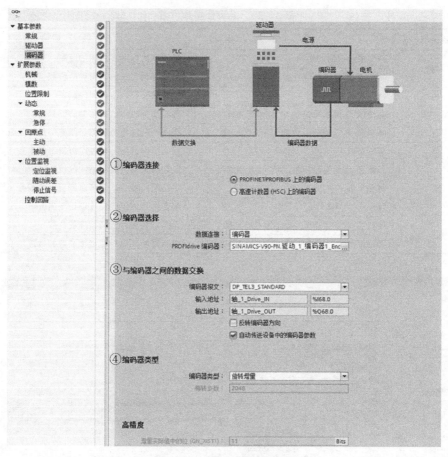

图 12-60 基本参数-编码器

③ "与编码器之间的数据交换"：

a. "编码器报文"：在下拉列表中，选择编码器的报文。其技术数据必须与设备组态相一致。图中示例选择标准报文 3。

b. "输入/输出地址"：显示报文的符号名称及绝对输入/输出地址。

c. "反转编码器方向"：要反转编码器的实际值，选中此复选框。

d. "自动传送设备中的编码器参数"：如果要从设备中自动传送编码器组态参数到 CPU，则选中该复选框。初始化工艺对象、启动 CPU 后，将从总线传送编码器参数。

说明：

PROFIdrive 编码器（A16 及以上版本）或使用 SINAMICS 驱动器（版本应为 V4.x 及以上）上的编码器，支持自动传送编码器参数。

④ "编码器类型"：在 "编码器类型" 对话框中选择使用的编码器类型。可选择以下编码器类型：线性增量、线性绝对值、旋转增量、旋转绝对值。图中示例选择 "旋转增量"。

如果未选中 "自动传送设备中的编码器参数" 复选框，需根据所选编码器的类型，手动组态参数。根据所选编码器类型，组态见表 12-20。

（2）扩展参数

1）机械：在 "机械" 组态窗口中组态驱动器的机械属性及编码器，如图 12-61 所示。

表 12-20　编码器参数设置

编码器类型	参　数	说　明
线性增量	两个增量之间的距离	组态编码器两步之间的距离
	高精度-增量实际值中的位（GN_XIST1）	组态增量实际值高精度的位数
线性绝对值	两个增量之间的距离	组态编码器两步之间的距离
	高精度-增量实际值中的位（GN_XIST1）	组态增量实际值高精度的位数
	高精度-递增实际值中的位（GN_XIST2）	组态高精度绝对值倍增系数的预留位数
旋转增量	每转步数	组态编码器每一转可以解析出的步数
	高精度-增量实际值中的位（GN_XIST1）	组态增量实际值高精度的位数
旋转绝对值	每转步数	组态编码器每一转可以解析出的步数
	转数	组态绝对值编码器可以检测出的转数
	高精度-增量实际值中的位（GN_XIST1）	组态增量实际值高精度的位数
	高精度-递增实际值中的位（GN_XIST2）	组态高精度绝对值倍增系数的预留位数

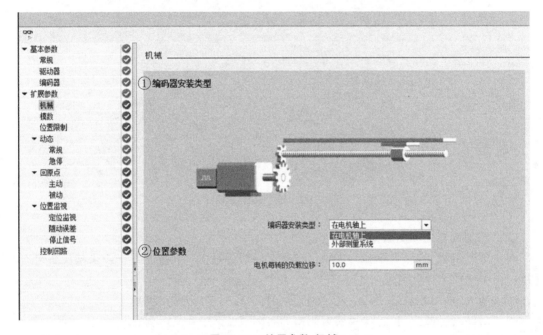

图 12-61　扩展参数-机械

①"编码器安装类型"：在下拉列表中，选择如何将编码器安装在机械机构上。支持下列编码器安装类型：在电机轴上；外部测量系统。图 12-61 中示例选择"在电机轴上"。

②"位置参数"：根据所选编码器的安装类型，组态以下位置参数，见表 12-21。

表 12-21　编码器位置参数设置

编码器安装类型	位置参数	说　明
在电机轴上	电机每转的负载运动	组态电机每转的负载距离
外部测量系统	电机每转的负载运动	组态电机每转的负载距离
	编码器每转的距离	组态编码器每旋转一圈外部测量系统所记录的距离

图中示例"编码器安装类型"选择"在电机轴上""电机每转的负载位移"组态为 10mm。

2）模数：可以对模数进行设置，如图 12-62 所示。

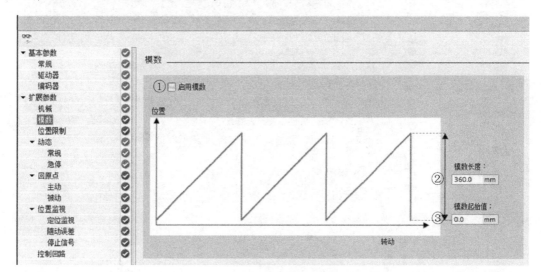

图 12-62　扩展参数-模数

① "启用模数"：激活"模数"设置时，会将工艺对象的位置值映射到由"模数起始值"和"模数长度"定义的递归数值区间内。

② "模数长度"：定义模数范围的长度。

③ "模数起始值"：定义模数运算范围的起始位置。

例如，为将旋转轴的位置值限制为一整圈，将"模数起始值"定义为 0°、"模数长度"定义为 360°。这时，位置值将映射到 0°~359.999°模数范围内，如果轴目标位置为 400°，则到达的实际位置为 40°。图 12-62 中示例中，不启用模数，此时如果轴只沿一个方向移动，则位置值将持续增大。

3）位置限制：参数设置参考开环运动控制的设置。

闭环轴触发轴限位时的轴响应与开环时不同。到达硬限位/软限位时，轴将禁用，并根据驱动器中的组态进行制动，并转入停止状态。

> 注意：
> 到达硬限位/软限位时，在驱动器上减速度必须设置足够大，以使轴在机械挡块前可靠停止。

4）动态：参数设置参考开环运动控制的设置，"启动/停止速度"固定为 0。

5）回原点：

"主动"：与开环运动控制相比，增加了"选择归位模式"设置，如图 12-63 所示。

可选择的归位模式如下：

① "通过 PROFIdrive 报文和接近开关使用零位标记"：主动回原点开始后，在指定的回原点方向上轴加速到组态的"逼近速度"并以该速度搜索原点开关。检测到原点开关后，

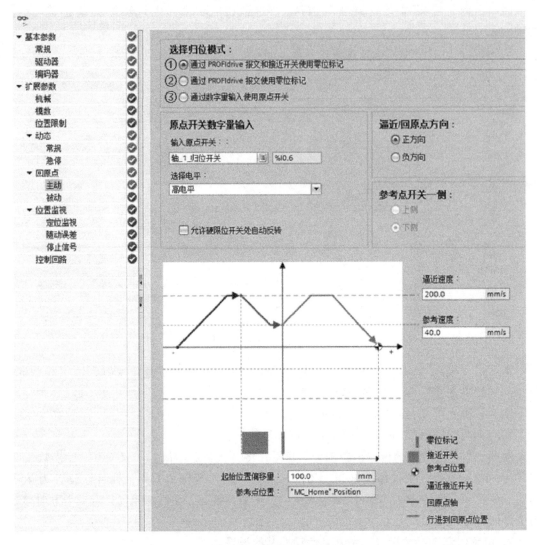

图 12-63　回原点-主动

轴以组态的"参考速度"逼近零位标记。到达零位标记后，轴将以"逼近速度"移动到"起始位置偏移量"位置，将当前的轴位置设置为起始位置。起始位置由运动控制指令"MC_Home"的 Position 参数指定。

②"通过 PROFIdrive 报文使用零位标记"：在指定的回原点方向上以组态的"参考速度"到达零位标记后，轴将以"逼近速度"移动到"起始位置偏移量"位置，将当前的轴位置设置为起始位置。起始位置由运动控制指令"MC_Home"的 Position 参数指定。

③"通过数字量输入使用原点开关"：在指定的回原点方向上轴加速到组态的"逼近速度"并以该速度搜索原点开关。检测到原点开关后，轴以组态的"参考速度"逼近组态的参考点开关侧。到达组态的参考点开关侧后，轴以"逼近速度"移动到起始位置偏移量指定的位置，并将当前的轴位置设置为起始位置。起始位置由运动控制指令"MC_Home"的 Position 参数中指定。其他参数设置参考开环运动控制设置。

> **注意:**
> 如果是绝对值编码器,回原点模式仅支持模式 6 和模式 7。

"被动":参数设置参考闭环运动控制回原点,"主动"的设置和说明。

6)位置监视

"定位监视"用于在设定值计算结束时对实际位置的状态进行监控。定位监视相关参数设置如图 12-64 所示。

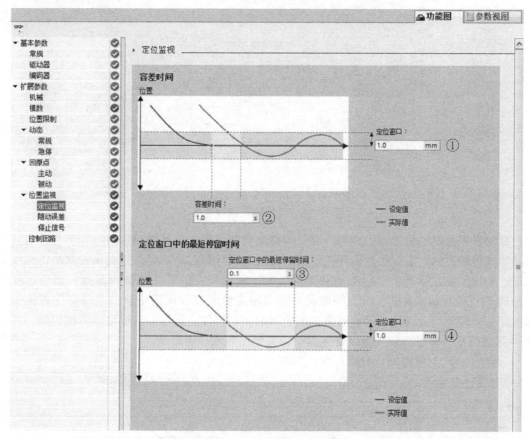

图 12-64 位置监视-定位监视

①、④"定位窗口":组态定位窗口的大小。

②"容差时间":组态容差时间。一旦速度设定值达到零值,则实际位置值必须在"容差时间"范围内到达"定位窗口"。

③"定位窗口中的最短停留时间":组态最短停留时间。实际位置值在"定位窗口"范围内的持续时间必须大于"定位窗口中的最短停留时间",认为定位完成。

"随动误差":组态轴的实际位置与位置设定值之间的容许偏差,如图 12-65 所示。

①"启用随动误差监视":勾选此选项时,轴在错误范围内停止。

②"最大随动误差":组态最大速度时容许的随动误差。

③"随动误差":小于"启动动态调整"速度时的容许随动误差(无动态调整)。

④"启动动态调整":超过该组态速度时,将会动态调整随动误差。

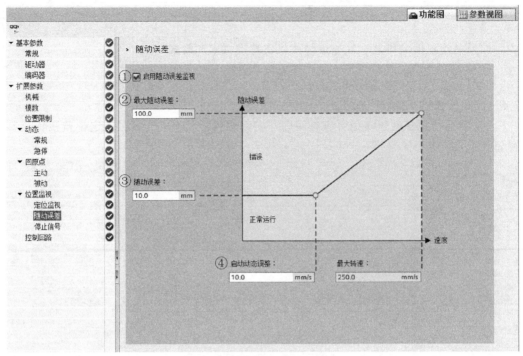

图 12-65　位置监视-随动误差

随动误差是轴的位置设定值与实际位置值之间的差值。计算随动误差时，会将设定值到驱动器的传输时间，实际位置值到控制器的传输时间计算在内。允许随动误差取决于速度设定值。当速度设定值小于"启动动态调整"时，随动误差的容许范围为常数；而当速度设定值高于"启动动态调整"时，随动误差则随速度设定值按比例增长。当设定位置值与实际位置值之间超出允许随动误差容许偏差范围时，轴将停止运行。在运动轴调试初期，可以将"随动误差"设置为较大值以避免运动轴频繁出现随动误差错误。

"停止信号"：组态停止检测标准，如图 12-66 所示。

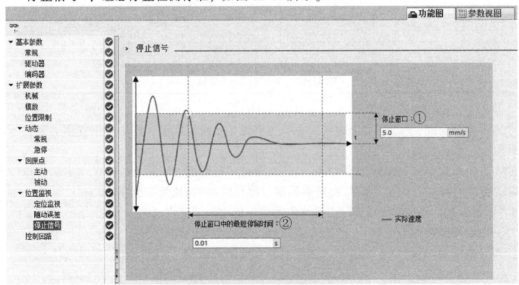

图 12-66　位置监视-停止信号

①"停止窗口":组态停止窗口的大小。

②"停止窗口中的最短停留时间":组态停止窗口中的最短停留时间。轴的实际速度必须在"停止窗口"内保持"停止窗口停留的最短时间",轴显示停止。

7)控制回路:用于组态位置控制回路的"预控制"和"增益",如图 12-67 所示。

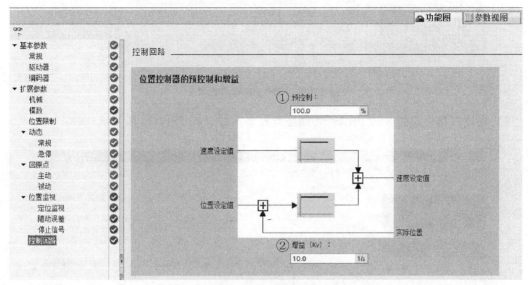

图 12-67　控制回路

①"预控制":修改控制回路的速度预控制百分比。

②"增益":组态控制回路的增益系数。

> 注意:
> "预控制"可提高系统的动态响应特性,但过大的设置值会使位置控制系统过冲。
> 轴的机械硬度越高,设置的"增益"就越大;较大的"增益"可以减少随动误差,实现更快的动态响应,但过大的"增益"将会使位置控制系统振荡。

2. V90 PN 的基本配置

S7-1200 PLC 可以通过 PROFIdrive 方式对 V90 PN 进行闭环控制,V90 PN 必须选择标准报文 3。V90 PN 的基本配置如下:

1)设置控制模式:使用 V-Assistant 调试软件,在线后设置 V90 PN 的控制模式为"速度控制(S)",如图 12-68 所示。

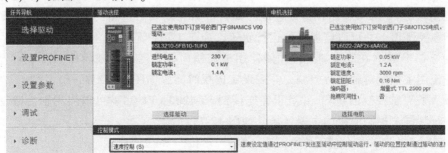

图 12-68　V90 PN 控制模式选择

2）选择通信报文：设置 V90 PN 的控制报文为标准报文 3，如图 12-69 所示。

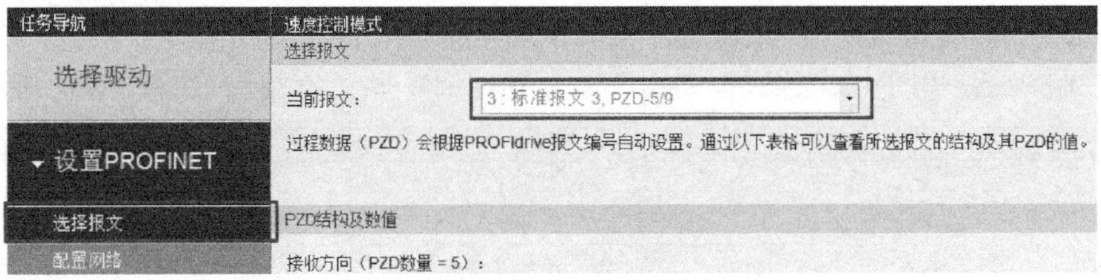

图 12-69　V90 PN 选择报文

3）配置网络：设置 V90 PN 的 IP 地址及设备名称，如图 12-70 所示。

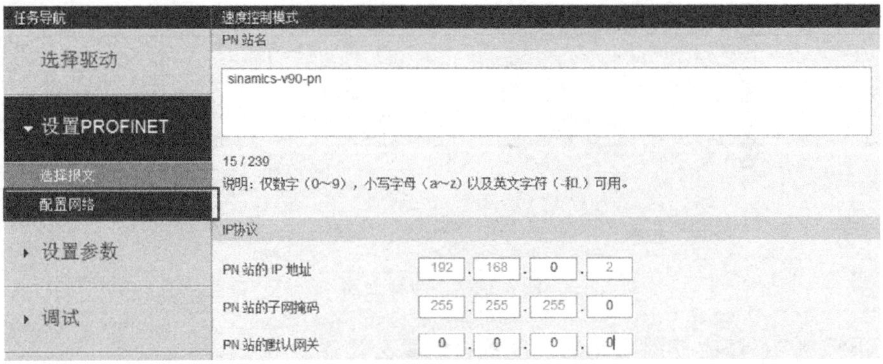

图 12-70　V90 PN 配置网络

注意：

设置的设备名称一定要与 S7-1200 PLC 项目中配置的相同。配备名称和 IP 地址也可以在博途软件中进行配置。

12.2.4　轴控制面板

轴控制面板是 S7-1200 PLC 运动控制中一个很重要的工具，用户在组态了 S7-1200 PLC 运动控制并搭建好驱动以及机械硬件设备之后，可以先使用"轴控制面板"测试 TIA 博途软件中关于轴的参数和实际硬件设备接线等是否正确。如果已编写了运动控制程序，必须不使能 MC_Power，才能启用轴控制面板。每个轴对象都有一个"调试"选项，单击后可以打开"轴控制面板"。如果是闭环运动控制，则会增加"调节"选项，可用于调整位置控制器的增益和预控制值，并可以监视轴的运行轨迹，如图 12-71 所示。

只有与 CPU 建立在线连接后，才能使用轴控制面板。当准备激活控制面板时，软件会询问是否使用主控制对轴进行控制，并需设定监视时间，如图 12-72 所示。

当激活了"轴控制面板"，并且正确连接到 S7-1200 CPU 后就可以启用轴，通过控制面板对轴进行测试。控制面板的主要区域，如图 12-73 所示。

① "命令"：在这里分成三大类："点动""定位"和"回原点"。

a. "点动"：相当于程序中的运动控制命令"MC_MoveJog"。

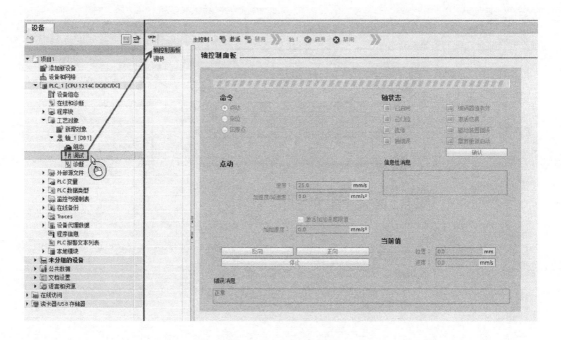

图 12-71　轴控制面板

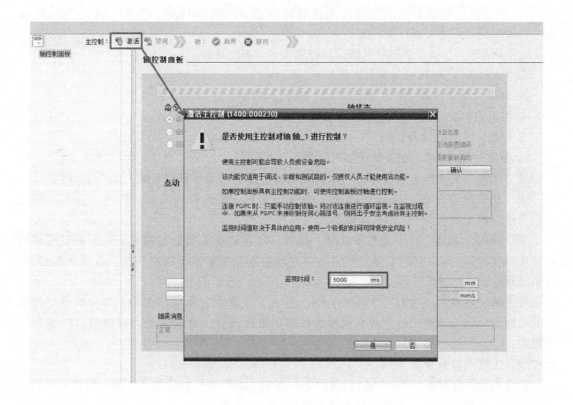

图 12-72　轴控制面板激活

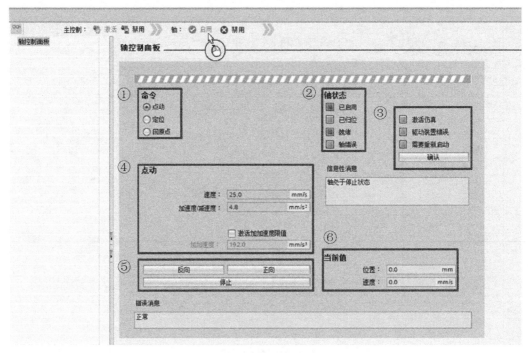

图 12-73　轴控制面板

b. "定位"：相当于程序中的运动控制命令"MC_MoveAbsolute"和"MC_MoveRelative"，轴归位之后才可进行绝对定位。

c. "回原点"：相当于程序中的运动控制命令"MC_Home"。

② "轴状态"：包括了是否完成回原点。

③ 错误"确认"按钮：相当于"MC_Reset"指令。

④ 根据①的命令选择，设置运行速度，加/减速度，距离等参数。

⑤ 根据①的命令选择，进行正/反方向设置、停止等操作。

⑥ 轴的"当前值"：包括轴的实时位置和速度值。

通过"调节"功能，可确定用于轴控制回路的最佳增益和预控制值，如图 12-74 所示。

① "优化增益设置"：在此区域中。可以设置测试步的运行方向，启停、速度、加速度、增益、预控制以及一个测试步的持续时间。

② "跟踪"功能：对于每个测试步，都会自动启动所需参数的跟踪记录，并在完成该测试步后显示该记录，可对记录进行评估并对增益和预控制进行相应调整。返回主控制后，将删除跟踪记录。

每个轴对象除了"组态""调试"外，还一个"诊断"选项，在 TIA 博途软件中使用诊断功能的"状态和错误位"可监视轴的状态和错误消息，可以参考"错误消息"定位出错原因。

12.2.5　工艺对象命令表

命令表功能提供了另外一种轴控制的解决方案，可将单个轴的多个运动控制指令的轨迹合并到一个运动序列中，命令表添加方式如图 12-75 所示。到目前为止，只有 S7-1200 PTO 开环控制方式可以使用命令表功能，PROFIdrive 和模拟量控制方式都不支持命令表功能。所

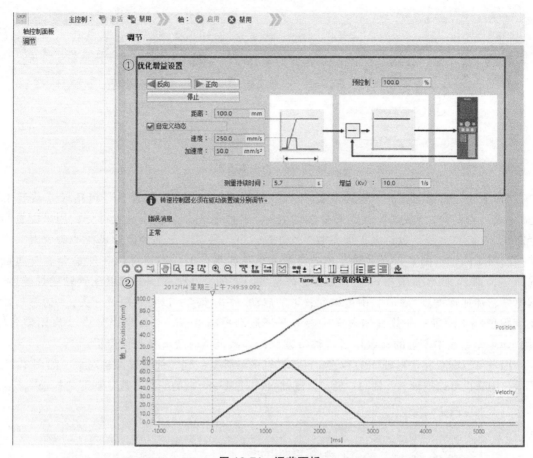

图 12-74　调节面板

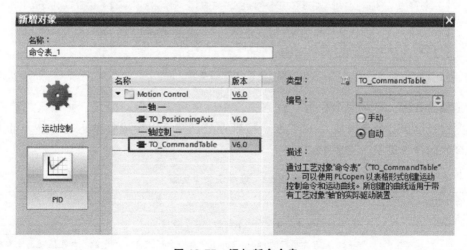

图 12-75　添加新命令表

创建的命令表将链接到某个轴，并在用户程序中通过"MC_CommandTable"运动控制指令进行使用，可以处理部分或全部命令表。

插入命令表成功后，可以看到如图 12-76 所示的命令表参数组态视图。

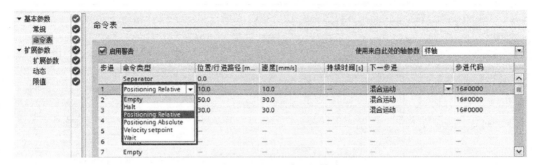

图 12-76　命令表组态

"命令表"参数包括:"基本参数"和"扩展参数"。"基本参数"包括"常规"和"命令表"两部分。"常规"就是命令表的名称,"命令表"是重点配置部分,用来配置命令曲线。"扩展参数"包括"扩展参数""动态"和"限制"三部分。如果在"命令表"中选择已组态的轴,则"扩展参数"中的参数都是不能更改的。用户可以在"命令表"页面选择"样轴",则"扩展参数"中的参数都是可组态的。"动态"中可以配置轴的加速度,减速度,加加速度。"限值"中可以配置轴的启动/停止速度,以及软限位开关,"动态"以及"限值"中配置的参数具体含义请参考开环运动控制章节。"命令表"中"启用警告"后,如果命令表中配置的参数超出"轴参数"的参数范围时会有警告信息提示。

用户可以配置完"样轴"的参数后,把样轴的参数复制到之前配置的轴对象,如图 12-77所示。用户也可以把轴_1,轴_2,轴_3,或轴_4 中任意一个轴的配置参数复制到"样轴"。

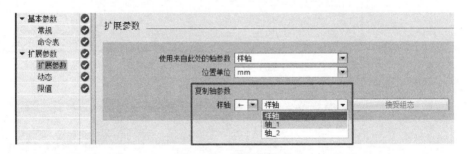

图 12-77　扩展参数

确定轴参数后,可在"命令表"组态窗口中创建所需的运动序列,并根据趋势图中的图形视图检查结果。最多可输入 32 个步,按顺序处理命令,生成复杂运动轨迹。可选择的用于命令表的命令类型,见表 12-22。

表 12-22　命令表命令类型

命令类型	说　　明
Empty	占位条目。程序在处理命令表时会忽略空条目
Halt	停止轴,只有在执行"Velocity setpoint"命令之后该命令才生效。会按照减速度来减速停止轴
Positioning Relative	轴的相对运动命令,需要设定的是相对运动的"行进路径"值和运行"速度"值
Positioning Absolute	轴的绝对运动命令需要设定的是绝对运动的目标"位置"值和运行"速度"值
Velocity setpoint	轴的速度运行命令,需要设定运行"速度"值和"持续时间"

（续）

命令类型	说　明
Wait	等待条目,根据工艺需求可以设置轴等待的"持续时间"值,在这段时间内轴的状态取决于上一个命令
Separator	曲线分割命令,不会作用于轴,仅仅用来分割趋势曲线

可以对命令表中的步进条目进行剪切、复制、粘贴，以及删除等操作也可以通过选择曲线图，右键菜单选择趋势曲线的标尺或限制值等选项，如图 12-78 所示。

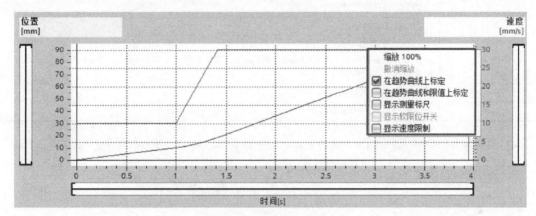

图 12-78　基本参数-命令表

在命令表中，可以为步进条目设置前后命令之间的衔接模式，分成"命令完成"和"混合运动"，如图 12-79 所示。

① "命令完成"：两个指令之间衔接时，会减速到启动/停止速度。

② "混合运动"：两个命令之间衔接时，系统会结合前后指令的速度进行计算，得到新的曲线路径，轴的速度变化平滑过渡，轴不会停止。

在轴已启用的状态下，可以通过"MC_CommandTable"指令控制命令表的运行。

12.2.6　编程

通过轴控制面板调试成功后，可以根据工艺要求编写运动控制程序。

1. 运动控制指令

MC_Power：使能轴或禁用轴。在其他运动控制指令之前需一直调用并使能。相关参数见表 12-23。

表 12-23　MC_Power 参数表

参数	说　明
输入参数	
Axis	轴工艺对象
Enable	轴使能端: FALSE(默认):根据 StopMode 设置的模式来停止当前轴的运行 TRUE:运动控制启用轴
StartMode	0:速度控制 1:位置控制(默认) 使用带 PTO 驱动器的定位轴时忽略该参数。此参数在启用定位轴时(Enable 从 FALSE 变为 TRUE)以及在成功确认导致轴停止的错误后生效

（续）

参数	说　明
StopMode	0:急停:紧急停止,按照轴工艺对象参数中的"急停"速度停止轴 1:立即停止:轴将在不减速的情况下被禁用,脉冲输出立即停止 2:带有加速度变化率控制的紧急停止:如果用户组态了加速度变化率,则轴在减速时会把加速度变化率考虑在内,减速曲线变得平滑
输出参数	
Status	轴使能的状态: FALSE:轴已禁用 TRUE:轴已启用
Busy	指令处于活动状态
Error	FALSE:无错误 TRUE:运动控制指令"MC_Power"或相关工艺发生错误。出错原因可在"ErrorID"和"ErrorInfo"参数中找到
ErrorID	参数"Error"的错误 ID
ErrorInfo	参数"ErrorID"的错误信息

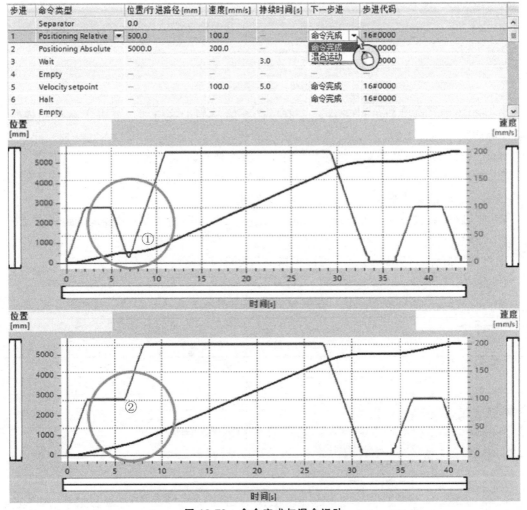

图 12-79　命令完成与混合运动

后续介绍的指令如果有含义相同的参数，将不再累述。

MC_Reset：用来确认伴随轴停止出现的运行错误和组态错误。相关参数见表 12-24。

表 12-24　MC_Reset 参数表

参数	说　明
输入参数	
Execute	指令的启动位,用上升沿触发
Restart	Restart=0:用来确认错误 Restart=1:将轴的组态从装载存储器下载到工作存储器(只有在禁用轴的时候才能执行该命令)
Done	表示轴的错误已确认

MC_Home：使轴归位，设置参考点，用来将轴坐标与实际的物理驱动器位置进行匹配。轴做绝对位置定位前一定要触发"MC_Home"指令，相关参数见表 12-25。

表 12-25　MC_Home 参数表

参数	说　明
输入参数	
Position	Mode=1 时:对当前轴位置的修正值 Mode=0,2,3 时:轴的绝对位置值
Mode	Mode=0:绝对式直接回原点,轴的位置值为参数"Position"的值 Mode=1:相对式直接回原点,轴的位置值等于当前轴位置 + 参数"Position"的值 Mode=2:被动回零点,轴的位置值为参数"Position"的值 Mode=3:主动回零点,轴的位置值为参数"Position"的值 Mode=6:绝对编码器调节(相对),将当前轴位置的偏移值设置为参数"Position"的值。将新的轴位置值保持性地保存在 CPU 内 Mode=7:绝对编码器调节(绝对),将当前的轴位置设置为参数"Position"的值。将新的轴位置值保持性地保存在 CPU 内
输出参数	
Command Aborted	命令在执行过程中被另一命令中止
Reference Mark Position	之前坐标系中参考标记处的轴位置

MC_Halt：停止所有运动并以组态的减速度停止轴。

MC_MoveAbsolute：使轴以某一速度进行绝对位置定位。在使能绝对位置指令之前，轴必须回原点，相关参数见表 12-26。

表 12-26　MC_ MoveAbsolute 参数表

参数	说　明
输入参数	
Position	绝对目标位置值
Velocity	绝对运动的速度
Direction	仅在"模数"已启用的情况下有效,对于 PTO 轴忽略该参数 0:速度状态,"Velocity"参数确定运动方向 1:从正方向逼近目标位置 2:从负方向逼近目标位置 3:选择从当前位置开始,到目标位置的最短距离

MC_MoveRelative：使轴以某一速度在轴当前位置的基础上移动一个相对距离。相关参数见表 12-27。

表 12-27　MC_MoveRelative 参数表

参数	说　明
输入参数	
Distance	相对轴当前位置移动的距离,该值通过正/负数值来表示距离和方向
Velocity	相对运动的速度

MC_MoveVelocity：使轴以预设的速度运行，相关参数见表 12-28。

表 12-28　MC_MoveVelocity 参数表

参数	说　明
输入参数	
Velocity	轴的速度
Direction	指定方向 0:旋转方向取决于参数"Velocity"值的符号 1:正方向旋转,忽略参数"Velocity"值的符号 2:负方向旋转,忽略参数"Velocity"值的符号
Current	0:轴按照参数"Velocity"和"Direction"值运行 1:轴忽略参数"Velocity"和"Direction"值,轴以当前速度运行
Position Controlled	0:速度控制,即使编码器反馈值出现错误,没有有效的实际值,仍可移动 1:位置控制(默认值:True) 使用 PTO 轴时忽略该参数
输出参数	
InVelocity = TRUE	"Current" = FALSE: 达到参数"Velocity"中指定的速度 "Current" = TRUE: 轴在启动时,以当前速度进行移动

MC_MoveJog：在点动模式下以指定的速度连续移动轴。正向点动和反向点动不能同时触发，如果两个参数同时为 TRUE，轴将根据所组态的减速度停止。相关参数见表 12-29。

表 12-29　MC_MoveJog 参数表

参数	说　明
输入参数	
JogForward	正向点动,JogForward 为 1 时,轴运行,JogForward 为 0 时,轴停止
JogBackward	反向点动

MC_CommandTable：根据用户定义的命令表，使轴顺序执行命令表中的命令。使用该指令的前提是用户已经组态了命令表工艺对象 "TO_CommandTable"，相关参数见表 12-30。

MC_ChangeDynamic：更改轴的动态设置参数，包括：加速时间（加速度）值、减速时间（减速度）值、急停减速时间（急停减速度）值、平滑时间（冲击）值，相关参数见表12-31。

表 12-30　MC_CommandTable 参数表

参数	说　明
输入参数	
CommandTable	命令表工艺对象
StartStep	起始步数值,该值表示选择命令表中的某个步作为起始步 1≤StartStep≤EndStep
EndStep	终止步数值,该值表示选择命令表中的某个步作为停止步 StartStep≤EndStep≤32
CurrentStep	当前正在执行的命令表中的步
输出参数	
StepCode	当前处理步骤的用户定义标识符

表 12-31　MC_ChangeDynamic 参数表

参数	说　明
输入参数	
ChangeRampUp	更改"RampUpTime"参数值的使能端,根据输入参数"RampUpTime"更改加速时间
RampUpTime	在没有加加速度限值的情况下,将轴从停止状态加速到组态的最大速度的时间
ChangeRampDown	更改"RampDownTime"参数值的使能端,按照输入参数"RampDownTime"更改减速时间
RampDownTime	在没有加加速度限值的情况下,将轴从组态的最大速度减速到停止状态的时间
ChangeEmergency	更改"EmergencyRampTime"参数值的使能端,按照输入参数"EmergencyRampTime"更改急停减速时间
EmergencyRampTime	在没有加加速度限值的情况下,在急停模式下,轴从组态的最大速度减速到静止状态的时间
ChangeJerkTime	更改"JerkTime"参数值的使能端,根据输入参数"JerkTime"更改平滑时间
JerkTime	用于轴加速斜坡和轴减速斜坡的平滑时间

注意:
当触发"MC_ChangeDynamic"指令的 Execute 引脚时,使能修改的参数值将被修改,不使能的不会被更新。

MC_WriteParam:可在用户程序中写入轴工艺对象和命令表对象中的变量,指令使用如图 12-80 所示。

参数类型:选择 Parameter 参数的数据类型。

相关参数见表 12-32。

表 12-32　MC_WriteParam 参数表

参数	说　明
Parameter	输入需要修改轴工艺对象的参数,数据类型为 VARIANT 指针
Value	根据 Parameter 数据类型,输入新参数值所在的变量地址

MC_ReadParam:可在用户程序中读取轴工艺对象和命令表对象中的变量。指令使用如图 12-81 所示。

图 12-80　MC_WriteParam 指令使用

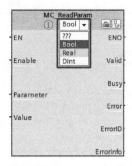

图 12-81　MC_ReadParam 指令使用

参数类型：选择 Parameter 参数的数据类型。

相关参数见表 12-33。

表 12-33　MC_ReadParam 参数表

参数	说　　明
Enable	读取通过 Parameter 指定的变量并将值存储在通过 Value 指定的目标地址中 可以一直使能读取指令
Valid	TRUE：读取的值有效 FALSE：读取的值无效

2. 超驰功能

S7-1200 PLC 运动控制指令之间存在相互覆盖和中止的情况。这种特性叫做"超驰"，利用超驰功能，轴不用停止，可以平滑地过渡到新的指令或是同一指令的新参数。以两个"MC_MoveRelative"指令为例进行说明，除了在程序里调用"MC_Power"指令和"MC_Reset"之外，还调用了两个"MC_MoveRelative"指令。第一个"MC_MoveRelative"指令的 Distance = 1000.0mm，Velocity = 50.0mm/s；第二个"MC_MoveRelative"指令的 Distance = 500.0mm，Velocity = 30.0mm/s。分为两种执行情况，如图 12-82 所示。

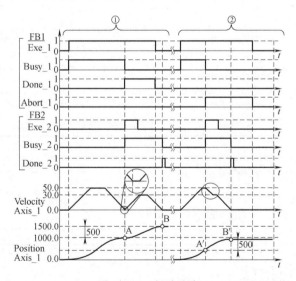

图 12-82　超驰响应

情况①：当第一个"MC_MoveRelative"指令执行完时，触发第二个"MC_MoveRelative"指令。第一个"MC_MoveRelative"指令让轴移动到了 A 点，触发第二个"MC_MoveRelative"指令后，轴在 A 点的基础上以 30.0mm/s 的速度移动了 500.0mm 的距离。

情况②：在第一个"MC_MoveRelative"指令执行过程中，触发第二个"MC_MoveRelative"指令。轴从 A′点的位置立即以第二个"MC_MoveRelative"指令的参数运行，轴从当前的 50.0mm/s 的速度以减速度降到 30.0mm/s，在 A′的基础上运行了 500.0mm 的距离达到 B′点，这时第二个"MC_MoveRelative"指令覆盖了第一个"MC_MoveRelative"指令。

也可以用其他的指令，比如"MC_MoveJog"、"MC_Home"、"MC_MoveAbsolute"和"MC_MoveVelocity"等来覆盖旧的"MC_MoveRelative"指令，也可以在当前"MC_MoveRelative"指令执行过程中，更新该指令的 Distance 和 Velocity 数值后，再次触发该"MC_MoveRelative"指令的 Execute 引脚，实现实时覆盖的功能。

12.2.7　运动控制中常见问题

1. 绝对定位和相对定位的区别？

答：相对定位是指在轴当前位置的基础上正方向或负方向移动一段距离；绝对定位指的是当轴建立了坐标系后，轴的每个位置都有固定的坐标，无论轴的当前位置值是多少，执行了相同设定位置的绝对运行指令后，轴最终都定位到同一个位置。

2. 如果没有原点开关，可以使用绝对定位指令"MC_MoveAbsolute"吗？

答：可以，用"MC_Home"指令的 Mode = 0 和 Mode = 1 方式，让轴直接回原点建立坐标系，然后可以执行"MC_MoveAbsolute"指令进行绝对运动。

3. 工艺对象数据块中的轴已回原点信号"StatusBits. HomingDone"，何时会丢失？

答：发生以下情况时，轴已回原点信号"StatusBits. HomingDone"会丢失。

- 通过"MC_Power"运动控制指令禁用轴；
- 在自动模式和手动控制之间切换，也就是控制面板和程序切换时会丢失回原点已完成信号；
- 在主动回原点期间。在成功完成回原点操作之后，轴回原点将再次可用；
- CPU 重新启动后。

4. PTO 模式下执行回原点指令时，为什么轴碰到原点开关不执行回原点操作？

答：可能的原因如下：

- 原点开关失效，也就是说当轴碰到原点开关时，原点开关无信号输入；
- 原点开关有效时间过短，根据 DI 点有效时间选择合适的滤波时间；
- 在设备组态中禁用了参考点输入的沿中断。打开 CPU 的设备组态，检查参考点的输入是否选择了"启用上升沿检测"和"启用下降沿检测"；如果沿中断功能未使能，则删除轴组态中指定的输入，然后再次组态参考点的输入；
- 寻找原点开关的速度过快，可以减小"逼近速度"和"参考速度"。

5. 为什么轴在执行主动回原点命令时，轴碰到限位开关未反向掉头，而是直接停止轴运行？

答：可能的原因如下：

- 没有使能"允许硬件限位开关处自动反转"的选项；
- 工艺对象组态的硬件开关上/下限位输入点与实际的输入点不符；例如：上限位组态为 I0.0，下限位组态为 I0.1，但实际 I0.1 为上限位，I0.0 为下限位；
- 限位开关行程过短。轴在主动回原点期间到达硬件限位开关，轴将以组态的减速度减速，减速到启动/停止速度后反向运行寻找原点开关；如果限位开关行程过短，在行程内无法减速到启动/停止速度，在反向过中会再次碰到限位开关，如图 12-83 所示。这种情况可以通过增大加速度/减速度、降低寻参速度或增加限位开关行程解决。

6. 如何保持 PTO 轴断电前的绝对位置？

答：S7-1200 CPU 每次上电后轴的位置都是 0，不会保留断电前的位置值。需编程实现位置保持，可按照下面示例中的步骤操作。

- 在全局 DB 块"绝对坐标"里，建立 Real 类型变量"轴保持位置"，并使能变量的保

持性;

• 在 OB1 中的最后一个网络,将轴的当前位置"ActualPosition"传送到建立的变量中,如图 12-84 所示;

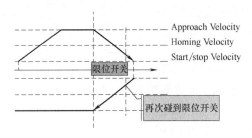

图 12-83　反向碰到限位开关

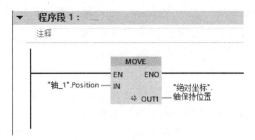

图 12-84　将轴的当前位置"ActualPosition"
传送到建立的变量中

• 在启动 OB 100 中,调用"MC_Power"指令使能轴,然后使用"MC_Home"指令的 Mode 0,重新装载断电前绝对位置,如图 12-85 所示;

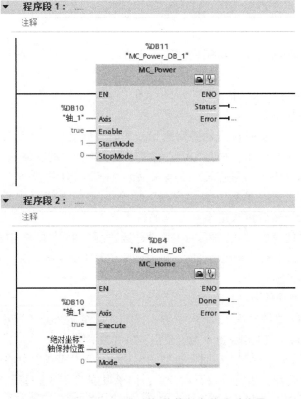

图 12-85　OB 100 中重新装载断电前绝对位置

注意:
在 OB1 里,调用"MC_POWER"指令使用的背景 DB 必须与启动 OB100 里"MC_POWER"使用的背景 DB 相同。

7. 闭环控制带有绝对值编码器的 V90 PN 时，通过"MC_Home"指令是否可以执行 Mode=2 或 3 的回原点操作？

答：不可以，"MC_Home"指令会报错：ErrorID="16#8404"，ErrorInfo="16#0055"。可通过"MC_Home"指令 Mode=6 或 7 进行绝对值编码器的调节。

8. 为何通过 S7-1200 PTO 方式控制 V90 PTI 定位换向时有时会有丢失脉冲的情况？

答：S7-1200 PTO 方式控制 V90 PTI 定位换向时，换向信号由高电平转换为低电平状态的时间取决于外围电路的输入电阻和电容，如果方向输出点的负载电流过小（应不小于10%），在高速时输出信号波形会发生畸变，换向切换时间过长，导致换向过程中的脉冲丢失。为确保换向时不丢失脉冲，同时保证脉冲输出信号波形不发生畸变，建议在 SINAMICS V90 PTI 的方向控制信号 38、39 和脉冲信号 36、37 的端子间连接阻值为 200~500Ω，最小功率为 5W 的下拉电阻，接线参考图 12-40。

12.3　PWM 控制

PWM（脉宽调制）是一个周期固定，脉冲宽度可调的脉冲输出。PWM 与 PTO 相比，PTO 的脉冲宽度永远是 50%，PWM 脉宽可调。PWM 功能可以应用在多种场合，例如可以控制电机的转速、阀门的位置、电加热的加热时间等，其原理如图 12-86 所示。

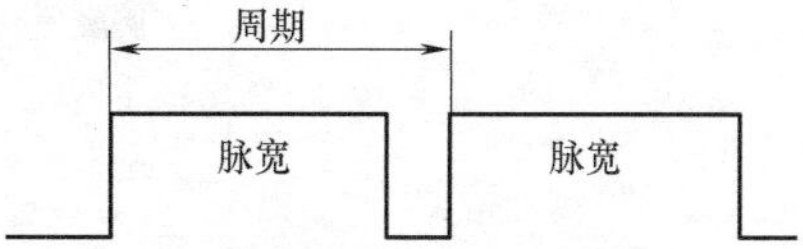

图 12-86　PWM 原理

S7-1200 CPU 提供总计 4 路的脉冲输出可分别组态 PTO、PWM 控制。PTO 的功能需要通过组态工艺轴，配合运动控制指令来实现，而 PWM 功能通过指令"CTRL_PWM"实现。

12.3.1　PWM 硬件组态

PWM 控制需要在硬件中激活并组态其功能，具体步骤如图 12-87 所示。

① "启用该脉冲发生器"：激活 PTO/PWM 功能。

② "信号类型"：（脉宽调制）PWM。

③ "时基"：脉冲周期的单位："毫秒"或"微秒"。

④ "脉宽格式"：脉冲宽度（占空比）的单位。

50 "百分之一"=50%；

50 "千分之一"=50‰；

50 "万分之一"=50‱；

50 "S7 模拟量格式"=50/27648。

⑤ "循环时间"：脉宽周期。

"初始脉冲宽度"：占空比。

⑥ 勾选"允许对循环时间进行运行时修改"：可以在 PWM 输出时修改脉宽周期。

⑦ "输出地址"：

当不勾选"允许对循环事件进行运行时修改"时，QW1014 用于修改脉冲宽度。

当勾选"允许队循环事件进行运行时修改"时，QW1014 用于修改脉冲宽度，QD1016 用于修改脉冲周期，如图 12-88 所示。

12.3.2　PWM 指令

S7-1200 CPU 使用"CTRL_PWM"指令控制 PWM 输出，在"指令>扩展指令>脉冲"

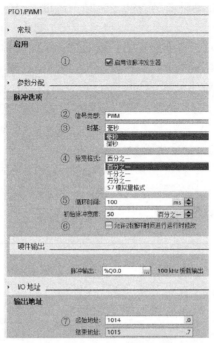

图 12-87　PWM 硬件组态

图 12-88　PWM 输出地址

中拖拽 "CTRL_PWM" 指令到主程序中，如图 12-89 所示。

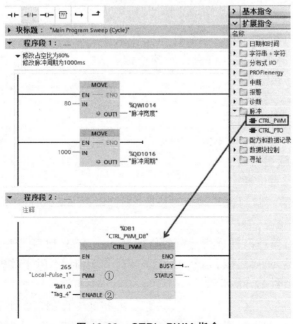

图 12-89　CTRL_PWM 指令

① "PWM"：脉冲发生器的硬件标识符。

② "ENABLE"：当 ENABLE 为 TRUE 时输出 PWM。

指令的相关引脚说明，见表 12-34。

表 12-34　CTRL_PWM 引脚说明

参数名称	数据类型	说　明
PWM	HW_PWM	硬件标识符
ENABLE	BOOL	ENABLE＝1,输出 PWM；ENABLE＝0,停止
BUSY	BOOL	指令工作状态
STATUS	WORD	指令执行状态

12.4　CTRL_PTO

使用 CTRL_PTO 指令可以以指定的频率输出 PTO 高速脉冲序列。可在只做速度控制，无位置控制需求的运动控制场合直接使用 CTRL_PTO 指令，此时无须组态轴工艺对象。

12.4.1　硬件组态

使用 CTRL_PTO 指令无须组态轴工艺对象，但需要在硬件组态中手动激活并组态其功能，具体步骤如图 12-90 所示。

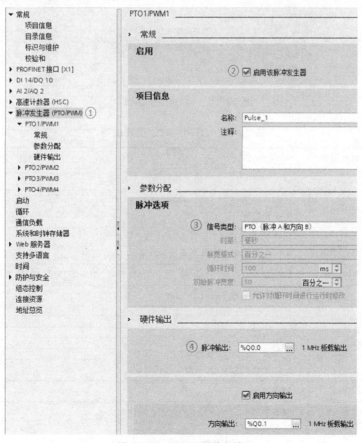

图 12-90　PTO 硬件组态

① 在 CPU 的属性窗口中找到"脉冲发生器"选项，选择要设置的脉冲发生器，例如：PTO1/PWM1。

②"启用该脉冲发生器"激活 PTO/PWM 功能。

③ 设置 PTO 输出的信号类型，信号类型的说明参考表 12-12。

④ 配置相应的脉冲输出点。

12.4.2　CTRL_PTO 指令

在"指令>扩展指令>脉冲"文件夹中找到 CTRL_PTO 指令，如图 12-91 所示。指令的相关引脚说明见表 12-35。

图 12-91　CTRL_PTO 指令

表 12-35　CTRL_PTO 引脚说明

参数	数据类型	说　明
输入参数		
EN	Bool	1:指令激活 0:指令禁用
REQ	Bool	1:将 FREQUENCY 设置为 PTO 输出频率 0:脉冲发生器输出频率不发生改变
PTO	HW_PTO	脉冲发生器的硬件标识符,可在"系统常量"中获得,如图 12-92 所示
FREQUENCY	UDInt	待输出的脉冲序列频率(Hz)
输出参数		
DONE	Bool	状态参数: 0:作业尚未启动,或仍在执行过程中 1:作业已成功执行,未发生任何错误
BUSY	Bool	处理状态
ERROR	Word	状态参数: 0:无错误 1:指令执行过程中发生错误

(续)

参数	数据类型	说　明
STATUS	Word	指令的状态： W#16#0：无错误 W#16#8090：指定硬件 ID 的脉冲发生器已经在使用 W#16#8091：超出了参数"FREQUENCY"的范围，频率超出所选脉冲输出的最大频率 W#16#80A1：PTO 标识符未寻址到有效的 PTO W#16#80D0：指定硬件 ID 的脉冲发生器未激活或未设置"PTO"属性

注意：
　　EN 为 0 时无法禁用脉冲发生器，且 PTO 输出保留其当前状态；EN 为 1 时，REQ = 1 且 FREQUENCY = 0 才能禁用脉冲发生器。

图 12-92　脉冲发生器的硬件标识符

12.4.3　常见问题

CTRL_PTO 指令何时更新新写入的频率值？

答：激活 CTRL_PTO 指令后，CPU 以给定的频率输出脉冲串，在更新频率时，CPU 会在当前脉冲完整结束后再更新给定频率。例如，如图 12-93 所示，当前脉冲频率为 1Hz（周期为 1000ms），如①所示，如果在当前脉冲低电平时间范围内将频率修改为 10Hz，则频率值不会立即更新，会在当前脉冲完整结束后更新频率。

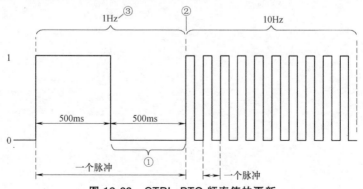

图 12-93　CTRL_PTO 频率值的更新

①—用户将频率修改为 10Hz

②—新的 10Hz 频率值在之前的 1Hz 脉冲完整结束后生效

③—1Hz 对应 1000ms。

　　当使用 PTO 轴工艺对象执行新运动控制任务时，还要考虑时间片的机制。S7-1200 以 10ms 为"时间片"计算运动任务，如图 12-94 所示，执行一个时间片时，下一时间片会在队列中等待执行。如果执行轴的新运动任务（例如通过"MC_MoveVelocity"实现速度控制时，更新速度值），则新运动任务可能最多等待 20ms（当前时间片的剩余时间加上排队的时间片）后才执行生效。使用"MC_Halt"运动控制指令停止轴以及利用"MC_Power"指令的"Enable"输入引脚停止轴时，也要遵循时间片机制，轴停止也会延时 1～2 时间片（10～20ms）才生效。

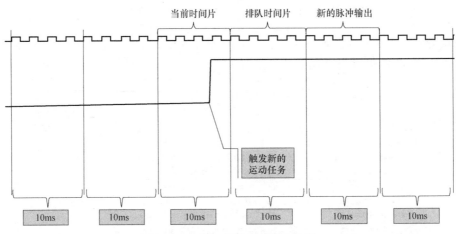

图 12-94　轴工艺对象时间片机制

第 13 章 S7-1200 PLC 的诊断功能

在 PLC 系统的设计中，除了要满足工艺正常控制功能的要求外，还需要诊断 PLC 系统通信、硬件以及程序执行的状态。当控制系统故障时，通过有效的诊断方法，可以提高现场故障排查、系统维护的效率；同时对 PLC 系统的实时诊断，可以在故障状态下确保设备始终工作在安全的状态下。

S7-1200 PLC 支持多种诊断功能，实现对不同故障类型的诊断，支持的诊断功能如下：
- 模块上的 LED 指示灯诊断；
- TIA 博途软件的诊断；
- PLC 集成的系统诊断；
- PLC 内置的 Web 服务器诊断；
- 用户程序的诊断。

S7-1200 PLC 常见的故障类型如下：
- 硬件故障；
- 通信故障；
- 程序执行错误。

对于 PLC，某些故障的发生会引起 S7-1200 PLC 报故障，而某些故障（如指令的参数数值溢出）则不会引起 S7-1200 PLC 报故障，所以要具体判断哪种类型的故障以及故障发生的位置（设备或程序），因此需要使用一种以上的诊断功能。

下面章节将按照故障诊断功能分类，介绍如何实现对 S7-1200 PLC 各种故障类型的诊断。

13.1 LED 指示灯的诊断

S7-1200 PLC 的 CPU 和扩展模块有不同的 LED 指示灯，用以指示模块的工作状态。S7-1200 CPU 模块顶端有 3 个 LED 指示灯，从左向右分别为 RUN/STOP（运行/停止），ERROR（错误），MAINT（维护）。而扩展模块都有一个状态诊断 LED 指示灯 DIAG。CPU 正常工作时，CPU 上的 RUN/STOP 指示灯绿色常亮，其余指示灯熄灭；扩展模块正常工作时，DIAG 指示灯为绿色常亮。

在 S7-1200 CPU 模块上，不同的 LED 指示灯状态组合，表示 CPU 不同的状态，见表 13-1。

表 13-1 CPU 模块上 LED 指示灯状态表

LED 指示灯			含　义
RUN/STOP	ERROR	MAINT	
灭	灭	灭	断电
闪烁 （黄色和绿色交替）	—	灭	启动、自检或固件更新

（续）

LED 指示灯			含　义
RUN/STOP	ERROR	MAINT	
亮（黄色）	—	—	停止模式
亮（绿色）	—	—	运行模式
亮（黄色）	—	闪烁	取出存储卡
亮（黄色或绿色）	闪烁	—	故障①
亮（黄色或绿色）	—	亮	请求维护： • 激活了 I/O 强制 • 需要更换电池（如果安装了电池板）
亮（黄色）	亮	灭	硬件出现故障
闪烁 （黄色和绿色交替）	闪烁	闪烁	LED 测试或 CPU 固件出现故障
亮（黄色）	闪烁	闪烁	CPU 组态版本未知或不兼容

① CPU 模块的故障指示可以指示以上三种故障类型，所以需要通过其他诊断功能获得具体故障信息。

CPU 的指示灯状态也可以通过 TIA 博途软件在线后的"测试"窗口显示。

S7-1200 PLC 信号模块 SM 上都有状态 LED 指示灯 DIAG（诊断），除此之外，模拟量模块还有用于通道诊断的 I/O 通道 LED 指示灯，具体含义见表 13-2。

表 13-2　SM 模块上 LED 指示灯状态表

LED 指示灯		含　义
DIAG	I/O 通道	
闪烁（红色）	全部闪烁（红色）	模块 DC24V 电源故障
闪烁（绿色）	灭	启动、自检或固件更新
亮（绿色）	亮（绿色）	模块已组态，并且没有故障
闪烁（红色）	—	故障状态
—	闪烁（红色）	通道故障（启用诊断时）
—	亮（绿色）	通道故障（禁用诊断时）①

① 当通道禁用诊断功能时，发生故障时，通道指示灯不报，也不影响模块 DIAG 指示灯的状态。

13.2　TIA 博途软件的诊断

S7-1200 PLC 出现故障时，可以通过 TIA 博途软件不同的在线窗口，实现对多种故障类型的诊断。

13.2.1　"设备视图"的在线诊断

在"设备视图"的在线窗口中，通过 CPU 和扩展模块的在线图标，可以显示模块的工作状态，如图 13-1 所示。

CPU 的运行状态图标含义见表 13-3。

设备和模块的工作状态图标含义见表 13-4。

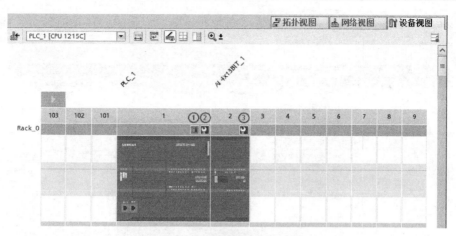

图 13-1 "设备视图"诊断

①—CPU 运行状态 ②—CPU 工作状态 ③—模块工作状态

表 13-3 CPU 运行状态图标含义

图标	含 义	图标	含 义
（绿色）	运行		缺陷
（橙色）	停止		未知运行状态
（橙绿色）	启动		组态的模块不支持显示运行状态
	保持		

表 13-4 设备和模块的工作状态图标含义

图标	含 义	图标	含 义
	正在建立到 CPU 的连接		模块或设备被禁用
	无法通过所设置的地址访问 CPU		无法访问模块或设备
	组态的 CPU 和实际 CPU 型号不兼容	0.01	无输入或输出数据可用，因为（子）模块已经阻塞了其输入或输出通道
	在建立与受保护 CPU 的在线连接时，密码对话框终止而没有指定正确密码		在线组态数据与离线组态数据不同，因而无法获得诊断数据
	无故障		在线组态与离线组态不同，因而无法获得诊断数据
（绿色）	需要维护		连接已建立，但是模块状态尚未确定或未知
（黄色）	要求维护		组态的模块不支持显示诊断状态
（红色）	故障		下位组件发生硬件错误

可以选择故障模块，右键菜单中选择"在线和诊断"以显示具体诊断信息，如图 13-2 所示。

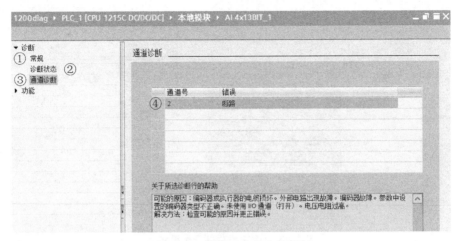

图 13-2　模块"在线和诊断"

① "常规"：显示模块信息，如订货号、版本等。

② "诊断状态"：显示模块状态。

③ "通道诊断"：显示通道故障信息。

④ 可显示故障通道号和故障类型。

13.2.2　"网络视图"的在线诊断

在"网络视图"的在线窗口中，可显示 PLC 系统各个站的工作状态，包括 S7-1200 PLC 站和分布式 I/O 站，如图 13-3 所示。在线图标含义见表 13-4。

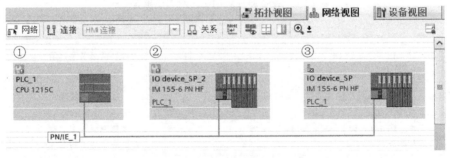

图 13-3　"网络视图"诊断
①—CPU 工作状态　②、③—分布式 I/O 站模块工作状态

① 显示 ，表示这个 S7-1200 PLC 站有下位组件（包括本地模块和分布式 I/O 站）故障。

② 同样显示 ，表示这个 PROFINET IO 设备有故障组件（如数字量输入模块发生"无电源电压"故障）。

③ 显示 ，表示这个 PROFINET IO 设备不能与 PROFINET IO 控制器 S7-1200 PLC 通信。

13.2.3　"拓扑视图"的在线诊断

组态"拓扑视图"可以实现 PROFINET IO 设备"不带可更换介质时支持设备更换"，

此外还可以实现拓扑诊断,用于诊断在网络中各设备之间的实际网络连接与"拓扑视图"中所组态的端口互连关系是否保持一致。拓扑诊断是保障工程中网络拓扑设计与工程实施一致性的一个有效手段,可以帮助工程维护人员及时地诊断出故障,有效地维护网络。组态"拓扑视图"的在线显示如图 13-4 所示。

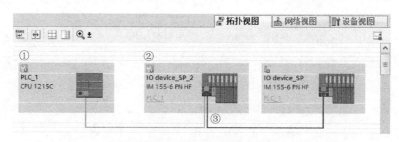

图 13-4　"拓扑视图"诊断

①—CPU 工作状态　②—分布式 IO 站工作状态　③—端口互连状态

"拓扑视图"的在线显示也可以显示 S7-1200 PLC 系统各个站的状态,与"网络视图"显示一致。除此之外,对于已组态了互连的端口,可以显示它们的实际互连状态。如③所示,端口互连错误的端口显示红色,端口之间的以太网电缆也显示红色。端口和以太网电缆的颜色标记的含义见表 13-5。

表 13-5　端口和以太网电缆的颜色标记的含义

颜色	含　义
浅绿	无故障或者需要维护
深绿	离线
黄色	要求维护
红色	通信错误或者拓扑错误
深灰	无诊断功能

> 注意:
> 当不需要实现 PROFINET IO 设备"不带可更换介质时支持设备更换"和拓扑诊断功能时,在"拓扑视图"中可不组态端口互连,以减少不必要的报错。

13.2.4　CPU 诊断缓冲区的诊断

通过 CPU 的"在线和诊断"视图,可以访问 CPU 的诊断缓冲区,对 S7-1200 PLC 系统发生过的诊断事件进行评估,能够大致地了解故障发生可能的原因,或者追踪多条事件记录以便能够更详细地确定可能的原因。TIA 博途软件在线时,单击项目树中 PLC 站点下的"在线和诊断",在"在线和诊断"窗口中,单击"诊断缓冲区",显示如图 13-5 所示。

① 事件记录:"诊断缓冲区"中的事件记录编号以时间为顺序,最新的事件始终显示在前。

② 事件类型:图标含义见表 13-4。

③ 到达/离去状态,图标含义见表 13-6。

④ 冻结显示"或"取消冻结"按钮:可冻结诊断缓冲区条目的显示。

⑤ 显示当前选择的事件条目的详细信息,提供更详细的文本描述,如模块、站或设备名称,机架/插槽,导致该事件的原因,以及事件导致 CPU 操作模式的切换等;图中示例指示"机架 0/插槽 2"的模块"PLC_ 1/AI 4x13BIT_ 1"发生在"通道 2"上的"断线"故障的一个"离去事件",即"断线"故障已恢复。

⑥ 显示事件的"到达/离去"状态,与⑤中的图标对应。

⑦ 单击"在编辑器中打开"按钮,可以定位到发生此事件的编辑器窗口。有两种情况。

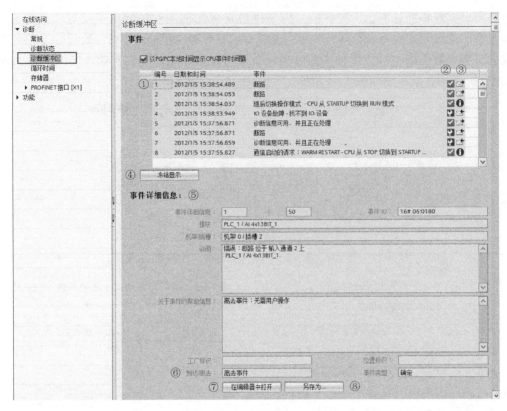

图 13-5　CPU 诊断缓冲区

• 程序执行错误触发的事件：单击按钮会直接跳转到离线程序中错误指令的位置，便于检查和更改程序；

• 模块故障触发的事件：单击按钮会打开故障模块的设备视图。

⑧ 单击"另存为"按钮，会将"诊断缓冲区"的内容保存到文本文件中，用于追溯和分析事件的历史进展。

表 13-6　事件状态图标含义

图　标	含　义	图　标	含　义
	到达事件		与到达事件/离去事件无关
	离去事件		用户自定义诊断事件

13.3　SIMATIC HMI 的诊断控件诊断

S7-1200 PLC 集成了系统诊断的功能，无须单独激活，并且不需要通过编程实现。当 PLC 的硬件组态发生变化时，SIMATIC HMI 中的诊断信息会自动更新，无需对 SIMATIC HMI 的组态进行更改和重新下载。由于系统诊断功能通过 CPU 的固件实现，所以即使 CPU 处在停止模式下，仍然可以对 PLC 进行系统诊断。

如需要在 SIMATIC HMI 中显示 S7-1200 PLC 的系统诊断信息，需要组态 PLC 和 HMI 之间的 HMI 连接。实现方法是只要在 SIMATIC HMI 的界面中拖入"系统诊断视图"控件即可，如图 13-6 所示。

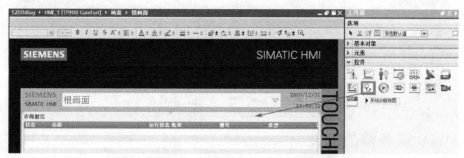

图 13-6　在 HMI 界面中插入 "系统诊断视图" 控件

在 "系统诊断视图" 中，可显示所有组态了 HMI 连接的 S7-1200 PLC 的系统诊断信息。在 "系统诊断视图" 中，可以分层级查看 S7-1200 PLC 系统的 CPU、本地模块以及分布式 I/O 的工作状态和详细诊断信息，如图 13-7 所示。

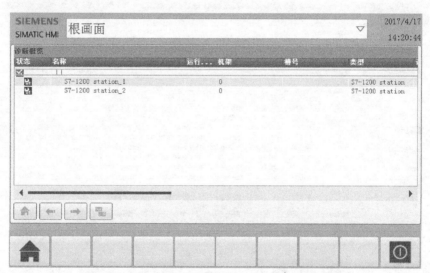

图 13-7　"系统诊断视图" 中 PLC 系统的诊断概览

单击诊断控件中的箭头按钮 、 ，可切换诊断视图中的诊断层级。选择图 13-7 中 "S7-1200 station_ 1"，单击 ，显示此站点的诊断，如图 13-8 所示。

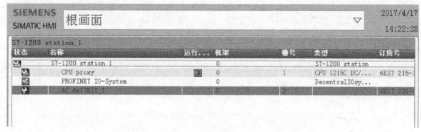

图 13-8　"系统诊断视图" 中 PLC 站诊断

单击诊断控件中的消息按钮 ，可以查看 PLC 的诊断缓冲区信息，如图 13-9 所示。

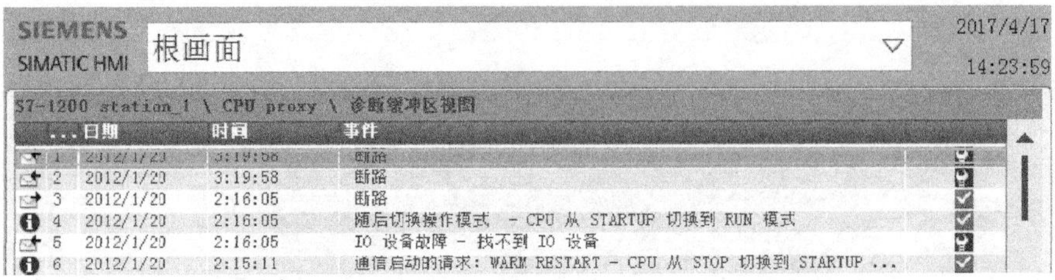

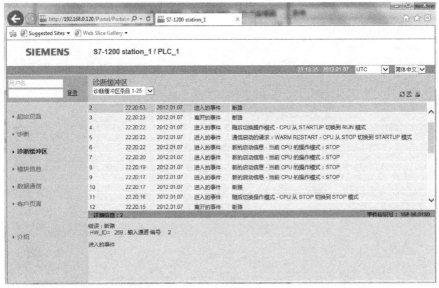

图 13-9　"系统诊断视图"中 PLC 的诊断缓冲区

13.4　Web 服务器的诊断

通过 S7-1200 PLC 集成的 Web 服务器，可以读取 PLC 的诊断信息，实现此功能需要在 Web 服务器用户管理的访问权限设置中使能"查询诊断"。在登录到 Web 服务器后可以在 Web 服务器页面左侧看到诊断缓冲区、模块信息、数据通信等标签项。单击"诊断缓冲区"，可显示 CPU 的诊断记录，如图 13-10 所示。

图 13-10　通过 Web 服务器查看 CPU "诊断缓冲区"

单击"模块信息"，可显示 S7-1200 PLC 本地模块以及分布式 I/O 系统的诊断信息，可通过"状态"图标显示状态，如图 13-11 所示。

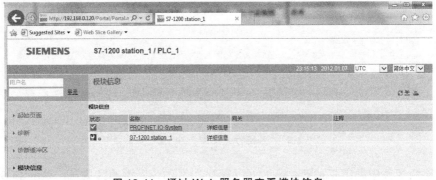

图 13-11　通过 Web 服务器查看模块信息

在"模块信息"界面中，单击 PLC 站点名称或分布式 I/O 系统名称，可进入到下一级显示详细模块诊断信息的界面，如图 13-12 所示。

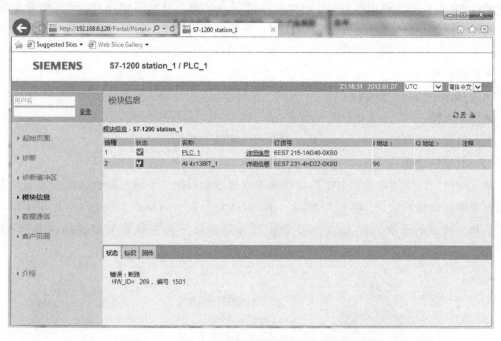

图 13-12　通过 Web 服务器查看模块的详细信息

单击"数据通信"，可显示端口连接状态，连接资源及已经建立连接的连接信息，如图 13-13 所示。

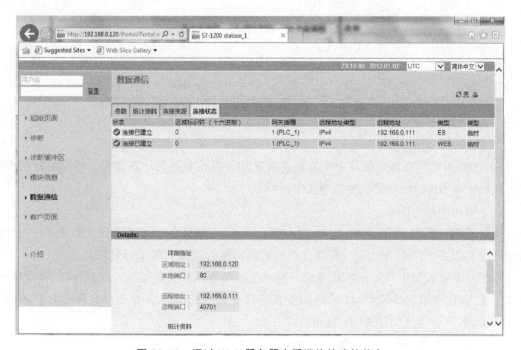

图 13-13　通过 Web 服务器查看通信的连接状态

13.5　通过用户程序的诊断

S7-1200 PLC 的故障中断 OB 可响应不同类型的故障，可编程中断 OB 分析处理故障事件；同时支持多种指令编程读取 S7-1200 PLC 系统的诊断数据，最终实现故障处理和故障报警等功能。针对不同的故障类型，用户程序诊断分为三种诊断功能：

- 故障诊断；
- 用户程序执行错误诊断；
- 过程报警。

下面将通过示例的方式，介绍通过用户程序实现诊断的用法。

13.5.1　故障的诊断

通过用户程序可读取 S7-1200 PLC 系统的故障诊断数据，不同的编程方式可实现对不同的硬件层级读取诊断数据，实现对 PLC、分布式 I/O 系统、分布式 I/O 站、本地模块以及分布式模块、通道的诊断。S7-1200 PLC 系统通过用户程序诊断故障的编程结构如图 13-14 所示。

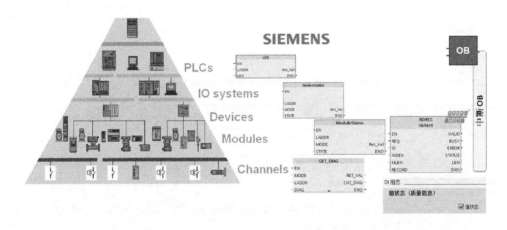

图 13-14　通过用户程序实现的诊断层级

1. 故障中断 OB

S7-1200 PLC 可以通过触发中断的方式响应 PLC 系统发生的一些错误，可以通过编程读取相应的中断 OB 的启动信息分析导致中断的事件。

（1）诊断中断 OB82

支持诊断的模块可以是 S7-1200 PLC 机架上的本地模块，也可以是 PROFIBUS DP 或 PROFINET IO 系统的分布式 I/O 模块。模块诊断功能的设置如图 13-15 所示。

在模块参数设置中使能诊断功能后，当发生诊断故障时模块报错，同时 S7-1200 PLC 也报错，在 CPU 中编程访问 OB82 的启动信息可以立即判断故障模块并可实现对此故障的响应。OB82 的启动信息如图 13-16 所示。

① "IO_State"：设备的 IO 状态，含义见表 13-7。

图 13-15　模块的诊断功能设置

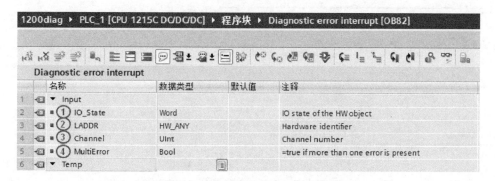

图 13-16　诊断中断 OB82 的启动信息

表 13-7　诊断中断 OB82 启动信息中 IO_State 变量的含义

位	状态	含　义
bit0	0	组态不正确
	1	组态正确
Bit4	0	不存在故障
	1	存在故障
Bit5	0	组态再次正确
	1	组态不正确
Bit7	0	可以再次访问该 I/O
	1	I/O 访问错误

②"LADDR"：触发此次 OB82 的模块的硬件标识符。

③"Channel"：触发此次 OB82 的通道编号。

④"MultiError"：当故障模块中有多个通道存在故障时为 1，特定支持通道诊断的模块有此功能。

注意：

支持通道诊断的模块发生通道故障时，OB82 的启动信息变量 "Channel" 为通道编号，当模块故障恢复（离去事件）时为 32768。

　　下面的示例程序实现存储 OB82 的启动信息，以便用于 HMI 状态显示和其他程序处理，以及当模块 AI 4x13BIT_1（HW_ID = 269）故障时，点亮报警灯，程序如图 13-17 所示。

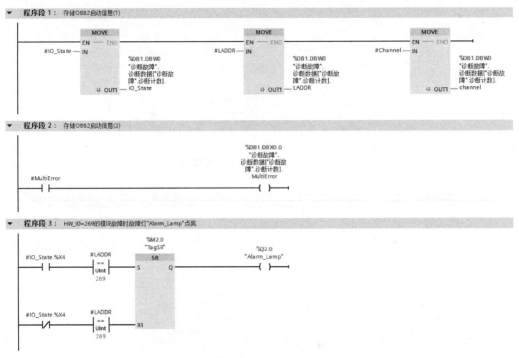

图 13-17　诊断中断 OB82 中对模块故障响应的编程示例

　　程序段 1、2：将诊断中断 OB82 的启动信息存储到数组变量 "'诊断故障'诊断数据"，可用于其他组织块中的程序访问。读取的 OB82 的启动信息如图 13-18 所示。

		名称	数据类型	偏移量	起始值	监视值
1		▼ Static				
2		▼ 诊断数据	Array[0..9] of Struct	0.0		
3		▼ 诊断数据[0]	Struct	0.0		
4		IO_State	Word	0.0	16#0	16#0010
5		LADDR	HW_ANY	2.0	0	269
6		channel	UInt	4.0	0	2
7		MultiError	Bool	6.0	false	FALSE
8		▼ 诊断数据[1]	Struct	8.0		
9		IO_State	Word	8.0	16#0	16#0001
10		LADDR	HW_ANY	10.0	0	269
11		channel	UInt	12.0	0	32768
12		MultiError	Bool	14.0	false	FALSE
13		▼ 诊断数据[2]	Struct	16.0		
14		IO_State	Word	16.0	16#0	16#0010
15		LADDR	HW_ANY	18.0	0	269
16		channel	UInt	20.0	0	0
17		MultiError	Bool	22.0	false	FALSE

图 13-18　读取到的诊断中断 OB82 的启动信息

　　程序段 3：当模块的硬件标识符为 269（AI 4x13BIT_1）的模块报故障时，报警灯 "Alarm_Lamp" 点亮，当故障恢复后将报警灯熄灭。

（2）模块插拔中断 OB83

S7-1200 PLC 本地模块不支持热插拔功能，当支持热插拔功能的分布式 I/O 有热插拔操作时，编程访问 OB83 的启动信息可以判断出触发 OB83 的模块并做出响应。模块插拔中断 OB83 的启动信息如图 13-19 所示。

1200diag ▸ PLC_1 [CPU 1215C DC/DC/DC] ▸ 程序块 ▸ Pull or plug of modules [OB83]

Pull or plug of modules

		名称	数据类型	默认值	注释
1	⬚ ▼	Input			
2	⬚ ①	LADDR	HW_IO		Hardware identifier
3	⬚ ②	Event_Class	Byte		16#38/39: module inserted, removed
4	⬚ ③	Fault_ID	Byte		Fault identifier
5	⬚ ▼	Temp			

图 13-19　模块插拔中断 OB83 的启动信息

① "LADDR"：触发此次中断模块的硬件标识符。

② "Event_Class"：事件类别，B#16#38：插入模块；B#16#39：拔出模块或未响应。

③ "Fault_ID"：故障标识，含义与事件类别相关，见表 13-8。

表 13-8　事件类别和故障标识的对照表

Event_Class（B#16#…）	Fault_id（B#16#…）	含　义
39	51	拔出模块
39	54	拔出子模块
38	54	插入子模块，参数符合
38	55	插入子模块，参数不符合
38	56	插入子模块，参数分配错误
38	57	插入子模块或模块，但存在故障或需要维护
38	58	修正了子模块访问错误

（3）时间错误中断 OB80

CPU 在循环期间一直监控当前执行周期的循环时间，如果超出 CPU 参数中设置的"循环周期监视时间"，CPU 将报"超出最大程序循环时间-时间错误"，并请求启动时间错误 OB80。

当超出 2 倍的"循环周期监视时间"时，无论是否编程时间错误中断 OB80，CPU 都将停机。为避免 CPU 循环超时，停机影响正常生产，可以编程 RE_TRIGR 指令，重新触发 CPU 的循环时间监控。CPU 的循环时间通过 RE_TRIGR 指令最多只能延长到"循环周期监视时间"的 10 倍，否则仍会导致 CPU 停机，程序示例如图 13-20 所示。

（4）机架错误 OB86

在 PLC 系统的运行过程中，分布式 I/O 的输入信号和输出信号的有效性是非常重要的。当某个分布式 I/O 站因为断电或通信故障等原因不可访问时，PLC 的控制程序中 IO 访问不能反映实际工况。在这

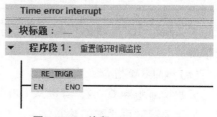

图 13-20　编程"RE_TRIGR"重新启动周期监视时间

种情况下，需要通过 PLC 编程诊断分布式 I/O 站的状态以评估控制程序中 I/O 访问的有效性，做出相应的控制处理并发出报警。当分布式 I/O 站掉站/恢复时，S7-1200 PLC 会触发中断 OB86，编程访问 OB86 的启动信息可以判断出触发中断的 I/O 站，并做出响应。机架错误 OB86 的启动信息如图 13-21 所示。

图 13-21　机架错误 OB86 的启动信息

①"LADDR"：触发中断的 I/O 站的硬件标识符。编程时，可以从 PLC 的"系统常量"中查找到 PROFINET IO 设备和 PROFIBUS DP 从站的硬件标识符判断故障站点。名称结构和数据类型见表 13-9。

表 13-9　机架错误 OB86 的 LADDR

系统常量 I/O 站类型	名称	数据类型
PROFINET IO 设备	设备名称 + ~IODevice	Hw_Device
PROFIBUS DP 从站	从站名称 + ~DPSlave	Hw_Dpslave

示例如图 13-22 所示。

图 13-22　分布式 I/O 站硬件标识符示例

②"Event_Class"：事件类别，含义见表 13-10；

表 13-10　事件类别的代码含义

Event_Class（B#16#…）	含　　义	Event_Class（B#16#…）	含　　义
32	激活 DP 从站或 IO 设备	38	离去事件
33	禁用 DP 从站或 IO 设备	39	到达事件

③"Fault_ID"：故障代码，含义与事件类别相对应，具体含义可参考 TIA 博途软件的在线帮助。

（5）RALRM 指令

编程诊断中断 OB82，可以从 OB82 的启动信息判断事件的类别、故障模块以及故障通道，如果要读取更详细的诊断信息，如故障类型（断线、短路故障等），可以在中断 OB 中编程"接收中断"指令"RALRM"，该指令在中断触发时，将从 I/O 模块（集中式组态）

或分布式 I/O 站的模块中接收所有诊断信息，并在输出参数中输出。输出参数中的信息包括中断 OB 的启动信息以及中断源的信息。指令参数含义见表 13-11。

表 13-11 "RALARM" 指令参数含义

参数	数据类型	含　义
Mode	INT	模式： 0：只更新 NEW 和 ID 1：更新所有输出参数 2：检查是否为 F_ID 指定的组件触发的中断，如果是则更新参数
F_ID	HW_IO	模块的硬件标识符
MLEN	UINT	要接收的中断信息的最大长度（字节） 在 MLEN=0 时，将读取 AINFO 参数指定的所有数据
NEW	BOOL	接收了新中断
STATUS	WORD	错误代码
ID	HW_IO	接收到中断的模块的硬件标识符
LEN	UINT	所接收中断信息的长度
TINFO	VARIANT	OB 启动和管理信息的目标区域，在 OB82 中调用此指令时声明为系统数据类型 TI_DiagnosticInterrupt
AINFO	VARIANT	标头信息和附加中断信息的目标区域 对于 AINFO，至少 MLEN 个字节

诊断数据输出到目标区域 TINFO 和 AINFO。编程如图 13-23 所示。

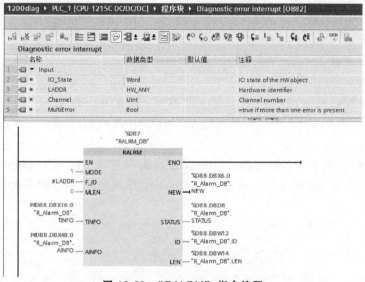

图 13-23 "RALRM" 指令编程

图中示例 Mode=1，诊断中断 OB82 触发后将更新所有输出数据。以 S7-1200 PLC 本地模拟量输入模块触发了断线故障为例，读取诊断数据。变量 AINFO 声明为按照 S7-1200 PLC 集中式组态的诊断结构定义的用户数据类型，读取到的诊断数据如图 13-24 所示，下面只说明用于分析模块故障常用的数据。

①②③：含义与 OB82 的启动信息含义相同，可以判断模块的硬件标识符，模块状态以及通道号。

R_Alarm_DB

		名称	数据类型	偏移量	起始值	监视值	
9	▼	TINFO	TI_DiagnosticInterrupt	16.0			
10		SI_Format	USInt	16.0	0	254	
11		OB_Class	USInt	17.0	82	82	
12		OB_Nr	UInt	18.0	0	82	
13		LADDR	HW_ANY	20.0	0	269	①
14		IO_State	Word	22.0	16#0010	16#0010	②
15		Channel	UInt	24.0	0	2	③
16		MultiError	Bool	26.0	false	FALSE	
17		address	Word	36.0	16#0000	16#0000	
18		slv_prfl	Byte	38.0	16#00	16#00	
19		intr_type	Byte	39.0	16#00	16#00	
20		flags1	Byte	40.0	16#00	16#00	
21		flags2	Byte	41.0	16#00	16#00	
22		id	UInt	42.0	0	0	
23		manufacturer	UInt	44.0	0	0	
24		instance	UInt	46.0	0	0	
25	▼	AINFO	"AICHInfo"	48.0			
26	▼	Header	"AINFO-Header"	48.0			
27		BlockType	Word	48.0	16#0	16#0002	
28		BlockLength	Word	50.0	16#0	16#001E	
29		Version	Word	52.0	16#0	16#0100	
30		InterruptTypeID	Word	54.0	16#0	16#0001	
31		API	DWord	56.0	16#0	16#0000_0000	
32		SlotNumber	Word	60.0	16#0	16#0002	④
33		SubmoduleSlotNumber	Word	62.0	16#0	16#0001	
34		ModuleIdentification	DWord	64.0	16#0	16#0000_0000	
35		SubmuduleIdentification	DWord	68.0	16#0	16#0000_0000	
36		InterruptSpecifier	Word	72.0	16#0	16#2803	
37	▼	CHDIAG	"AINFO_CHDIAG"	74.0			
38		Format	Word	74.0	16#0	16#8000	⑤
39		CHNumber	Word	76.0	16#0	16#0002	⑥
40		Type	Byte	78.0	16#0	16#28	
41		DataFormat	Byte	79.0	16#0	16#05	
42		ErrorID	Word	80.0	16#0	16#0006	⑦

图 13-24　"RALRM" 指令读取诊断数据示例

④ 槽号：2 号槽模块。

⑤ 通道诊断。

⑥ 通道号：通道 2。

⑦ 故障类型：断线故障。

有关附加报警信息结构的详细信息，请参见 SIMATIC PROFINET IO 编程手册《从 PROFIBUS DP 至 PROFINET IO》以及现行 IEC 61158-6-10-1 标准。

2. LED 指令

S7-1200 PLC 提供了 "LED" 指令，可以通过编程读取 CPU 的 STOP/RUN、ERROR、MAINT 这 3 个状态指示灯的状态，从而可以通过 HMI 设备实现 PLC 状态的远程显示。编程如图 13-25 所示。

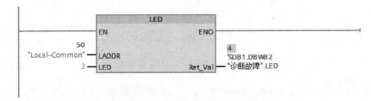

图 13-25　LED 指令编程

LADDR：输入 CPU 的硬件标识符，为系统常量 "Local ~ Common"。

LED：表示所要读取的 LED 指示灯的标识号，1：STOP/RUN，2：ERROR，3：MAINT 指示灯。示例中赋值 2，表示读取 CPU ERROR 指示灯状态。

Ret_Val：指示灯状态值。示例中为 4，可判断出 S7-1200 CPU 的 ERROR 指示灯在闪烁，有故障存在，要分析具体故障原因需要使用其他诊断方法，如 TIA 博途软件的在线诊断。

3. DeviceStates 指令

通过编程机架错误 OB86，只是在分布式 I/O 站掉站或恢复的事件发生时进行诊断，是基于事件触发的诊断。而使用"DeviceStates"指令，则可以在主循环 OB 中任意时刻或在中断 OB86 中编程，读取 PROFINET IO 系统或 PROFIBUS DP 主站系统中当前所有分布式 I/O 站的状态。

以 PROFINET IO 系统的 IO 设备故障诊断为例，CPU 1215C 通过 PN 接口连接了两个 PROFINET IO 设备，设备编号分别为 1 和 2，系统配置如图 13-26 所示。

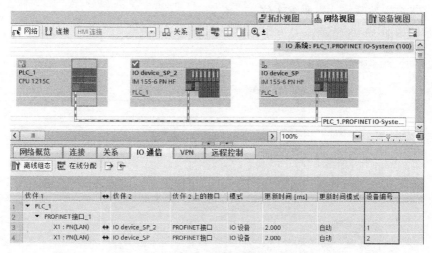

图 13-26 S7-1200 PROFINET IO 组态

在主程序 OB1 中，编程"DeviceStates"指令，读取 PROFINET IO 系统中的故障 IO 设备。指令参数介绍如下：

LADDR：PROFINET IO 系统的硬件标识符。该硬件标识符在"系统常量"中根据包含"PROFINET"（如果是 PROFIBUS DP 主站系统则包含"DP"）的名称和数据类型 Hw_IoSystem 可以查询到，如图 13-27 所示。

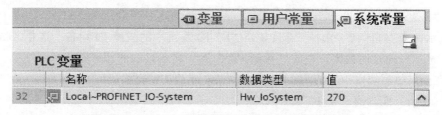

图 13-27 S7-1200 PROFINET IO 系统硬件标识符

Mode：不同的值表示读取分布式 I/O 站的不同状态。含义如下：

1）IO 设备/DP 从站已组态；

2）IO 设备/DP 从站故障；

3）IO 设备/DP 从站已禁用；

4）IO 设备/DP 从站存在；

5) 出现问题的 IO 设备/DP 从站。例如：维护要求或建议、不可访问、不可用、出现错误。

State：输出由 Mode 参数选择的 IO 设备/DP 从站的状态。当 IO 设备/DP 从站的状态与 Mode 选择的状态对应时，State 参数中下列的位将置为"1"：

- 位 0 = 1：组显示，即表示至少有一个 IO 设备/DP 从站的第 n 位置为"1"；
- 位 n = 1：对应的设备编号为 n 的 IO 设备或 PROFIBUS 地址为 n 的 DP 从站的状态与 Mode 参数选择的状态一致；
- 要输出所有 IO 设备/DP 从站的状态信息，请使用下列长度的 Array of BOOL：

a. 对于 PROFINET IO 系统：需要 1024 位。

b. 对于 DP 主站系统：需要 128 位。

编程示例如图 13-28 所示。

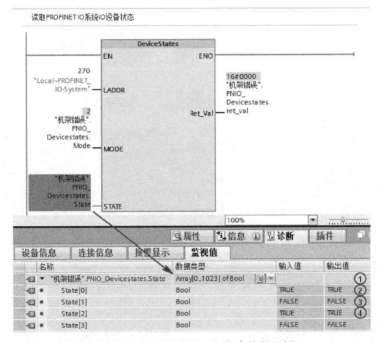

图 13-28 "DeviceStates" 指令编程示例

在此示例中 Mode = 2，选择读取 PROFINET IO 系统中的故障 IO 设备。选中 STATE 参数的实参变量，可通过巡视窗口中的"诊断>监视值"显示读取的状态数据：

① 在全局数据块中声明的 1024 个位的 Array of BOOL 变量；

② 位 0 = 1：至少有一个 IO 设备故障；

③ 位 1 = 0：设备编号为 1 的 IO 设备"IO device_ SP_ 2"状态正常；

④ 位 2 = 1：设备编号为 2 的 IO 设备"IO device_ SP"故障。

> 注意：
> 如果 S7-1200 PLC 通过 PROFIBUS DP 主站模块 CM1243-5 扩展了一个 PROFIBUS DP 主站系统，"DeviceStates" 指令的 LADDR 参数为系统常量"Local~DP-Mastersystem"。

4. ModuleStates 指令

"ModuleStates"指令可以诊断 S7-1200 PLC 系统中 S7-1200 PLC 中央机架、分布式 I/O 站中模块的状态,如哪个插槽中的模块是否存在或是否存在故障。

以诊断 S7-1200 PLC 中央机架的模块状态为例,S7-1200 PLC 在 2 号槽中组态了一个模拟量输入模块 AI 4x13BIT。在主程序 OB1 中编程"ModuleStates"指令,读取 S7-1200 PLC 模块的故障状态。编程示例如图 13-30 所示,指令参数介绍如下:

LADDR:站的硬件标识符,可以在"系统常量"中查看数据类型为"Hw_Device"或"Hw_DpSlave"的变量,示例中诊断 S7-1200 PLC 本地模块的状态,硬件标识符为"32",如图 13-29 所示。

图 13-29　"ModuleStates"指令中参数 LADDR
所对应的硬件标识符

Mode:不同的值表示读取模块的不同状态,含义如下:

1)模块已组态;

2)模块故障;

3)模块禁用;

4)模块存在;

5)模块中存在故障。例如维护要求、建议、不可访问、不可用或者出现错误。

在示例中,Mode=2,选择读取 S7-1200 PLC 本地模块中的故障信息。

State:输出由 Mode 参数选择的模块的状态,每一个位指示一个模块的状态,当模块的状态与 Mode 选择的状态一致时,State 参数中下列的位将置"1"。

● 位 0=1:组显示,即表示至少有一个模块的第 n 位置为"1";

● 位 n=1:槽号为 n-1 的模块的状态与 Mode 参数选择的状态一致;

● 数组变量:Array of BOOL,长度为 128,可读取所有模块的状态信息。

选中 STATE 参数的实参变量,可通过巡视窗口中的"诊断 > 监视值"显示读取的状态数据,如图 13-30 所示。

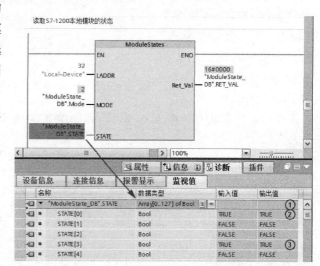

图 13-30　"ModuleStates"指令编程示例

① 在全局数据块中,声明的 128 个位的 Array of BOOL 变量。

② 位 0=1:至少有一个模块故障。

③ 位 3=1:2 号槽模块故障。

> **注意：**
> 当诊断分布式 I/O 站中的模块状态时，需要结合分布式 I/O 站的状态诊断功能 OB86 或 "DeviceStates" 指令综合判断。

5. RDREC 指令

读取数据记录 "RDREC" 指令可以用于读取 PROFIBUS DP 或 PROFINET IO 分布式 I/O 模块的详细诊断信息，与接收中断指令 "RALRM" 在诊断分布式 I/O 模块时的诊断数据相同。不同的是可以在主程序 OB 中或中断 OB 中编程，以读取模块中所有的故障通道和具体的故障类型，详细说明请参见 SIMATIC PROFINET IO 编程手册《从 PROFIBUS DP 至 PROFINET IO》。

6. GET_DIAG 指令

读取诊断信息 "GET_DIAG" 指令可以实现对模块故障状态的诊断，可以用于本地模块和分布式 I/O 模块，可以在主程序 OB 或中断 OB 中编程读取模块的状态信息。

7. 值状态

值状态（QI，质量信息）功能为每个 I/O 通道分配一个输入位地址，用于诊断 I/O 通道状态。值状态通过程序访问过程映像输入（PII）读取，此时不触发模块的诊断。

在 S7-1200 PLC 系统中，只有分布式 I/O 站中的部分高性能 DI、DO、AI 和 AQ 模块支持值状态功能。例如组态 DI 模块时，在"设备视图"中选择模块，在"巡视窗口"中的"属性>常规>模块参数>DI 组态"中启用"值状态"功能，此模块将增加用于值状态信号的输入地址空间，如图 13-31 所示。

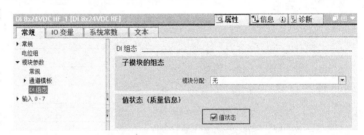

图 13-31　启用值状态功能

示例中启用值状态的模块 DI 8x24VDC HF_1 的地址空间如图 13-32 所示。a 为模块的起始地址。

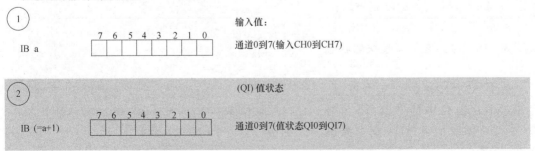

图 13-32　带值状态的 DI 8x24VDC HF_1 的地址空间

① IBa 是 DI 模块的通道地址。

② IB（a+1）是值状态的地址，字节中的 8 个位分别用于诊断模块中 8 个通道的状态。

过程映像输入中值状态字节的分配取决于所使用的模块。值状态的每个位均指定给一个通道，并提供通道值有效性的信息（0 = 信号无效，1 = 信号正常）。值状态为 0 有以下可能的原因：

- 端子上电源电压缺失或不足；
- 通道已禁用；
- 输出未激活（如，CPU 处于 STOP 模式）。

如上示例中的 DI 模块，起始地址 $a=10$，那么值状态字节地址为 11。当通道接入干接点信号时，需要并联一个电阻（$25\sim45\mathrm{k}\Omega$）实现在信号断开的状态下进行断线诊断，如图 13-33 所示。

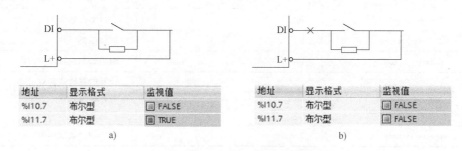

图 13-33　干接点信号并联电阻诊断断线

a）信号线路正常　b）信号线路断线

图 13-33a I11.7（QI）= 1，表示此时的 I10.7 = 0 是有效的信号状态；

图 13-33b I11.7（QI）= 0，表示此时的 I10.7 = 0 不是有效的信号状态，为断线状态。

13.5.2　程序执行错误的诊断

当 S7-1200 PLC 在运行中发生程序执行错误时，PLC 将报错，此时没有相应的错误中断 OB 响应，也不会引起 CPU 停机，可以通过 PLC 的诊断缓冲区进行诊断。而在实际应用中往往需要 PLC 对这种编程错误立即响应，可进行相应的错误处理。S7-1200 PLC 根据程序错误类型和原因提供了不同的处理机制，可通过 "EN/ENO" 机制和 "GET_ERROR" 或 "GET_ERR_ID" 指令对程序错误进行诊断处理，见表 13-12。

表 13-12　程序错误类型和处理机制

说明	参数值错误	编程错误	
	指令处理中直接发生的错误	可导致指令执行中止的编程或访问错误	
示例	数学函数中的溢出错误	编程错误 ● 查询一个不存在的外设输入 ● 通过变量下标访问 ARRAY 时，下标值超出有效的 ARRAY 限值	
程序或操作系统的响应	指令的 ENO 不输出	不编程下列指令时	PLC 报错，事件进入到诊断缓冲区
		编程下列指令时	PLC 系统不作响应
程序中的错误处理机制	根据具体的指令，可采取不同的本地错误处理方式： EN/ENO 机制[①]	使用以下指令，进行本地错误处理： GET_ERROR GET_ERR_ID	

① "ENO" 机制可用于数学函数、移动操作、转换操作、字逻辑运算、程序控制、运行时控制、移位和循环等基本指令。

下面通过示例说明通过 "EN/ENO" 机制和 "GET_ERROR" 指令如何对程序错误进行诊断处理，满足控制系统对可能的程序错误发生时所要求的响应。在示例项目中创建一个数据块 DB9 "Motor_DB"，变量声明见表 13-13。

并在数据块中声明一个为系统数据类型 "ErrorStruct" 的变量 "ProgramErrInfo"，在 FC1 块 "ProgramErr" 中，对选择的电机进行转速计算，每个电机的转速需要通过转速比计算实际转速。程序块 "ProgramErr" 参数定义见表 13-14。

表 13-13 数据块 "Motor_DB" 变量声明

名称	数据类型	说 明
Motor_ratio	Arrar[1..10] of Int	10 个电机的转速比
Motor_speed	Int	运行电机转速
Motor_Nr	Int	运行电机编号
Encoder_speed	Int	编码器测量转速
Speed_valid	bool	计算电机转速有效： 0：计算值无效 1：计算值有效
programErrinfo	ErrorStruct	存储程序错误信息

表 13-14 示例程序块 FC1 "ProgramErr" 参数声明

名称	声明	数据类型	说 明
Motor_Nr	Input	Int	输入电机编号
Encoder_speed	Input	Int	输入测量转速
Motor_speed	Output	Int	输出计算出的电机转速
programErrInfo	Output	ErrorStruct	输出程序错误信息
ENOerr_temp	Temp	Bool	指令参数值错误状态
ProgErr_Temp	Temp	Bool	编程错误状态
programErr_temp	Temp	ErrorStruct	临时存储编程错误信息

程序如图 13-34 所示。

程序段 1：计算选择的电机（Motor_Nr）的转速 = motor_Nr × encoder_speed

通过使能 MUL 指令的 "ENO" 机制诊断指令的 "参数值错误"（溢出错误），在指令的右键菜单中选择 "生成 ENO"，启动 "ENO" 机制，如图 13-35 所示。

当指令计算值超出 INT 数据类型范围时会发生 "溢出" 错误，导致指令 ENO=false。

程序段 2：编程 "GET_ERROR" 指令可以诊断出在 "程序段 1" 中的数组变量 "#motor_ratio [#motor_Nr]" 中，"motor_Nr" 是否超出数组范围，当发生编程错误时将导致指令的 ENO=false。

程序段 3：存储 "GET_ERROR" 指令输出的错误信息分析具体错误原因。示例中数组下标寻址超出范围产生程序错误，读取错误信息如图 13-36 所示。

示例中读取错误信息数值说明如下，更详细的说明可参考 TIA 博途软件的在线帮助。

① ERROR_ID：错误 ID。16#2522 表示 "读取错误：操作数超出有效范围"。

② FLAGS：程序块调用中错误。16#00 表示程序块调用过程中无错误。

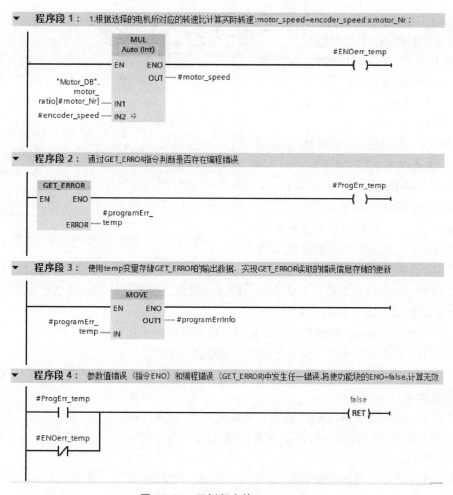

图 13-34　示例程序块 ProgramErr

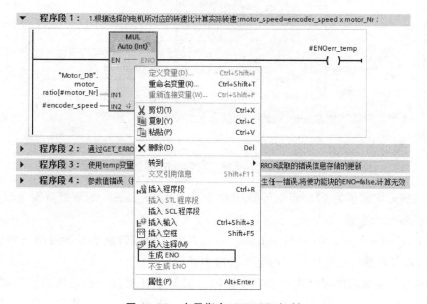

图 13-35　启用指令"ENO"机制

③ REACTION：错误响应。16#01 表示错误时使用替代值 "0" 继续。

④ BLOCK_TYPE：出现错误的程序块类型。16#02 表示 FC 块。

⑤ CB_NUMBER：块号。1 表示 FC1（④判断错误块是 FC）。

⑥ AREA：存储区。16#8B 表示访问 "数据块" 发生错误。

⑦ DB_NUMBER：数据块编号。9 表示错误访问的数据块是 DB9。

综合以上信息，可判断出 FC1 在执行 DB9 读取过程中出现访问超出数据块范围

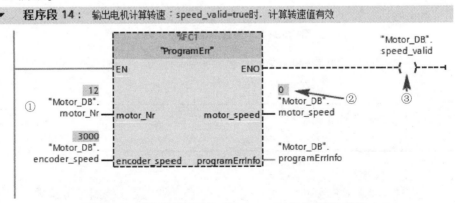

Motor_DB					
名称		数据类型	起始值	监视值	
▼ programErrInfo		ErrorStruct			
■	ERROR_ID	Word	16#0	16#2522	①
■	FLAGS	Byte	16#0	16#00	②
■	REACTION	Byte	16#0	16#01	③
■ ▼	CODE_ADDRESS	CREF			
■	BLOCK_TYPE	Byte	16#0	16#02	④
■	CB_NUMBER	UInt	0	1	⑤
■	OFFSET	UDInt	0	28	
■	MODE	Byte	16#0	16#07	
■	OPERAND_NUMBER	UInt	0	2	
■	POINTER_NUMBER...	UInt	0	0	
■	SLOT_NUMBER_SC...	UInt	0	0	
■ ▼	DATA_ADDRESS	NREF			
■	AREA	Byte	16#0	16#8B	⑥
■	DB_NUMBER	UInt	0	9	⑦
■	OFFSET	UDInt	0	4_286_578_944	

图 13-36　"GET_ERROR" 错误信息

的错误；再结合程序中 DB9 只有数组变量访问是变址访问，可得出结论数组下标寻址超限。

由于指令的输出错误数据只有存在错误时才会更新，为了在错误处理之后将存储的错误数据清除，可以通过以下 3 种方法实现：

● 通过程序块的 Temp 变量传输错误数据，示例程序中采用的就是这种方法；

● 在调用 "GET_ERROR" 指令之前将存储数据清除；

● 查询 "GET_ERROR" 指令的 ENO，当 ENO = false（程序块中不存在编程错误）时，将存储数据清除。

程序段 4：参数值错误（ENO 机制）和编程错误（GET_ERROR）中发生任一错误，将使功能块 FC1 的 ENO = false，可判断计算转速无效。在主程序 OB1 中调用 "ProgramErr"，如图 13-37 所示。

图 13-37　评估示例程序块 "ProgramErr" 的 ENO 输出

① 电机编号实际值为 12，超出了 DB9 中变量 "Motor_ratio" 的数组范围（1..10）。

② 电机转速计算值。

③ "ProgramErr" 的 ENO 输出为 false，可以判断②中的转速值是无效值。根据图 13-37 中的错误信息可判断出此时计算出的电机转速为替代值 "0"。

对于 SCL 语言编写的程序块，启动 "ENO" 机制是针对整个程序块的，需要在程序块属性使能 "自动置位 SCL 块和 SCL 程序段的 ENO" 来启动 "ENO" 机制，如图 13-38 所示。

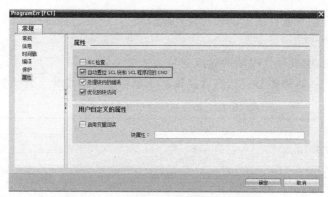

图 13-38　启用 SCL 程序块的 ENO 机制

> 注意：
> ● "GET_ERR_ID" 指令与 "GET_ERROR" 不同的是只读取程序执行错误信息中的错误 ID。
> ● 当程序执行时有多个错误发生时，"GET_ERROR"、"GET_ERR_ID" 只读取第一个发生错误的错误信息；只有在更正了发生的第一个错误后，才会读取下一个要发生错误的错误信息。

13.5.3　过程报警

在 PLC 控制系统中，往往需要对控制过程进行监控，用以分析判断过程的状态，这种监控是根据需要自定义的。S7-1200 PLC 操作系统会对所定义的监控自动响应，实现过程控制的立即响应或信息报警。S7-1200 PLC 提供两种途径，实现对过程监控的响应：

● 硬件信号监控触发硬件中断 OB，可利用中断响应的实时性满足对某些过程事件（超限等）的快速响应；

● 通过编程 "Gen_UsrMsg" 指令，将程序中判断出的过程报警作为事件发送给 CPU，可以在 CPU 的诊断缓冲区显示。

1. 硬件中断 OB

S7-1200 PLC 的高速计数器和数字量输入通道可以组态硬件中断，需要设置：

● 触发硬件中断的过程事件，如使能数字量输入的 "启用上升沿检测"；

● 分配响应此过程事件的硬件中断 OB。

在 CPU 中，编程访问硬件中断 OB 的启动信息评估触发中断的过程事件。硬件中断 OB 的启动信息如图 13-39 所示。

		名称	数据类型	默认值	注释
		Hardware interrupt			
1	◀□ ▼	Input			
2	◀□ ■	① LADDR	HW_IO		Hardware identifier
3	◀□ ■	② USI	Word		User structure identifier
4	◀□ ■	③ IChannel	USInt		Interrupt channel number
5	◀□ ■	④ EventType	Byte		EventType

图 13-39　硬件中断 OB 的启动信息

① "LADDR"：触发硬件中断的模块硬件标识符。

② "USI"：与用户无关。

③ "IChannel"：触发硬件中断的通道编号。

④ "EventType"：事件类型，数值含义取决于触发事件的模块，含义见表 13-15。

表 13-15　触发过程中断的事件类型

模块/子模块	数值	过程事件
CPU 或 SB 的板载 I/O	16#0	上升沿
	16#1	下降沿
HSC	16#0	HSC CV = RV1
	16#1	HSC 方向改变
	16#2	HSC 复位
	16#3	HSC CV = RV2

在实际应用中，可根据需要（如调试阶段），通过编程 "DETACH" 指令将过程事件与中断 OB 脱离，使 CPU 操作系统不响应此事件，达到屏蔽事件的效果。之后可以编程 "AT-TACH" 指令再将中断 OB 附加到过程事件，启动 CPU 操作系统对此过程事件的响应，实现过程诊断的功能。

2. Gen_UsrMsg 指令

通过编程 "Gen_UsrMsg" 指令可以生成用户诊断报警，当报警触发时，记录在诊断缓冲区中。报警信息在诊断缓冲区定义 3 个方面的内容：

1）到达/离去事件：由参数 Mode 定义，1：到达的报警，2：离去的报警。

2）报警文本：用户自定义文本，由参数 TextID，TextListID 指定，报警文本在 "PLC 报警文本列表" 中定义，如图 13-40 所示。

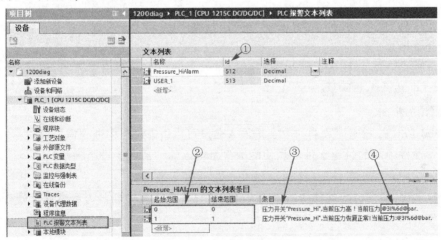

图 13-40　报警文本列表

① 本列表 ID：报警时由参数 TextListID 指定，如果不显示此列，可在右键菜单 "显示/隐藏" 中勾选 "id"。

② 通过参数 TextID 对应到文本列表条目的 "起始范围/终止范围" 的数值，来选择报警显示的文本条目。

③ 报警文本。

④ 以在报警文本中输入字符串 "@ 3I% 6d @" 设置关联值，示例中表示关联参数 AssocValues 中编号为 3 的关联值，并作为十进制输出。

3）关联值：可用于在报警信息中显示报警发生时的过程值，关联参数 AssocValues，参数的数据类型为系统数据类型 "AssocValues"，可以关联 8 个 UInt 类型的数据，见表 13-16。

表 13-16   关联参数 AssocValues

参数	说 明	关联值的编号
Value[1]	报警的第一个相关值	3
Value[2]	报警的第二个相关值	4
Value[3]	报警的第三个相关值	5
Value[4]	报警的第四个相关值	6
Value[5]	报警的第五个相关值	7
Value[6]	报警的第六个相关值	8
Value[7]	报警的第七个相关值	9
Value[8]	报警的第八个相关值	10

下面通过示例说明硬件中断 OB 和 "Gen_UsrMsg" 指令这两个功能的用法。示例中的数字输入通道 I0.4 测量压力开关信号 "Pressure_Hi"，在通道参数中使能 "启用上升沿检测" 和 "启用下降沿检测" 用于检测压力高报警和压力恢复事件，当硬件中断检测到 I0.4 "上升沿" 事件时控制电机停机，输出 "压力高" 报警到诊断缓冲区，检测到 I0.4 "下降沿" 事件时允许电机起动，输出 "压力恢复正常" 报警到诊断缓冲区。通道的硬件中断设置方法参考第 3 章。

在硬件中断 OB40 中，编程对事件的响应。对中断 OB 的启动信息评估编程如图 13-41 所示。

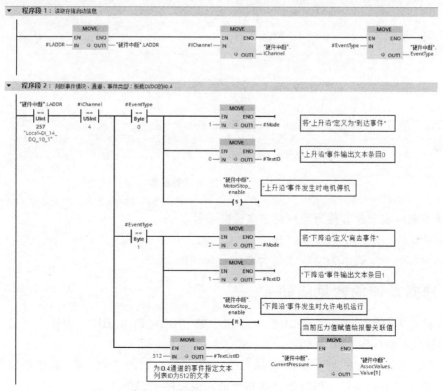

图 13-41   硬件中断 OB 启动信息评估

报警输出编程如图 13-42 所示。

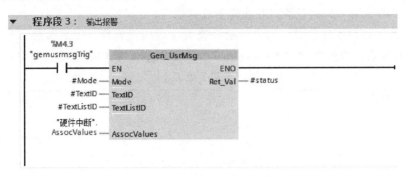

图 13-42　编程 "Gen_UsrMsg" 指令

诊断缓冲区显示报警如图 13-43 所示。

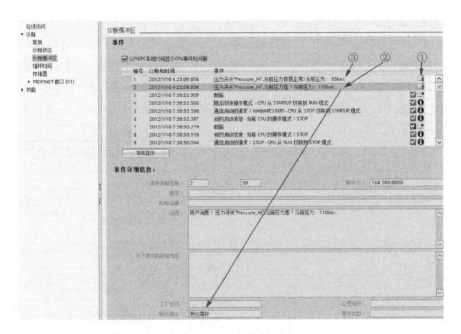

图 13-43　用户定义报警显示

① 状态图标表示此事件为用户自定义诊断事件。
② 到达事件,示例中为发生"压力高"故障。
③ 离去事件,示例中为发生"压力高"故障消除。

13.6　诊断功能的常见问题

1. 在程序块的中间调用了 "GET_ERROR" 或 "GET_ERR_ID",为什么在指令后面发生的编程错误不会导致 CPU 报错?

答:不管在什么地方调用 "GET_ERROR" 或 "GET_ERR_ID" 后,程序块发生程序执行错误时 CPU 都不会报错,但只能读取指令前面的程序错误信息。

2. PROFINET 通信正常，也没有其他错误，为什么 CPU 报错，ERROR 指示灯闪烁？

答：通过查看 CPU 的诊断缓冲区，存在一条故障记录"伙伴错误－检测不到相邻方"，这种故障是由于拓扑诊断产生的。说明在 PLC 项目中的拓扑视图组态了拓扑连接，而与实际网络连接不同。可以删除拓扑连接后再下载，可消除此故障，或者检查网线连接使组态的拓扑连接和实际的网络连接相同即可。

3. 诊断缓存区最多可以存储多少条诊断信息？

答：最多存储 50 条。

附录 寻求帮助

西门子公司提供了多种途径为用户提供帮助。用户在编程、调试以及设备维护过程中遇到问题时，可以通过在线帮助、手册和网站支持的方式寻求帮助。

附录 1 在线帮助系统

在线帮助系统提供给用户有效快速的信息，无须查阅手册，可提供以下信息和功能：

- 信息快速概览，可以访问西门子"全球资源库"网站中的下载、产品信息、应用示例等资源；
- 功能的使用、主要特点及功能范围的介绍；
- 某些功能的快速入门；
- 编程示例介绍；
- 重要帮助页可放到收藏夹；
- 搜索功能支持基于产品搜索；
- 当前版本的信息介绍。

可以通过以下方式访问在线帮助系统：

- 在菜单栏选择"帮助>显示帮助"；
- 鼠标选择需要得到帮助的对象，然后按 F1 键即弹出帮助窗口。

附录 2 网站支持

可以访问"西门子工业支持中心"网站 http：//www.siccc.cn，7×24 小时获得免费技术支持。

1）全球技术资源库：包括以下内容：

- 常见问题；
- 最新的产品信息；
- 技术数据；
- 更新包及服务包下载；
- 手册和操作指南，提供 PDF 格式下载；
- 许可和证书；
- 应用与工具：为典型的行业应用提供可行的解决方案。

2）视频学习中心：提供西门子工程师精心制作的学习视频。

3）技术论坛：可以与热心网友探讨西门子产品的技术和应用，阅读"咱工程师的故事"共同成长。

4）找答案：轻松解决常见技术问题。

5）售后服务：提交服务需求，查询服务进程。

6）S7-1200/博途网址推荐：

S7-1200 系统手册下载（中文）：

http：//support. automation. siemens. com/CN/view/en/36932465/0/zh

TIA Selection Tool（选型工具）：

http：//www. automation. siemens. com/mcms/topics/en/simatic/tia-selection-tool

SIMATIC Automation Tool：

http：//support. automation. siemens. com/WW/view/en/98161300

S7-1200 CAD/EPLAN 图下载：

https：//support. industry. siemens. com/my/ww/en/CAxOnline#CAxOnline

TIA 博途重要文档和链接总览：

https：//support. industry. siemens. com/cs/ww/en/view/65601780/zh？ dl＝zh

S7-1200/1500 编程指导（EN）：

https：//support. industry. siemens. com/cs/ww/en/view/90885040

TIA 博全球途信息中心（EN）：

www. siemens. com/tia-portal-information-center

TIA 博途全球帮助中心（EN）：

www. siemens. com/tia-portal-tutorial-center

附录3 移动设备"FA 资料中心" App 支持

"FA 资料中心"是专为方便中国客户获取资料而开发。通过该应用可以方便获取西门子工厂自动化相关产品的最新中文资料，观看相关学习视频，以及获取最新的产品及市场活动信息。该应用主要涵盖的产品包括，SIMATIC PLC，TIA Portal 软件，ET 200 分布式 I/O，SIMATIC HMI，SCADA 软件，IPC 工控机，PROFINET 工业以太网，以及小型自动化产品等。完整介绍见如下链接：

http：//www. industry. siemens. com. cn/home/cn/zh/app_ list/Pages/FAcenter. aspx

参 考 文 献

[1]　崔坚. SIMATIC S7-1500 与 TIA 博途软件使用指南 [M]. 北京：机械工业出版社，2016.